ABOUT THE AUTHOR

**殷雅俊** 清华大学航天航空学院工程力学系教授，博士生导师。1985年毕业于清华大学水利水电工程系，获学士学位；1987年于清华大学工程力学系获硕士学位，同年留校任教；1995年获日本政府奖学金，赴日留学，1998于日本广岛大学获博士学位。1993—1994年获荷兰政府资助，作为Research Fellow在Delft大学从事合作研究。2000—2001年受Japan Key Technology Center的邀请，作为海外研究员在IHI（日本石川岛播磨重工业公司）基础技术研究所从事合作研究工作。先后获得国家级教学优秀成果一等奖1次、二等奖3次。2011年获得北京市教学名师奖。2016年获清华大学首届“新百年优秀教师奖”。近十五年来主攻以下研究方向并取得进展：（1）生物微纳米力学与几何；（2）生物分形几何与力学；（3）昆虫仿生力学；（4）张量分析与理性力学的公理化。

殷雅俊　著

# 广义协变导数与平坦时空的协变形式不变性

清华大学出版社
北京

## 内容简介

本书集成了作者在2012—2016年间的部分研究进展。

本书分为上篇和下篇。上篇聚焦于空间，下篇集中于时间。上篇致力于静态空间域上的张量分析学，包括张量的经典微分学，张量的协变微分学，张量的广义协变微分学。下篇致力于动态时间域上的张量分析学，包括张量的局部变分学，张量的协变变分学，张量的广义协变变分学。

上篇和下篇都围绕着协变性思想展开。上篇展示了空间域上的协变性，下篇展现了时间域上的协变性。上下篇相结合，揭示了平坦时空的协变性。

上篇的核心概念是静态空间域上的经典协变导数和广义协变导数，以及经典协变微分和广义协变微分。下篇的核心概念是动态时间域上的协变导数和广义协变导数，以及协变变分和广义协变变分。

广义分量是经典分量概念的拓展，是贯穿本书众多章节的有趣概念。公理化是上、下篇共同的思想基础，而协变形式不变性公设则是公理化思想的具体表现。以广义分量概念为突破口，以协变形式不变性公设为基础，本书将经典协变性思想发展成为广义协变思想，将经典协变微分学发展成为广义协变微分学，将局部变分学发展成为协变变分学和广义协变变分学。

读者从本书可以看到：空间域和时间域上的张量分析学达到了致精致简，理论体系内在的不变性和优美的对称性一览无余。



图书在版编目(CIP)数据

广义协变导数与平坦时空的协变形式不变性/殷雅俊著. —北京：清华大学出版社，2021.8
(2022.11重印)
ISBN 978-7-302-58753-8

Ⅰ. ①广… Ⅱ. ①殷… Ⅲ. ①共变导数—研究 ②共变张量—研究 Ⅳ. ①O186.1
②O183.2

中国版本图书馆CIP数据核字(2021)第146401号

责任编辑：佟丽霞
封面设计：常雪影
责任校对：王淑云
责任印制：丛怀宇

出版发行：清华大学出版社
网　　址：http://www.tup.com.cn，http://www.wqbook.com
地　　址：北京清华大学学研大厦A座　　邮　　编：100084
社 总 机：010-83470000　　邮　　购：010-62786544
投稿与读者服务：010-62776969，c-service@tup.tsinghua.edu.cn
质量反馈：010-62772015，zhiliang@tup.tsinghua.edu.cn
印 装 者：三河市东方印刷有限公司
经　　销：全国新华书店
开　　本：170mm×240mm　　印　张：19.5　　插　页：1　　字　数：393千字
版　　次：2021年9月第1版　　印　次：2022年11月第2次印刷
定　　价：88.00元

产品编号：073442-01

# 致 谢

本书的出版，得到国家自然科学基金(No. 11272175，No. 11672150)、博士生导师基金(No. 20130002110044)和国家科学技术学术著作出版基金的支持。

作者感谢前辈力学家武际可教授多年来在学术探索上的指点和鼓励。自 2006 年至今，每年都有幸拜会先生，向先生求教，聆听先生教诲，受益之大，绝非“胜读十年书”所能概括。

作者感谢清华大学出版社佟丽霞副编审的大力支持。

# 前言 PREFACE

力学研究者都要研习张量分析。但很少有人知道，张量分析是爱因斯坦给起的“名字”。张量分析的前身是协变微分学。

如果问：协变微分学中，最漂亮、最深刻的思想是什么？答案见仁见智，作者倾向于“协变性思想”。从 Gauss，Riemann，Beltrami，Christoffel，Lipschitz，Ricci 到 Levi-Civita，历经伟大先驱们的千锤百炼，协变性思想逐步走向成熟。然而，协变性思想虽然经典，但仍然存在令人难以察觉的细微局限性。其后果是，当我们应用协变微分学于力学研究时，往往陷入巨量计算的泥沼。那么，如何克服局限性？能否免于海量计算？在本专著中，作者将与大家一起，分享研究心得，探索数学力学的新疆界。

经典协变性思想中细微的局限性，是被博士生的疑问“引爆”的。2012 年秋季学期，作者给研究生们开设张量分析课程。课堂上，博士生提出了一个看似非常幼稚的问题：“为什么基矢量没有协变导数？”作者回答：“协变导数是针对张量分量定义的概念。”随后又补了一句：“基矢量的协变导数没有定义。”这样的答复中规中矩，令人满意。然而，作者怎么也没想到，正是这个不起眼的疑问，暴露出了经典协变性思想的缺陷——经典协变微分学，只是张量分量的协变微分学。

我们常说“数量”。其实，“数”和“量”可以分开看。“数”有“数系”，即“数的系统”。类似地，“量”有“量系”，即“量的系统”。张量分析的量系构成了庞大集合，而分量仅仅是其中的一个子集。因此，张量分量的协变微分学，就是这个子集中的协变微分学。

本专著的主要目标，就是把经典协变性思想，拓展为广义协变性思想，把经典协变微分学，拓展为广义协变微分学。非常幸运，目标达成了。

当然，达成目标并非易事。作者深信古人的智慧：“磨刀不误砍柴工”。于是，殚精竭虑，打造了两件趁手“利刃”——一是定义了广义分量概念，意图重塑张量分析的量系；二是抽象出了协变形式不变性公设，意图将广义协变微分学奠定在公理化思想的基础之上。读者可以体验一下：

握紧了这两把利刃，你就会有势如破竹的信心和勇气。

读者也许会问："广义协变微分学，能带来什么好处？"好处很多，但这里只说其中一个——让张量分析变得致精致简。作者自己做研究生时，被张量分析的优美和深刻深深地吸引，但其中繁杂的计算令人不胜其烦。请教老师：如何应对是好？老师回答：没招儿，只能死算。顾名思义，"死算"就是"往死里算"之意。如此美丽的理论体系，却建立在"死算"的基础之上，实在有美中不足之感。作者的看法是，基础科学发展，计算虽不可或缺，"死算"当尽力避免。很幸运，广义协变微分学绕开了"死算"的沼泽，完美地实现了"用观念代替计算"。

这里要解释一下。名言"用观念代替计算"的"专利"属于狄利克雷。狄利克雷曾这样称赞 Gauss："他一生努力的目标，都是用观念代替计算"。狄利克雷的看法是，有的数学家通过复杂运算开辟新道路，有的数学家则通过构建观念体系发现新数学。Gauss 是后者的杰出代表。知 Gauss 者，狄利克雷也。听一个顶尖高手评价另一个顶尖高手，总能令人受益匪浅。

专著的后半部分被冠以"协变变分学"。协变变分学与协变微分学，只有一字之差。读者肯定会意识到：协变变分学肯定是跟着协变微分学"学的"。你猜对了，协变变分学确实是照猫画虎的产物。作者正是把协变微分学作为"临摹"对象，一点一滴地"塑造"出了协变变分学。

作者十分敬仰伟大先驱们创造的协变微分学。在"千鉴赏，万揣摩"的过程中，作者发现了一点不足：张量的协变微分学，主要是"空间"上的协变微分学，"时间"好像被忽视了。

力学研究者一定要熟悉空间。理由很简单：力学研究物质的运动，而任何运动都发生在特定的空间中，一定要受到空间形式的制约。另一方面，我们所研究的运动，既包括空间上的物质运动，也包括物质空间自身的运动。要刻画物质运动规律，仅有空间是不够的，还必须有时间。

有一天，作者向前辈力学家武际可先生汇报研究进展，费了很大的劲，啰嗦了半天，终于把上述见解阐释清楚了。没想到武先生轻描淡写地讲了一句话："力学研究空间上的场，但这场函数是带参数的。"听了这一句话，顿开茅塞！当参数取为时间变量时，我啰嗦了半天的内容，瞬间就被一句话概括了。

聪明的读者肯定知道作者下面想说什么了：空间中，伟大先驱们发展了协变性思想，创作了协变微分学的"画卷"。既然空间和时间形影不离，那么，时间中，有没有类似动人心弦的"画面"呢？凭直觉，作者觉得答案是肯定的。于是，小心翼翼地追寻着先驱们的足迹，模仿着他们在空间中创作的"画作"，描绘出了时间中的"画面"，完成了协变变分学的塑造。虽然有照猫画虎之嫌，但在作者的内心深处，确有向伟大先驱们致敬之意。

作者"胆敢"塑造协变变分学，信心来自哈代的名言。哈代有名言："数学家与雕塑家和文学家没什么差别，都是造型师。"在哈代看来，数学是可以被塑造的。哈代的观点可以推广到数学力学。作者这样理解：数学力学规律的内容虽然是客观的，但表达自然规律的形式却是可以塑造的。

既然协变变分学是可以“塑造”的，那就必然会揉入主观性的因素（例如个人的好恶）。这就涉及一个根本问题：塑造出来的协变变分学，是客观实在吗？作者的答案是肯定的。作者期待，读者在阅读了本专著之后，也能给出肯定的答案。

（广义）协变变分学与（广义）协变微分学，思想是完全一致的，理论体系的结构也是完全对称的。读者理解了（广义）协变微分学，就会毫不费力地理解（广义）协变变分学。

（广义）协变性思想最佳的用武之地是卷曲空间。但限于篇幅，本专著只涉及平坦空间，后继专著再论及卷曲空间。

作者期待聆听读者对本专著的评论和指教。

般雅俊

2020年1月

# 目录 CONTENTS


第1章　导言 …… 1

1.1　关于平坦时空 …… 1
1.2　关于张量及其协变性 …… 2
1.3　关于张量的协变微分学 …… 2
1.4　博士生的“幼稚”提问 …… 4
1.5　前辈数学力学家的疑惑 …… 5
1.6　协变微分学的局限性 …… 6
1.7　协变形式不变性 …… 7
1.8　从协变微分学到协变变分学 …… 10

上篇　平坦空间中的协变微分学与广义协变微分学

第2章　自然标架与自然基矢量的 Ricci 变换 …… 15

2.1　自然坐标下矢径微分中的不变性 …… 15
2.2　逆变基矢量 …… 16
2.3　度量张量分量 …… 17
2.4　基矢量的指标变换 …… 17
2.5　协变基矢量的坐标变换 …… 18
2.6　逆变基矢量的坐标变换 …… 18
2.7　度量张量的杂交分量 …… 19
2.8　统一的 Ricci 变换 …… 21
2.9　度量张量的两点分量 …… 22
2.10　本章注释 …… 22

第3章　分量与广义分量的 Ricci 变换 …… 26

3.1　矢量的分解式 …… 26

3.2 矢量分解式中的广义对偶不变性 …… 27
3.3 矢量分解式中的表观形式不变性 …… 27
3.4 矢量的 Ricci 变换群 …… 28
3.5 张量分解式中的不变性与 Ricci 变换群 …… 29
3.6 广义分量概念 …… 29
3.7 张量的杂交分量 …… 31
3.8 杂交广义分量 …… 32
3.9 本章注释 …… 32

**第 4 章 分量的协变导数** …… 35

4.1 从矢量场的偏导数到矢量分量的协变导数 …… 35
4.2 从张量场的偏导数到张量分量的协变导数 …… 36
4.3 经典协变导数的协变性 …… 37
4.4 度量张量分量的普通偏导数和经典协变导数 …… 39
4.5 分量之积的协变导数定义式 …… 40
4.6 第一类组合模式与经典协变导数的代数结构 …… 40
4.7 第二类组合模式 …… 41
4.8 矢量分量的杂交协变导数 …… 42
4.9 张量杂交分量的协变导数 …… 44
4.10 度量张量的杂交分量的协变导数 …… 46
4.11 张量杂交分量之积的杂交协变导数 …… 47
4.12 经典协变导数中的结构模式 …… 48
4.13 经典协变导数的概念生成模式 …… 48
4.14 再看经典协变导数的协变性 …… 49
4.15 普通偏导数的非协变性 …… 50
4.16 指标概念的补充分类 …… 52
4.17 Christoffel 符号的进一步分析 …… 54
4.18 杂交 Christoffel 符号的进一步分析 …… 56
4.19 再看杂交 Christoffel 符号下指标的非对称性 …… 56
4.20 不易察觉的陷阱 …… 57
4.21 协变导数的代数结构再分析 …… 58
4.22 本章注释 …… 60

**第 5 章 广义分量的广义协变导数** …… 61

5.1 矢量分量协变导数的延拓 …… 62
5.2 张量分量协变导数的延拓 …… 63

5.3　协变形式不变性公设 …… 64
5.4　杂交广义协变导数求导指标的变换关系 …… 67
5.5　广义分量之积的广义协变导数定义式 …… 67
5.6　第一类组合模式与 Leibniz 法则 …… 68
5.7　第二类组合模式 …… 69
5.8　矢量实体的广义协变导数 …… 71
5.9　标量场函数的广义协变导数 …… 71
5.10　张量实体的广义协变导数 …… 72
5.11　度量张量行列式及其根式之广义协变导数的定义式 …… 72
5.12　广义协变导数的代数结构 …… 74
5.13　协变微分学中的量系及其分类 …… 75
5.14　本章注释 …… 75

**第6章　广义协变导数的微分不变性质 …… 78**

6.1　广义协变导数的基本微分不变性质 …… 78
6.2　协变微分不变式 …… 79
6.3　有潜在物理意义的协变微分不变式 …… 81
6.4　协变微分变换群 …… 82
6.5　协变微分变换群的诸等价形式 …… 83
6.6　度量张量的协变导数计算式 …… 84
6.7　广义协变导数的协变性 …… 85
6.8　Eddington 张量的协变导数计算式 …… 86
6.9　度量张量行列式及其根式的协变导数的计算式 …… 86
6.10　本征协变微分不变式之值 …… 87
6.11　协变微分变换群下的协变微分不变量 …… 87
6.12　协变微分变换群下的推论与特例 …… 89
6.13　本章注释 …… 90

**第7章　广义协变导数的积分不变性质 …… 92**

7.1　协变微分变换群下的微分不变量回顾 …… 92
7.2　积分定理：从直线坐标系到曲线坐标系的推广 …… 93
7.3　积分定理：曲线坐标系下的极限逼近 …… 93
7.4　积分定理：微分不变量之关联的妙用 …… 94
7.5　“事后诸葛”式的追问 …… 95
7.6　梯度定理 …… 97
7.7　散度定理 …… 97

7.8 旋度定理 …… 98
7.9 Stokes 定理(广义环量定理) …… 99
7.10 Green 积分定理 …… 100
7.11 本章注释 …… 100

**第 8 章 高阶广义协变导数 …… 101**

8.1 0-指标广义分量的二阶广义协变导数 …… 101
8.2 1-指标广义分量的二阶广义协变导数 …… 103
8.3 2-指标广义分量的二阶广义协变导数 …… 104
8.4 平坦空间的对称性 …… 105
8.5 二阶的协变微分不变式 …… 106
8.6 二阶的协变微分不变量与偏微分不变量之关系 …… 107
8.7 二阶的协变微分不变量与基本微分不变量之关系 …… 107
8.8 三阶的协变微分不变量与基本微分不变量之关系 …… 108
8.9 与二阶不变量微分算子对应的广义 Gauss 积分定理 …… 109
8.10 物理学和力学中的二阶不变量微分算子 …… 110
8.11 与二阶微分算子对应的 Green 积分定理 …… 112
8.12 本章注释 …… 113

**第 9 章 平坦空间中的广义协变微分 …… 115**

9.1 场函数的 Taylor 级数展开与张量的经典微分概念 …… 115
9.2 矢量分量的经典协变微分 …… 116
9.3 张量分量的经典协变微分 …… 117
9.4 张量杂交分量的经典协变微分 …… 119
9.5 协变形式不变性公设 …… 120
9.6 广义分量之广义协变微分的公理化定义式 …… 121
9.7 广义协变微分定义式中的基本组合模式 …… 122
9.8 广义协变微分定义式中的第一类组合模式和 Leibniz 法则 …… 124
9.9 广义协变微分定义式中的第二类组合模式 …… 125
9.10 矢量实体的广义协变微分 …… 126
9.11 张量实体的广义协变微分 …… 127
9.12 张量之积的广义协变微分 …… 127
9.13 度量张量行列式之根式的广义协变微分 …… 127
9.14 广义协变微分的代数结构 …… 128
9.15 协变微分变换群 …… 129
9.16 度量张量的广义协变微分之值 …… 129

9.17 广义协变微分的协变性 …… 130
9.18 Eddington 张量的广义协变微分之值 …… 131
9.19 有趣的结果 …… 131
9.20 本章注释 …… 131

**第 10 章 协变微分学的结构** …… 133

10.1 上篇的脉络 …… 133
10.2 协变微分学的基本图式 …… 133
10.3 历史的借鉴 …… 135
10.4 关于协变微分变换群的运动学含义 …… 136
10.5 关于变换群下的不变性 …… 136
10.6 关于 Bourbaki 学派的思想 …… 137
10.7 下篇展望 …… 137

## 下篇 平坦空间中的协变变分学和广义协变变分学

**第 11 章 Euler 描述下平坦空间本征几何量的物质导数** …… 143

11.1 Euler 描述 …… 143
11.2 Euler 基矢量的定义 …… 145
11.3 Euler 描述下物质导数的定义 …… 146
11.4 物质点的速度与连续体上分布的速度场 …… 146
11.5 关于隐态函数的一般性命题 …… 147
11.6 物质点处 Euler 基矢量的物质导数 …… 148
11.7 物质点处度量张量分量的物质导数 …… 149
11.8 度量张量杂交分量的物质导数 …… 153
11.9 物质点处度量张量行列式及其根式的物质导数 …… 154
11.10 有关 Euler 基矢量的命题 …… 155
11.11 Christoffel 符号的物质导数 …… 158
11.12 本章注释 …… 159

**第 12 章 Euler 描述下分量对时间的狭义协变导数** …… 160

12.1 矢量分量对时间 $t$ 的协变导数 …… 161
12.2 对时间 $t$ 的协变导数与全导数之关系 …… 163
12.3 张量分量对时间的协变导数 …… 165
12.4 度量张量分量对时间参数的协变导数 …… 167
12.5 张量的杂交分量对时间的协变导数 …… 167

12.6 度量张量的杂交分量对时间参数的协变导数 …… 169
12.7 对时间的狭义协变导数与时间域上的联络概念 …… 170
12.8 本章注释 …… 170

**第 13 章 Euler 描述下广义分量对时间的广义协变导数 …… 172**

13.1 对称性的破缺 …… 173
13.2 时间域上的协变形式不变性公设 …… 174
13.3 1-指标广义分量对时间的广义协变导数定义式 …… 174
13.4 2-指标广义分量对时间的广义协变导数定义式 …… 175
13.5 杂交广义分量对时间的广义协变导数定义式 …… 175
13.6 广义协变导数$\nabla_t(\cdot)$中的基本组合模式 …… 176
13.7 基本组合模式的统一表达式 …… 179
13.8 广义协变导数$\nabla_t(\cdot)$中的第一类组合模式和代数结构 …… 180
13.9 广义协变导数$\nabla_t(\cdot)$中的第二类组合模式 …… 182
13.10 实体量对时间的广义协变导数 …… 182
13.11 度量张量行列式及其根式对时间的广义协变导数 …… 184
13.12 时间域上的协变微分变换群 …… 185
13.13 协变微分变换群应用于度量张量分量 …… 186
13.14 变换群应用于 Eddington 张量 …… 187
13.15 变换群应用于度量张量行列式之根式 …… 187
13.16 与 Euler 基矢量相关的一般性命题 …… 188
13.17 对时间的广义协变导数的协变性 …… 189
13.18 对称性的修复 …… 190
13.19 有趣的现象 …… 190
13.20 Euler 时空上的高阶广义协变导数 …… 193
13.21 本章注释 …… 193

**第 14 章 Euler 描述下的广义协变变分 …… 194**

14.1 Euler 描述下场函数对时间的 Taylor 级数展开 …… 194
14.2 矢量分量的狭义协变变分 …… 196
14.3 张量分量的狭义协变变分 …… 197
14.4 张量杂交分量的狭义协变变分 …… 199
14.5 协变形式不变性公设 …… 200
14.6 广义分量之广义协变变分的公理化定义式 …… 201
14.7 广义协变变分中的基本组合模式 …… 202
14.8 广义协变变分中的第一类组合模式和 Leibniz 法则 …… 203

14.9 广义协变变分中的第二类组合模式 …… 204
14.10 矢量实体的广义协变变分 …… 205
14.11 张量实体的广义协变变分 …… 206
14.12 张量之积的广义协变变分 …… 206
14.13 度量张量行列式之根式的广义协变变分 …… 206
14.14 广义协变变分的代数结构 …… 207
14.15 协变变分变换群 …… 208
14.16 度量张量的协变变分之值 …… 209
14.17 广义协变变分的协变性 …… 209
14.18 Eddington 张量的广义协变变分之值 …… 210
14.19 度量张量行列式及其根式的广义协变变分之值 …… 210
14.20 微分/变分运算顺序的不可交换性 …… 211
14.21 Euler 描述下的虚位移概念 …… 213
14.22 本章注释 …… 213

**第 15 章 Lagrange 描述下空间本征几何量的物质导数 …… 215**

15.1 Lagrange 描述 …… 215
15.2 Lagrange 描述下物质导数的定义 …… 217
15.3 物质点的速度与连续体上的速度场 …… 217
15.4 Lagrange 基矢量的物质导数 …… 218
15.5 度量张量的 Lagrange 分量的物质导数 …… 221
15.6 度量张量的 Lagrange 杂交分量的物质导数 …… 224
15.7 度量张量行列式及其根式的物质导数 …… 226
15.8 Christoffel 符号的物质导数 …… 227
15.9 奇特的“现象” …… 229
15.10 本章注释 …… 231

**第 16 章 Lagrange 描述下分量对时间的狭义协变导数 …… 233**

16.1 矢量的 Lagrange 分量对时间 $\hat{t}$ 的狭义协变导数 …… 234
16.2 张量的 Lagrange 分量对时间参数 $\hat{t}$ 的狭义协变导数 …… 235
16.3 度量张量的 Lagrange 分量对时间参数 $\hat{t}$ 的狭义协变导数 …… 237
16.4 张量的 Lagrange 杂交分量对时间 $\hat{t}$ 的狭义协变导数 …… 238
16.5 度量张量的 Lagrange 杂交分量对时间 $\hat{t}$ 的狭义协变导数 …… 240
16.6 赝分量 …… 241
16.7 赝广义分量 …… 244
16.8 本章注释 …… 245

**第 17 章 Lagrange 描述下广义分量对时间的广义协变导数** …… 247

17.1 对称性的破缺 …… 248
17.2 Lagrange 时间域上的协变形式不变性公设 …… 248
17.3 1-指标广义分量对时间的广义协变导数定义式 …… 249
17.4 2-指标广义分量对时间的广义协变导数定义式 …… 249
17.5 杂交广义分量对时间的广义协变导数定义式 …… 250
17.6 广义协变导数$\nabla_{\hat{t}}(\cdot)$中的第一类组合模式与代数结构 …… 250
17.7 第二类组合模式 …… 252
17.8 实体量对时间的广义协变导数 …… 252
17.9 度量张量行列式及其根式对时间的狭义协变导数 …… 254
17.10 动态 Lagrange 空间域上的广义协变导数$\nabla_{\hat{m}}(\cdot)$ …… 255
17.11 时间域上的协变微分变换群 …… 256
17.12 协变微分变换群应用于度量张量 …… 256
17.13 协变微分变换群应用于度量张量的杂交分量 …… 257
17.14 协变微分变换群应用于 Eddington 张量 …… 257
17.15 协变微分变换群应用于$\sqrt{\hat{g}}$ …… 258
17.16 与 Lagrange 基矢量相关的一般性命题 …… 259
17.17 广义协变导数$\nabla_{\hat{t}}(\cdot)$的协变性 …… 259
17.18 对称性的修复 …… 259
17.19 有趣的现象 …… 260
17.20 Lagrange 时空上的高阶广义协变导数 …… 261
17.21 本章注释 …… 261

**第 18 章 Lagrange 描述下的广义协变变分** …… 263

18.1 Lagrange 描述下场函数对时间的 Taylor 级数展开 …… 263
18.2 矢量的 Lagrange 分量的狭义协变变分 …… 265
18.3 张量的 Lagrange 分量的狭义协变变分 …… 266
18.4 张量的 Lagrange 杂交分量的狭义协变变分 …… 268
18.5 协变形式不变性公设 …… 270
18.6 Lagrange 广义分量的广义协变变分及其公理化定义式 …… 270
18.7 广义协变变分中的基本组合模式 …… 271
18.8 广义协变变分中的第一类组合模式和 Leibniz 法则 …… 273
18.9 广义协变变分中的第二类组合模式 …… 274
18.10 矢量实体的广义协变变分 …… 274
18.11 张量实体的广义协变变分 …… 275
18.12 张量之积的广义协变变分 …… 276

18.13 度量张量行列式之根式的广义协变变分 …… 276
18.14 广义协变变分的代数结构 …… 277
18.15 协变变分变换群 …… 277
18.16 度量张量的广义协变变分之值 …… 279
18.17 广义协变变分的协变性 …… 279
18.18 Eddington 张量的广义协变变分之值 …… 280
18.19 度量张量行列式及其根式的广义协变变分之值 …… 280
18.20 Lagrange 描述下微分/变分运算顺序的可交换性分析 …… 281
18.21 Lagrange 描述下的虚位移概念 …… 282
18.22 本章注释 …… 283

**第 19 章 协变变分学的结构 …… 285**

19.1 Euler 空间域上的协变微分学图式 …… 285
19.2 Euler 时间域上的协变变分学图式 …… 286
19.3 Lagrange 空间域上的协变微分学图式 …… 288
19.4 Lagrange 时间域上的协变变分学图式 …… 289
19.5 Euler 时空与 Lagrange 时空的统一性 …… 290
19.6 局部化的观点看张量的协变变分学 …… 290
19.7 从微分学的协变性到变分学的协变性 …… 291
19.8 再看协变性概念的生成模式 …… 292
19.9 后续发展展望 …… 293

**参考文献 …… 294**

# 第1章 导言

本书致力于揭示普遍存在于平坦时空的不变性质——协变形式不变性,并以此作为逻辑起点,实现协变微分学和协变变分学的公理化,力求使其逻辑结构达到致精致简。

Ricci 学派的协变微分学,其精髓是"协变性"思想。本书的目标,则是将协变性思想发展到极致。具体包括三方面的内容,一是借助 Bourbaki 学派的公理化思想,将 Ricci 学派的张量协变微分学,发展成公理化的广义协变微分学;二是发展局部化的张量变分学,并借鉴 Ricci 学派的协变性思想,将张量变分学,拓展成张量的协变变分学;三是借助 Bourbaki 学派的公理化思想,将张量的协变变分学,发展成公理化的广义协变变分学。

本书的书名是《广义协变导数与平坦时空的协变形式不变性》。标题中有三个关键词:平坦时空、广义协变导数、协变形式不变性。现对诸关键词分别阐释如下。

## 1.1 关于平坦时空

先看"平坦时空"。

力学研究物质受力下的运动(变形)规律。而任何运动(变形)都发生在特定的时空。从这个意义上讲,时空本身就是力学的研究对象。随着广义相对论的建立,人类对时空的认识臻于完善,时空本身也就失去了探索的价值。然而,本书将证实,通过引入新观念,时空仍可成为新知之源。

基于循序渐进的考虑,也为了降低复杂程度,便于读者理解,本书把研究内容限定在读者熟悉的平坦时空。这里的平坦时空,是指 Euclid 空间和时间。作者的设想是,借助简单的时空形式,可把主要概念和核心思想彻底突出出来,阐释清楚。

至于卷曲时空的协变形式不变性，则会在后续的专著中介绍。

## 1.2 关于张量及其协变性

标题中两次出现“协变”一词。与“协变”或“协变性”思想密切关联的概念，是张量。

力学研究者都很熟悉张量概念。我们知道，张量是一种有“内部结构”的量。按照 Bourbaki 学派的观念，张量是诸“数学结构”中的一类，即“代数结构”。19 世纪以来，数学的发展有一个基本趋势：数学研究的对象，逐渐由不含结构的量，转换为含结构的量。数学的“结构化”，正是 Bourbaki 学派对这一基本趋势的概括。伴随着结构化，数学越来越走向抽象化。

物理学和力学，与数学的发展趋势完全一致。力学中，最早出现的研究对象都是最简单的标量。最简单的标量是没有结构的量，例如，质量和密度等物理量。逐渐地，有结构的物理量成了力学的研究对象，例如，动量、动量矩、应力张量、应变张量、惯性张量，等。其中，张量概念引入力学，是极具标志性的重大事件。

历史地看，“张量”是德国数学家格里斯曼定义的概念。如上所述，按照 Bourbaki 学派对数学结构的分类，张量属于“代数结构”。任何代数结构都有其自身的不变性质。张量最漂亮的代数性质，就是其“协变性”。

笛卡儿坐标系下，协变性不是问题。若坐标线是弯曲的（或空间是卷曲的），则协变性的重要性就会凸显出来：弯曲的坐标线下，自然基矢量的大小和方向都取决于坐标，张量的分量也取决于坐标，因此二者都随坐标而变化。然而，张量作为一种代数结构，其整体必须具有“随坐标变换的不变性”。这种“随坐标变换的不变性”，也被称为“坐标无关性”。为确保张量整体结构的坐标无关性，其局部“子结构”之间，就必须满足协同变化的制约关系。确切地说，张量分量必须与基矢量保持“协同”。因此可以说，“张量的协变性，就是张量分量协同基矢量的变化而变化的性质”。

应该说，协变性思想，起源于张量的代数学。

## 1.3 关于张量的协变微分学

Ricci 学派的伟大贡献在于，他们把协变性思想，由张量的代数学推进到了张量的微分学。

作为代数结构，张量的代数运算一般不会破坏其结构性（或协变性）。然而，张量的微分运算，却带来了重大变化。张量概念一旦与“场”概念相结合，就有了“张量场”概念。而刻画张量场的变化，就少不了张量场函数的导数或微分。令人遗憾的是，张量场函数的导数或微分运算，有可能破坏张量的协变性！例如，张量分量

$T_{ij}$ 具有协变性，但其对坐标 $x^m$ 的普通偏导数 $\frac{\partial T_{ij}}{\partial x^m}$，却不再是张量分量，不再具有协变性。

张量导数 $\left(\frac{\partial T_{ij}}{\partial x^m}\right)$ 协变性的丧失，对物理学和力学的影响，是极其深刻的。

描述物理学和力学规律，一般都少不了微分方程。由于物理学和力学的基本规律是客观的，因而，描述物理学和力学规律的微分方程，必须具有随坐标变换的不变性(即与坐标的无关性)。因此，协变性，就是保证客观性的必要条件。丧失了协变性，也就意味着丧失了客观性。

注意到，微分方程中，肯定少不了导数。如上所述，在卷曲的空间形式或弯曲的坐标线下，由于经典导数 $\left(\text{例如}\frac{\partial T_{ij}}{\partial x^m}\right)$ 丧失了协变性，故用经典导数表述的微分方程，将难以保有客观性。

显然，张量的微分学陷入了协变性困局。Ricci 学派十分敏锐地意识到了这一点。为了从困局中突围，他们引入了一个极具独创性的概念——协变导数。以此为标志，他们将不协变的张量微分学，发展成了协变的张量微分学。在现代数学力学的发展史上，这是值得大书特书的重大成就。

协变导数是协变微分学中最核心的概念之一。现代微分几何学中，协变导数也被称为"联络"(connection)。这个概念的思想源头，可以追溯到好几个伟大的名字：Riemann、Beltrami、Christoffel 和 Lipschitz，但其现代形式却成型于意大利学派的代表性人物 Ricci。1892 年，Ricci 发表了《绝对微分学》(即协变微分学)[1]。1901 年，Ricci 与其学生 Levi-Civita 合作，撰写了综述性文章——《绝对微分法及其应用》[2]。在这两篇经典文献中，协变导数具有了现代形式，120 多年来，未曾有所改变。

特别要说明的是，协变导数在广义相对论中曾大显身手[3]，从此，自然科学研究者得以见识协变微分学的巨大威力。广义相对论时空，是高度弯曲的时空形式。广义相对论场方程，是由时空曲率张量的协变导数刻画的协变微分方程。场方程完美地表达了爱因斯坦的"协变不变性"思想——即通过场方程的协变性，保证物理规律随坐标变换的不变性。注意到，广义相对论中，"协变不变性"，被提升到了至高无上的地位——即著名的协变不变性原理。

爱因斯坦感念之余，给协变微分学起了一个响亮的名字——张量分析学。有鉴于此，本书对协变微分学和张量分析学[5]，不加区分。

总之，对物理学和力学而言，协变微分学的重要性，怎样强调也不过分。

然而，很少有人意识到，Ricci 学派的协变微分学，有局限性。

## 1.4 博士生的“幼稚”提问

读者肯定有共识：张量分析，意味着没完没了的张量运算。作者自己也注意到，张量分析中，诸多有重大意义的结果，几乎都是通过繁杂的“运算”得到的。从这个意义上讲，张量分析学，似乎就是“张量运算学”。

当然，通过复杂的运算发展一门学问，并无不可。但学问的美感与运算的复杂度总成反比。随着复杂度的增加，美感就荡然无存了。为了给读者留下鲜明印象，这里引用哈代的名言：“丑陋的数学在数学史上是不会有地位的。”哈代用极端的语言，表达了自己追求美学的坚定信念。

那么，出路何在？作者联想到狄利克雷对 Gauss 的评价：“Gauss 一生努力的目标，都是用观念代替运算”。这个评价，可谓“入木三分”，直达 Gauss 思想的本质特征。

作者常想：能否追随 Gauss 的思想，“用观念代替运算”，发展出致精致简、美轮美奂的协变微分学？读者肯定看出来了，这个想法，实在是异想天开。

的确，这本来只是一个幻想，作者从未奢望，有朝一日幻想能够成为现实。

然而，一场突如其来且翻天覆地的变化之后，幻想竟然成真。今天，作者回头看去，颇有沧海桑田之感。所有这一切，都源自一个极为天真幼稚的疑问。

如上所述，协变导数是协变微分学中的标志性概念。对力学学者而言，这样成熟的基本概念，一般“只能用，不能动”。一个功力深厚的研究者，如果随意去碰这样成熟的概念，那绝对是“大逆不道”，是对创立经典概念的先驱们的大不敬！旁观者一定会叹息：“脑子出问题了。”

出人预料的是，在张量分析的课堂上，思维活跃的研究生们，还是对协变导数概念提出了质疑。

2012 年，作者给博士生上张量分析课。讲及协变导数概念时[5,6,7]，反复强调一个限定词：“张量分量的”协变导数。也许强调的次数太多了，竟然给研究生们留下印象，即只有分量才可以求协变导数。于是有博士生提问：“为什么只有分量才能求协变导数？”“为什么基矢量就不能求协变导数？”

猛一听，似乎这都是很幼稚、很可笑的问题。只有概念很糊涂的学生，才会提这样的问题。换言之，博士生提出这样的问题，并非出于对概念的深刻理解，更非出于对问题重要性的准确认知，而是出于对作者“反复强调”的下意识反应。但既然学生提问了，就得回答。于是答曰：“分量的协变导数有定义。”“基矢量的协变导数没有定义。”

应该说，这是颇为中规中矩的答复。当时，作者对答复非常满意。但随后，心头总有疑问萦绕：“这算是问题的答案吗？”“到底是没有定义，还是没能定义？”“基矢量的协变导数，真的不能定义吗？”

作者当时以为，在 Ricci 学派的思想体系内，就能够轻松愉快地澄清上述疑问。的确如此，2013 年，经过短暂努力，作者不仅“凑出”了基矢量协变导数的定义式，而且求出了基矢量的协变导数之值。2014 年初，甚至写出了学术论文。似乎一切都顺风顺水。

然而，作者很快就吃惊地发现，逻辑上陷入了困境：基矢量的协变导数问题，仅仅是一系列更复杂的问题的开端。更诡异的是，这些问题虽然都是从 Ricci 的协变微分学中提出来的，但最终的答案，却不在协变微分学之内！

数学家们时常调侃：“大楼建成了，正要弹冠相庆，基础却突然坍塌了。”

在作者看来，这是个令人惊恐的逻辑困境。

## 1.5 前辈数学力学家的疑惑

直到 2014 年夏，作者才了解到，前辈数学力学家中，也有感到困惑的人。早在 20 世纪 70 年代末，著名数学力学家郭仲衡先生，已经涉及过类似的问题。

1978 年，郭仲衡先生完成了著作《非线性弹性理论》[8]。第 49 页讲解张量 $T$ 的梯度$\nabla T$ 及“协变微商”（亦即协变导数）$\nabla_m T^{i\cdots j}_{k\cdots l}$。其中有这样一句话：

“Hamilton 算子又可以写为

$$\nabla(\cdot)=\boldsymbol{g}^m\frac{\partial(\cdot)}{\partial x^m}=\boldsymbol{g}^m\nabla_m(\cdot),\tag{1.1}$$

不过这时要记住，协变导数$\nabla_m(\cdot)$对基矢量和（度量张量行列式）$g$ 不起作用，且有

$$\nabla_m(\cdot)\neq\frac{\partial(\cdot)}{\partial x^m}。”\tag{1.2}$$

上述论断的正确性不容质疑。然而，恰恰是这个不容质疑的论断，潜藏着内在的矛盾。解释如下。我们假设式(1.1)成立，则有

$$\boldsymbol{g}^m\left[\nabla_m(\cdot)-\frac{\partial(\cdot)}{\partial x^m}\right]=\boldsymbol{0}\tag{1.3}$$

式(1.4)对任意基矢量 $\boldsymbol{g}^m$ 成立，故必然有

$$\nabla_m(\cdot)-\frac{\partial(\cdot)}{\partial x^m}=\boldsymbol{0}\quad 或\quad \nabla_m(\cdot)=\frac{\partial(\cdot)}{\partial x^m}\tag{1.4}$$

请读者对比一下式(1.4)和式(1.2)，赫然发现，“矛盾”出现了！

现在我们已经知道，这对矛盾虽非“水火不容”，但至少有一点是肯定的：在 Ricci 学派的思想体系之内，矛盾是不可调和的！

“$\nabla_m(\cdot)$能否对基矢量起作用”的问题，已经是个很大的问题了。然而，早在 30 多年前，前辈数学力学家戴天民先生和年轻的合作者，曾经思考过一个更大的问题：“$\nabla_m(\cdot)$怎样对基矢量起作用?”进一步，他们问：“如果基矢量能求协变导

数，其值是多少?”他们的推测是：其值应该等于零，即

$$\nabla_m \boldsymbol{g}_i = \boldsymbol{0} \tag{1.5}$$

随后，戴天民先生做出了判断：式(1.5)只是一个平凡的结果。既然“平凡”，就意味着不会为协变微分学开辟新的道路，当然也就失去了深究的价值。

30多年前，能够做出如此超前的推测，令人钦佩。今天，我们已经知道，在平坦空间中，只要锻造出坚实的逻辑基础，式(1.5)的价值就会由“平凡”迅速升值为“非凡”。

令人遗憾的是，在Ricci学派的思想体系之内，不可能锻造出这样的逻辑基础!

请读者注意：式(1.5)成立的先决条件是“平坦空间”。换言之，在卷曲的空间中，式(1.5)便不再成立。作者在后续的专著中，会详细地论证这一命题。

## 1.6 协变微分学的局限性

以上怪异的现象，已经隐约显示，Ricci学派的协变微分学，并非完美无缺。

今天看来，Ricci学派的协变微分学，存在如下难以察觉的局限性：重分量，轻基矢量。其后果是，随着基矢量的淡出，Ricci学派的协变性思想，被半途而废了。

这里，追寻一下对协变性思想产生过重要影响的人物，也许是有益的。

Christoffel是不能错过的一个大人物。协变微分学中，协变导数是普通偏导数的扩张。而扩张的部分，源自Christoffel公式[5,6,7,8]：

$$\frac{\partial \boldsymbol{g}_j}{\partial x^m} = \Gamma_{jm}^k \boldsymbol{g}_k, \quad \frac{\partial \boldsymbol{g}^j}{\partial x^m} = -\Gamma_{km}^j \boldsymbol{g}^k \tag{1.6}$$

$\Gamma_{jm}^k$ 就是著名的Christoffel符号。由于坐标线的弯曲效应，基矢量的大小和方向，都沿着坐标线随点变化，而变化率就由式(1.6)刻画。

历史地看，式(1.6)是协变微分学发展过程中极其要紧的一步。自从Christoffel迈出这一步，张量的协变微分学变得“可计算”了。从“不可计算”到“可计算”，是巨大进展。但正如成语所云：“成也Christoffel，败也Christoffel”。引入Christoffel符号 $\Gamma_{jm}^k$，使张量的协变微分学具备了“可计算性”，可谓“成也Christoffel”；但张量的协变微分学由此陷入了无穷无尽的“计算泥沼”，可谓“败也Christoffel”。

作者看来，Christoffel符号 $\Gamma_{jm}^k$，既是个“天使般”的概念，又是个“魔鬼般”的概念。

Ricci学派在定义协变导数概念时，式(1.6)发挥了决定性的作用。因此，Ricci有绝对充足的理由认为，通过式(1.6)，基矢量的全部精华，已经全数被分量的协变导数$\nabla_m(\cdot)$所吸取！由于分量的协变导数$\nabla_m(\cdot)$仍然是张量分量，由此促成了Ricci根深蒂固的观念：分量(包括其协变导数$\nabla_m(\cdot)$)，才是真正重要的概念；而基矢量，则是可有可无的摆设。

另一个重要人物是 Riemann。Riemann 有一个重要思想："坐标是研究者强加在空间上的外部结构。"从 Riemann 的思想出发，不难做出这样的推定：尽管刻画空间的性质需要引进坐标，但空间的性质本身却与坐标无关。既然无关，就不重要。更进一步看，基矢量是由坐标诱导出来的结构，坐标确定了，基矢量就确定了。由于基矢量从属于坐标，故与坐标相比，基矢量就更不重要了。于是，为避免重复累赘，确保致精致简，基于"奥卡姆剃刀"原则，应保留坐标，舍弃基矢量。正因为 Riemann 有如此卓越的思想，因此，在 Riemann 几何中，自始至终只有分量，完全看不到基矢量的影子。

Ricci 受到了 Riemann 思想的深刻影响。由此，以 Riemann 的思想为后盾，Ricci 形成了他自己的"口味"和价值判断。而 Ricci 的个人口味，塑造了协变微分学的模样——可以说，Ricci 学派的协变微分学，就是张量分量的微分学，其中根本没有基矢量什么事儿！而舍弃基矢量，不是 Ricci 一时疏忽大意，而是深思熟虑之举。

打个通俗的比方。Ricci 学派的协变微分学，是大舞台上的精彩剧目。基矢量本来是其中的一个重要角色。然而，Ricci 发现，基矢量的戏份可以由分量及其协变导数$\nabla_m(\cdot)$兼任。于是，他认为，基矢量的角色完全多余。最终，Ricci 不仅剥夺了基矢量的戏份，而且将其彻底赶下了舞台。

当然，Ricci 学派的协变微分学，是集众多先驱思想之大成的产物。自定型以来，其基本概念和基本思想便罕有变化。从这个意义上讲，"重分量，轻基矢量"，已经是 Riemann 以来一脉相承的传统，并非 Ricci 一人之"功"。

至此，我们能够回答：为什么协变导数$\nabla_m(\cdot)$对基矢量不起作用？因为自协变微分学奠基那天起，$\nabla_m(\cdot)$就是 Ricci 专门为分量而"量身定做"的概念。换言之，在 Ricci 的思想深处，根本就没有基矢量的位置；$\nabla_m(\cdot)$从诞生那天起，根本就没有被植入能够对基矢量起作用的"基因"。

既然$\nabla_m(\cdot)$不具有作用于基矢量的"基因"，那么，我们能否在 Ricci 学派的思想基础上，从根本上改造$\nabla_m(\cdot)$的"基因"，赋予其对基矢量求导的机能呢？

作者给出的答案是否定的。作者的理由很简单：Ricci 学派的协变微分学自身，没有这样"自我更新"的逻辑功能。

## 1.7 协变形式不变性

既然内在的力量不足以改造$\nabla_m(\cdot)$的"基因"，那么，只能借助"外力"，植入新的"基因"，重塑$\nabla_m(\cdot)$的机能。这个"外力"，就是公理化思想。

公理化思想始自 Euclid《几何原本》这部鸿篇巨著中，属于 Euclid 本人创造的定理只有两项，其他定理都属于 Euclid 的同辈或前辈的创造。而 Euclid 超越他人的伟大之处在于，他具有卓越的公理化思想。他以五条公设为基础，将前人零散的、互不关联的工作，统一成了逻辑严密、互相关联的有机整体。

19 世纪末，古老的公理化思想再次迸发出活力。1899 年，Hilbert 建立了 Euclid 几何现代意义上的公理系统。1930 年，柯尔莫哥洛夫(Komogorov)实现了概率论的公理化。1935 年，Bourbaki 学派发明了“数学结构”观念，其核心思想可归结为三个关键词：公理化、结构化和统一性。自此，公理化思想深入人心，渗透到数学的多个分支，深刻地揭示了分支内部及诸分支之间的相互联系。

然而，Bourbaki 学派也有未竟的事业，公理化思想也没能所向披靡：若干分支学科至今难以公理化和结构化，其中之一便是 Riemann 几何(微分几何)，当然也包括协变微分学。

现在，机会来了。

但要抓住机会，必须迈出两个关键性的步骤。

关键性的步骤之一，是抽象基矢量和分量的共性，定义“广义分量”概念。

如上所述，Ricci 学派的协变微分学抛弃了基矢量。这正是协变微分学“成也 Ricci，败也 Ricci”之地。因此，这本书所要做的首要之事，就是将基矢量重新请上大舞台，与分量并列，出任“共同主角”。

读者一定会下意识地认为，这是个痴人说梦般的想法。那么，基矢量与分量并列主角，资格何在？

我们知道，在 Ricci 学派的协变微分学中，张量分量满足两大基本变换，一是指标升降变换，二是坐标变换。为了向 Ricci 学派致敬，本书统称之为 Ricci 变换。一般教科书都认为，Ricci 变换是张量分量的固有性质。这当然没错，但不够准确。追根求源，可以发现，Ricci 变换是基矢量的本征性质。或者说，Ricci 变换是空间自身的本征性质。而正是张量整体的协变性，将基矢量的 Ricci 变换，“传递”给了张量分量，这才有了分量的 Ricci 变换。当然，这句话也可以反过来说：正是分量的 Ricci 变换，保证了张量的协变性。

于是，基矢量和分量作为两类完全不同的概念，竟然存在着一个“极为珍贵”的共性：二者都满足 Ricci 变换。换言之，从 Ricci 变换的角度看，基矢量和分量之间没有任何差别，二者都“同属于一个集合”。正是这个“极为珍贵”共性，赋予了基矢量并列主角的资格。

本书并没有就此止步，而是借鉴 Hilbert 的形式主义思想，彻底打破基矢量与分量之间的界限，彻底扬弃基矢量和分量的具体含义，仅仅保留能够体现二者共性的代数形式，进而抽象出更具一般性和统一性的概念——广义分量——即满足 Ricci 变换的几何量。这样，基矢量和分量，都只是广义分量的特例。

借助抽象的代数变换定义概念，在数学中司空见惯，但在力学中却并不常见。

注意到，广义分量虽然是从 Ricci 学派的思想体系之内生长出来的概念，但用以抽象这一概念的基本思想，即 Hilbert 的形式主义思想，却是外来的。

广义分量概念，扩展了协变微分学的研究对象，深化了 Ricci 学派的协变性思想。

关键性的步骤之二，是引入协变形式不变性公设，定义广义分量的广义协变导数概念。

协变形式不变性,是作者在"拼凑"基矢量的协变导数时,偶然"窥视"到的不变性质。作者发现,如果将Christoffel公式(见式(1.6))稍作变形,将右端项移到左端,即可得

$$\frac{\partial \boldsymbol{g}_j}{\partial x^m} - \boldsymbol{g}_k \Gamma_{jm}^k = \boldsymbol{0}, \quad \frac{\partial \boldsymbol{g}^j}{\partial x^m} + \boldsymbol{g}^k \Gamma_{km}^j = \boldsymbol{0} \tag{1.7}$$

不难发现,如果将式(1.7)左端作为基矢量协变导数的定义式:

$$\nabla_m \boldsymbol{g}_j \triangleq \frac{\partial \boldsymbol{g}_j}{\partial x^m} - \boldsymbol{g}_k \Gamma_{jm}^k, \quad \nabla_m \boldsymbol{g}^j \triangleq \frac{\partial \boldsymbol{g}^j}{\partial x^m} + \boldsymbol{g}^k \Gamma_{km}^j \tag{1.8}$$

则立即可得

$$\nabla_m \boldsymbol{g}_j = \boldsymbol{0}, \quad \nabla_m \boldsymbol{g}^j = \boldsymbol{0} \tag{1.9}$$

显然,式(1.9)就是戴天民先生和其合作者推得的结论。

当时,作者曾欣喜地发现,从式(1.9)出发,确实能够导出不少正确的结论。这令作者信心大增。然而,形势很快急转直下:越往前推进,逻辑上的阻力越大。原因就在于式(1.8)和式(1.9)。作者逐渐意识到,不论是式(1.8)还是式(1.9),在Ricci学派的协变微分学之内,都找不到成立的逻辑基础!

正在为逻辑基础犯愁时,一个奇妙的现象激起了作者的兴趣:基矢量的协变导数定义式(式(1.8)),与矢量分量的协变导数定义式(见式(1.10)),在表观形式上竟然完全一致:

$$\nabla_m u_j \triangleq \frac{\partial u_j}{\partial x^m} - u_k \Gamma_{jm}^k, \quad \nabla_m u^j \triangleq \frac{\partial u^j}{\partial x^m} + u^k \Gamma_{km}^j \tag{1.10}$$

这是个别现象,还是普遍的客观实在?这是偶然的巧合,还是逻辑的必然?作者陷入了长考,但却百思不得其解。

有一天,突然"大彻大悟",意识到,把"表观形式一致性"作为结果,费尽心机追究其原因,很可能是徒劳之举。正确的做法,应该是反其道而行之,直接把"表观形式一致性"作为原因,进而推演其诱导的结果。

后来的发展表明,这一方向性的调整,极具决定性:就好像调转了马头,将"马推车"改成了"马拉车",不仅瞬间理顺了逻辑,而且一马平川地步入了坦途。

作者的具体操作如下:将表观形式的一致性,作为一种基本的逻辑结构(或模式),从外部施加给Ricci学派的经典协变微分学,并推广至所有与张量分量对称的广义分量。由于张量分量的协变导数都有定义,于是,在表观形式一致性定则之下,广义分量的协变导数——即广义协变导数——就有定义了。

本书将上述表观形式的一致性,称为协变形式不变性[9,10,11,12]。作者意识到,协变形式不变性,可能是一种极为基本且影响深远的对称性,因此有必要赋予其基础性的地位。后来发现,如果把协变形式不变性作为逻辑演绎的起点,完全可以逻辑无矛盾地演绎出我们想要的一切结果。于是,当机立断,立即将其提升到至高无

上的公设的地位。这就是本书中的协变形式不变性公设。

注意到，广义分量的广义协变导数概念，是基于协变形式不变性公设定义的。借助公设规定概念的定义式，是相当优雅和美妙的构思。

广义协变导数，似乎是个充满虚幻感的概念。然而，颇为诡异的是，这也是个出奇有效的概念。

随后的故事是精彩的：

——博士生的疑问被彻底释疑；

——前辈力学家们的疑惑得以消解；

——不可调和的矛盾得到了解决；

——协变性思想得以延续；

——“用观念代替运算”得到了贯彻；

——张量的协变微分学达到了致精致简；

——经典协变微分学走向了广义协变微分学；

——广义协变微分学实现了公理化；

——Bourbaki 学派的公理化、结构化和统一性得以充分体现；

——；……。

至此，故事似乎该结束了。其实不然：到此故事只讲了一半。因为，古典意义上的张量分析学，除了张量的微分学，还应该有张量的变分学。

对力学学者而言，变分学的内涵和外延是极其清晰的。大体上可以说，在我们大多数力学研究者的观念中，似乎没有被大家所公认的“张量变分学”的提法。

作者的看法是，既然先驱们能够提出张量的微分学，为什么后人就不能提出张量的变分学？

“张量的变分”概念，与“泛函的变分”概念相比，有精微的差异。泛函作为标量，自身没有内部结构；而张量是代数结构。泛函是个整体性的概念，而张量是个局部性的概念。泛函的变分，意味着该变分是个整体性观念；而张量的变分，意味着这个变分是个局部性观念。

很显然，张量的变分概念，应该是变分局部化的产物。局部化变分，看似有趣的观念，但逻辑基础何在？答案竟然是物质导数！

读者可能会对答案感到吃惊。其实，不必惊奇，阅读本书，就会发现，一切都是那样的自然，行云流水般的自然……。

## 1.8 从协变微分学到协变变分学

协变变分学，乍一听，好像是协变微分学的姊妹篇。确切地说，协变变分学，是协变性思想由局部化微分向局部化变分渗透的必然结果。

因研究和教学工作的需要，作者对协变微分学保持着持久的兴趣。反复研读，精心揣摩，惊叹于协变微分学之博大精深，折服于协变性思想的深邃厚重。钦佩之余，时常幻想，有朝一日，能将Ricci学派的协变性思想发扬光大。

也许是机缘巧合，作者在研究生物膜力学时，对一个问题产生了较为深切的感悟：单纯地融会变分学与微分学，不足于将生物膜力学发展到致精致简的境界。欲达致精致简，必需将Ricci学派的协变性思想，从微分学嫁接到变分学。

从协变微分学到协变变分学，有一条捷径，那就是类比之路。

为便于读者理解，我们从读者熟悉的基础力学起步。弹性力学的基本问题，有两种提法，一种是微分提法，另一种是变分提法。微分提法必然涉及应力张量场的微分、应变张量场的微分、位移矢量场的微分；变分提法必然涉及应力张量场的变分、应变张量场的变分、位移矢量场的变分。

以上述两种提法为背景，我们做如下类比：

张量的微分是不协变的，Ricci学派引入了张量的协变微分概念。

张量的变分是不协变的，有必要引入张量的协变变分概念。

这一步不算困难。有Ricci学派的协变微分学做样板，“照猫画虎”，并非难事。当然，这一步也不算容易：能够意识到张量的变分无协变性，不易；能够找到协变变分概念的切入点，很难。

我们继续类比：

张量的微分学是不协变的，Ricci学派将其发展成了张量的协变微分学。

张量的变分学是不协变的，有必要将其发展成张量的协变变分学。

一旦正确地定义了协变变分概念，就可以仿照协变微分学，演绎协变变分学。因为协变微分学是协变变分学模仿的对象，故协变变分学思想的演进，要顺畅得多。

现在，我们加大“筹码”，“押上”最后的类比：

协变微分学是非公理化的，借助协变形式不变性公设，可以将其发展成公理化的广义协变微分学。

协变变分学是非公理化的，借助协变形式不变性公设，可以将其发展成公理化的广义协变变分学。

这样一来，(广义)协变微分学和(广义)协变变分学[13,14]，就形成了优美的对称系统。

作者深深地被对称结构的美轮美奂所吸引，觉得有必要将其展示出来，与读者共赏析。作者认为，如果读者从对称之美中受到启迪，有所感悟，那么在力学的探索中，必将获得更大的自由度。

# 上篇

# 平坦空间中的协变微分学与广义协变微分学

# 第2章 自然标架与自然基矢量的Ricci变换

本章的主要内容是经典的，因而，描述从简，一笔带过。当然，读者也不要简单地认为，本章只是对经典内容的单纯罗列和重复。实际上，本章对经典内容的基本思想有所提炼，对基本概念稍微有所延伸，并力求推陈出新，以便与后续诸章有机衔接。

作者从历史中受到启示：物理和力学的诸多问题中，最难理解的问题之一，就是坐标。一旦对坐标理解透彻了，人类对物理学和力学问题的理解，就达到了新的境界；每次突破坐标，人类的思想，就飞跃到了新的高度。有鉴于此，作者对任何与坐标相关的概念，都不敢掉以轻心。

本章的内容，都与坐标相关。

与坐标相关，也就是与空间相关，因为空间是由坐标刻画的。读者联系一下“时空”概念，就知道坐标概念的“分量”了。

## 2.1 自然坐标下矢径微分中的不变性

三维平坦空间，建立曲线坐标系，取自然坐标 $x^i$。空间中任意一点 $x^i$ 的矢径为 $\boldsymbol{r}$。显然有

$$\boldsymbol{r}=\boldsymbol{r}(x^i) \tag{2.1}$$

同一个空间点 $p$，可以用老坐标 $x^i$ 标示，也可以用新坐标 $x^{i'}$ 标示。矢径 $\boldsymbol{r}$ 是矢量，其大小和方向与坐标的新老无关。即对于同一个空间点 $p$，不论在新坐标 $x^{i'}$ 下，还是在老坐标 $x^i$ 下，矢径 $\boldsymbol{r}$ 都是不变的矢量。于是式(2.1)可稍微扩展为

$$\boldsymbol{r}=\boldsymbol{r}(x^i)=\boldsymbol{r}(x^{i'}) \tag{2.2}$$

对式(2.2)取微分：

$$\mathrm{d}\boldsymbol{r}=\frac{\partial \boldsymbol{r}}{\partial x^i}\mathrm{d}x^i=\frac{\partial \boldsymbol{r}}{\partial x^{i'}}\mathrm{d}x^{i'} \tag{2.3}$$

老的协变基矢量 $\boldsymbol{g}_i$ 和新的协变基矢量 $\boldsymbol{g}_{i'}$ 分别定义为

$$\boldsymbol{g}_i \triangleq \frac{\partial \boldsymbol{r}}{\partial x^i}, \quad \boldsymbol{g}_{i'} \triangleq \frac{\partial \boldsymbol{r}}{\partial x^{i'}} \tag{2.4}$$

式(2.4)表明,只要选取了自然坐标线,则协变基矢量 $\boldsymbol{g}_i$ 就可以自然而然地被诱导出来。因而,协变基矢量也被称为自然基矢量。自然基矢量与坐标线相切。

在空间的每个点 $x^i$ 上,由自然基矢量 $\boldsymbol{g}_i$ 构成的局部标架,被称为自然标架。

式(2.3)重写为

$$\mathrm{d}\boldsymbol{r} = \boldsymbol{g}_i \mathrm{d}x^i = \boldsymbol{g}_{i'} \mathrm{d}x^{i'} \tag{2.5}$$

式(2.5)可以这样理解:它是线元矢量 $\mathrm{d}\boldsymbol{r}$ 分别在老协变基矢量 $\boldsymbol{g}_i$ 和新协变基矢量 $\boldsymbol{g}_{i'}$ 下的分解式,$\mathrm{d}x^i$ 是线元矢量 $\mathrm{d}\boldsymbol{r}$ 在老基矢量 $\boldsymbol{g}_i$ 下的分量;$\mathrm{d}x^{i'}$ 是线元矢量 $\mathrm{d}\boldsymbol{r}$ 在新基矢量 $\boldsymbol{g}_{i'}$ 下的分量。

尽管 $\mathrm{d}\boldsymbol{r}$ 是特殊矢量,但式(2.5)中已经包含了两种极其要紧且具有普遍性的不变性。一是广义对偶不变性,即 $\boldsymbol{g}_i$ 与 $\mathrm{d}x^i$(或 $\boldsymbol{g}_{i'}$ 与 $\mathrm{d}x^{i'}$)广义对偶不变地生成了矢量 $\mathrm{d}\boldsymbol{r}$。二是表观形式不变性,即在新、老坐标系下,矢量 $\mathrm{d}\boldsymbol{r}$ 的分解式 $\boldsymbol{g}_i \mathrm{d}x^i$ 和 $\boldsymbol{g}_{i'} \mathrm{d}x^{i'}$,在表观形式上完全一致。

广义对偶不变性和表观形式不变性,不仅是 $\mathrm{d}\boldsymbol{r}$ 的不变性质,而且是所有标量、矢量和张量共同的不变性质。在下一章,这一观念会得到发扬光大,其内涵会得到详细诠释。

我们还应形成这样的观念:$\mathrm{d}\boldsymbol{r}$ 的广义对偶不变性和表观形式不变性,是自然空间协变性的表现。当自然坐标从 $\mathrm{d}x^i$ 变换为 $\mathrm{d}x^{i'}$ 时,自然基矢量必须协同地由 $\boldsymbol{g}_i$ 变换为 $\boldsymbol{g}_{i'}$。只有这样,才能保证 $\mathrm{d}\boldsymbol{r}$ 整体的不变性。因此,我们有命题:

自然空间的协变性,就是自然基矢量协同自然坐标的变化而变化的性质。

## 2.2 逆变基矢量

由于自然坐标线 $x^i$ 客观实在,故协变基矢量 $\boldsymbol{g}_i$ 也客观实在。

对协变微分学而言,协变基矢量概念已经足够。但 Ricci 学派的过人之处在于,他们并没有满足于协变基矢量 $\boldsymbol{g}_i$,而是构造了另一个至关重要的概念,即逆变基矢量 $\boldsymbol{g}^j$。

如何引入逆变基矢量 $\boldsymbol{g}^j$?答案可谓见仁见智,没有定规。但 Ricci 学派的独到眼光在于,他们将引入逆变基矢量的支点,置于对偶不变性的基础之上:

$$\boldsymbol{g}_i \cdot \boldsymbol{g}^j = \delta_i^j \triangleq g_i^j \tag{2.6}$$

这里的 $\delta_i^j$,就是 Kronecker $\delta$。$g_i^j$ 的含义见下节。

历史上,很少有一种思想,能够像对偶思想那样,如此广泛而又深刻地塑造了自然科学的模样。尤其在我们的物理学和力学中,对偶思想的影响几乎随处可见。

本书将证实：正是对偶思想与自然标架的有机结合，奇迹般地拉开协变微分学演化的序幕。

很显然，与协变基矢量 $\boldsymbol{g}_i$ 的客观实在性不同，逆变基矢量 $\boldsymbol{g}^j$ 是个纯粹"虚构的"概念。读者一定会问：既然是虚构的，是否多此一举？答案是否定的。那么，Ricci 学派为什么要引入这个虚构的概念？答案如下：对偶不变性，能使协变微分学的运算达到致精致简。对偶思想一旦定量化、形式化，便体现为对偶的代数结构，而在各种常见的代数结构中，对偶的代数结构，无疑是最简单的。因此，看似多此一举，实则影响深远。

## 2.3　度量张量分量

$\mathrm{d}\boldsymbol{r}$ 对应的线元长度为 $\mathrm{d}s$，则有

$$(\mathrm{d}s)^2=\mathrm{d}\boldsymbol{r}\cdot\mathrm{d}\boldsymbol{r}=\boldsymbol{g}_i\mathrm{d}x^i\cdot\boldsymbol{g}_j\mathrm{d}x^j=g_{ij}\mathrm{d}x^i\mathrm{d}x^j \tag{2.7}$$

引入度量张量 $\boldsymbol{G}$：

$$\boldsymbol{G}=g_{ij}\boldsymbol{g}^i\boldsymbol{g}^j=g^{ij}\boldsymbol{g}_i\boldsymbol{g}_j=g_i^j\boldsymbol{g}^i\boldsymbol{g}_j=g_j^i\boldsymbol{g}_i\boldsymbol{g}^j \tag{2.8}$$

其中：

$$g_{ij}\triangleq\boldsymbol{g}_i\cdot\boldsymbol{g}_j \tag{2.9}$$

$$g^{ij}\triangleq\boldsymbol{g}^i\cdot\boldsymbol{g}^j \tag{2.10}$$

$g_{ij}$ 是度量张量 $\boldsymbol{G}$ 的协变分量，$g^{ij}$ 是度量张量 $\boldsymbol{G}$ 的逆变分量。$g_i^j$ 是度量张量 $\boldsymbol{G}$ 的混变分量，其定义式见式(2.6)。

显然，$\boldsymbol{G}$ 之所以被称为度量张量，是因为它具有度量长度的功能。在自然科学的所有学科中，如何度量长度，都是具有基本重要性的头等大事。不难想象，任何一个学科，一旦长度度量错了，学科的根基就坍塌了。

注意到，式(2.7)中的 $(\mathrm{d}s)^2$ 是标量，因此我们说，$g_{ij}$ 与 $\mathrm{d}x^i\mathrm{d}x^j$ 对偶不变地生成了标量 $(\mathrm{d}s)^2$。同理，式(2.8)中，$g_{ij}$ 与 $\boldsymbol{g}^i\boldsymbol{g}^j$ 广义对偶不变地生成了张量 $\boldsymbol{G}$。

## 2.4　基矢量的指标变换

对偶的协变基矢量与逆变基矢量之间存在如下指标变换：

$$\boldsymbol{g}_i=g_{ij}\boldsymbol{g}^j,\quad \boldsymbol{g}^j=g^{ji}\boldsymbol{g}_i \tag{2.11}$$

张量分析中，式(2.11)常被称为对偶基矢量之间的指标升降关系。很显然，指标升降关系的本质，就是广义对偶不变性。

为方便起见，我们将式(2.11)称为"基矢量的指标变换"。

协变基矢量 $\boldsymbol{g}_i$ 本身是一个代数结构。逆变基矢量 $\boldsymbol{g}^j$ 本身也是一个代数结构。由于协变基矢量 $\boldsymbol{g}_i$ 与逆变基矢量 $\boldsymbol{g}^j$ 对偶，故它们的代数结构也对偶。具体表现在：

$$g_{ij}g^{jk}=\delta_i^k=g_i^k \tag{2.12}$$

## 2.5 协变基矢量的坐标变换

将式(2.5)中的表观形式不变性单独罗列如下：

$$\boldsymbol{g}_i \mathrm{d}x^i=\boldsymbol{g}_{i'}\mathrm{d}x^{i'} \tag{2.13}$$

这是本节分析的出发点。

式(2.13)中的表观形式不变性，可以在新、老坐标系下，诱导出基矢量之间的坐标变换关系。由新、老坐标之间的变换关系，即 $x^i=x^i(x^{i'})$ 和 $x^{i'}=x^{i'}(x^i)$，可得

$$\mathrm{d}x^i=\frac{\partial x^i}{\partial x^{i'}}\mathrm{d}x^{i'}\triangleq\beta_{i'}^i\mathrm{d}x^{i'},\quad \mathrm{d}x^{i'}=\frac{\partial x^{i'}}{\partial x^i}\mathrm{d}x^i\triangleq\beta_i^{i'}\mathrm{d}x^i \tag{2.14}$$

其中，坐标变换系数 $\beta_i^{i'}$，$\beta_{i'}^i$ 定义为

$$\beta_i^{i'}\triangleq\frac{\partial x^{i'}}{\partial x^i},\quad \beta_{i'}^i\triangleq\frac{\partial x^i}{\partial x^{i'}} \tag{2.15}$$

由式(2.15)可以导出：

$$\beta_j^{i'}\beta_{k'}^j=\frac{\partial x^{i'}}{\partial x^j}\cdot\frac{\partial x^j}{\partial x^{k'}}=\delta_{k'}^{i'}=g_{k'}^{i'},\quad \beta_{j'}^i\beta_k^{j'}=\frac{\partial x^i}{\partial x^{j'}}\cdot\frac{\partial x^{j'}}{\partial x^k}=\delta_k^i=g_k^i \tag{2.16}$$

即坐标变换系数 $\beta_i^{i'}$ 满足对偶关系。

式(2.13)、式(2.14)联立，可得

$$\boldsymbol{g}_i=\beta_i^{i'}\boldsymbol{g}_{i'},\quad \boldsymbol{g}_{i'}=\beta_{i'}^i\boldsymbol{g}_i \tag{2.17}$$

由式(2.17)可以导出：

$$\beta_i^{i'}=\boldsymbol{g}_i\cdot\boldsymbol{g}^{i'},\quad \beta_{i'}^i=\boldsymbol{g}_{i'}\cdot\boldsymbol{g}^i \tag{2.18}$$

如果说，式(2.15)是坐标变换系数 $\beta_i^{i'}$，$\beta_{i'}^i$ 的定义式，那么，式(2.18)就可以视为 $\beta_i^{i'}$，$\beta_{i'}^i$ 定义式的等价形式。

## 2.6 逆变基矢量的坐标变换

假设新、老逆变基矢量之间满足如下变换：

$$\boldsymbol{g}^j=\kappa_{j'}^j\boldsymbol{g}^{j'},\quad \boldsymbol{g}^{j'}=\kappa_j^{j'}\boldsymbol{g}^j \tag{2.19}$$

式(2.19)与式(2.17)做内积：

$$\boldsymbol{g}_i\cdot\boldsymbol{g}^j=\beta_i^{i'}\kappa_{j'}^j\boldsymbol{g}_{i'}\cdot\boldsymbol{g}^{j'},\quad \boldsymbol{g}_{i'}\cdot\boldsymbol{g}^{j'}=\beta_{i'}^i\kappa_j^{j'}\boldsymbol{g}_i\cdot\boldsymbol{g}^j \tag{2.20}$$

式(2.20)进一步写成：

$$\delta_i^j=\beta_i^{i'}\kappa_{j'}^j\delta_{i'}^{j'},\quad \delta_{i'}^{j'}=\beta_{i'}^i\kappa_j^{j'}\delta_i^j \tag{2.21}$$

亦即

$$\delta_i^j=\beta_i^{i'}\kappa_{i'}^j,\quad \delta_{i'}^{j'}=\beta_{i'}^i\kappa_i^{j'} \tag{2.22}$$

对比式(2.16)和式(2.22)，可知：

$$\kappa_{i'}^{j}=\beta_{i'}^{j},\quad \kappa_{i}^{j'}=\beta_{i}^{j'} \tag{2.23}$$

于是式(2.19)可以写成：

$$\boldsymbol{g}^{j}=\beta_{j'}^{j}\boldsymbol{g}^{j'},\quad \boldsymbol{g}^{j'}=\beta_{j}^{j'}\boldsymbol{g}^{j} \tag{2.24}$$

为方便起见，我们将式(2.17)和式(2.24)称为“基矢量的坐标变换”。很显然，坐标变换的本质，就是表观形式不变性。

更进一步，将“基矢量的指标变换”和“基矢量的坐标变换”，统称为“基矢量的Ricci 变换”。

再次强调：基矢量的 Ricci 变换的本质，是线元矢量 d$\boldsymbol{r}$ 的广义对偶不变性和表观形式不变性。

我们也可以这样说：基矢量的 Ricci 变换，是自然空间协变性的体现。

在结束本节时，作者提出一个问题，请读者思考：坐标变换系数 $\beta_{i}^{i'}$ 是张量分量吗？

这个问题，听起来有点儿傻，是不是？

1985 年秋天，作者正在攻读硕士学位。当时，学习张量分析，强烈地感觉到，坐标变换系数 $\beta_{i}^{i'}$ 与张量分量，在行为上十分相似。然而，在形式上，$\beta_{i}^{i'}$ 完全不符合张量分量的定义。30 多年来，这个问题时常萦绕在心头，挥之不去。读者也许会说，对于这样似是而非、且“听起来有点儿傻”的问题，有何可值得纠结的？阅读了后续的内容，你就理解问题的价值了。

那么，坐标变换系数 $\beta_{i}^{i'}$ 到底是不是张量分量？2014 年之前，作者的答案一直是倾向于否定的。2014 年之后，随着对协变性认识的深入，作者的看法彻底被颠覆了。

## 2.7　度量张量的杂交分量

经典协变微分学中，没有杂交分量这样的概念。作者引入这个概念，并非多此一举，更非标新立异，而是出于“客观需求”——解释坐标变换系数 $\beta_{i}^{i'}$ 的张量性。

线元矢量 d$\boldsymbol{r}$ 的长度 d$s$ 也可这样刻画：

$$(\mathrm{d}s)^{2}=\mathrm{d}\boldsymbol{r}\cdot\mathrm{d}\boldsymbol{r}=\boldsymbol{g}_{i}\mathrm{d}x^{i}\cdot\boldsymbol{g}_{j'}\mathrm{d}x^{j'}=g_{ij'}\mathrm{d}x^{i}\mathrm{d}x^{j'} \tag{2.25}$$

其中

$$g_{ij'}\triangleq\boldsymbol{g}_{i}\cdot\boldsymbol{g}_{j'} \tag{2.26}$$

请读者注意：式(2.25)中矢径的两个微分 d$\boldsymbol{r}$，一个被表达在老坐标系下，即 $\mathrm{d}\boldsymbol{r}=\boldsymbol{g}_{i}\mathrm{d}x^{i}$，另一个被表达在新坐标系下，即 $\mathrm{d}\boldsymbol{r}=\boldsymbol{g}_{i'}\mathrm{d}x^{i'}$。这当然不会有任何问题，因为不论是作者，还是读者，都有绝对的自由和权利这么做。

式(2.25)中，$g_{ij'}$ 与 $\mathrm{d}x^{i}\mathrm{d}x^{j'}$ 对偶不变地生成了$(\mathrm{d}s)^{2}$。比较式(2.7)和式(2.25)，我们看到了表观形式不变性。

式(2.26)中,由内积运算的可交换性,即

$$\boldsymbol{g}_i \cdot \boldsymbol{g}_{j'} = \boldsymbol{g}_{j'} \cdot \boldsymbol{g}_i \tag{2.27}$$

可知存在如下对称性:

$$g_{ij'} = g_{j'i} \tag{2.28}$$

正如 $g_{ij}$ 被称为度量张量 $\boldsymbol{G}$ 的协变分量,$g_{ij'}$ 被称为度量张量 $\boldsymbol{G}$ 的杂交协变分量。之所以这样命名,是基于如下考虑。

式(2.8)中,度量张量 $\boldsymbol{G}$ 被表达在了老坐标系下。当然,$\boldsymbol{G}$ 也可以被表达在新坐标系下。最一般的情形是,$\boldsymbol{G}$ 还可以被表达在新、老杂交坐标系下:

$$\boldsymbol{G} = g_{ij'}\boldsymbol{g}^i\boldsymbol{g}^{j'} = g^{ij'}\boldsymbol{g}_i\boldsymbol{g}_{j'} = g_i^{j'}\boldsymbol{g}^i\boldsymbol{g}_{j'} = g_{j'}^{i}\boldsymbol{g}_i\boldsymbol{g}^{j'} \tag{2.29}$$

就作者所知,类似于式(2.29)的见解尚未见诸于文献。这虽然是一个颇为大胆的想法,但并不离谱。

式(2.29)中,$g_{ij'}$ 与 $\boldsymbol{g}^i\boldsymbol{g}^{j'}$ 广义对偶不变地生成了 $\boldsymbol{G}$。比较式(2.8)和式(2.29),我们看到了表观形式不变性。

度量张量分量 $g_{ij}$,仅仅是度量张量杂交分量 $g_{ij'}$ 的特例。实际上,如果将 $\boldsymbol{g}^{j'}$ 取为 $\boldsymbol{g}^j$,将 $\boldsymbol{g}_{j'}$ 取为 $\boldsymbol{g}_j$,则度量张量的杂交分量 $g_{ij'}$,就退化为度量张量分量 $g_{ij}$。

读者会问:"这不还是多此一举吗?"也许,看完后面的内容,读者就不会这么问了。

先看式(2.29)的第一个等式。将其做内积:

$$\boldsymbol{g}_k \cdot \boldsymbol{G} = \boldsymbol{g}_k \cdot g_{ij'}\boldsymbol{g}^i\boldsymbol{g}^{j'} \tag{2.30}$$

度量张量 $\boldsymbol{G}$ 是单位张量,于是,式(2.30)给出:

$$\boldsymbol{g}_i = g_{ij'}\boldsymbol{g}^{j'} \tag{2.31}$$

式(2.31)显示,度量张量的杂交协变分量 $g_{ij'}$ 具有两个功能:一是降指标,二是坐标变换。

式(2.31)两端与 $\boldsymbol{g}_{k'}$ 做内积,便可得到式(2.26)。

同理,式(2.29)的第二个等式可以导出:

$$\boldsymbol{g}^i = g^{ij'}\boldsymbol{g}_{j'} \tag{2.32}$$

$$g^{ij'} = \boldsymbol{g}^i \cdot \boldsymbol{g}^{j'} \tag{2.33}$$

式(2.32)显示,度量张量的杂交逆变分量 $g^{ij'}$ 具有两个功能:一是升指标,二是坐标变换。式(2.33)预示着如下指标对称性:

$$g^{ij'} = g^{j'i} \tag{2.34}$$

再看式(2.29)的第三个等式:

$$\boldsymbol{G} = g_i^{j'}\boldsymbol{g}^i\boldsymbol{g}_{j'} \tag{2.35}$$

式(2.35)两端做内积:

$$\boldsymbol{g}_k \cdot \boldsymbol{G} = \boldsymbol{g}_k \cdot g_i^{j'}\boldsymbol{g}^i\boldsymbol{g}_{j'} \tag{2.36}$$

式(2.36)可导出:

$$\boldsymbol{g}_i = g_i^{j'}\boldsymbol{g}_{j'} \tag{2.37}$$

式(2.37)两端做内积：

$$g_i^{j'}=\boldsymbol{g}_i\cdot\boldsymbol{g}^{j'} \tag{2.38}$$

同理，式(2.29)的第四个等式给出：

$$\boldsymbol{g}^i=g_{j'}^i\boldsymbol{g}^{j'} \tag{2.39}$$

$$g_{j'}^i=\boldsymbol{g}^i\cdot\boldsymbol{g}_{j'} \tag{2.40}$$

式(2.37)和式(2.39)显示：度量张量的杂交混变分量 $g_i^{j'}$ 和 $g_{j'}^i$ 居然有坐标变换功能！的确，如果比较式(2.37)～式(2.40)和式(2.17)、式(2.18)、式(2.24)，即可得

$$g_i^{j'}=\beta_i^{j'},\quad g_{j'}^i=\beta_{j'}^i \tag{2.41}$$

这是个相当美妙的结果！

## 2.8　统一的 Ricci 变换

于是，基于式(2.41)，自然基矢量的坐标变换就可以写成：

$$\boldsymbol{g}_i=g_i^{i'}\boldsymbol{g}_{i'},\quad \boldsymbol{g}_{i'}=g_{i'}^i\boldsymbol{g}_i \tag{2.42}$$

$$\boldsymbol{g}^j=g_{j'}^j\boldsymbol{g}^{j'},\quad \boldsymbol{g}^{j'}=g_j^{j'}\boldsymbol{g}^j \tag{2.43}$$

由此，我们有命题：

坐标变换系数 $\beta_i^{j'}$，本质上就是度量张量的杂交分量 $g_i^{j'}$。

作者对这个命题多少有些感到惊奇。在作者的传统观念里，坐标变换系数和度量张量分量，是两个完全无关的概念。现在我们知道，它们本质上是“同一个”概念。

基于该命题，立即可以推知：基矢量的坐标变换，与基矢量的指标变换，本质上是一回事。确切地说，指标变换就是坐标变换的特例。

这个推论颇为出人预料。在作者的传统观念中，坐标变换与指标变换，是两个完全不同的变换。现在我们可以肯定地说，本质上，这是两个完全“相同”的变换。或者说，坐标变换与指标变换，本质上就是“同一个”变换。

基于上述命题，基矢量的 Ricci 变换，就可以统一地写成：

$$\boldsymbol{g}_i=g_{ij'}\boldsymbol{g}^{j'},\quad \boldsymbol{g}^{j'}=g^{j'i}\boldsymbol{g}_i \tag{2.44}$$

$$\boldsymbol{g}_{i'}=g_{i'j}\boldsymbol{g}^j,\quad \boldsymbol{g}^j=g^{ji'}\boldsymbol{g}_{i'} \tag{2.45}$$

注意到，借助度量张量的杂交分量，基矢量的指标升降变换和坐标变换，可以在一个式子中同时完成。

式(2.42)～式(2.45)表明，新、老基矢量，是完全平等的。所谓的新、老基矢量，仅仅是名称上的区别。一个基矢量，到底是被称为“新的”，还是被叫做“老的”，全凭读者的“好恶”。

## 2.9 度量张量的两点分量

这一节可以视为上述诸节的“翻版”。

两点张量，是前辈力学家郭仲衡先生在平坦空间中定义的概念。这是一个非常漂亮的概念。

线元矢量 $\mathrm{d}\boldsymbol{r}$ 也可这样刻画：$\mathrm{d}\boldsymbol{r}$ 在平坦空间可以随意地平移，而不改变大小和方向。$\mathrm{d}\boldsymbol{r}$ 可以被平移到点 $A$，也可以被平移到点 $B$。因此，它可以被表达在点 $A$ 的局部标架($\boldsymbol{g}_i$)下，也可以被表达在点 $B$ 的局部标架($\boldsymbol{g}_J$)下：

$$\mathrm{d}\boldsymbol{r}=\boldsymbol{g}_i\mathrm{d}x^i=\boldsymbol{g}_J\mathrm{d}x^J \tag{2.46}$$

式(2.46)中，我们依旧看到广义对偶不变性和表观形式不变性。

于是线元矢量 $\mathrm{d}\boldsymbol{r}$ 对应的长度 $\mathrm{d}s$，就可以写成：

$$(\mathrm{d}s)^2=\mathrm{d}\boldsymbol{r}\cdot\mathrm{d}\boldsymbol{r}=\boldsymbol{g}_i\mathrm{d}x^i\cdot\boldsymbol{g}_J\mathrm{d}x^J=g_{iJ}\mathrm{d}x^i\mathrm{d}x^J \tag{2.47}$$

其中

$$g_{iJ}\triangleq\boldsymbol{g}_i\cdot\boldsymbol{g}_J \tag{2.48}$$

式(2.47)中，$g_{iJ}$ 与 $\mathrm{d}x^i\mathrm{d}x^J$ 对偶不变地生成了$(\mathrm{d}s)^2$。

式(2.48)中，由内积运算的可交换性，即 $\boldsymbol{g}_i\cdot\boldsymbol{g}_J=\boldsymbol{g}_J\cdot\boldsymbol{g}_i$，可知存在如下对称性：

$$g_{iJ}=g_{Ji} \tag{2.49}$$

$g_{iJ}$ 被称为度量张量 $\boldsymbol{G}$ 的两点协变分量。一般情况下，$\boldsymbol{G}$ 还可以被表达在两点标架下：

$$\boldsymbol{G}=g_{iJ}\boldsymbol{g}^i\boldsymbol{g}^J=g^{iJ}\boldsymbol{g}_i\boldsymbol{g}_J=g_i^J\boldsymbol{g}^i\boldsymbol{g}_J=g_J^i\boldsymbol{g}_i\boldsymbol{g}^J \tag{2.50}$$

且有

$$g^{iJ}=\boldsymbol{g}^i\cdot\boldsymbol{g}^J,\quad g_i^J=\boldsymbol{g}_i\cdot\boldsymbol{g}^J,\quad g_J^i=\boldsymbol{g}^i\cdot\boldsymbol{g}_J \tag{2.51}$$

式(2.50)中，$g_{iJ}$ 与 $\boldsymbol{g}^i\boldsymbol{g}^J$ 广义对偶不变地生成了 $\boldsymbol{G}$。在看到广义对偶不变性的同时，我们还看到表观形式不变性。

平坦空间中，度量张量的杂交分量 $g_{ij'}$ 与度量张量两点分量 $g_{iJ}$，可以看作是等价的概念。实际上，如果点 $A$ 和点 $B$ 重合，且将 $\boldsymbol{g}^J$ 取为 $\boldsymbol{g}^{j'}$，将 $\boldsymbol{g}_J$ 取为 $\boldsymbol{g}_{j'}$，则度量张量的两点分量 $g_{iJ}$，就退化为度量张量的杂交分量 $g_{ij'}$。

当然，上述等价性仅限于平坦空间。只有在平坦空间中，矢量 $\mathrm{d}\boldsymbol{r}$ 才具有平移不变性。

## 2.10 本章注释

“自然标架+广义对偶”作为展示自然空间协变性的“核心技术”，将贯穿本书始终。

作者认为，采用什么标架，是研究者的自由。然而，在不同的标架下，理论的复杂程度是不同的。但作者认为，在各种可能的标架中，自然标架应该是“最自然”的。

在自然标架下，矢量或张量的分解式，才可能有广义对偶表示。其他标架下，很难展示出广义对偶不变性。没有自然标架，就没有广义对偶不变性。

作者认为，空间美丽的协变不变性质，只有通过“自然标架＋广义对偶不变性”，才能得到极致的展示。这一观点虽然过多地揉进了作者的个人喜好，但随着后续章节的展开，其客观性会逐步地得到确认。

有一个问题，看似无聊，但细思之下，颇具深意：是自然标架塑造了空间的协变不变性质，还是空间的协变不变性质通过自然标架被展示了出来？作者倾向于后者。协变性，是空间的本征性质。空间的协变不变性质，是客观的，与标架无关。然而，自然标架极其独特之处在于，它是展示时空协变不变性质的最佳选择。正如神奇的微观世界，只有在合适的显微镜下，才能得到最佳展示一样。

至此，我们能够理解，广义相对论为什么要把物理学规律的协变不变性置于至高无上的地位：因为自然空间是协变的。

总之，选择自然标架是件幸运的事。注意到，Gauss 和 Riemann 的传统，本质上是自然标架的传统。

我们再提一个问题：除了简化张量运算，Ricci 引进的对偶变换是否还有更深层次的含义？

今天看来，答案当然是肯定的。随着对偶变换的建立，Ricci 将对偶思想的“基因”，植入了协变微分学的基础之内。作者推测，Ricci 自己可能都没有认识到对偶变换潜在的深刻影响。否则，他在构建协变微分学体系时，决不会舍弃基矢量——失去了基矢量，对偶思想的威力就大打折扣了。

历史地看，Ricci 学派开启了这样的可能性：将对偶思想作为主导思想，使之贯穿协变微分学，进而将协变微分学锻造成对偶的分析学系统。然而，这可能性没有成为现实，因为他们没有将对偶思想进行到底。

当然，始终贯穿对偶思想，并不容易，起码需要将“对偶”观念进一步延拓：不仅要将经典的“对偶”概念，拓展为“广义对偶”概念，而且要将“广义对偶”概念，由张量的代数学扩展到张量的分析学。这体现在后续的诸章中。

杂交分量概念带来了新的变化。本章只涉及度量张量的杂交分量。后续的章节将会涉及一般张量的杂交分量。这带来启示：即使最经典的概念，只要稍微改变一下视角，就会引出新意。

从现在起，本书不再采用“坐标变换系数”概念，而代之以“度量张量的杂交分量”概念。于是，本书刻画的协变微分学中，减少了一个基本概念——坐标变换系数，同时增加了一个基本概念——度量张量的杂交分量。这种概念上的增减“游戏”，完全出自作者的个人喜好。这似乎无关宏旨。然而，读者最终会发现，这个增减，极大地提升了协变微分学的统一性。

在结束本节时，作者释出如下疑惑，与读者分享。度量张量分量 $g_{ij}$ 与坐标变换系数 $\beta_i^{i'}$，本是同一个概念，但为什么先驱们给二者起了两个不同的名字？类似地，指标变换与坐标变换本是同一个变换，但为什么先驱们将二者表达成了不同的变换？

作为先驱们的仰慕者和追随者，我们为什么都认为这是天经地义的？

作者自己也很沮丧：为什么这么晚才意识到二者的一致性？

教学过程中，作者曾经尝试了如下测试题：坐标变换系数 $\beta_i^{i'}$ 是张量分量吗？读者肯定记得，在 2.6 节结束时，作者已经提出过这个问题。

如此“怪异”的问题，博士生们给不出确切的答案。大多数人给出否定的答案。面对莫衷一是的答案，作者犯难了。最后，不论是肯定的答案，还是否定的答案，只要说出“道理”，都算正确，都给满分。读者肯定会说：“这太不严肃了”。的确，这道测试题完全是“灵机一动”的产物，作者自己都没有把握。

当时，作者凭直觉意识到，坐标变换系数 $\beta_i^{i'}$ 好像是张量分量，但又给不出确凿的证据——当时作者并没有“杂交分量”概念。实际上，如果没有“度量张量的杂交分量”概念，这道测试题是很难回答的——实际上，根本就无法回答。

概念的抽象，永远是困难的事情。作者抽象出“杂交分量”和“杂交张量”概念时，已经是 2015 年的事了。

数学家们时常调侃：“数学的使命，就是给不同的事物起相同的名字。”两个事物，差别可能很大，然而，一旦抽象掉内容，仅仅保留形式，则二者的共性就显示出来了。此时，根据共性，起相同的名字，就是顺理成章的事了。

然而，在具体的学科中，或者在不同的学科中，我们一不小心，就会“反其道而行之”——给本质上相同的事物，起了不同的名字。请读者回忆一下：比坐标变换系数 $\beta_i^{i'}$ 更经典的概念，是 Jacob 变换或 Jacob 矩阵，简称 Jacob。Jacob 出现在很多学科中，它几乎存在于有限元和边界元的每一个“角落”。从坐标变换的角度看，Jacob 与 $\beta_i^{i'}$ 本质上是一回事。遗憾的是，我们却给它们起了非常不同的名字。

作者有如下通俗的解释：两个事物，如果相互之间的“距离”太远，或者距离我们的眼睛太远，则我们的眼睛可能看不到二者之间的相互联系。反过来，两个事物，如果相互之间的“距离”太近，或者距离我们的眼睛太近，则我们的眼睛也可能分辨不出二者之间的相互联系。

思维的惯性，实在太大了。当所有人的思维都被“调制”到同一个方向时，思维的惯性，会达到无限大。

新坐标，老坐标，新基矢量，老基矢量，这些概念都很简洁，都不可或缺。然而，先驱们在提出这些概念时，不经意地挖下了很深的陷阱，掉下去之后，就很难爬出来了。

可是，这能怪谁呢？谁知道那里会有坑儿？

要避免“灯下黑”，实在太难了。

“灯下黑”带来的影响是深远的。在后续的章节中，我们会证实：度量张量的杂交分量具有极漂亮的协变微分学性质。然而，过去的岁月中，读者肯定都不知道，坐标变换系数 $\beta_i^{i'}$ 或 Jacob 竟然也有如此漂亮的性质！这意味着什么？读者稍微思考一下，就会有答案。想想看，我们在做非线性或大变形问题的数值分析中，有哪些计算，不与 Jacob 相关？我们走了多少弯路呀？真够冤的！

“坐标变换系数是否为张量分量”的问题，至此有了肯定的答案。当然，追寻答案之路并不唯一。如果直接从坐标变换系数入手，“自下而上”地探索，很可能找不到答案。本章则“反其道而行之”，自上而下地探索，通过“度量张量的杂交分量”概念，直达了问题的本质。

张量的杂交分量或杂交张量的一般概念，会在下一章中定义。

# 第3章 分量与广义分量的Ricci变换

前一章回顾了基矢量的Ricci变换，本章将回顾分量的Ricci变换。

本章将传递这样的基本思想：基矢量的性质是基础。基矢量的任何性质，都将通过广义对偶不变性和表观形式不变性，传递给分量。Ricci变换作为基矢量最基本的性质，当然也会被传递给分量。

回顾分量的Ricci变换，仅仅是本章的目的之一。目的之二，是统一基矢量和分量，进而引出广义分量概念。注意到，追求统一性，虽然是本书的总体目标之一，但统一性的思想，却要在每一个章节中体现出来。

广义分量是一个新概念。这个新概念，表面上看，似乎是在Ricci的思想体系之内生长出来的，但其深层的思想基础，并非来自于Ricci，而是引自于外部，这就是Hilbert的形式主义思想和Bourbaki的结构化思想。

## 3.1 矢量的分解式

为便于理解，先简要列出前章的内容。前一章涉及了线元矢量 $\mathrm{d}\boldsymbol{r}$：

$$\mathrm{d}\boldsymbol{r}=\boldsymbol{g}_i\mathrm{d}x^i=\boldsymbol{g}_{i'}\mathrm{d}x^{i'} \tag{3.1}$$

如前章所述，$\mathrm{d}\boldsymbol{r}$ 具有两大基本不变性质，即广义对偶不变性和表观形式不变性。$\mathrm{d}\boldsymbol{r}$ 的广义对偶不变性诱导出了基矢量的指标升降变换：

$$\boldsymbol{g}_i=g_{ij}\boldsymbol{g}^j,\quad \boldsymbol{g}^j=g^{ji}\boldsymbol{g}_i \tag{3.2}$$

而 $\mathrm{d}\boldsymbol{r}$ 的表观形式不变性诱导出了基矢量的坐标变换：

$$\boldsymbol{g}_i=g_i^{i'}\boldsymbol{g}_{i'},\quad \boldsymbol{g}^j=g_{j'}^{j}\boldsymbol{g}^{j'} \tag{3.3}$$

上述思想，可以从线元矢量 $\mathrm{d}\boldsymbol{r}$ 推广至一般矢量 $\boldsymbol{u}$。

矢量 $\boldsymbol{u}$ 在老、新基矢量下的分解式分别为

$$\boldsymbol{u}=u_i\boldsymbol{g}^i=u^j\boldsymbol{g}_j \tag{3.4}$$

$$\boldsymbol{u}=u_{i'}\boldsymbol{g}^{i'}=u^{j'}\boldsymbol{g}_{j'} \tag{3.5}$$

一旦基矢量有了协变和逆变之分，则矢量 $\boldsymbol{u}$ 的分量也必将有协变和逆变

之分。如果说，协变基矢量 $\boldsymbol{g}_j$ 是客观实在，那么，逆变分量 $u^j$ 也是客观实在。如果说，逆变基矢量 $\boldsymbol{g}^i$ 是虚构的概念，那么，协变分量 $u_i$ 也是虚构的概念。

协变和逆变概念，是天才的思想飞跃；而“一上一下”的哑指标配置，则是极具想象力的形式化技巧。Ricci 等先驱们对矢量的这种形式化处理，其重要性怎样评价都不过分。

与线元矢量 $\mathrm{d}\boldsymbol{r}$ 类似，式(3.4)和式(3.5)中的一般矢量 $\boldsymbol{u}$ 中也包含两种具有普遍意义的不变性。第2章中，线元矢量 $\mathrm{d}\boldsymbol{r}$ 的两大基本不变性，诱导出了基矢量的 Ricci 变换；本章中，一般矢量 $\boldsymbol{u}$ 的两大基本不变性，则将基矢量的 Ricci 变换，传导为分量的 Ricci 变换。

## 3.2 矢量分解式中的广义对偶不变性

本节先看“广义对偶”不变性。注意到，矢量 $\boldsymbol{u}$ 是与坐标无关的不变量。因此，尽管基矢量 $\boldsymbol{g}_j(\boldsymbol{g}^i)$ 与坐标相关，分量 $u^j(u_i)$ 也与坐标相关，但 $u^j\boldsymbol{g}_j(u_i\boldsymbol{g}^i)$ 却与坐标无关。或者说，$u^j$ 与 $\boldsymbol{g}_j$($u_i$ 与 $\boldsymbol{g}^i$)“广义对偶”地生成了与坐标无关的不变量 $\boldsymbol{u}$。

第2章和本章的“广义对偶”，都是经典(或狭义)对偶的对应物。但二者很不相同。经典对偶的双方，都是同一个集合中的元素。例如，协变基矢量 $\boldsymbol{g}_j$ 和逆变基矢量 $\boldsymbol{g}^i$ 有共性，即它们都是基矢量集合中的元素。相反，广义对偶的双方，例如 $u^j$、$\boldsymbol{g}_j$，或 $u_i$、$\boldsymbol{g}^i$ 有差别，即它们分属不同的集合：$u^j(u_i)$ 属于分量集合，而 $\boldsymbol{g}_j(\boldsymbol{g}^i)$ 属于基矢量集合。“广义”一词体现了此差别。

如上所述，$\mathrm{d}\boldsymbol{r}$ 的广义对偶不变性，诱导出了基矢量的指标升降变换(式(3.2))；而 $\boldsymbol{u}$ 的广义对偶不变性，又将基矢量的指标升降变换的代数结构，传导给了分量。于是就有了分量的指标升降变换：

$$u_i = g_{ij}u^j,\quad u^j = g^{ji}u_i \tag{3.6}$$

我们把式(3.6)称为“分量的指标变换”。很显然，分量指标变换的本质，仍然是广义对偶不变性。

## 3.3 矢量分解式中的表观形式不变性

比较式(3.4)和式(3.5)，可以看出，矢量的分解式在新、老坐标系下的表观形式完全一致，我们称之为矢量 $\boldsymbol{u}$ 的“表观形式不变性”。矢量 $\boldsymbol{u}$ 的表观形式不变性可以确切地表示成：

$$u_i\boldsymbol{g}^i = u_{i'}\boldsymbol{g}^{i'} = u^j\boldsymbol{g}_j = u^{j'}\boldsymbol{g}_{j'} \tag{3.7}$$

如上所述，$\mathrm{d}\boldsymbol{r}$ 的表观形式不变性，诱导出了基矢量的坐标变换；而 $\boldsymbol{u}$ 的表观形式不变性，又将基矢量的坐标变换，传导为分量的坐标变换：

$$u_i = g_i^{i'}u_{i'},\quad u^j = g_{j'}^{j}u^{j'} \tag{3.8}$$

换言之，分量坐标变换的本质，仍然是表观形式不变性。

为方便起见，我们将“分量的指标变换”和“分量的坐标变换”，统称为“分量的 Ricci 变换”。请读者形成如下观念：

分量满足 Ricci 变换的性质，称为分量的协变性。

我们有以下说法：

分量的协变性，就是分量协同基矢量的变化而变化的性质；

分量的协变性，本质上是矢量的广义对偶不变性和表观形式不变性；

分量的协变性，保证了矢量实体的不变性或坐标无关性。

分量的协变性，是自然空间协变性的延伸。

协变性思想，是 Ricci 学派的伟大创造，是 Ricci 的协变微分学的灵魂。协变性思想，也是贯穿本书始终的基本思想。

Ricci 学派虽然发展了协变性思想，但并没有将其进行到底。本书将继承 Ricci 学派的传统，将协变性思想，发展到极致。

## 3.4 矢量的 Ricci 变换群

正如导言指出的那样，Ricci 在协变微分学中舍弃了基矢量。现在，我们反其道而行之，不仅要把基矢量请回来，而且要赋予其与分量平起平坐的地位。

为此，我们紧盯住基矢量的 Ricci 变换和分量的 Ricci 变换。尽管二者都是经典的，但对比之下，则变换之间漂亮的对称性便一览无余。

对比式(3.2)和式(3.6)，基矢量和分量的指标变换，解析结构显示出绝对的对称性。如上所述，基矢量的指标变换，源自线元矢量 $\mathrm{d}\boldsymbol{r}$ 的广义对偶不变性；而分量的指标变换，源自矢量 $\boldsymbol{u}$ 的广义对偶不变性。因此我们说，所有的指标变换，都有共同的基础，即广义对偶不变性；所有对称的解析结构，都有共同的起源，即广义对偶不变性。

对比式(3.3)和式(3.8)，基矢量和分量的坐标变换，解析结构也显示出绝对的对称性。如上所述，基矢量的坐标变换，源自线元矢量 $\mathrm{d}\boldsymbol{r}$ 的表观形式不变性；分量的坐标变换，源自一般矢量 $\boldsymbol{u}$ 的表观形式不变性。因此我们说，所有的坐标变换，都有共同的基础，即表观形式不变性；所有对称的解析结构，都有共同的起源，即表观形式不变性。

对称性的出现，是对偶不变性和形式不变性的必然结果。其中的基本逻辑如下：若 $A$ 与 $B$ 对偶，$B$ 与 $C$ 对偶，则 $A$ 与 $C$ 对称。具体地说，$\boldsymbol{g}_i$ 与 $\boldsymbol{g}^i$ 对偶，$\boldsymbol{g}^i$ 与 $u_i$ 广义对偶，则 $\boldsymbol{g}_i$ 与 $u_i$ 对称。

所有 Ricci 变换的集合，构成一个群，我们称之为 Ricci 变换群。显然，Ricci 变换群包含两个子群，即基矢量的 Ricci 变换群和分量的 Ricci 变换群。而两个子群，具有极漂亮的对称性。

基矢量的 Ricci 变换群，构成一个代数结构；分量的 Ricci 变换群，也构成一个代数结构。显然，两个代数结构完全相同。

## 3.5　张量分解式中的不变性与 Ricci 变换群

本节将证实：上述思想具有普遍性。为简单起见，我们考查二阶张量 $\boldsymbol{T}$：

$$\boldsymbol{T}=T^{ij}\boldsymbol{g}_i\boldsymbol{g}_j=T_{ij}\boldsymbol{g}^i\boldsymbol{g}^j=T_i^{\cdot j}\boldsymbol{g}^i\boldsymbol{g}_j=T^i_{\cdot j}\boldsymbol{g}_i\boldsymbol{g}^j \tag{3.9}$$

式(3.9)表明，$T^{ij}$ 与 $\boldsymbol{g}_i\boldsymbol{g}_j$（$T_{ij}$ 与 $\boldsymbol{g}^i\boldsymbol{g}^j$）广义对偶不变地生成了张量实体 $\boldsymbol{T}$。

在新坐标 $x^{i'}$ 下，有如下广义对偶不变性：

$$\boldsymbol{T}=T^{i'j'}\boldsymbol{g}_{i'}\boldsymbol{g}_{j'}=T_{i'j'}\boldsymbol{g}^{i'}\boldsymbol{g}^{j'}=T_{i'}^{\cdot j'}\boldsymbol{g}^{i'}\boldsymbol{g}_{j'}=T^{i'}_{\cdot j'}\boldsymbol{g}_{i'}\boldsymbol{g}^{j'} \tag{3.10}$$

比较式(3.9)和式(3.10)，读者可以看出，在新、老坐标系下，张量的表观形式具有不变性。

与矢量类似，读者可以证实，在广义对偶不变性和表观形式不变性下，张量 $\boldsymbol{T}$ 必然满足如下 Ricci 变换群：

$$\boldsymbol{g}_i\boldsymbol{g}_j=g_{im}g_{jn}\boldsymbol{g}^m\boldsymbol{g}^n,\quad \boldsymbol{g}^m\boldsymbol{g}^n=g^{mi}g^{nj}\boldsymbol{g}_i\boldsymbol{g}_j \tag{3.11}$$

$$T_{ij}=g_{im}g_{jn}T^{mn},\quad T^{mn}=g^{mi}g^{nj}T_{ij} \tag{3.12}$$

$$\boldsymbol{g}_i\boldsymbol{g}_j=g_i^{i'}g_j^{j'}\boldsymbol{g}_{i'}\boldsymbol{g}_{j'},\quad \boldsymbol{g}^i\boldsymbol{g}^j=g_{i'}^{i}g_{j'}^{j}\boldsymbol{g}^{i'}\boldsymbol{g}^{j'} \tag{3.13}$$

$$T_{ij}=g_i^{i'}g_j^{j'}T_{i'j'},\quad T^{ij}=g_{i'}^{i}g_{j'}^{j}T^{i'j'} \tag{3.14}$$

请读者补齐混变分量的 Ricci 变换。

由式(3.11)～式(3.14)看出，3.3 节中关于矢量的每一个论断，对于张量均成立。至此，我们可以说，由矢量得到的 Ricci 变换群思想和协变性思想，对张量仍然成立。

进一步可以说，所有的矢量和张量，都是 Ricci 变换群下的不变量。反过来，Ricci 变换群下的不变量，也必然是矢量和张量。

从这个意义上讲，协变微分学中，Ricci 变换群，应该是最基本也最重要的变换群。

由此，我们看到基矢量的重要，也可推测舍弃基矢量的后果：很显然，舍弃了基矢量，则与基矢量相关的 Ricci 变换群便消失，漂亮的对称性，也就不复存在了！

注意到，$\boldsymbol{g}_i\boldsymbol{g}_j$ 的代数结构与 $T_{ij}$ 的代数结构完全相同。

## 3.6　广义分量概念

Ricci 变换群，或代数结构的一致性，为我们统一基矢量 $\boldsymbol{g}_i$ 与分量 $u_i$，奠定了基础。

在 Ricci 的协变微分学中，基矢量 $\boldsymbol{g}_i$ 与分量 $u_i$ 是完全不同的概念，二者不仅具有完全不同的物理含义，而且具有完全不同的几何图像。按照传统观念，因二者差异太大，故绝对不可能被统一成一体。然而，科学探索者的使命，就是要从不可能中寻求可能性，从差异性中寻求统一性。

如何寻求统一性？Hilbert 的形式主义思想为我们提供了启示：把概念的名称和含义区分开来，把概念的形式和内容区分开来，然后舍弃含义和内容，抽象出纯粹的形式，借助纯粹的形式，揭示研究对象之间深层次的相互联系，展示研究对象之间的共性。

现在，我们先舍弃基矢量与分量的具体含义，再舍弃二者的几何图像，仅仅从代数形式上，纯粹形式化地比较二者的异同。很显然，从 Ricci 变换群的角度看，二者的代数结构在形式上完全相同，甚至可以夸张地说，二者没有丝毫的差别！如果非要找出二者的些微差异，我们只能这么说：$\boldsymbol{g}_i$ 与 $u_i$（或 $\boldsymbol{g}_i\boldsymbol{g}_j$ 与 $T_{ij}$）两个数学符号的写法有差异。当然，还有 $\boldsymbol{g}_i$ 与 $u_i$（或 $\boldsymbol{g}_i\boldsymbol{g}_j$ 与 $T_{ij}$）名称之差异。

如果我们连符号差异和名称差异也舍弃掉，仅仅保留形式，就可以抽象出一个极具一般性的概念——广义分量[12]：

任何满足 Ricci 变换的几何量，都被称为广义分量。

显然，广义分量，就是具有协变性的几何量。广义分量概念是本书最基本的概念之一，也是作者定义的最有趣的概念之一。

按照 Bourbaki 学派的观念：不同的研究对象，只要代数结构相同，就可以统一为一体。广义分量，就把分量和基矢量，统一为有机整体。

一旦定义了广义分量概念，我们就可以对其进行更细致的分类。我们把具有 1 个指标的广义分量 $\boldsymbol{p}_i$、$\boldsymbol{p}^i$，称为“1-指标广义分量”。1-指标广义分量的 Ricci 变换为

$$\boldsymbol{p}_i = g_{ij}\boldsymbol{p}^j, \quad \boldsymbol{p}^j = g^{ji}\boldsymbol{p}_i \tag{3.15}$$

$$\boldsymbol{p}_i = g_i^{i'}\boldsymbol{p}_{i'}, \quad \boldsymbol{p}^j = g_{j'}^{j}\boldsymbol{p}^{j'} \tag{3.16}$$

很显然，$\boldsymbol{g}_i$ 与 $u_i$ 都是 1-指标广义分量 $\boldsymbol{p}_i$ 的特例。

我们把具有 2 个指标的广义分量 $\boldsymbol{q}_{ij}$、$\boldsymbol{q}^{ij}$ 等，称为“2-指标广义分量”。2-指标广义分量的 Ricci 变换为

$$\boldsymbol{q}_{ij} = g_{im}g_{jn}\boldsymbol{q}^{mn}, \quad \boldsymbol{q}^{mn} = g^{mi}g^{nj}\boldsymbol{q}_{ij} \tag{3.17}$$

$$\boldsymbol{q}_{ij} = g_i^{i'}g_j^{j'}\boldsymbol{q}_{i'j'}, \quad \boldsymbol{q}^{ij} = g_{i'}^{i}g_{j'}^{j}\boldsymbol{q}^{i'j'} \tag{3.18}$$

$\boldsymbol{g}_i\boldsymbol{g}_j$ 与 $T_{ij}$ 都是“2-指标广义分量”的特例。

如果广义分量具有 $n$ 个指标，我们就称之为“$n$-指标广义分量”。

一旦澄清了广义分量概念的定义式，则很容易证明如下命题：

两个同指标广义分量之和，仍然是广义分量。

例如，1-指标广义分量 $\boldsymbol{p}_i$，与 1-指标广义分量 $\boldsymbol{q}_i$，可以求和：

$$\boldsymbol{t}_i = \boldsymbol{p}_i + \boldsymbol{q}_i \tag{3.19}$$

$\boldsymbol{t}_i$ 也必然是 1-指标广义分量。

还可以证实如下命题：

任意两个广义分量之积，仍然是广义分量。

例如，1-指标广义分量 $\boldsymbol{p}_i$，与 2-指标广义分量 $\boldsymbol{q}^{jk}$，可以求积：

$$\boldsymbol{s}_i^{\cdot jk} \triangleq \boldsymbol{p}_i \otimes \boldsymbol{q}^{jk} \tag{3.20}$$

其中，"$\otimes$"可以是内积"·"、外积"×"和并积。很显然，$\boldsymbol{s}_i^{\cdot jk}$ 就是一个 3-指标广义分量。

上述命题可以推广到更一般情形：

广义分量集合中的元素，经乘法运算得到的任何几何量，仍然是该集合中的元素。

## 3.7　张量的杂交分量

第 2 章已经提出度量张量的杂交分量概念。本章将更进一步，提出一般张量的杂交分量概念。

为便于读者理解，我们先看特殊情形。设有两个矢量 $\boldsymbol{u}$ 和 $\boldsymbol{w}$。我们将矢量 $\boldsymbol{u}$ 表达在老坐标系下，而将矢量 $\boldsymbol{w}$ 表达在新坐标系下：

$$\boldsymbol{u} = u_i \boldsymbol{g}^i = u^i \boldsymbol{g}_i, \quad \boldsymbol{w} = w_{j'} \boldsymbol{g}^{j'} = w^{j'} \boldsymbol{g}_{j'}$$

矢量 $\boldsymbol{u}$ 和 $\boldsymbol{w}$ 的并矢，就可以构造一个张量 $\boldsymbol{T}$：

$$\boldsymbol{T} \triangleq \boldsymbol{u}\boldsymbol{w} = u_i w_{j'} \boldsymbol{g}^i \boldsymbol{g}^{j'} = u^i w^{j'} \boldsymbol{g}_i \boldsymbol{g}_{j'} = u_i w^{j'} \boldsymbol{g}^i \boldsymbol{g}_{j'} = u^i w_{j'} \boldsymbol{g}_i \boldsymbol{g}^{j'}$$

从这个优美的例子，读者不难看出，张量的杂交分量概念，是非常自然的抽象物。

现在我们引入更一般的情形。式(3.9)和式(3.10)中，张量 $\boldsymbol{T}$ 分别被表达在老、新基矢量下。现在，我们把 $\boldsymbol{T}$ 表达在杂交基矢量下：

$$\boldsymbol{T} = T^{ij'} \boldsymbol{g}_i \boldsymbol{g}_{j'} = T_{ij'} \boldsymbol{g}^i \boldsymbol{g}^{j'} = T_i^{\cdot j'} \boldsymbol{g}^i \boldsymbol{g}_{j'} = T^i_{\cdot j'} \boldsymbol{g}_i \boldsymbol{g}^{j'} \tag{3.21}$$

显然，与式(3.9)和式(3.10)类似，式(3.21)仍然具备广义对偶不变性和表观形式不变性。基于广义对偶不变性和表观形式不变性，可以证实，杂交分量仍然满足 Ricci 变换：

$$T_{ij'} = g_{im} g_{j'n} T^{mn'}, \quad T^{mn'} = g^{mi} g^{n'j} T_{ij} \tag{3.22}$$

$$T_{ij'} = g_i^{i'} T_{i'j'}, \quad T^{ij'} = g^i_{i'} T^{i'j'} \tag{3.23}$$

请读者补齐混变分量的变换式。

式(3.23)显示，杂交分量的 Ricci 变换可只变换部分指标。当然也可以变换全部指标。

式(3.23)表明，杂交分量意味着"部分指标"的新老变换。请读者注意，部分指标变换，是个新观念。

基于杂交分量，就可以提出杂交张量：用杂交分量和杂交基矢量刻画的张量，就是杂交张量。

## 3.8 杂交广义分量

上一节的观念，可以推广到一般的杂交广义分量。例如，对于 2-指标杂交广义分量 $\boldsymbol{q}_{ij'}$、$\boldsymbol{q}^{ij'}$，有 Ricci 变换：

$$\boldsymbol{q}_{ij'}=g_{im}g_{j'n'}\boldsymbol{q}^{mn'},\quad \boldsymbol{q}^{mn'}=g^{mi}g^{n'j'}\boldsymbol{q}_{ij'} \tag{3.24}$$

$$\boldsymbol{q}_{ij'}=g_{i}^{i'}\boldsymbol{q}_{i'j'},\quad \boldsymbol{q}^{ij'}=g_{i'}^{i}\boldsymbol{q}^{i'j'} \tag{3.25}$$

很显然，式(3.22)和式(3.23)只是式(3.24)和式(3.25)的特例。

本书中，“杂交广义分量”和“广义杂交分量”代表的是同一个概念。

## 3.9 本章注释

广义分量概念产生的影响是深远的。大体上，可以归结为如下几个方面。

广义分量概念的影响之一，是实现了分量与基矢量的统一。统一的协变微分学，更对称，更强大。在统一的协变微分学中，基矢量不再是一个过渡性的概念，而是与分量并列且贯穿始终的核心概念。不仅如此，基矢量及其变换群也是引出各种数学结构的源泉。

广义分量概念的影响之二，是扩张了协变微分学的研究范围。它将 Ricci 协变微分学的研究对象，由分量集合拓展为广义分量集合。

由于唯一的限定是满足 Ricci 变换，故与分量集合相比，广义分量集合要庞大得多。我们先以式(3.4)中的矢量为例，予以说明。

如上所述，狭义的分量 $u^j(u_i)$是广义分量的特例，基矢量 $\boldsymbol{g}_j(\boldsymbol{g}^i)$是最简单的广义分量。出人预料的是，$u^j\boldsymbol{g}_j$、$u_i\boldsymbol{g}^i$ 或矢量$\boldsymbol{u}$ 竟然也是广义分量，因为它们都满足 Ricci 变换。

我们再以式(3.9)中的张量为例，予以说明。将张量局部组成部分组合起来：

$$\boldsymbol{T}=T^{ij}(\boldsymbol{g}_i\boldsymbol{g}_j)=T_{ij}(\boldsymbol{g}^i\boldsymbol{g}^j)=T_{i}^{\cdot j}(\boldsymbol{g}^i\boldsymbol{g}_j)=T_{\cdot j}^{i}(\boldsymbol{g}_i\boldsymbol{g}^j)$$

狭义的分量 $T_{ij}$、$T^{ij}$、$T_{i}^{\cdot j}$、$T_{\cdot j}^{i}$ 是广义分量的特例，并基 $\boldsymbol{g}_i\boldsymbol{g}_j$、$\boldsymbol{g}^i\boldsymbol{g}^j$、$\boldsymbol{g}^i\boldsymbol{g}_j$、$\boldsymbol{g}_i\boldsymbol{g}^j$ 是广义分量。除此之外，$T^{ij}\boldsymbol{g}_i\boldsymbol{g}_j$，$T_{ij}\boldsymbol{g}^i\boldsymbol{g}^j$，$\boldsymbol{T}$，$T^{ij}\boldsymbol{g}_i$，$T^{ij}\boldsymbol{g}_j$，$T_{ij}\boldsymbol{g}^i$，$T_{ij}\boldsymbol{g}^j$ 等，都是广义分量，因为它们都满足 Ricci 变换。

读者可以证实如下一般性命题：

张量分解式的任何组成部分，都是广义分量。

反过来，我们也有逆命题：

任何广义分量，都必然是某个张量分解式的组成部分。

特别要说明的是，类似于 $T^{ij}\boldsymbol{g}_j$ 之类的量，在张量分析中司空见惯。但一般我们不问这样的问题：“$T^{ij}\boldsymbol{g}_j$ 到底是一个什么量？”在广义分量概念定义之前，这个问题没有答案。读者也许会说："没有答案又有何妨？张量分析不是照样存在吗？"这说法当然不算错，但"存在的就是合理的"，只要 $T^{ij}\boldsymbol{g}_j$ 之类的量客观存在，我们就有必要研究它，直至澄清其含义。

广义分量概念的影响之二，是它启动了"量"的分类进程。在这个进程的开端，我们可以将张量分析中所有的几何量，分成两大类：广义分量和非广义分量。而分类的唯一标准，就是 Ricci 变换。读者当然会问：这样分类，有何意图？读者看完了第 5 章，自己就会明白，这样的分类是多么要紧。实际上，当年作者就是因为在分类不清的情况下盲目冒进，最终犯了不大不小的错误。

分量满足 Ricci 变换群，但满足 Ricci 变换群的几何量，却远不止分量。如果把分量视为一个集合，广义分量也视为一个集合，则分量集合仅仅是广义分量集合中一个很小的子集。

从分量到广义分量，是 Ricci 思想的延伸和发展。而这种延伸和发展，需要适度借助外部力量，即 Hilbert 的形式主义思想。在 Ricci 的协变微分学体系之内，只需整理 Ricci 变换，就可以显示出内在的对称性。随着内在秩序的显现，广义分量概念便呼之欲出。此时，借助形式主义思想，稍加推动，广义分量概念的内涵和外延，便清晰地展现了出来。

在后续的诸章节中，我们会看到，广义分量集合会不断扩大：越来越多的广义分量元素会被定义并被补充到广义分量集合中。

读者也许会问：迄今为止，看到的似乎都是广义分量，那么，到底谁是非广义分量呢？读者肯定能够想到一个例子：自然坐标 $x^i$ 肯定是非广义分量，实际上，$x^i$ 甚至不是狭义的矢量分量。至于其他的非广义分量，可在下一章见到。

如果说，Ricci 的经典协变微分学，是研究分量的协变微分学，那么，广义协变微分学，就是研究广义分量的协变微分学。因此，我们可以说，广义协变分量概念，大大增加了协变微分学的研究对象。

张量分析的对象集合虽然大大拓展了，但张量分析的总体目标并没有变化。我们将其概括如下：

张量分析的主要目的，就是要借助广义分量，寻求 Ricci 变换群下的不变性。如果再把物理学、力学等自然科学学科的要求考虑进来，那么可以这样说：

张量分析的主要目的，就是要借助广义分量，寻求 Ricci 变换群下有物理意义的不变量。

上述理解是要紧的。Felix Klein 将狭义相对论中的"Lorentz 变换"视为"Lorentz 变换群"，而狭义相对论便可归结为"Lorentz 变换群"下的不变性理论。我们将 Klein 的思想移植过来：协变微分学，本质上可归结为 Ricci 变换群下的不变性理论。

前一章已经指出，张量分析中，有一个很重要的概念，即两点张量。这是前辈力学家郭仲衡先生定义的概念。这一定义，丰富了张量的表示模式。在平坦空间中，两点张量与杂交张量之间有深刻的内在联系。限于篇幅，本书主要关注杂交张量。由于杂交张量与两点张量代数结构的一致性，本书对杂交张量的研究结果，都可以推广到两点张量。

杂交张量和两点张量，扩大了协变微分学研究的对象。

杂交张量和两点张量，都打破了张量表示的传统观念。具体分析如下。

杂交张量打破了这样的传统观念：张量只能表达在一个标架下——或者表达在老标架下，或者表达在新标架下。实际上，标架只是为刻画张量而引入的参照系，本身并没有新旧之分。因此，研究者完全可以将新标架和老标架组合起来，组成杂交标架；读者完全有权利将新基矢量和老基矢量组合起来，组成杂交基矢量。在杂交标架或杂交基矢量下，张量的杂交分量，就是很自然的概念。

平坦空间中，两点张量则打破了这样的传统观念：张量只能表达在一个空间点，或者一个物质点上的张量只能定义在同一个时刻。张量是一个代数结构，由若干子结构组装而成。研究者完全可以将部分子结构表达在 $A$ 点的坐标系下，而将另一部分子结构表达在 $B$ 点的坐标系下。同理，对于同一个物质点上的张量，读者完全可以将部分子结构表达在 $t_0$ 时刻的坐标系下，而将另一部分子结构表达在 $t$ 时刻的坐标系下。

杂交张量和两点张量有差别。两点张量是定义在空间两个不同点的张量，而杂交张量是定义在空间同一个点的张量。虽然是不同的概念，但二者之间有共性：二者都遵循对偶不变性和表观形式不变性。因此，二者的代数结构完全相同。

本书研究的内容，只取决于对偶不变性和表观形式不变性。因此，针对杂交张量得到的研究结果，都可以毫无困难地推广到两点张量。

杂交张量或张量的杂交分量概念，丰富了张量概念的内涵，扩大了张量概念的外延。但需要注意的是，杂交张量 $\boldsymbol{T}$ 仍然是张量 $\boldsymbol{T}$。二者只是名称上的差异，表观形式上则完全一致：

$$\boldsymbol{T}=T_{i}^{\cdot j}\boldsymbol{g}^{i}\boldsymbol{g}_{j}=T_{i'}^{\cdot j'}\boldsymbol{g}^{i'}\boldsymbol{g}_{j'}=T_{i}^{\cdot j'}\boldsymbol{g}^{i}\boldsymbol{g}_{j'} \tag{3.26}$$

其中

$$T_{i}^{\cdot j}=\boldsymbol{g}_{i}\cdot\boldsymbol{T}\cdot\boldsymbol{g}^{j} \tag{3.27}$$

$$T_{i'}^{\cdot j'}=\boldsymbol{g}_{i'}\cdot\boldsymbol{T}\cdot\boldsymbol{g}^{j'} \tag{3.28}$$

$$T_{i}^{\cdot j'}=\boldsymbol{g}_{i}\cdot\boldsymbol{T}\cdot\boldsymbol{g}^{j'} \tag{3.29}$$

从上述一致性，我们看到极好的统一性。这种统一性，正是协变性的体现。

在开启下一章之前，请读者再次强化一下如下观念：

没有广义对偶不变性和表观形式不变性，就没有协变性。这内在的关联，不可忽视。

矢量和张量的协变性，是自然空间协变性的延伸。

形式主义思想和结构化思想，为寻求更广泛的统一性奠定了基础。

# 第4章 分量的协变导数

历史地看，经典协变导数的定义，是 Ricci 学派的协变微分学诞生的重要标志。

本章主要回顾经典协变导数概念，并稍做延伸，给出杂交分量的协变导数定义。

本章将解析经典协变导数的结构，归纳出具有一般性的“结构模式”。本章还将从协变导数的定义过程中，提炼出具有启发性的“概念生成模式”。“结构模式”和“概念生成模式”，将会为后续的广义协变导数概念的定义，提供参照。

## 4.1 从矢量场的偏导数到矢量分量的协变导数

我们先从矢量场函数 $\boldsymbol{u}=\boldsymbol{u}(x^m)$ 开始：

$$\boldsymbol{u}=u^j\boldsymbol{g}_j=u_j\boldsymbol{g}^j \tag{4.1}$$

作为场函数，一般有如下函数形态：

$$\boldsymbol{u}=\boldsymbol{u}(x^m),\quad u^j=u^j(x^m),\quad \boldsymbol{g}_j=\boldsymbol{g}_j(x^m) \tag{4.2}$$

这里的“函数形态”，主要指自变量与函数关系式的形式和状态。式(4.1)对坐标 $x^m$ 求普通偏导数：

$$\frac{\partial \boldsymbol{u}}{\partial x^m}=\frac{\partial(u_j\boldsymbol{g}^j)}{\partial x^m}=\frac{\partial u_j}{\partial x^m}\boldsymbol{g}^j+u_j\frac{\partial \boldsymbol{g}^j}{\partial x^m} \tag{4.3}$$

或

$$\frac{\partial \boldsymbol{u}}{\partial x^m}=\frac{\partial(u^j\boldsymbol{g}_j)}{\partial x^m}=\frac{\partial u^j}{\partial x^m}\boldsymbol{g}_j+u^j\frac{\partial \boldsymbol{g}_j}{\partial x^m} \tag{4.4}$$

注意到，在弯曲的坐标线下，协变基矢量 $\boldsymbol{g}_j$ 和逆变基矢量 $\boldsymbol{g}^j$ 都不是常“矢量”。实际上，它们根本就不是实体意义上的矢量。基矢量的大小和方向都随点而变，变化率由 Christoffel 符号 $\Gamma_{jm}^k$ 度量：

$$\frac{\partial \boldsymbol{g}_j}{\partial x^m}=\Gamma^k_{jm}\boldsymbol{g}_k,\quad \frac{\partial \boldsymbol{g}^j}{\partial x^m}=-\Gamma^j_{km}\boldsymbol{g}^k \tag{4.5}$$

为后续章节描述方便，我们将式(4.5)称为 Christoffel 公式。

经典教科书中，$\Gamma^k_{jm}$ 形式的 Christoffel 符号，被称为“第二类 Christoffel 符号”。它有两个下指标，一个上指标。为简便起见，本书自始至终，只采用第二类 Christoffel 符号，简称“Christoffel 符号”。

经典教科书中，坐标中的指标，一般都取为上指标(即 $x^m$)。因此，经过式(4.5)的偏导数$\dfrac{\partial(\cdot)}{\partial x^m}$运算，指标 $m$ 就转换成 Christoffel 符号 $\Gamma^k_{jm}$ 的下指标了。于是我们有如下命题：

来自坐标 $x^m$ 的指标，必然是 Christoffel 符号 $\Gamma^k_{jm}$ 的下指标。

将式(4.5)代入式(4.3)和式(4.4)，可得

$$\frac{\partial \boldsymbol{u}}{\partial x^m}=(\nabla_m u_j)\boldsymbol{g}^j=(\nabla_m u^j)\boldsymbol{g}_j \tag{4.6}$$

其中，协变分量 $u_j$ 和逆变分量 $u^j$ 的协变导数分别定义为

$$\nabla_m u_j \triangleq \frac{\partial u_j}{\partial x^m}-u_k\Gamma^k_{jm},\quad \nabla_m u^j \triangleq \frac{\partial u^j}{\partial x^m}+u^k\Gamma^j_{km} \tag{4.7}$$

式(4.7)中，经典协变导数$\nabla_m(\cdot)$作用的对象$(\cdot)$，是矢量分量。注意到，经典协变导数$\nabla_m u_j$ 和$\nabla_m u^j$ 都有精细的内部结构。

## 4.2 从张量场的偏导数到张量分量的协变导数

经典协变导数不仅有内部结构，而且其结构组成具有规律性，后续的章节中把这种结构组成的规律性称为结构模式。协变导数作为一个重要概念，其生成过程有规律可循，后续的章节中把这种生成过程的规律性称为概念生成模式。

为了展示经典协变导数的结构模式和概念生成模式，我们再考查二阶张量场函数 $\boldsymbol{T}=\boldsymbol{T}(x^m)$：

$$\boldsymbol{T}=T^{ij}\boldsymbol{g}_i\boldsymbol{g}_j=T_{ij}\boldsymbol{g}^i\boldsymbol{g}^j=T_i^{\cdot j}\boldsymbol{g}^i\boldsymbol{g}_j=T^i_{\cdot j}\boldsymbol{g}_i\boldsymbol{g}^j \tag{4.8}$$

式(4.8)对坐标 $x^m$ 求偏导数。借助式(4.5)可导出：

$$\begin{aligned}\frac{\partial \boldsymbol{T}}{\partial x^m}&=(\nabla_m T_{ij})\boldsymbol{g}^i\boldsymbol{g}^j=(\nabla_m T^{ij})\boldsymbol{g}_i\boldsymbol{g}_j\\&=(\nabla_m T_i^{\cdot j})\boldsymbol{g}^i\boldsymbol{g}_j=(\nabla_m T^i_{\cdot j})\boldsymbol{g}_i\boldsymbol{g}^j\end{aligned} \tag{4.9}$$

其中，张量分量的协变导数定义式为

$$\nabla_m T_{ij}\triangleq\frac{\partial T_{ij}}{\partial x^m}-T_{kj}\Gamma^k_{im}-T_{ik}\Gamma^k_{jm},$$

$$\nabla_m T^{ij} \triangleq \frac{\partial T^{ij}}{\partial x^m} + T^{kj}\Gamma^i_{km} + T^{ik}\Gamma^j_{km} \tag{4.10}$$

$$\nabla_m T_i^{\cdot j} \triangleq \frac{\partial T_i^{\cdot j}}{\partial x^m} - T_k^{\cdot j}\Gamma^k_{im} + T_i^{\cdot k}\Gamma^j_{km},$$

$$\nabla_m T^i_{\cdot j} \triangleq \frac{\partial T^i_{\cdot j}}{\partial x^m} + T^k_{\cdot j}\Gamma^i_{km} - T^i_{\cdot k}\Gamma^k_{jm}$$

式(4.10)中,经典协变导数$\nabla_m(\cdot)$作用的对象$(\cdot)$是张量分量。

我们还可以看出:经典协变导数$\nabla_m(\cdot)$是坐标线弯曲的产物。式(4.7)和式(4.10)中,分量的协变导数,就是分量的普通偏导数加上了一个修正项。其中的修正项,则来自坐标线的弯曲,由基矢量的变化率度量。一旦曲线坐标退化为直线坐标,则$\Gamma^k_{mj} \equiv 0$,所有的修正项都消失,分量的协变导数$\nabla_m(\cdot)$就退化为分量的普通偏导数$\frac{\partial(\cdot)}{\partial x^m}$。

## 4.3　经典协变导数的协变性

很少人提这样的问题:为什么将$\nabla_m(\cdot)$称为“协变导数”?

为了回答这个问题,我们考查矢量场和张量场的梯度。曲线坐标系下,Hamilton 梯度算子的一般定义式为

$$\nabla(\cdot) \triangleq \boldsymbol{g}^m \frac{\partial(\cdot)}{\partial x^m} \tag{4.11}$$

于是,矢量场的梯度可定义为

$$\nabla \boldsymbol{u} \triangleq \boldsymbol{g}^m \frac{\partial \boldsymbol{u}}{\partial x^m} \tag{4.12}$$

张量场的梯度可定义为

$$\nabla \boldsymbol{T} \triangleq \boldsymbol{g}^m \frac{\partial \boldsymbol{T}}{\partial x^m} \tag{4.13}$$

将式(4.6)代入式(4.12),式(4.9)代入式(4.13),可得

$$\nabla \boldsymbol{u} = (\nabla_m u_i)\boldsymbol{g}^m\boldsymbol{g}^i = (\nabla_m u^i)\boldsymbol{g}^m\boldsymbol{g}_i \tag{4.14}$$

$$\begin{aligned}\nabla \boldsymbol{T} &= (\nabla_m T_{ij})\boldsymbol{g}^m\boldsymbol{g}^i\boldsymbol{g}^j = (\nabla_m T^{ij})\boldsymbol{g}^m\boldsymbol{g}_i\boldsymbol{g}_j \\ &= (\nabla_m T_i^{\cdot j})\boldsymbol{g}^m\boldsymbol{g}^i\boldsymbol{g}_j = (\nabla_m T^i_{\cdot j})\boldsymbol{g}^m\boldsymbol{g}_i\boldsymbol{g}^j\end{aligned} \tag{4.15}$$

式(4.14)和式(4.15)显示,协变导数$\nabla_m(\cdot)$的引入,使得梯度$\nabla\boldsymbol{u}$或$\nabla\boldsymbol{T}$的表达式在形式上变得简洁了。可以设想一下:如果没有协变导数$\nabla_m(\cdot)$,$\nabla\boldsymbol{u}$或$\nabla\boldsymbol{T}$的表达式中就得出现一串复杂的符号;而有了协变导数,这一串符号就可以被集成为一个简单符号。

科学研究中,用一个符号替代一串符号以简化表达式,是惯常的手法。

仅看表观形式，很容易地做出如下判断：当年先驱们在引入协变导数概念时，动机似乎是单纯的——其最主要的目的，就是为了简化梯度$\nabla \boldsymbol{u}$或$\nabla \boldsymbol{T}$的表达式。除了简化，先驱们似乎没有更多的“企图”。换言之，他们似乎没有赋予协变导数更多的使命。然而，这样的判断是肤浅的。

很显然，矢量分量的协变导数$\nabla_m u_j$或$\nabla_m u^j$，就是二阶梯度张量$\nabla \boldsymbol{u}$的分量。张量分量的协变导数$\nabla_m T_{ij}$，$\nabla_m T^{ij}$，$\nabla_m T_i^{\cdot j}$，$\nabla_m T_{\cdot j}^{i}$，就是三阶梯度张量$\nabla \boldsymbol{T}$的分量。由此我们形成观念：

张量分量的协变导数，是更高一阶的张量分量。

从式(4.14)可以看出：$\nabla_m u_i$与$\boldsymbol{g}^m \boldsymbol{g}^i$广义对偶不变地生成了张量$\nabla \boldsymbol{u}$。从式(4.15)可以看出：$\nabla_m T_{ij}$与$\boldsymbol{g}^m \boldsymbol{g}^i \boldsymbol{g}^j$广义对偶不变地生成了张量$\nabla \boldsymbol{T}$。

由于新老坐标的等价性，故在新坐标系下，必然有

$$\nabla \boldsymbol{u} = (\nabla_{m'} u_{i'}) \boldsymbol{g}^{m'} \boldsymbol{g}^{i'} = (\nabla_{m'} u^{i'}) \boldsymbol{g}^{m'} \boldsymbol{g}_{i'} \tag{4.16}$$

$$\begin{aligned}\nabla \boldsymbol{T} &= (\nabla_{m'} T_{i'j'}) \boldsymbol{g}^{m'} \boldsymbol{g}^{i'} \boldsymbol{g}^{j'} = (\nabla_{m'} T^{i'j'}) \boldsymbol{g}^{m'} \boldsymbol{g}_{i'} \boldsymbol{g}_{j'} \\ &= (\nabla_{m'} T_{i'}^{\cdot j'}) \boldsymbol{g}^{m'} \boldsymbol{g}^{i'} \boldsymbol{g}_{j'} = (\nabla_{m'} T_{\cdot j'}^{i'}) \boldsymbol{g}^{m'} \boldsymbol{g}_{i'} \boldsymbol{g}^{j'}\end{aligned} \tag{4.17}$$

对比式(4.14)、式(4.16)以及式(4.15)、式(4.17)，我们可以看到表观形式不变性。

既然分量(•)的协变导数$\nabla_m$(•)仍然是张量分量，那么$\nabla_m$(•)必然具有协变性，必然满足Ricci变换。

至此，我们能够回答本节开头的疑问：$\nabla_m$(•)之所以被称为协变导数，是因为它是张量分量，具有协变性。由此我们形成观念：

协变导数，就是具有协变性的导数。

协变导数的协变性，仍然是自然空间协变性的延伸。

与协变导数$\nabla_m$(•)对应的概念，是普通偏导数$\dfrac{\partial(\cdot)}{\partial x^m}$。很显然，$\dfrac{\partial u_j}{\partial x^m}$虽然有两个指标，但不是二阶张量分量，不满足Ricci变换；$\dfrac{\partial T_{ij}}{\partial x^m}$虽然有三个指标，但不是三阶张量，也不满足Ricci变换。总之，即使(•)是具有协变性的分量，但其普通偏导数$\dfrac{\partial(\cdot)}{\partial x^m}$却不再是分量，不再具有协变性。换言之，普通偏导数$\dfrac{\partial(\cdot)}{\partial x^m}$破坏了协变性。普通偏导数$\dfrac{\partial(\cdot)}{\partial x^m}$不是个“好概念”。

在后续的章节中，上述观念将得到更为定量化的阐释。

由此我们看到Ricci学派的伟大贡献：他们将不协变的导数$\dfrac{\partial(\cdot)}{\partial x^m}$，延拓为协变的导数$\nabla_m$(•)，把一个“坏概念”，“美化”成了一个“好概念”。

历史地看，普通偏导数$\dfrac{\partial(\cdot)}{\partial x^m}$，是古典微分学的标志性概念，而协变导数

$\nabla_m(\cdot)$，是协变微分学的标志性概念。换言之，协变导数$\nabla_m(\cdot)$，是古典微分学与协变微分学的分水岭。借助协变导数$\nabla_m(\cdot)$，Ricci 学派将“不协变”的微分学，发展成了“协变的”微分学。

我们提出一个值得深入思考的问题：协变导数$\nabla_m(\cdot)$，是满足 Ricci 变换的一阶导数，反过来，满足 Ricci 变换的一阶导数，是否一定是协变导数$\nabla_m(\cdot)$？或者说，满足 Ricci 变换的一阶协变导数，是否唯一？答案如果是肯定的，那么协变导数$\nabla_m(\cdot)$的重要性，更是异乎寻常了。

从物理学和力学的角度看，协变导数$\nabla_m(\cdot)$的重要性，怎么评价也不为过。

## 4.4 度量张量分量的普通偏导数和经典协变导数

度量张量分量 $g_{ij}$ 等也是二阶张量分量，因此，由式(4.10)可以写出其协变导数定义式：

$$\nabla_m g_{ij} \triangleq \frac{\partial g_{ij}}{\partial x^m} - g_{kj}\Gamma^k_{im} - g_{ik}\Gamma^k_{jm}, \quad \nabla_m g^{ij} \triangleq \frac{\partial g^{ij}}{\partial x^m} + g^{kj}\Gamma^i_{km} + g^{ik}\Gamma^j_{km} \tag{4.18}$$

$$\nabla_m g^j_i \triangleq \frac{\partial g^j_i}{\partial x^m} - g^j_k\Gamma^k_{im} + g^k_i\Gamma^j_{km}, \quad \nabla_m g^i_j \triangleq \frac{\partial g^i_j}{\partial x^m} + g^k_j\Gamma^i_{km} - g^i_k\Gamma^k_{jm} \tag{4.19}$$

式(4.18)和式(4.19)只给出了概念的定义。但仅凭式(4.18)和式(4.19)，还算不出度量张量分量的协变导数之值。

要计算度量张量分量的协变导数，必须先计算度量张量分量的普通偏导数。度量张量分量可用基矢量的内积表达为

$$g_{ij} = \boldsymbol{g}_i \cdot \boldsymbol{g}_j, \quad g^{ij} = \boldsymbol{g}^i \cdot \boldsymbol{g}^j, \quad g^j_i = \boldsymbol{g}_i \cdot \boldsymbol{g}^j, \quad g^i_j = \boldsymbol{g}_j \cdot \boldsymbol{g}^i \tag{4.20}$$

对式(4.20)求偏导数，再结合式(4.5)中的 Christoffel 公式，可导出度量张量分量的普通偏导数：

$$\frac{\partial g_{ij}}{\partial x^m} = g_{kj}\Gamma^k_{im} + g_{ik}\Gamma^k_{jm}, \quad \frac{\partial g^{ij}}{\partial x^m} = -g^{kj}\Gamma^i_{km} - g^{ik}\Gamma^j_{km} \tag{4.21}$$

$$\frac{\partial g^j_i}{\partial x^m} = g^j_k\Gamma^k_{im} - g^k_i\Gamma^j_{km}, \quad \frac{\partial g^i_j}{\partial x^m} = -g^k_j\Gamma^i_{km} + g^i_k\Gamma^k_{jm} \tag{4.22}$$

对比式(4.21)、式(4.22)和式(4.18)、式(4.19)，立即得

$$\nabla_m g_{ij} = 0, \quad \nabla_m g^{ij} = 0, \quad \nabla_m g^j_i = 0, \quad \nabla_m g^i_j = 0 \tag{4.23}$$

基于式(4.23)，我们抽象出命题：

度量张量的协变分量 $g_{ij}$、逆变分量 $g^{ij}$、混变分量 $g^j_i$ 和 $g^i_j$，都能自由进出经典协变导数$\nabla_m(\cdot)$。

命题显示，度量张量分量是“与众不同”的张量分量，具有极漂亮的协变微分性质。

上述命题可以定量地用表达式刻画：

$$\nabla_m(g_{ij}\ \bullet)=(\nabla_m g_{ij})(\bullet)+g_{ij}\ \nabla_m(\bullet),$$
$$\nabla_m(g^{ij}\ \bullet)=(\nabla_m g^{ij})(\bullet)+g^{ij}\ \nabla_m(\bullet) \tag{4.24}$$

式(4.24)用到了经典协变导数乘法运算的 Leibniz 法则。该法则的详细分析见后面的 4.6 节。借助式(4.23),式(4.24)可以简化为

$$\nabla_m(g_{ij}\ \bullet)=g_{ij}\ \nabla_m(\bullet),\quad \nabla_m(g^{ij}\ \bullet)=g^{ij}\ \nabla_m(\bullet) \tag{4.25}$$

式(4.25)把"自由进出"的含义,清晰地表达出来了。请读者建立这样的观念:能够"自由进出协变导数$\nabla_m(\ \bullet\ )$"的性质,是一种非凡的、极其珍贵的性质。我们在后续的章节中,会不断强化这一观念。

## 4.5 分量之积的协变导数定义式

张量(或矢量)分量之乘积,仍然是张量分量。例如,分量的乘积 $B_{ij}C^k$,可以视为三阶张量分量 $T_{ij}^{\cdot\cdot k}$。其协变导数$\nabla_m(B_{ij}C^k)$的定义式,与$\nabla_m T_{ij}^{\cdot\cdot k}$ 的定义式完全一致:

$$\nabla_m(B_{ij}C^k)\triangleq\frac{\partial(B_{ij}C^k)}{\partial x^m}-(B_{lj}C^k)\Gamma_{im}^l-(B_{il}C^k)\Gamma_{jm}^l+(B_{ij}C^l)\Gamma_{lm}^k \tag{4.26}$$

至于其他形式的定义式,例如,$\nabla_m(B_{ij}C_k)$,$\nabla_m(B^{ij}C^k)$,$\nabla_m(B_i^{\cdot j}C^k)$等,请读者自己补齐。

## 4.6 第一类组合模式与经典协变导数的代数结构

式(4.26)显示,乘积的协变导数定义式,都有深层的内部结构。如果我们精细地剖析内部结构,就能够从中提炼并生成具有一般意义的模式。这里的模式,是指组合模式。本节讨论第一类组合模式,涉及经典协变导数的乘法运算规则。

就表观形式看,经典协变导数$\nabla_m(B_{ij}C^k)$定义式中,都包含了两个部分。第一部分是普通偏导数项$\dfrac{\partial(B_{ij}C^k)}{\partial x^m}$,第二部分是以 Christoffel 符号 $\Gamma_{ij}^k$ 为标志的诸代数项。两部分各自都有更深层次的内部结构。这就涉及一个十分基本的问题:如果将各个部分进行适当的排列组合,能否获得有价值的结果?答案是肯定的。

我们发现:从式(4.26)出发,立即归纳出第一类组合模式:利用普通偏导数乘法运算的 Leibniz 法则,可将乘积项的普通偏导数$\dfrac{\partial(B_{ij}C^k)}{\partial x^m}$,拆分为各因子普通偏导数的组合,然后再结合诸代数项,生成诸因子的协变导数的组合。

按照上述方案,在式(4.26)中,分拆偏导数项$\dfrac{\partial(B_{ij}C^k)}{\partial x^m}$,并与诸代数项组合,

立即可以导出：

$$\nabla_m(B_{ij}C^k)=\frac{\partial B_{ij}}{\partial x^m}C^k+B_{ij}\frac{\partial C^k}{\partial x^m}-(B_{lj}\Gamma^l_{im}+B_{il}\Gamma^l_{jm})C^k+B_{ij}(C^l\Gamma^k_{lm})$$

$$=\left(\frac{\partial B_{ij}}{\partial x^m}-B_{lj}\Gamma^l_{im}-B_{il}\Gamma^l_{jm}\right)C^k+B_{ij}\left(\frac{\partial C^k}{\partial x^m}+C^l\Gamma^k_{lm}\right) \tag{4.27}$$

式(4.27)第二个等式右端进一步组合可得

$$\nabla_m(B_{ij}C^k)=(\nabla_m B_{ij})C^k+B_{ij}(\nabla_m C^k) \tag{4.28}$$

式(4.28)是《协变微分学》中的经典结果。式(4.28)表明：经典协变导数$\nabla_m(\cdot)$的乘法运算，满足 Leibniz 法则。

## 4.7　第二类组合模式

第二类组合模式，涉及经典协变导数中的缩并运算。式(4.28)中，缩并指标 $j$ 和 $k$，可得

$$\nabla_m(B_{ik}C^k)=\frac{\partial(B_{ik}C^k)}{\partial x^m}-(B_{lk}C^k)\Gamma^l_{im}-(B_{il}C^k)\Gamma^l_{km}+(B_{ik}C^l)\Gamma^k_{lm} \tag{4.29}$$

式(4.29)中，保持偏导数项不变，盯着诸代数项。注意到，最后两项代数项互相抵消：

$$-(B_{il}C^k)\Gamma^l_{km}+(B_{ik}C^l)\Gamma^k_{lm}\equiv 0 \tag{4.30}$$

于是，式(4.29)退化为

$$\nabla_m(B_{ik}C^k)=\frac{\partial(B_{ik}C^k)}{\partial x^m}-(B_{lk}C^k)\Gamma^l_{im} \tag{4.31}$$

式(4.31)中，$B_{ik}C^k$ 虽然有 3 个指标，但其中一对是哑指标，只有一个是自由指标，因此，$B_{ik}C^k$ 可视为矢量分量。换言之，式(4.31)本质上就是矢量分量 $B_{ik}C^k$ 的协变导数$\nabla_m(B_{ik}C^k)$定义式。于是我们有命题：

经典协变导数的定义式，只取决于自由指标，与哑指标无关。

从式(4.26)到式(4.29)，再到式(4.31)，运算次序是这样的：先对三阶张量分量 $B_{ij}C^k$ 求协变导数$\nabla_m(B_{ij}C^k)$，得四阶张量；再对四阶张量$\nabla_m(B_{ij}C^k)$缩并指标，得二阶张量$\nabla_m(B_{ik}C^k)$。归结为一句话，就是“先求协变导数，再缩并”。

再换一个角度看。我们只盯着式(4.31)。注意到，式(4.31)中包含了两种运算(或操作)：一种是缩并运算 $B_{ik}C^k$，另一种是求导运算(即求协变导数$\nabla_m(\cdot)$)。运算顺序可这样理解：先缩并三阶张量分量 $B_{ij}C^k$，得矢量分量 $B_{ik}C^k$；再对矢量分量 $B_{ik}C^k$ 求协变导数，得二阶张量$\nabla_m(B_{ik}C^k)$。归结为一句话，就是“先缩并，再求协变导数”。

“先求协变导数，再缩并”，与“先缩并，再求协变导数”，是两种完全相反的运算顺序，然而，殊途同归。于是我们有如下命题：

缩并运算与求协变导数运算，满足运算次序的无关性。

命题中“无关性”的意思是，两种运算次序，给出相同的结果。上述命题也可以等价地表达为：

缩并运算与求协变导数运算，满足运算次序的可交换性。

## 4.8 矢量分量的杂交协变导数

以上诸节所涉及的内容，都是协变微分学的经典内容。从本节开始，我们引入新的变化，即杂交协变导数概念。

我们先看矢量场 $\boldsymbol{u}$ 的普通偏导数。式(4.1)中的矢量场函数 $\boldsymbol{u}$，若自变量是老坐标 $x^m$，那么对 $x^m$ 求偏导数，即得式(4.3)。式(4.3)是我们熟悉的写法，即矢量的分解式和导数共用一套坐标系。

然而，读者可以思考一个问题：分解式和导数，难道非得共用一套坐标系不可吗？答案当然是否定的。谁也没资格做这样的规定。既然如此，为什么人们都不约而同地采用了式(4.3)呢？这确实是个很奇怪的现象。

在大变形(或几何非线性)力学中，往往需要同时引入两套甚至更多的坐标系。当多套坐标系共存时，矢量的分解式和导数，很可能被表达在不同的坐标系下。例如，式(4.1)中的矢量场函数 $\boldsymbol{u}$，若取为新坐标的函数，则有

$$\boldsymbol{u}=\boldsymbol{u}(x^{m'}),\quad u^j=u^j(x^{m'}),\quad \boldsymbol{g}_j=\boldsymbol{g}_j(x^{m'}) \tag{4.32}$$

矢量场 $\boldsymbol{u}$ 对新坐标 $x^{m'}$ 求偏导数，即得下式：

$$\frac{\partial \boldsymbol{u}}{\partial x^{m'}}=\frac{\partial(u_j\boldsymbol{g}^j)}{\partial x^{m'}}=\frac{\partial u_j}{\partial x^{m'}}\boldsymbol{g}^j+u_j\frac{\partial \boldsymbol{g}^j}{\partial x^{m'}} \tag{4.33}$$

或

$$\frac{\partial \boldsymbol{u}}{\partial x^{m'}}=\frac{\partial(u^j\boldsymbol{g}_j)}{\partial x^{m'}}=\frac{\partial u^j}{\partial x^{m'}}\boldsymbol{g}_j+u^j\frac{\partial \boldsymbol{g}_j}{\partial x^{m'}} \tag{4.34}$$

考查式(4.33)和式(4.34)的最后一项：

$$\frac{\partial \boldsymbol{g}_j}{\partial x^{m'}}=\frac{\partial \boldsymbol{g}_j}{\partial x^m}\frac{\partial x^m}{\partial x^{m'}}=(\Gamma^k_{jm}\boldsymbol{g}_k)g^m_{m'} \tag{4.35}$$

$$\frac{\partial \boldsymbol{g}^j}{\partial x^{m'}}=\frac{\partial \boldsymbol{g}^j}{\partial x^m}\frac{\partial x^m}{\partial x^{m'}}=(-\Gamma^j_{km}\boldsymbol{g}^k)g^m_{m'} \tag{4.36}$$

式(4.35)和式(4.36)的右端项中，均有两对哑指标，一对是 $k$，另一对是 $m$。其中，$m$ 指标来自偏导数 $\dfrac{\partial(\cdot)}{\partial x^m}$ 中的坐标 $x^m$，故满足 Ricci 变换。我们针对 $m$ 指标，引入坐标变换，并定义杂交 Christoffel 符号：

$$\Gamma_{jm'}^{k} \triangleq \Gamma_{jm}^{k} g_{m'}^{m}, \quad \Gamma_{km'}^{j} \triangleq \Gamma_{km}^{j} g_{m'}^{m} \tag{4.37}$$

在作者的设计中，杂交 Christoffel 符号 $\Gamma_{jm'}^{k}$（或 $\Gamma_{km'}^{j}$）仅仅是一个记号，且有一个苛刻的约定：此时的指标 $m$ 和 $m'$，必须来自于普通偏导数$\frac{\partial(\cdot)}{\partial x^{m}}$和$\frac{\partial(\cdot)}{\partial x^{m'}}$中的坐标 $x^{m}$ 和 $x^{m'}$。

$\Gamma_{jm'}^{k}$ 作为强制性的约定符号，作者不想赋予其任何实质性的含义，更不想赋予其任何代数运算的功能。因此，尽管经典 Christoffel 符号 $\Gamma_{jm}^{k}$ 和 $\Gamma_{km}^{j}$ 的两个下指标具有可交换性，但杂交 Christoffel 符号 $\Gamma_{jm'}^{k}$，$\Gamma_{km'}^{j}$ 的两个下指标，却不具有可交换性，即

$$\Gamma_{jm'}^{k} \neq \Gamma_{m'j}^{k}, \quad \Gamma_{km'}^{j} \neq \Gamma_{m'k}^{j} \tag{4.38}$$

实际上，$\Gamma_{m'j}^{k}$ 和 $\Gamma_{m'k}^{j}$ 根本就没有定义。

式(4.37)代入式(4.35)和式(4.36)，可得

$$\frac{\partial \boldsymbol{g}_{j}}{\partial x^{m'}} = \Gamma_{jm'}^{k} \boldsymbol{g}_{k}, \quad \frac{\partial \boldsymbol{g}^{j}}{\partial x^{m'}} = -\Gamma_{km'}^{j} \boldsymbol{g}^{k} \tag{4.39}$$

式(4.39)可以称为杂交 Christoffel 公式。很显然，经典 Christoffel 公式是杂交 Christoffel 公式的特例。

式(4.39)代入式(4.33)，可得

$$\begin{aligned}\frac{\partial \boldsymbol{u}}{\partial x^{m'}} &= \frac{\partial u_{j}}{\partial x^{m'}} \boldsymbol{g}^{j} - u_{j} \Gamma_{km'}^{j} \boldsymbol{g}^{k} = \frac{\partial u_{j}}{\partial x^{m'}} \boldsymbol{g}^{j} - u_{k} \Gamma_{jm'}^{k} \boldsymbol{g}^{j} \\ &= \left(\frac{\partial u_{j}}{\partial x^{m'}} - u_{k} \Gamma_{jm'}^{k}\right) \boldsymbol{g}^{j} \\ &\triangleq (\nabla_{m'} u_{j}) \boldsymbol{g}^{j}\end{aligned} \tag{4.40}$$

其中

$$\nabla_{m'} u_{j} \triangleq \frac{\partial u_{j}}{\partial x^{m'}} - u_{k} \Gamma_{jm'}^{k} \tag{4.41}$$

同理，式(4.39)代入式(4.34)，可得

$$\frac{\partial \boldsymbol{u}}{\partial x^{m'}} = \left(\frac{\partial u^{j}}{\partial x^{m'}} + u^{k} \Gamma_{km'}^{j}\right) \boldsymbol{g}_{j} \triangleq (\nabla_{m'} u^{j}) \boldsymbol{g}_{j} \tag{4.42}$$

其中

$$\nabla_{m'} u^{j} \triangleq \frac{\partial u^{j}}{\partial x^{m'}} + u^{k} \Gamma_{km'}^{j} \tag{4.43}$$

上述分析中，矢量场函数 $\boldsymbol{u}$ 表达在了老基矢量下，但却对新坐标 $x^{m'}$ 求偏导数。

下面，我们把次序颠倒过来：矢量场函数 $\boldsymbol{u}$ 表达在新基矢量下，但却对老坐标 $x^{m}$ 求偏导数，即

$$\boldsymbol{u} = u^{j'} \boldsymbol{g}_{j'} = u_{j'} \boldsymbol{g}^{j'} \tag{4.44}$$

且有

$$\boldsymbol{u}=\boldsymbol{u}(x^m),\quad u^{j'}=u^{j'}(x^m),\quad \boldsymbol{g}_{j'}=\boldsymbol{g}_{j'}(x^m) \tag{4.45}$$

式(4.44)对老坐标 $x^m$ 求偏导数，结合新坐标系下的 Christoffel 公式(即式(4.46))

$$\frac{\partial \boldsymbol{g}_{j'}}{\partial x^{m'}}=\Gamma^{k'}_{j'm'}\boldsymbol{g}_{k'},\quad \frac{\partial \boldsymbol{g}^{j'}}{\partial x^{m'}}=-\Gamma^{j'}_{k'm'}\boldsymbol{g}^{k'} \tag{4.46}$$

不难写出：

$$\frac{\partial \boldsymbol{u}}{\partial x^m}=(\nabla_m u_{j'})\boldsymbol{g}^{j'}=(\nabla_m u^{j'})\boldsymbol{g}_{j'} \tag{4.47}$$

其中：

$$\nabla_m u_{j'}\triangleq\frac{\partial u_{j'}}{\partial x^m}-u_{k'}\Gamma^{k'}_{j'm},\quad \nabla_m u^{j'}\triangleq\frac{\partial u^{j'}}{\partial x^m}+u^{k'}\Gamma^{j'}_{k'm} \tag{4.48}$$

式(4.48)中的杂交 Christoffel 符号定义为

$$\Gamma^{k'}_{j'm}\triangleq\Gamma^{k'}_{j'm'}g^{m'}_{m},\quad \Gamma^{j'}_{k'm}\triangleq\Gamma^{j'}_{k'm'}g^{m'}_{m} \tag{4.49}$$

同理，$\Gamma^{k'}_{j'm}\neq\Gamma^{k'}_{mj'}$，$\Gamma^{j'}_{k'm}\neq\Gamma^{j'}_{mk'}$。即下指标不具有可交换性。请读者注意，$\Gamma^{k'}_{mj'}$ 和 $\Gamma^{j'}_{mk'}$ 都没有定义；指标 $m$ 和 $m'$，必须来自于普通偏导数 $\frac{\partial(\cdot)}{\partial x^m}$ 和 $\frac{\partial(\cdot)}{\partial x^{m'}}$ 中的坐标 $x^m$ 和 $x^{m'}$。

借助式(4.49)，可将式(4.46)重塑为

$$\frac{\partial \boldsymbol{g}_{j'}}{\partial x^{m}}=\Gamma^{k'}_{j'm}\boldsymbol{g}_{k'},\quad \frac{\partial \boldsymbol{g}^{j'}}{\partial x^{m}}=-\Gamma^{j'}_{k'm}\boldsymbol{g}^{k'} \tag{4.50}$$

类似于式(4.39)，式(4.46)也被称为杂交 Christoffel 公式。

最后，我们同时在老、新坐标系下写出矢量场函数 $\boldsymbol{u}$ 的梯度张量：

$$\nabla\boldsymbol{u}\triangleq\boldsymbol{g}^m\frac{\partial \boldsymbol{u}}{\partial x^m}=\boldsymbol{g}^{m'}\frac{\partial \boldsymbol{u}}{\partial x^{m'}} \tag{4.51}$$

结合式(4.40)、式(4.42)和式(4.47)，可得

$$\begin{aligned}\nabla\boldsymbol{u}&=(\nabla_m u_{j'})\boldsymbol{g}^m\boldsymbol{g}^{j'}=(\nabla_m u^{j'})\boldsymbol{g}^m\boldsymbol{g}_{j'}\\&=(\nabla_{m'}u_j)\boldsymbol{g}^{m'}\boldsymbol{g}^j=(\nabla_{m'}u^j)\boldsymbol{g}^{m'}\boldsymbol{g}_j\end{aligned} \tag{4.52}$$

很显然，式(4.52)显示出广义对偶不变性和表观形式不变性。其中的 $\nabla_{m'}u_j$，$\nabla_{m'}u^j$，$\nabla_m u_{j'}$，$\nabla_m u^{j'}$ 都是二阶梯度张量 $\nabla\boldsymbol{u}$ 的杂交分量，我们称之为矢量分量的杂交协变导数。因此，与杂交分量 $T_{ij'}$ 和 $T_{i'j}$ 类似，这些杂交协变导数都具有协变性，都满足 Ricci 变换。

## 4.9 张量杂交分量的协变导数

我们考查二阶张量场函数 $\boldsymbol{T}$：

$$\boldsymbol{T}=T^{ij'}\boldsymbol{g}_i\boldsymbol{g}_{j'}=T_{ij'}\boldsymbol{g}^i\boldsymbol{g}^{j'}=T_i^{\cdot j'}\boldsymbol{g}^i\boldsymbol{g}_{j'}=T^i_{\cdot j'}\boldsymbol{g}_i\boldsymbol{g}^{j'} \tag{4.53}$$

类似于 4.2 节，我们从张量场 $\boldsymbol{T}$ 的偏导数开始。张量场 $\boldsymbol{T}$ 取为老坐标 $x^m$ 的函数，即

$$\boldsymbol{T}=\boldsymbol{T}(x^m),\quad T_{ij'}=T_{ij'}(x^m),\quad \boldsymbol{g}_i=\boldsymbol{g}_i(x^m),\quad \boldsymbol{g}_{j'}=\boldsymbol{g}_{j'}(x^m)$$

则式(4.53)对老坐标 $x^m$ 求导，并结合式(4.5)和式(4.50)，可写出：

$$\frac{\partial \boldsymbol{T}}{\partial x^m}=(\nabla_m T^{ij'})\boldsymbol{g}_i\boldsymbol{g}_{j'}=(\nabla_m T_{ij'})\boldsymbol{g}^i\boldsymbol{g}^{j'}=(\nabla_m T_i^{\cdot j'})\boldsymbol{g}^i\boldsymbol{g}_{j'}=(\nabla_m T^i_{\cdot j'})\boldsymbol{g}_i\boldsymbol{g}^{j'} \tag{4.54}$$

其中，$\nabla_m T^{ij'}$，$\nabla_m T_{ij'}$，$\nabla_m T_i^{\cdot j'}$，$\nabla_m T^i_{\cdot j'}$ 的定义式分别为

$$\nabla_m T^{ij'}\triangleq\frac{\partial T^{ij'}}{\partial x^m}+T^{kj'}\Gamma^i_{km}+T^{ik'}\Gamma^{j'}_{k'm} \tag{4.55}$$

$$\nabla_m T_{ij'}\triangleq\frac{\partial T_{ij'}}{\partial x^m}-T_{kj'}\Gamma^k_{im}-T_{ik'}\Gamma^{k'}_{j'm} \tag{4.56}$$

$$\nabla_m T_i^{\cdot j'}\triangleq\frac{\partial T_i^{\cdot j'}}{\partial x^m}-T_k^{\cdot j'}\Gamma^k_{im}+T_i^{\cdot k'}\Gamma^{j'}_{k'm} \tag{4.57}$$

$$\nabla_m T^i_{\cdot j'}\triangleq\frac{\partial T^i_{\cdot j'}}{\partial x^m}+T^k_{\cdot j'}\Gamma^i_{km}-T^i_{\cdot k'}\Gamma^{k'}_{j'm} \tag{4.58}$$

如果将张量场函数 $\boldsymbol{T}$ 取为新坐标的函数，即

$$\boldsymbol{T}=\boldsymbol{T}(x^{m'}),\quad T_{ij'}=T_{ij'}(x^{m'}),\quad \boldsymbol{g}_i=\boldsymbol{g}_i(x^{m'}),\quad \boldsymbol{g}_{j'}=\boldsymbol{g}_{j'}(x^{m'})$$

则将式(4.53)对新坐标 $x^{m'}$ 求导，并结合式(4.39)和式(4.46)，可写出：

$$\frac{\partial \boldsymbol{T}}{\partial x^{m'}}=(\nabla_{m'} T^{ij'})\boldsymbol{g}_i\boldsymbol{g}_{j'}=(\nabla_{m'} T_{ij'})\boldsymbol{g}^i\boldsymbol{g}^{j'}=(\nabla_{m'} T_i^{\cdot j'})\boldsymbol{g}^i\boldsymbol{g}_{j'}=(\nabla_{m'} T^i_{\cdot j'})\boldsymbol{g}_i\boldsymbol{g}^{j'} \tag{4.59}$$

其中，$\nabla_{m'} T^{ij'}$，$\nabla_{m'} T_{ij'}$，$\nabla_{m'} T_i^{\cdot j'}$，$\nabla_{m'} T^i_{\cdot j'}$ 的定义式分别为

$$\nabla_{m'} T^{ij'}\triangleq\frac{\partial T^{ij'}}{\partial x^{m'}}+T^{kj'}\Gamma^i_{km'}+T^{ik'}\Gamma^{j'}_{k'm'} \tag{4.60}$$

$$\nabla_{m'} T_{ij'}\triangleq\frac{\partial T_{ij'}}{\partial x^{m'}}-T_{kj'}\Gamma^k_{im'}-T_{ik'}\Gamma^{k'}_{j'm'} \tag{4.61}$$

$$\nabla_{m'} T_i^{\cdot j'}\triangleq\frac{\partial T_i^{\cdot j'}}{\partial x^{m'}}-T_k^{\cdot j'}\Gamma^k_{im'}+T_i^{\cdot k'}\Gamma^{j'}_{k'm'} \tag{4.62}$$

$$\nabla_{m'} T^i_{\cdot j'}\triangleq\frac{\partial T^i_{\cdot j'}}{\partial x^{m'}}+T^k_{\cdot j'}\Gamma^i_{km'}-T^i_{\cdot k'}\Gamma^{k'}_{j'm'} \tag{4.63}$$

再考查张量场 $\boldsymbol{T}$ 的梯度表达式：

$$\nabla\boldsymbol{T}=\boldsymbol{g}^m\frac{\partial \boldsymbol{T}}{\partial x^m}=\boldsymbol{g}^{m'}\frac{\partial \boldsymbol{T}}{\partial x^{m'}} \tag{4.64}$$

式(4.64)结合式(4.54)，可以得到：

$$\nabla \boldsymbol{T} = (\nabla_m T^{ij'}) \boldsymbol{g}^m \boldsymbol{g}_i \boldsymbol{g}_{j'} = (\nabla_m T_{ij'}) \boldsymbol{g}^m \boldsymbol{g}^i \boldsymbol{g}^{j'}$$
$$= (\nabla_m T_i^{\boldsymbol{\cdot} j'}) \boldsymbol{g}^m \boldsymbol{g}^i \boldsymbol{g}_{j'} = (\nabla_m T^i_{\boldsymbol{\cdot} j'}) \boldsymbol{g}^m \boldsymbol{g}_i \boldsymbol{g}^{j'} \tag{4.65}$$

式(4.64)结合式(4.59),可以得到:

$$\nabla \boldsymbol{T} = (\nabla_{m'} T^{ij'}) \boldsymbol{g}^{m'} \boldsymbol{g}_i \boldsymbol{g}_{j'} = (\nabla_{m'} T_{ij'}) \boldsymbol{g}^{m'} \boldsymbol{g}^i \boldsymbol{g}^{j'}$$
$$= (\nabla_{m'} T_i^{\boldsymbol{\cdot} j'}) \boldsymbol{g}^{m'} \boldsymbol{g}^i \boldsymbol{g}_{j'} = (\nabla_{m'} T^i_{\boldsymbol{\cdot} j'}) \boldsymbol{g}^{m'} \boldsymbol{g}_i \boldsymbol{g}^{j'} \tag{4.66}$$

很显然,式(4.65)和式(4.66)显示出广义对偶不变性和表观形式不变性。其中的$\nabla_m T^{ij'}$和$\nabla_{m'} T^{ij'}$等是二阶杂交分量$T^{ij'}$的协变导数。这些协变导数,都是三阶梯度张量$\nabla \boldsymbol{T}$的杂交分量,因而,都满足 Ricci 变换,都具有协变性。

## 4.10 度量张量的杂交分量的协变导数

度量张量的杂交分量$g_{ij'}$等是特殊的二阶张量,若$g_{ij'}$取为老坐标$x^m$的函数,即$g_{ij'} = g_{ij'}(x^m)$,则其杂交协变导数,可根据式(4.55)~式(4.58)定义为

$$\nabla_m g^{ij'} \triangleq \frac{\partial g^{ij'}}{\partial x^m} + g^{kj'} \Gamma^i_{km} + g^{ik'} \Gamma^{j'}_{k'm} \tag{4.67}$$

$$\nabla_m g_{ij'} \triangleq \frac{\partial g_{ij'}}{\partial x^m} - g_{kj'} \Gamma^k_{im} - g_{ik'} \Gamma^{k'}_{j'm} \tag{4.68}$$

$$\nabla_m g_i^{j'} \triangleq \frac{\partial g_i^{j'}}{\partial x^m} - g_k^{j'} \Gamma^k_{im} + g_i^{k'} \Gamma^{j'}_{k'm} \tag{4.69}$$

$$\nabla_m g^i_{j'} \triangleq \frac{\partial g^i_{j'}}{\partial x^m} + g^k_{j'} \Gamma^i_{km} - g^i_{k'} \Gamma^{k'}_{j'm} \tag{4.70}$$

要计算度量张量的杂交分量的协变导数,必须先计算度量张量的杂交分量的普通偏导数。度量张量的杂交分量可用新老基矢量的内积表达为

$$g_{ij'} = \boldsymbol{g}_i \cdot \boldsymbol{g}_{j'}, \quad g^{ij'} = \boldsymbol{g}^i \cdot \boldsymbol{g}^{j'}, \quad g_i^{j'} = \boldsymbol{g}_i \cdot \boldsymbol{g}^{j'}, \quad g^i_{j'} = \boldsymbol{g}^i \cdot \boldsymbol{g}_{j'} \tag{4.71}$$

式(4.71)中每一个几何量都是老坐标$x^m$的函数。式(4.71)对老坐标$x^m$求普通偏导数,并结合式(4.5)和式(4.50),可得

$$\frac{\partial g_{ij'}}{\partial x^m} = g_{kj'} \Gamma^k_{im} + g_{ik'} \Gamma^{k'}_{j'm}, \quad \frac{\partial g^{ij'}}{\partial x^m} = -g^{kj'} \Gamma^i_{km} - g^{ik'} \Gamma^{j'}_{k'm} \tag{4.72}$$

$$\frac{\partial g_i^{j'}}{\partial x^m} = g_k^{j'} \Gamma^k_{im} - g_i^{k'} \Gamma^{j'}_{k'm}, \quad \frac{\partial g^i_{j'}}{\partial x^m} = -g^k_{j'} \Gamma^i_{km} + g^i_{k'} \Gamma^{k'}_{j'm} \tag{4.73}$$

式(4.72)、式(4.73)分别联合式(4.67)~式(4.70),可得

$$\nabla_m g_{ij'} = 0, \quad \nabla_m g^{ij'} = 0, \quad \nabla_m g_i^{j'} = 0, \quad \nabla_m g^i_{j'} = 0 \tag{4.74}$$

同理,若$g_{ij'}$取为新坐标$x^{m'}$的函数,即$g_{ij'} = g_{ij'}(x^{m'})$,则类似于上述推导过程,可以导出:

$$\nabla_{m'} g_{ij'} = 0, \quad \nabla_{m'} g^{ij'} = 0, \quad \nabla_{m'} g_i^{j'} = 0, \quad \nabla_{m'} g^i_{j'} = 0 \tag{4.75}$$

于是我们可以抽象出如下命题：

度量张量的杂交分量，$g_{ij'}$，$g^{ij'}$，$g_i^{j'}$ 和 $g_{j'}^{i}$，都可以自由进出经典协变导数 $\nabla_m(\cdot)$或$\nabla_{m'}(\cdot)$。

命题显示，度量张量的杂交分量，也是“与众不同”的几何量，具有极漂亮的协变微分性质。

上述命题可以定量地用表达式刻画：

$$\nabla_m(g_i^{j'}\ \bullet)=(\nabla_m g_i^{j'})(\bullet)+g_i^{j'}\ \nabla_m(\bullet)\quad \text{或}$$

$$\nabla_{m'}(g_i^{j'}\ \bullet)=(\nabla_{m'} g_i^{j'})(\bullet)+g_i^{j'}\ \nabla_{m'}(\bullet)$$

借助式(4.75)可得

$$\nabla_m(g_i^{j'}\ \bullet)=g_i^{j'}\ \nabla_m(\bullet)\quad \text{或}\quad \nabla_{m'}(g_i^{j'}\ \bullet)=g_i^{j'}\ \nabla_{m'}(\bullet)$$

上式把“自由进出”的含义，清晰地表达出来了。再次请读者建立这样的观念：能够“自由进出经典协变导数$\nabla_m(\cdot)$或$\nabla_{m'}(\cdot)$”的性质，是一种非凡的、极其珍贵的性质。

## 4.11 张量杂交分量之积的杂交协变导数

我们考查杂交分量之积 $B_{ij'}C^{k'}$ 的杂交协变导数$\nabla_m(B_{ij'}C^{k'})$和$\nabla_{m'}(B_{ij'}C^{k'})$。其定义式分别为

$$\nabla_m(B_{ij'}C^{k'})\triangleq\frac{\partial(B_{ij'}C^{k'})}{\partial x^m}-(B_{lj'}C^{k'})\Gamma_{im}^{l}-(B_{il'}C^{k})\Gamma_{j'm}^{l'}+(B_{ij}C^{l'})\Gamma_{l'm}^{k'} \tag{4.76}$$

$$\nabla_{m'}(B_{ij'}C^{k'})\triangleq\frac{\partial(B_{ij'}C^{k'})}{\partial x^{m'}}-(B_{lj'}C^{k'})\Gamma_{im'}^{l}-(B_{il'}C^{k})\Gamma_{j'm'}^{l'}+(B_{ij}C^{l'})\Gamma_{l'm'}^{k'} \tag{4.77}$$

请读者注意，式(4.76)中，默认场函数为老坐标 $x^m$ 的函数，即 $B_{ij'}=B_{ij'}(x^m)$，$C^{k'}=C^{k'}(x^m)$。而式(4.77)中，则默认场函数为新坐标 $x^{m'}$ 的函数，即 $B_{ij'}=B_{ij'}(x^{m'})$，$C^{k'}=C^{k'}(x^{m'})$。

如果仅仅从表观形式上看，我们看到式(4.76)和式(4.77)之间有趣的相互联系：如果将老指标 $m$ 变换为新指标 $m'$，则式(4.76)就被变换为式(4.77)。

请读者运用第一类组合模式证实，Leibniz 法则成立：

$$\nabla_m(B_{ij'}C^{k'})=(\nabla_m B_{ij'})C^{k'}+B_{ij'}(\nabla_m C^{k'}) \tag{4.78}$$

$$\nabla_{m'}(B_{ij'}C^{k'})=(\nabla_{m'} B_{ij'})C^{k'}+B_{ij'}(\nabla_{m'} C^{k'}) \tag{4.79}$$

也就是说，就杂交分量 $B_{ij'}C^{k'}$ 而言，不论是对老坐标的协变导数$\nabla_m(\cdot)$，还是对新坐标的协变导数$\nabla_{m'}(\cdot)$，Leibniz 法则普遍成立。

## 4.12 经典协变导数中的结构模式

经典协变导数中存在模式——结构模式。

我们仔细观察式(4.7)和式(4.10)中的定义式，可以看出，经典协变导数$\nabla_m(\cdot)$的解析结构中，存在规律性。如上所述，我们把这种规律性，称为结构模式(或结构律)。读者可以从以下几个方面归纳结构模式：

一是解析结构的组成部分，即偏导数部分和代数项部分；二是代数项的项数及其与张量阶次的关系；三是代数项的符号组成之共性；四是指标分布规律和正负号分布规律，以及二者之间的关联。

我们再仔细观察诸杂交协变导数的定义式，可以看出，杂交协变导数延续了上述结构模式。

## 4.13 经典协变导数的概念生成模式

我们可以看出：经典协变导数是逻辑的产物，是先驱们在逻辑推理的过程中引入的。物理学和力学中，常见的引入概念的途径有两条：(1)从现象或物理图像中抽象概念。(2)在逻辑推理的过程中，从符号表达式中提炼概念。显然，经典协变导数概念是经由第二种途径引入的。杂交分量的协变导数，也是逻辑导出概念。

从经典协变导数的逻辑推导过程，可归纳出协变导数概念的生成模式。该模式的切入点是张量的偏导数$\dfrac{\partial \boldsymbol{T}}{\partial x^m}$。$\dfrac{\partial \boldsymbol{T}}{\partial x^m}$配上基矢量$\boldsymbol{g}^m$，即可得到张量的梯度，即$\nabla \boldsymbol{T}=\boldsymbol{g}^m\dfrac{\partial \boldsymbol{T}}{\partial x^m}$。换言之，张量的偏导数$\dfrac{\partial \boldsymbol{T}}{\partial x^m}$，是梯度张量$\nabla \boldsymbol{T}$的组成部分，故$\dfrac{\partial \boldsymbol{T}}{\partial x^m}$本身就具有协变性。“从具有协变性的实体量的偏导数$\dfrac{\partial \boldsymbol{T}}{\partial x^m}$中，抽象出具有协变性的协变导数$\nabla_m(\cdot)$”，是 Ricci 学派定义经典协变导数$\nabla_m(\cdot)$的精髓之所在。我们将这种具有普遍意义的模式，称为“协变导数概念的生成模式”，简称“概念生成模式”。

上述分析显示，协变导数，是从经典微分学中“内生”出来的概念。或者说，协变微分学，是从经典微分学中“内生”出来的协变性理论。

至此，本章的内容可以结束了。后续诸节的内容虽然有点啰嗦，但可以为读者提供多样化的视角。读者如果有兴趣，可以继续阅读下去。

# 4.14　再看经典协变导数的协变性

4.3 节，已经讨论了经典协变导数$\nabla_m(\cdot)$的协变性。然而，4.3 节的讨论，建立在“计算”的基础之上。换言之，4.3 节的结论，都是“算出来”的。不同于 4.3 节，本节力求“用观念代替计算”。本节的出发点，是经典协变导数$\nabla_m(\cdot)$自身的代数结构。

4.4 节，我们已经知道：度量张量分量可以自由进出经典协变导数$\nabla_m(\cdot)$。将这一观念应用于$\nabla_m T_i^{\cdot j}$：

$$\nabla_m T^{nj} = \nabla_m (g^{ni} T_i^{\cdot j}) = g^{ni} (\nabla_m T_i^{\cdot j}) \tag{4.80}$$

$$\nabla_m T_{in} = \nabla_m (g_{nj} T_i^{\cdot j}) = g_{nj} (\nabla_m T_i^{\cdot j}) \tag{4.81}$$

式(4.80)和式(4.81)升降了张量分量 $T_i^{\cdot j}$ 中的指标。式(4.80)和式(4.81)右端，尽管度量张量分量 $g^{ni}$ 和 $g_{nj}$ 与张量分量 $T_i^{\cdot j}$ 之间，还间隔了“一堵墙”，即协变导数符号$\nabla_m$，但“自由进出”的漂亮性质，使得 $g^{ni}$ 和 $g_{nj}$ 能够毫无障碍地“穿墙而过”，实现分量 $T_i^{\cdot j}$ 的指标升降变换。

注意到，协变导数符号$\nabla_m$自身的指标 $m$，来自于普通偏导数$\dfrac{\partial(\cdot)}{\partial x^m}$。因此，形式上可以写出：

$$\nabla^n T_i^{\cdot j} = g^{nm} (\nabla_m T_i^{\cdot j}) \tag{4.82}$$

式(4.82)提升了$\nabla_m$中的指标 $m$。

至此，我们可以形成这样的观念：$\nabla_m T_i^{\cdot j}$ 的每一个指标，都满足指标升降变换。这个观念普遍成立。于是，我们有一般性命题：

经典协变导数$\nabla_m(\cdot)$，满足指标升降变换。

4.10 节，我们已经知道：度量张量的杂交分量可以自由进出经典协变导数$\nabla_m(\cdot)$。将这一观念应用于$\nabla_m T_i^{\cdot j}$：

$$\nabla_m T_{i'}^{\cdot j} = \nabla_m (g_{i'}^{i} T_i^{\cdot j}) = g_{i'}^{i} (\nabla_m T_i^{\cdot j}) \tag{4.83}$$

$$\nabla_m T_i^{\cdot j'} = \nabla_m (g_j^{j'} T_i^{\cdot j}) = g_j^{j'} (\nabla_m T_i^{\cdot j}) \tag{4.84}$$

式(4.83)和式(4.84)实现了张量分量 $T_i^{\cdot j}$ 的坐标变换。式(4.83)和式(4.84)右端，尽管度量张量的杂交分量 $g_{i'}^{i}$ 和 $g_j^{j'}$ 与张量分量 $T_i^{\cdot j}$ 之间，还间隔了“一堵墙”，即协变导数的符号$\nabla_m$，但“自由进出”的漂亮性质，使得 $g_{i'}^{i}$ 和 $g_j^{j'}$ 能够毫无障碍地“穿墙而过”，实现张量分量 $T_i^{\cdot j}$ 的坐标变换。

至于协变导数符号$\nabla_m$自身的指标 $m$，形式上可以写出：

$$\nabla_{m'} T_i^{\cdot j} = g_{m'}^{m} (\nabla_m T_i^{\cdot j}) \tag{4.85}$$

式(4.85)实现了协变导数符号$\nabla_m$的坐标变换。

至此，我们可以形成这样的观念：$\nabla_m T_i^{\cdot j}$ 的每一个指标，都满足坐标变换。这个观念普遍成立。于是，我们有一般性命题：

经典协变导数$\nabla_m(\cdot)$满足坐标变换。

经典协变导数$\nabla_m(\cdot)$既满足指标变换，又满足坐标变换，故必然有：

经典协变导数$\nabla_m(\cdot)$满足 Ricci 变换。

因此我们说，

任何张量分量$(\cdot)$的经典协变导数$\nabla_m(\cdot)$，都具有协变性，仍然是张量分量。

## 4.15 普通偏导数的非协变性

如上所述，经典协变导数概念$\nabla_m(\cdot)$的定义，是 Ricci 学派的重大贡献。$\nabla_m(\cdot)$最美的性质，是其协变性。仅凭协变性，$\nabla_m(\cdot)$便“超凡脱俗”，远远超越了普通偏导数$\dfrac{\partial(\cdot)}{\partial x^m}$。

要深刻理解普通偏导数$\dfrac{\partial(\cdot)}{\partial x^m}$的局限性，还要结合度量张量分量。

我们先看度量张量的协变分量和逆变分量的普通偏导数$\dfrac{\partial g_{ij}}{\partial x^m}$和$\dfrac{\partial g^{ij}}{\partial x^m}$。考查式(4.21)。显然，一般意义上，有如下不等式：

$$\frac{\partial g_{ij}}{\partial x^m} \neq 0, \quad \frac{\partial g^{ij}}{\partial x^m} \neq 0 \tag{4.86}$$

基于式(4.86)，我们抽象出命题：

度量张量的协变分量 $g_{ij}$ 和逆变分量 $g^{ij}$，都不能自由进出普通偏导数$\dfrac{\partial(\cdot)}{\partial x^m}$。

这一命题可以定量地描述如下：

$$\frac{\partial(g_{ij}\ \cdot)}{\partial x^m} = \frac{\partial g_{ij}}{\partial x^m}(\cdot) + g_{ij}\ \frac{\partial(\cdot)}{\partial x^m}, \quad \frac{\partial(g^{ij}\ \cdot)}{\partial x^m} = \frac{\partial g^{ij}}{\partial x^m}(\cdot) + g^{ij}\ \frac{\partial(\cdot)}{\partial x^m}$$

借助式(4.86)可得

$$\frac{\partial(g_{ij}\ \cdot)}{\partial x^m} \neq g_{ij}\ \frac{\partial(\cdot)}{\partial x^m}, \quad \frac{\partial(g^{ij}\ \cdot)}{\partial x^m} \neq g^{ij}\ \frac{\partial(\cdot)}{\partial x^m}$$

具体地，我们以二阶张量分量 $T_i^{\cdot j}$ 为例，可写出：

$$\frac{\partial T^{nj}}{\partial x^m} = \frac{\partial(g^{ni} T_i^{\cdot j})}{\partial x^m} \neq g^{ni}\left(\frac{\partial T_i^{\cdot j}}{\partial x^m}\right), \quad \frac{\partial T_{in}}{\partial x^m} = \frac{\partial(g_{nj} T_i^{\cdot j})}{\partial x^m} \neq g_{nj}\left(\frac{\partial T_i^{\cdot j}}{\partial x^m}\right)$$

亦即二阶张量分量 $T_i^{\cdot j}$ 的普通偏导数$\dfrac{\partial T_i^{\cdot j}}{\partial x^m}$，不满足指标升降变换。这个结果具有普遍性，于是我们有一般性命题：

任何张量分量(·)的普通偏导数$\frac{\partial(\cdot)}{\partial x^m}$,都不满足指标升降变换。

我们再看度量张量的杂交混变分量的普通偏导数$\frac{\partial g_i^{j'}}{\partial x^m}$和$\frac{\partial g_{j'}^{i}}{\partial x^m}$。读者当然可以从式(4.73)推断$\frac{\partial g_i^{j'}}{\partial x^m}$和$\frac{\partial g_{j'}^{i}}{\partial x^m}$的"值",但不小心会跌入陷阱(见本章末尾的分析)。为此,我们换一个角度,考查 $g_i^{j'}$ 和 $g_{j'}^{i}$ 的原始定义式:

$$g_i^{j'} \triangleq \frac{\partial x^{j'}}{\partial x^i}, \quad g_{j'}^{i} \triangleq \frac{\partial x^i}{\partial x^{j'}} \tag{4.87}$$

式(4.87)取普通偏导数:

$$\frac{\partial g_i^{j'}}{\partial x^m} = \frac{\partial^2 x^{j'}}{\partial x^m \partial x^i} \tag{4.88}$$

$$\frac{\partial g_{j'}^{i}}{\partial x^m} = \frac{\partial^2 x^{i}}{\partial x^m \partial x^{j'}} \tag{4.89}$$

先看式(4.88)。新坐标可以表达为老坐标的函数,即

$$x^{j'} = x^{j'}(x^k) \tag{4.90}$$

由于式(4.90)中函数关系的一般性和多样性,故函数对自变量的二阶偏导数一般不为零:

$$\frac{\partial^2 x^{j'}}{\partial x^m \partial x^i} \neq 0 \tag{4.91}$$

亦即

$$\frac{\partial g_i^{j'}}{\partial x^m} \neq 0 \tag{4.92}$$

再看式(4.89)。老坐标可以表达为新坐标的函数,即

$$x^k = x^k(x^{j'}) \tag{4.93}$$

式(4.90)和式(4.93)表明,新老坐标之间存在相互依存关系。由于新老坐标并不互相独立,故式(4.89)右端的二阶偏导数不具有求导顺序的可交换性:

$$\frac{\partial}{\partial x^m}\left(\frac{\partial x^i}{\partial x^{j'}}\right) \neq \frac{\partial}{\partial x^{j'}}\left(\frac{\partial x^i}{\partial x^m}\right) = \frac{\partial g_m^i}{\partial x^{j'}} = 0 \tag{4.94}$$

因此,式(4.89)一般地给出:

$$\frac{\partial g_{j'}^{i}}{\partial x^m} \neq 0 \tag{4.95}$$

我们由式(4.92)和式(4.95)抽象出一般性命题:

度量张量的杂交混变分量 $g_i^{j'}$ 和 $g_{j'}^{i}$,都不能自由进出普通偏导数$\frac{\partial(\cdot)}{\partial x^m}$。

这一命题可以定量地描述如下:

$$\frac{\partial(g_i^{j'}\ \bullet)}{\partial x^m}=\frac{\partial g_i^{j'}}{\partial x^m}(\bullet)+g_i^{j'}\ \frac{\partial(\bullet)}{\partial x^m},\qquad \frac{\partial(g_{j'}^{i}\ \bullet)}{\partial x^m}=\frac{\partial g_{j'}^{i}}{\partial x^m}(\bullet)+g_{j'}^{i}\ \frac{\partial(\bullet)}{\partial x^m}$$

借助式(4.92)和式(4.95)可得

$$\frac{\partial(g_i^{j'}\ \bullet)}{\partial x^m}\neq g_i^{j'}\ \frac{\partial(\bullet)}{\partial x^m},\qquad \frac{\partial(g_{j'}^{i}\ \bullet)}{\partial x^m}\neq g_{j'}^{i}\ \frac{\partial(\bullet)}{\partial x^m} \tag{4.96}$$

具体地,我们以二阶张量分量 $T_i^{\cdot j}$ 为例,可知:

$$\begin{aligned}\frac{\partial T_{i'}^{\cdot j}}{\partial x^m}&=\frac{\partial(g_{i'}^{i}T_i^{\cdot j})}{\partial x^m}\neq g_{i'}^{i}\left(\frac{\partial T_i^{\cdot j}}{\partial x^m}\right),\\ \frac{\partial T_i^{\cdot j'}}{\partial x^m}&=\frac{\partial(g_j^{j'}T_i^{\cdot j})}{\partial x^m}\neq g_j^{j'}\left(\frac{\partial T_i^{\cdot j}}{\partial x^m}\right)\end{aligned} \tag{4.97}$$

亦即二阶张量分量 $T_i^{\cdot j}$ 的普通偏导数$\frac{\partial T_i^{\cdot j}}{\partial x^m}$,不满足坐标变换。这个结果具有普遍性,于是我们有一般性命题:

任何张量分量(・)的普通偏导数$\frac{\partial(\bullet)}{\partial x^m}$,不满足坐标变换。

综合本节的分析可知,张量分量(・)的普通偏导数$\frac{\partial(\bullet)}{\partial x^m}$,既不满足指标升降变换,又不满足坐标变换。于是我们有:

任何张量分量(・)的普通偏导数$\frac{\partial(\bullet)}{\partial x^m}$,都不满足 Ricci 变换。

不满足 Ricci 变换的普通偏导数$\frac{\partial(\bullet)}{\partial x^m}$,当然不具有协变性,也就不是张量分量了。

## 4.16 指标概念的补充分类

本来,本章的内容到此就可以结束了。然而,正如读者看到的那样,本章引入了杂交分量、杂交 Christoffel 符号等概念。这些概念的出现,导致了一些困难的主题。为了处理这些困难的主题,我们有必要对“指标”这一概念,再做些深入的分析。

经典协变微分学,大体上将指标划分为两类。一类是自由指标,例如,张量分量 $T_i^{\cdot j}$ 中,$i$ 和 $j$ 都是自由指标。自由指标成立如下命题:

自由指标满足 Ricci 变换。

另一类是哑指标。例如,$u_j\boldsymbol{g}^j$,$T_j^{\cdot j}$ 等。这里 $j$ 是哑指标。此时,$u_j\boldsymbol{g}^j$ 和 $T_j^{\cdot j}$ 中的哑指标是自由指标的特例,我们称之为“自由哑指标”。如下命题显然成立:

自由哑指标满足 Ricci 变换。

这个命题的表现形式，就是广义对偶不变性和表观形式不变性。例如，对矢量 $u_j \boldsymbol{g}^j$，就有：

$$u_j \boldsymbol{g}^j = u^j \boldsymbol{g}_j, \quad u_j \boldsymbol{g}^j = u_{j'} \boldsymbol{g}^{j'} \tag{4.98}$$

然而，随着偏导数 $\dfrac{\partial(\cdot)}{\partial x^m}$ 的出现，指标的性质发生了变化。正如上一节的分析，张量分量 $T_i^{\cdot j}$ 的普通偏导数 $\dfrac{\partial T_i^{\cdot j}}{\partial x^m}$ 中，指标 $i$ 和 $j$ 不再满足 Ricci 变换，不再是自由指标了。我们将这种"现象"，称为"偏导数对指标的禁锢现象"。于是我们引入定义：

受到普通偏导数禁锢的指标，被称为"束缚指标"。

显然，如下命题自然成立：

束缚指标不满足 Ricci 变换。

由此我们可以更深入地理解协变导数 $\nabla_m T_i^{\cdot j}$ 的功能：它将普通偏导数 $\dfrac{\partial T_i^{\cdot j}}{\partial x^m}$ 中的束缚指标解放了出来，使之成为 $\nabla_m T_i^{\cdot j}$ 中的自由指标。

偏导数不仅禁锢了张量分量的指标，而且禁锢了基矢量的指标。我们考查式(4.5)的左端项。尽管基矢量 $\boldsymbol{g}_j$，$\boldsymbol{g}^j$ 的指标 $j$ 是自由指标，但其普通偏导数 $\dfrac{\partial \boldsymbol{g}_j}{\partial x^m}$ 和 $\dfrac{\partial \boldsymbol{g}^j}{\partial x^m}$ 中，指标 $j$ 却受到禁锢，变成了束缚指标，此时的指标 $j$，既不满足指标升降变换，也不满足坐标变换：

$$\frac{\partial \boldsymbol{g}_j}{\partial x^m} \neq g_{jn}\left(\frac{\partial \boldsymbol{g}^n}{\partial x^m}\right), \quad \frac{\partial \boldsymbol{g}^j}{\partial x^m} \neq g^{jn}\left(\frac{\partial \boldsymbol{g}_n}{\partial x^m}\right) \tag{4.99}$$

$$\frac{\partial \boldsymbol{g}_{j'}}{\partial x^m} \neq g_{j'}^{j}\left(\frac{\partial \boldsymbol{g}_j}{\partial x^m}\right), \quad \frac{\partial \boldsymbol{g}^{j'}}{\partial x^m} \neq g_j^{j'}\left(\frac{\partial \boldsymbol{g}^j}{\partial x^m}\right) \tag{4.100}$$

请读者注意，上述不等式右端虽然有哑指标 $j$ 和哑指标 $n$，但它们的行为，都与自由哑指标不符。这意味着，本节对哑指标的分类还不够完备。

为了更清晰地阐释上述"现象"，我们考查式(4.3)的右端项 $\dfrac{\partial u_j}{\partial x^m}\boldsymbol{g}^j$ $\left(\text{或 } u_j \dfrac{\partial \boldsymbol{g}^j}{\partial x^m}\right)$。由于 $\dfrac{\partial u_j}{\partial x^m}$ 中的指标 $j$ 处于禁锢状态，故 $\dfrac{\partial u_j}{\partial x^m}\boldsymbol{g}^j$ 中的哑指标 $j$ 受到"牵连"，也处于禁锢状态。于是我们有定义：

一对哑指标中，如果其中之一是束缚指标，则称这样的哑指标为"束缚哑指标"。

下面的命题是显而易见的：

束缚哑指标不满足 Ricci 变换。

命题的具体表现形式，可从下式看出：

$$\frac{\partial u_j}{\partial x^m}\boldsymbol{g}^j \neq \frac{\partial u^j}{\partial x^m}\boldsymbol{g}_j, \quad \frac{\partial u_j}{\partial x^m}\boldsymbol{g}^j \neq \frac{\partial u_{j'}}{\partial x^m}\boldsymbol{g}^{j'} \tag{4.101}$$

即束缚哑指标，使$\frac{\partial u_j}{\partial x^m}\boldsymbol{g}^j$丧失了广义对偶不变性和表观形式不变性。

对比式(4.98)和不等式(4.101)，束缚哑指标与自由哑指标的差异之大，可见一斑。

至此，本节归纳出了四类指标：自由指标、束缚指标、自由哑指标、束缚哑指标。

读者也许认为：如此分类，纯属多余。的确，过去没有束缚指标等概念，经典协变微分学照样运作得挺好。然而，随着杂交 Christoffel 符号的定义，束缚指标等概念的价值，凸现出来了。

## 4.17 Christoffel 符号的进一步分析

第1章曾经指出：Christoffel 符号 $\Gamma_{mj}^k$，既是个“天使般”的概念，又是个“魔鬼般”的概念。读者可能会感到困惑：同一个概念，为什么会给出如此两极的评价？

微分几何学中[3]，协变导数$\nabla_m(\cdot)$，也被称为“联络”；Christoffel 符号 $\Gamma_{mj}^k$，也被称为“联络系数”。

在作者的传统观念里，度量张量分量 $g_{ij}$ 是具有头等重要性的概念。然而，不同于作者的老观念，前辈力学家武际可先生极其看重 Christoffel 符号 $\Gamma_{mj}^k$。在多次讨论中，先生都指出：“$\Gamma_{mj}^k$ 比 $g_{ij}$ 更重要。”作者百思不得其解。后来先生明示：给定一个空间，只要定义了 $\Gamma_{mj}^k$，即使给不出 $g_{ij}$，协变微分学也能够进行“分析”。作者恍然大悟，深感受益匪浅。

受先生启发，作者对 Christoffel 符号 $\Gamma_{mj}^k$ 格外注意。逐渐意识到，要透彻地理解 $\Gamma_{mj}^k$，并非易事。

读者可能认为，作者故弄玄虚。其实不然。历史上，物理学家和力学家们曾经提出过一个问题：“Christoffel 符号 $\Gamma_{mj}^k$ 是张量分量吗？”既然这个问题被如此郑重其事地提出来，就足以表明：学者们对 $\Gamma_{mj}^k$ 概念的认识有分歧。

答案见仁见智，但占主流地位的回答是否定的。

经典教科书中的答案大都是否定的。理由很简单：Christoffel 符号 $\Gamma_{ij}^k$ 不满足坐标变换（请读者自己补齐下式的推导过程）：

$$\Gamma_{j'm'}^{k'} = g_{m'}^{m} g_{j'}^{j} g_{k}^{k'} \Gamma_{jm}^{k} + g_{m'}^{m} g_{j}^{k'} \frac{\partial g_{j'}^{j}}{\partial x^m} \tag{4.102}$$

注意到，式(4.102)最后一项一般不为零：

$$g^m_{m'} g^{k'}_j \frac{\partial g^j_{j'}}{\partial x^m} = g^{k'}_j \frac{\partial g^j_{j'}}{\partial x^{m'}} \neq 0 \tag{4.103}$$

故一般情况下，我们有

$$\Gamma^{k'}_{j'm'} \neq g^j_{j'} g^m_{m'} g^{k'}_k \Gamma^k_{jm} \tag{4.104}$$

于是，我们有命题：

Christoffel 符号不满足坐标变换。

当然也可以说：

Christoffel 符号不满足 Ricci 变换。

我们可以从两个等价的角度理解式(4.102)的含义。一个角度是度量张量的杂交分量的偏导数不为零：

$$\frac{\partial g^j_{j'}}{\partial x^{m'}} \neq 0$$

理由已经在 4.15 节解说过了。另一个等价的角度是 $g^{k'}_j$ 不能自由进出偏导数 $\frac{\partial g^j_{j'}}{\partial x^{m'}}$ $\left(\text{或者说，}\frac{\partial g^j_{j'}}{\partial x^{m'}}\text{中的指标 } j \text{ 是束缚指标，不满足坐标变换}\right)$，这样意味着：

$$g^{k'}_j \frac{\partial g^j_{j'}}{\partial x^{m'}} \neq \frac{\partial (g^{k'}_j g^j_{j'})}{\partial x^{m'}} = \frac{\partial g^{k'}_{j'}}{\partial x^{m'}} = 0 \tag{4.105}$$

总体上看，上述论证(尤其是式(4.102))是构造性的。

作者的答案也是否定的。不同于上述构造性论证，作者的论证是存在性的。我们将式(4.5)重塑为

$$\Gamma^k_{jm} \triangleq \frac{\partial \boldsymbol{g}_j}{\partial x^m} \cdot \boldsymbol{g}^k \tag{4.106}$$

显然，式(4.106)中，$\Gamma^k_{jm}$ 中的指标 $j$ 是束缚指标，因而，指标 $j$ 既不满足升降变换，也不满足坐标变换。换言之，$\Gamma^k_{jm}$ 不是张量分量。

在结束本节时，我们再关注一下指标 $k$。我们感兴趣的问题是，指标 $k$ 的性质，如何界定？早期，作者倾向于认为，指标 $k$ 是自由指标。现在，作者倾向于认为，指标 $k$ 与指标 $j$ 一样，也是束缚指标。理由如下。

我们知道，协变基矢量 $\boldsymbol{g}_j$ 与逆变基矢量 $\boldsymbol{g}^k$ 之间存在对偶关系，即 $\boldsymbol{g}_j \cdot \boldsymbol{g}^k = \delta^k_j$。因此，必然有

$$\frac{\partial (\boldsymbol{g}_j \cdot \boldsymbol{g}^k)}{\partial x^m} = \frac{\partial \boldsymbol{g}_j}{\partial x^m} \cdot \boldsymbol{g}^k + \boldsymbol{g}_j \cdot \frac{\partial \boldsymbol{g}^k}{\partial x^m} \equiv 0 \tag{4.107}$$

式(4.107)代入式(4.106)，可得

$$\Gamma^k_{jm} = -\frac{\partial \boldsymbol{g}^k}{\partial x^m} \cdot \boldsymbol{g}_j \tag{4.108}$$

式(4.108)中的逆变基矢量 $\boldsymbol{g}^k$ 受到普通偏导数 $\frac{\partial (\cdot)}{\partial x^m}$ 的禁锢，其指标 $k$ 成为束缚

指标。

如果上述观点成立，那么，就有如下命题：

Christoffel 符号 $\Gamma_{jm}^{k}$ 的三个指标中，只有来自坐标的普通偏导数 $\frac{\partial(\cdot)}{\partial x^{m}}$ 的 $m$ 指标，才是自由指标。

当然，上述观念纯属一家之言，对错与否，都无碍大局。

## 4.18 杂交 Christoffel 符号的进一步分析

著名数学家刘维尔告诫后人："解释超常的概念，一定要超常的清晰。" Christoffel $\Gamma_{jm}^{k}$ 是这样的概念，而杂交 Christoffel 符号 $\Gamma_{jm'}^{k}$ 更是这样的概念。

经典教科书中，式(4.106)就是 Christoffel 符号 $\Gamma_{jm}^{k}$ 的定义式了。为便于对比和理解，我们再追究一下杂交 Christoffel 符号 $\Gamma_{jm'}^{k}$ 的定义式。由式(4.39)可得

$$\Gamma_{jm'}^{k}=\frac{\partial \boldsymbol{g}_{j}}{\partial x^{m'}}\cdot \boldsymbol{g}^{k} \tag{4.109}$$

实际上，式(4.109)与式(4.37)等价，可视为杂交 Christoffel 符号 $\Gamma_{jm'}^{k}$ 的等价定义式。

类似地，由式(4.50)可得

$$\Gamma_{j'm}^{k'}=\frac{\partial \boldsymbol{g}_{j'}}{\partial x^{m}}\cdot \boldsymbol{g}^{k'} \tag{4.110}$$

式(4.110)与式(4.49)等价，可视为杂交 Christoffel 符号 $\Gamma_{j'm}^{k'}$ 的等价定义式。

基于 4.17 节的分析可知，杂交 Christoffel 符号只能有两种基本形式，即 $\Gamma_{jm'}^{k}$ 和 $\Gamma_{j'm}^{k'}$。除此之外，任何其他形式的杂交 Christoffel 符号，都是不可定义的或"非法"的。

## 4.19 再看杂交 Christoffel 符号下指标的非对称性

经典 Christoffel 符号的两个下指标是对称的。式(4.106)中，$\Gamma_{jm}^{k}=\Gamma_{mj}^{k}$ 的依据，来自于右端偏导数项 $\frac{\partial \boldsymbol{g}_{j}}{\partial x^{m}}$ 中指标的可交换性：

$$\frac{\partial \boldsymbol{g}_{j}}{\partial x^{m}}=\frac{\partial \boldsymbol{g}_{m}}{\partial x^{j}} \tag{4.111}$$

而式(4.111)中的指标可交换性，则来自下式：

$$\frac{\partial}{\partial x^{m}}\left(\frac{\partial \boldsymbol{r}}{\partial x^{j}}\right)=\frac{\partial}{\partial x^{j}}\left(\frac{\partial \boldsymbol{r}}{\partial x^{m}}\right) \tag{4.112}$$

即二阶偏导数具有求导顺序的可交换性。

然而，在新老杂交坐标系下，新老坐标之间存在坐标变换(见式(4.90)和式(4.93))，故有

$$\frac{\partial}{\partial x^{m'}}\left(\frac{\partial \boldsymbol{r}}{\partial x^{j}}\right)=\frac{\partial}{\partial x^{m'}}\left(\frac{\partial \boldsymbol{r}}{\partial x^{n'}}\frac{\partial x^{n'}}{\partial x^{j}}\right)=\frac{\partial}{\partial x^{m'}}\left(\frac{\partial \boldsymbol{r}}{\partial x^{n'}}g_{j}^{n'}\right)$$

$$=g_{j}^{n'}\frac{\partial}{\partial x^{m'}}\left(\frac{\partial \boldsymbol{r}}{\partial x^{n'}}\right)+\frac{\partial \boldsymbol{r}}{\partial x^{n'}}\frac{\partial g_{j}^{n'}}{\partial x^{m'}} \tag{4.113}$$

对新坐标的二阶偏导数具有求导顺序的可交换性：

$$\frac{\partial}{\partial x^{m'}}\left(\frac{\partial \boldsymbol{r}}{\partial x^{n'}}\right)=\frac{\partial}{\partial x^{n'}}\left(\frac{\partial \boldsymbol{r}}{\partial x^{m'}}\right) \tag{4.114}$$

且有

$$g_{j}^{n'}\frac{\partial}{\partial x^{n'}}\left(\frac{\partial \boldsymbol{r}}{\partial x^{m'}}\right)=\frac{\partial}{\partial x^{j}}\left(\frac{\partial \boldsymbol{r}}{\partial x^{m'}}\right) \tag{4.115}$$

$$\frac{\partial \boldsymbol{r}}{\partial x^{n'}}=\boldsymbol{g}^{n'} \tag{4.116}$$

式(4.114)～式(4.116)代入式(4.113)，得

$$\frac{\partial}{\partial x^{m'}}\left(\frac{\partial \boldsymbol{r}}{\partial x^{j}}\right)=\frac{\partial}{\partial x^{j}}\left(\frac{\partial \boldsymbol{r}}{\partial x^{m'}}\right)+\boldsymbol{g}^{n'}\frac{\partial g_{j}^{n'}}{\partial x^{m'}} \tag{4.117}$$

式(4.117)显示：

$$\frac{\partial}{\partial x^{m'}}\left(\frac{\partial \boldsymbol{r}}{\partial x^{j}}\right)\neq\frac{\partial}{\partial x^{j}}\left(\frac{\partial \boldsymbol{r}}{\partial x^{m'}}\right) \tag{4.118}$$

亦即

$$\frac{\partial \boldsymbol{g}_{j}}{\partial x^{m'}}\neq\frac{\partial \boldsymbol{g}_{m'}}{\partial x^{j}} \tag{4.119}$$

式(4.119)显示指标不可交换，即 $\Gamma_{jm'}^{k}\neq\Gamma_{m'j}^{k}$，杂交 Christoffel 符号下指标不具有对称性。

## 4.20 不易察觉的陷阱

作者觉得，杂交 Christoffel 符号 $\Gamma_{jm'}^{k}$ 是个蛮不错的概念。内心里总感觉，它可以和第一类 Christoffel 符号 $\Gamma_{jm,k}$ 相媲美。这个类比有些狂妄，但也并不算太离谱。

由式(4.106)可知，第二类 Christoffel 符号 $\Gamma_{jm}^{k}$ 的定义式中，指标 $k$ 虽然不能被视为自由指标，但仍然可以下降。实际上，$\Gamma_{jm}^{k}$ 降指标，即可得 $\Gamma_{jm,k}$。$\Gamma_{jm}^{k}$ 与 $\Gamma_{jm,k}$ 之间，就是指标升降关系。

虽然作者一再强调，杂交 Christoffel 符号 $\Gamma_{jm'}^{k}$ 只是一个约定符号，但在形式

上，$\Gamma^k_{jm'}$ 与 $\Gamma^k_{jm}$ 之间的关系，确实是坐标变换关系。

如果将 Ricci 变换视为一枚硬币，那么，指标升降变换和坐标变换，就是这枚硬币的两面。从这个意义上讲，将 $\Gamma^k_{jm'}$ 与 $\Gamma_{jm,k}$ 类比，再合适不过了。

然而，Christoffel 符号 $\Gamma^k_{jm}$ 这个“魔鬼般”的概念，变幻莫测，极难掌控。作者不敢在定义 $\Gamma^k_{jm'}$ 的同时，引入 $\Gamma_{jm,k}$。于是，只好舍弃 $\Gamma_{jm,k}$，以降低复杂度。

虽然简化了局面，但对 $\Gamma^k_{jm'}$，还是要格外小心。一不小心，就会跌入陷阱。我们以式(4.73)为例，说明陷阱的危险性。

观察式(4.73)右端。如果不细究，仅从直观感觉出发，就容易犯如下坐标变换错误：

$$g^{j'}_{k}\Gamma^{k}_{im}=\Gamma^{j'}_{im} \tag{4.120}$$

$$g^{k'}_{i}\Gamma^{j'}_{k'm}=\Gamma^{j'}_{im} \tag{4.121}$$

$$g^{k}_{j'}\Gamma^{i}_{km}=\Gamma^{i}_{j'm} \tag{4.122}$$

$$g^{i}_{k'}\Gamma^{k'}_{j'm}=\Gamma^{i}_{j'm} \tag{4.123}$$

于是，式(4.120)～式(4.123)代入式(4.73)，就会错误地导出：

$$\frac{\partial g^{j'}_{i}}{\partial x^m}=g^{j'}_{k}\Gamma^{k}_{im}-g^{k'}_{i}\Gamma^{j'}_{k'm}=\Gamma^{j'}_{im}-\Gamma^{j'}_{im}=0 \tag{4.124}$$

$$\frac{\partial g^{i}_{j'}}{\partial x^m}=-g^{k}_{j'}\Gamma^{i}_{km}+g^{i}_{k'}\Gamma^{k'}_{j'm}=-\Gamma^{i}_{j'm}+\Gamma^{i}_{j'm}=0 \tag{4.125}$$

式(4.120)～式(4.125)的错误出在式(4.120)～式(4.123)。这些式子，把针对坐标 $x^m$ 的坐标变换($m$ 是自由指标)，“非法”地扩展到了其他的束缚指标。

## 4.21 协变导数的代数结构再分析

读者也许会问：本章的重点本来是协变导数，可为什么在 Christoffel 符号上花费这么多笔墨？请读者回忆一下：协变导数被称为“联络”，而 Christoffel 符号被称为“联络系数”。不追究联络系数，如何理解联络？

协变导数推导过程中，有一个细节：两对哑指标的互换。由于涉及 Christoffel 符号，故有必要给出精细的阐释。

张量缩并，得到代数结构 $T^{kl}S_{kl}$。其中，有两对哑指标 $k$ 和 $l$。两对哑指标共存的表达式，具有指标互换的不变性：

$$T^{kl}S_{kl}=T^{lk}S_{lk} \tag{4.126}$$

也就是说，两对哑指标互换，表达式的“值”不变。

这个命题具有普遍性，不仅对自由哑指标成立(例如，式(4.126))，而且对束缚哑指标也成立(见下面的案例)。

下面的案例，涉及张量杂交分量的协变导数。虽然只是一个具体的案例，但分析方法和所得结论,具有普遍性,适用于本章(甚至本书)所有的协变导数定义式。

我们从式(4.53)中张量分解式的最后一个等式入手,考查下面的偏导数运算:

$$\frac{\partial \boldsymbol{T}}{\partial x^m}=\frac{\partial(T^i_{\cdot j'}\boldsymbol{g}_i\boldsymbol{g}^{j'})}{\partial x^m}=\frac{\partial T^i_{\cdot j'}}{\partial x^m}\boldsymbol{g}_i\boldsymbol{g}^{j'}+T^i_{\cdot j'}\frac{\partial \boldsymbol{g}_i}{\partial x^m}\boldsymbol{g}^{j'}+T^i_{\cdot j'}\boldsymbol{g}_i\frac{\partial \boldsymbol{g}^{j'}}{\partial x^m} \tag{4.127}$$

式(4.127)右端有三项。第一项是$\frac{\partial T^i_{\cdot j'}}{\partial x^m}\boldsymbol{g}_i\boldsymbol{g}^{j'}$,哑指标 $i$ 和哑指标 $j'$ 都是束缚哑指标。第二项是 $T^i_{\cdot j'}\frac{\partial \boldsymbol{g}_i}{\partial x^m}\boldsymbol{g}^{j'}$,哑指标 $i$ 是束缚哑指标,但哑指标 $j'$ 是自由哑指标。第三项是 $T^i_{\cdot j'}\boldsymbol{g}_i\frac{\partial \boldsymbol{g}^{j'}}{\partial x^m}$,哑指标 $i$ 是自由哑指标,但哑指标 $j'$ 是束缚哑指标。注意到,同样的哑指标,在不同项中,功能、地位不同。

由(杂交)Christoffel 公式:

$$\frac{\partial \boldsymbol{g}_i}{\partial x^m}=\Gamma^k_{im}\boldsymbol{g}_k,\quad \frac{\partial \boldsymbol{g}^{j'}}{\partial x^m}=-\Gamma^{j'}_{k'm}\boldsymbol{g}^{k'} \tag{4.128}$$

式(4.128)代入式(4.127),得

$$\frac{\partial \boldsymbol{T}}{\partial x^m}=\frac{\partial T^i_{\cdot j'}}{\partial x^m}\boldsymbol{g}_i\boldsymbol{g}^{j'}+T^i_{\cdot j'}\Gamma^k_{im}\boldsymbol{g}_k\boldsymbol{g}^{j'}-T^i_{\cdot j'}\Gamma^{j'}_{k'm}\boldsymbol{g}_i\boldsymbol{g}^{k'} \tag{4.129}$$

对比式(4.129)和式(4.127)的右端项。第一项没变,仍然为$\frac{\partial T^i_{\cdot j'}}{\partial x^m}\boldsymbol{g}_i\boldsymbol{g}^{j'}$。

第二项形式稍有变化,成了 $T^i_{\cdot j'}\Gamma^k_{im}\boldsymbol{g}_k\boldsymbol{g}^{j'}$。其中,哑指标 $i$ 仍然是束缚哑指标,哑指标 $j'$ 仍然是自由哑指标。多出来的哑指标 $k$ 是束缚哑指标。

第三项形式稍有变化,成了 $T^i_{\cdot j'}\Gamma^{j'}_{k'm}\boldsymbol{g}_i\boldsymbol{g}^{k'}$。其中,哑指标 $i$ 仍然是自由哑指标,哑指标 $j'$ 仍然是束缚哑指标。多出来的哑指标 $k'$ 是束缚哑指标。

为了能够将式(4.129)右端的三项合并成整体,第二项和第三项分别做如下哑指标互换:

$$T^i_{\cdot j'}\Gamma^k_{im}\boldsymbol{g}_k\boldsymbol{g}^{j'}=T^k_{\cdot j'}\Gamma^i_{km}\boldsymbol{g}_i\boldsymbol{g}^{j'} \tag{4.130}$$

$$T^i_{\cdot j'}\Gamma^{j'}_{k'm}\boldsymbol{g}_i\boldsymbol{g}^{k'}=T^i_{\cdot k'}\Gamma^{k'}_{j'm}\boldsymbol{g}_i\boldsymbol{g}^{j'} \tag{4.131}$$

式(4.130)中,哑指标 $i$ 与哑指标 $k$ 互换,左端就变成了右端。式(4.131)中,哑指标 $j'$ 与哑指标 $k'$ 互换,左端就变成了右端。

需要强调的是,由于互换的哑指标都是束缚哑指标,因此,互换后哑指标的功能、地位不变,仍然是束缚哑指标。

上述哑指标互换,将第二项、第三项中的并基都变换成了 $\boldsymbol{g}_i\boldsymbol{g}^{j'}$。这样,式(4.129)右端三项的并基,都被"同化"了:

$$\frac{\partial \boldsymbol{T}}{\partial x^m}=\frac{\partial T^i_{\cdot j'}}{\partial x^m}\boldsymbol{g}_i\boldsymbol{g}^{j'}+T^k_{\cdot j'}\Gamma^i_{km}\boldsymbol{g}_i\boldsymbol{g}^{j'}-T^i_{\cdot k'}\Gamma^{k'}_{j'm}\boldsymbol{g}_i\boldsymbol{g}^{j'} \tag{4.132}$$

请读者注意,式(4.132)右端诸项中指标功能、地位之差异。

式(4.132)整理如下：

$$\frac{\partial \boldsymbol{T}}{\partial x^m}=\left(\frac{\partial T^i_{\cdot j'}}{\partial x^m}+T^k_{\cdot j'}\Gamma^i_{km}-T^i_{\cdot k'}\Gamma^{k'}_{j'm}\right)\boldsymbol{g}_i\boldsymbol{g}^{j'}=(\nabla_m T^i_{\cdot j'})\boldsymbol{g}_i\boldsymbol{g}^{j'} \quad (4.133)$$

至此，就可得到协变导数$\nabla_m T^i_{\cdot j'}$的定义式(详见式(4.58))。

现在，基于上述分析，我们可以做出如下判断：$\nabla_m T^i_{\cdot j'}$的定义式中(式(4.58))，$T^k_{\cdot j'}\Gamma^i_{km}$项的哑指标$k$是束缚哑指标，$T^i_{\cdot k'}\Gamma^{k'}_{j'm}$项的哑指标$k'$是束缚哑指标。注意到，哑指标$k$同时出现在张量分量和Christoffel符号中；哑指标$k'$也同时出现在张量分量和杂交Christoffel符号中。由此提炼出如下普遍性命题：

张量(杂交)分量的协变导数$\nabla_m(\cdot)$的定义式中，张量分量与(杂交)Christoffel符号相配的哑指标，是束缚哑指标。

请读者重新检视一下本章所有的$\nabla_m(\cdot)$定义式，以检验该命题的正确性。后续的章节，会不断涉及这个命题。确切地说，但凡在Christoffel符号出现的地方，这个命题就会发挥作用。

## 4.22 本章注释

即使非常经典的概念，稍加拓展，仍然会给出新颖的结果。从经典协变导数，到杂交协变导数，展现出协变导数概念的拓展潜力。

自Bourbaki提出“数学结构”概念以来，各种形式的数学结构就成为重点研究对象。张量是具有协变性的数学结构，张量分量的协变导数也是具有协变性的数学结构。所有具有协变性的概念，都有精致的结构模式。

本书中，经概念生成模式所生成的概念，不仅是具有协变性的概念，而且是具有协变性的数学结构。可以说，具有协变性的数学结构，才是协变微分学研究的重点对象。

Ricci学派的协变微分学，以分量的协变导数为标志，是关于分量的协变微分学。然而，从下一章开始，局面变化了。

在结束本章时，作者提出一个问题，供读者思考：“引入张量的杂交分量概念，是否必要?”经典协变微分学中，并没有这个概念。既然如此，引入这个概念，是否属于叠床架屋之举？是否违反“奥卡姆剃刀原则”？

# 第5章 广义分量的广义协变导数

第 3 章澄清了广义分量概念，而这个概念的价值，在本章才能体现出来：如果说，分量是协变导数求导的对象，那么可以说，广义分量就是广义协变导数求导的对象。

分量一旦被延拓为广义分量，协变导数即可被延拓为广义协变导数；Ricci 学派的协变微分学，即可被延拓为广义协变微分学。

读者会问：为什么要这么做？怎样做到这一点？

为什么要引入广义协变导数？答案可归结为一句话：通过广义协变导数概念，可将 Ricci 学派开创的协变性思想发展到极致。

经典协变微分学中，协变性思想惊艳登场，但发展至中途，却戛然而止，新观念不再涌现，理论体系中充斥着复杂的计算。现在，随着协变性思想的重新启动，新观念的发展获得推动力，“用观念代替计算”成为可能。

怎样引入广义协变导数？答案也是一句话：以基矢量的协变导数为突破口，以公理化思想为导引，以公设的形式，将协变导数的协变性逻辑结构，形式不变地由分量延拓至广义分量，这样，即可定义广义分量的广义协变导数，赋予广义协变导数协变性的逻辑结构。

第 3 章表明，广义分量概念，是 Hilbert 形式主义思想的外在力量与 Ricci 协变性思想的内在力量相结合的产物。不同于广义分量，广义协变导数概念，则是纯粹外在力量塑造的产物。这个外在的力量，就是公理化思想。

公理化的核心是公设。当然，公设是由人选择的。如何选择公设，是个见仁见智的事情，取决于研究者个人的价值判断。虽然研究者有自由选择公设的权利，但他并不能随心所欲，恣意妄为。他必须满足最起码的约束条件，那就是逻辑自洽性或逻辑无矛盾性。

需要注意的是，逻辑自洽的系统可能并不唯一。几何中，更换一个公设，即可导致新的几何系统，但新老系统都可能是逻辑自洽的。平行公设是最辉煌的案例之一：如果我们规定，过直线外一点只能做一条直线与原直线平行，那么，我们就得到 Euclid 几何(或抛物几何)。如果我们规定，过直线外一点不能做任何直线与原直线平行，那么，我们就得到椭圆几何。如果我们规定，过直线外一点能做多条直线与原直线平行，那么，我们就得到双曲几何。

在经典协变微分学中引入公设，作者设置了两个约束条件：既不能造出与原系统不自洽的系统，也不能造出与原系统不同的自洽系统。当然，这第二个约束条件形同虚设，因为，以作者如此有限的功力，断然不可能造出一个与原系统不同的自洽系统。从这个意义上讲，满足第二个条件，轻而易举。

然而，满足第一个约束条件，并非易事。我们选择公设以定义广义协变导数时，必须遵循如下具体原则：

首先，公设自身及其导出的定理系统应该是逻辑无矛盾的。这是普适性的前提，任何公设都必须满足。

其次，由公设诱导出的所有命题，都必须与 Ricci 学派的协变微分学自洽。设置这一原则，是基于如下考虑：经典协变微分学的真理性不容置疑，我们只能完善它，发展它，不能攻击它，更不能颠覆它。

再者，公设必须将张量的不变性和 Ricci 变换群的对称性发挥到极致。这样的协变微分学，方可达到致精致简。

最后，经典协变导数必须成为广义协变导数的特例。这最后一条原则，具有可操作性，可直接导向协变形式不变性公设的具体内涵。

为便于读者理解，本章将从经典协变导数概念诱发的对称性破缺开始，引出公设。

## 5.1 矢量分量协变导数的延拓

第 2 章中，我们研究了矢量场 $\boldsymbol{u}$：

$$\boldsymbol{u}=u^j\boldsymbol{g}_j=u_j\boldsymbol{g}^j \tag{5.1}$$

基于矢量 $\boldsymbol{u}$ 的广义对偶不变性和表观形式不变性，我们揭示了成对的对称性，即协变分量 $u_j$ 与协变基矢量 $\boldsymbol{g}_j$ 之间的对称性，以及逆变分量 $u^j$ 与逆变基矢量 $\boldsymbol{g}^j$ 的对称性：

$$u_j\sim\boldsymbol{g}_j,\quad u^j\sim\boldsymbol{g}^j \tag{5.2}$$

这里，对称性的含义是双重的。一是直观的对称性：协变指标对协变指标，逆变指标对逆变指标，我们也称之为“表观形式的对称性”；二是抽象的对称性，$u_j$ 与 $\boldsymbol{g}_j$($u^j$ 与 $\boldsymbol{g}^j$)遵循对称的 Ricci 变换群，我们称之为“代数结构的对称性”。

然而，随着协变微分学的展开，对称性被破坏了。确切地说，第 4 章中，随着协变导数$\nabla_m u_j$ 和$\nabla_m u^j$ 的定义，我们看到了对称性破缺：

$$\nabla_m u_j \sim ?, \quad \nabla_m u^j \sim ? \tag{5.3}$$

自 Ricci 和 Levi-Civita 为协变微分学奠基以来，很少有人意识到称性破缺现象的存在。

按照作者的价值判断，这样的对称性破缺现象，非同小可。作者如此看重对称性，并非纯粹出于美学的考虑，更非出于“吹毛求疵”的个性，而是出于对自然的敬畏。物理学家有名言：“大自然偏好对称性。”有史为证：随着对称性的提升，人类对自然的认识，不断地跃上了新高度。

我们提出这样一个问题：在协变微分学中，怎样将这种美轮美奂的对称性永远地保持下去？怎样才能弥补对称性破缺？

第 4 章定义的协变导数$\nabla_m u_j$ 和$\nabla_m u^j$，引出了关于 $u_j(u^j)$的如下变换：

$$u_j \to \nabla_m u_j, \quad u^j \to \nabla_m u^j \tag{5.4}$$

为了重建对称性，至少应该形式化地引入关于 $\boldsymbol{g}_j(\boldsymbol{g}^j)$的如下变换：

$$\boldsymbol{g}_j \to \nabla_m \boldsymbol{g}_j, \quad \boldsymbol{g}^j \to \nabla_m \boldsymbol{g}^j \tag{5.5}$$

也就是说，需要引入新概念——基矢量的协变导数$\nabla_m \boldsymbol{g}_j$ 和$\nabla_m \boldsymbol{g}^j$。其具体形式，可比照第 4 章中$\nabla_m u_j$ 和$\nabla_m u^j$ 的定义式：

$$\nabla_m \boldsymbol{g}_j \triangleq \frac{\partial \boldsymbol{g}_j}{\partial x^m} - \boldsymbol{g}_k \Gamma^k_{jm}, \quad \nabla_m \boldsymbol{g}^j \triangleq \frac{\partial \boldsymbol{g}^j}{\partial x^m} + \boldsymbol{g}^k \Gamma^j_{km} \tag{5.6}$$

式(5.6)可视为基矢量 $\boldsymbol{g}_j(\boldsymbol{g}^j)$的协变导数定义式。至此，我们在表观形式上实现了如下对称性：

$$\nabla_m u_j \sim \nabla_m \boldsymbol{g}_j, \quad \nabla_m u^j \sim \nabla_m \boldsymbol{g}^j \tag{5.7}$$

很显然，$\nabla_m u_j$ 与$\nabla_m \boldsymbol{g}_j$ 之间的对称，以及$\nabla_m u^j$ 与$\nabla_m \boldsymbol{g}^j$ 之间的对称，都是人为地塑造。读者也许会问：人为塑造的对称性，是客观存在吗？作者的回答如下：人为塑造的对称性，虽然不是物理学或力学的客观存在，但却出奇地有效，因而是数学或几何学的客观存在。

请读者回顾第 1 章中先驱们的论断：“协变导数$\nabla_m(\cdot)$对基矢量不起作用。”现在，我们在$\nabla_m(\cdot)$中植入了能够对基矢量起作用的“基因”，从此，$\nabla_m(\cdot)$开始对基矢量能够起作用了。

注意到，$u_j(u^j)$是最简单的分量，而 $\boldsymbol{g}_j(\boldsymbol{g}^j)$是最简单的广义分量。我们还可以继续由简单向复杂推进。

## 5.2　张量分量协变导数的延拓

类似地，对于二阶张量场函数：

$$\boldsymbol{T} = T^{ij}\boldsymbol{g}_i\boldsymbol{g}_j = T_{ij}\boldsymbol{g}^i\boldsymbol{g}^j = T_i^{\cdot j}\boldsymbol{g}^i\boldsymbol{g}_j = T^i_{\cdot j}\boldsymbol{g}_i\boldsymbol{g}^j \tag{5.8}$$

我们从中看到对称性：

$$T^{ij} \sim \boldsymbol{g}^i \boldsymbol{g}^j, \quad T_{ij} \sim \boldsymbol{g}_i \boldsymbol{g}_j \tag{5.9}$$

第2章分析过，$T^{ij}$ 与 $\boldsymbol{g}^i\boldsymbol{g}^j$、$T_{ij}$ 与 $\boldsymbol{g}_i\boldsymbol{g}_j$ 在表观形式上具有对称性，在代数结构上也具有对称性。然而，随着$\nabla_m T_{ij}$ 和$\nabla_m T^{ij}$ 的定义，引入了如下变换：

$$T_{ij} \rightarrow \nabla_m T_{ij}, \quad T^{ij} \rightarrow \nabla_m T^{ij} \tag{5.10}$$

同时打破了对称性：

$$\nabla_m T_{ij} \sim ?, \quad \nabla_m T^{ij} \sim ? \tag{5.11}$$

为了延续对称性，需要引入如下变换：

$$\boldsymbol{g}_i \boldsymbol{g}_j \rightarrow \nabla_m(\boldsymbol{g}_i \boldsymbol{g}_j), \quad \boldsymbol{g}^i \boldsymbol{g}^j \rightarrow \nabla_m(\boldsymbol{g}^i \boldsymbol{g}^j) \tag{5.12}$$

其具体表达式，可对比第4章中$\nabla_m T_{ij}$ 和$\nabla_m T^{ij}$ 的定义式写出：

$$\nabla_m(\boldsymbol{g}_i \boldsymbol{g}_j) \triangleq \frac{\partial(\boldsymbol{g}_i \boldsymbol{g}_j)}{\partial x^m} - (\boldsymbol{g}_k \boldsymbol{g}_j)\Gamma_{im}^k - (\boldsymbol{g}_i \boldsymbol{g}_k)\Gamma_{jm}^k \tag{5.13}$$

$$\nabla_m(\boldsymbol{g}^i \boldsymbol{g}^j) \triangleq \frac{\partial(\boldsymbol{g}^i \boldsymbol{g}^j)}{\partial x^m} + (\boldsymbol{g}^k \boldsymbol{g}^j)\Gamma_{km}^i + (\boldsymbol{g}^i \boldsymbol{g}^k)\Gamma_{km}^j \tag{5.14}$$

式(5.13)、式(5.14)可以视为广义分量 $\boldsymbol{g}_i\boldsymbol{g}_j$、$\boldsymbol{g}^i\boldsymbol{g}^j$ 的协变导数定义式。至此，在表观形式上，我们得到了想要的对称性：

$$\nabla_m T_{ij} \sim \nabla_m(\boldsymbol{g}_i \boldsymbol{g}_j), \quad \nabla_m T^{ij} \sim \nabla_m(\boldsymbol{g}^i \boldsymbol{g}^j) \tag{5.15}$$

归纳上述分析过程，我们便可找到公理化突破口。

## 5.3 协变形式不变性公设

注意到，以上的对称性破缺和对称性的修复，都是基于类比。然而，就建构科学体系而言，仅有类比是不够的。本节将为上述类比寻求可靠的逻辑基础。

每一个分量，都有协变导数。每一个分量，都存在与其形式一致的广义分量。为了将上述对称性思想，推广到一般广义分量，我们引入如下公设[9-12]：

广义分量的广义协变导数，与其形式一致的分量的协变导数相比，在表观形式上具有完全的一致性。

这就是协变形式不变性公设。

对于"1-指标广义分量" $\boldsymbol{p}_i$（或 $\boldsymbol{p}^i$），基于协变形式不变性公设，其广义协变导数$\nabla_m \boldsymbol{p}_i$ 和$\nabla_m \boldsymbol{p}^i$，可比照$\nabla_m u_i$ 和$\nabla_m u^i$（见第4章），定义为

$$\nabla_m \boldsymbol{p}_i \triangleq \frac{\partial \boldsymbol{p}_i}{\partial x^m} - \boldsymbol{p}_k \Gamma_{im}^k, \quad \nabla_m \boldsymbol{p}^i \triangleq \frac{\partial \boldsymbol{p}^i}{\partial x^m} + \boldsymbol{p}^k \Gamma_{km}^i \tag{5.16}$$

下一章，我们会证实，$\nabla_m \boldsymbol{p}_i$ 和$\nabla_m \boldsymbol{p}^i$ 仍然是广义分量了，必然满足 Ricci 变换，必然具有协变性。

式(5.16)右端项中，哑指标 $k$ 是束缚哑指标，不满足 Ricci 变换。注意到，这个陈述具有普遍性。理由很简单：随同协变形式不变性公设，第4章末尾提及的一般性命题，可进一步推广如下：

张量的广义协变导数$\nabla_m(\cdot)$的定义式中,(杂交)广义分量与(杂交)Christoffel 符号相配的哑指标,都是束缚哑指标。

对于杂交广义协变导数$\nabla_m \boldsymbol{p}_{i'}$,$\nabla_m \boldsymbol{p}^{i'}$,$\nabla_{m'} \boldsymbol{p}_i$ 和$\nabla_{m'} \boldsymbol{p}^i$,可比照$\nabla_m u_{i'}$,$\nabla_m u^{i'}$,$\nabla_{m'} u_i$ 和$\nabla_{m'} u^i$(见第 4 章),定义为

$$\nabla_m \boldsymbol{p}_{i'} \triangleq \frac{\partial \boldsymbol{p}_{i'}}{\partial x^m} - \boldsymbol{p}_{k'} \Gamma^{k'}_{i'm}, \quad \nabla_m \boldsymbol{p}^{i'} \triangleq \frac{\partial \boldsymbol{p}^{i'}}{\partial x^m} + \boldsymbol{p}^{k'} \Gamma^{i'}_{k'm} \tag{5.17}$$

$$\nabla_{m'} \boldsymbol{p}_i \triangleq \frac{\partial \boldsymbol{p}_i}{\partial x^{m'}} - \boldsymbol{p}_k \Gamma^k_{im'}, \quad \nabla_{m'} \boldsymbol{p}^i \triangleq \frac{\partial \boldsymbol{p}^i}{\partial x^{m'}} + \boldsymbol{p}^k \Gamma^i_{km'} \tag{5.18}$$

式(5.17)中,默认 $\boldsymbol{p}_{i'} = \boldsymbol{p}_{i'}(x^m)$,$\boldsymbol{p}^{i'} = \boldsymbol{p}^{i'}(x^m)$。式(5.18)中,默认 $\boldsymbol{p}_i = \boldsymbol{p}_i(x^{m'})$,$\boldsymbol{p}^i = \boldsymbol{p}^i(x^{m'})$。下一章,我们会证实,$\nabla_m \boldsymbol{p}_{i'}$和$\nabla_{m'} \boldsymbol{p}^i$ 等仍然是广义分量,必然满足 Ricci 变换,必然具有协变性。

式(5.17)和式(5.18)的右端项中,哑指标 $k$ 和 $k'$都是束缚哑指标。

对于“2-指标广义分量”$\boldsymbol{q}_{ij}$ 和 $\boldsymbol{q}^{ij}$,基于协变形式不变性公设,其广义协变导数,可比照$\nabla_m T_{ij}$ 和$\nabla_m T^{ij}$(见第 4 章),定义为

$$\nabla_m \boldsymbol{q}_{ij} \triangleq \frac{\partial \boldsymbol{q}_{ij}}{\partial x^m} - \boldsymbol{q}_{kj} \Gamma^k_{im} - \boldsymbol{q}_{ik} \Gamma^k_{jm}, \quad \nabla_m \boldsymbol{q}^{ij} \triangleq \frac{\partial \boldsymbol{q}^{ij}}{\partial x^m} + \boldsymbol{q}^{kj} \Gamma^i_{km} + \boldsymbol{q}^{ik} \Gamma^j_{km} \tag{5.19}$$

比照第 4 章中的$\nabla_m T_i^{\cdot j}$ 和$\nabla_m T^i_{\cdot j}$,请读者写出$\nabla_m \boldsymbol{q}_i^{\cdot j}$ 和$\nabla_m \boldsymbol{q}^i_{\cdot j}$ 的定义式。

式(5.19)右端项中,哑指标 $k$ 是束缚哑指标。

下一章,我们会证实,$\nabla_m \boldsymbol{q}_{ij}$ 和$\nabla_m \boldsymbol{q}^{ij}$ 等仍然是广义分量,必然满足 Ricci 变换,必然具有协变性。

对于二阶的杂交广义分量的广义协变导数,我们仍然可以写出:

$$\nabla_m \boldsymbol{q}_{ij'} \triangleq \frac{\partial \boldsymbol{q}_{ij'}}{\partial x^m} - \boldsymbol{q}_{kj'} \Gamma^k_{im} - \boldsymbol{q}_{ik'} \Gamma^{k'}_{jm}, \quad \nabla_m \boldsymbol{q}^{ij'} \triangleq \frac{\partial \boldsymbol{q}^{ij'}}{\partial x^m} + \boldsymbol{q}^{kj'} \Gamma^i_{km} + \boldsymbol{q}^{ik'} \Gamma^j_{k'm} \tag{5.20}$$

$$\nabla_{m'} \boldsymbol{q}_{ij'} \triangleq \frac{\partial \boldsymbol{q}_{ij'}}{\partial x^{m'}} - \boldsymbol{q}_{kj'} \Gamma^k_{im'} - \boldsymbol{q}_{ik'} \Gamma^{k'}_{j'm'}, \quad \nabla_{m'} \boldsymbol{q}^{ij'} \triangleq \frac{\partial \boldsymbol{q}^{ij'}}{\partial x^{m'}} + \boldsymbol{q}^{kj'} \Gamma^i_{km'} + \boldsymbol{q}^{ik'} \Gamma^{j'}_{k'm'} \tag{5.21}$$

式(5.20)中,默认 $\boldsymbol{q}_{ij'} = \boldsymbol{q}_{ij'}(x^m)$,$\boldsymbol{q}^{ij'} = \boldsymbol{q}^{ij'}(x^m)$。式(5.21)中,默认 $\boldsymbol{q}_{ij'} = \boldsymbol{q}_{ij'}(x^{m'})$,$\boldsymbol{q}^{ij'} = \boldsymbol{q}^{ij'}(x^{m'})$。

式(5.20)和式(5.21)右端项中,哑指标 $k$ 和 $k'$都是束缚哑指标。

请读者写出$\nabla_m \boldsymbol{q}_i^{\cdot j'}$ 和$\nabla_{m'} \boldsymbol{q}^{i'}_{\cdot j}$ 等形式的定义式。下一章,我们会证实,$\nabla_m \boldsymbol{q}_{ij'}$ 和$\nabla_m{}' \boldsymbol{q}^{ij'}$ 等仍然是广义分量,必然满足 Ricci 变换,必然具有协变性。

之所以称之为“协变形式不变性”公设,是因为这里的“形式不变性”,就是“表观形式的一致性”。由于涉及的是协变导数,故称之为“协变形式不变性”。

请读者注意,广义相对论中有“协变不变性”公设。“协变不变性”公设与“协变

形式不变性”公设，虽然用辞相近，但却是两个不同的公设。“协变不变性”公设的本质，可以用一句话概括：要确保物理学方程的客观性，物理量及其导数，必须具有协变性。换言之，物理量必须是张量（分量），其导数必须是协变导数。

协变形式不变性，则是广义分量的广义协变导数的定义规则，在这个规则的约束下，表观形式的对称性得以保证。协变形式不变性公设，则将这个规则提升为至高无上的“法典”地位。而分量的协变导数，作为经典概念，提供了延拓的范本。比照范本，就能写出与之形式一致的广义分量的广义协变导数定义式。换言之，有了这部“法典”，任何广义分量的广义协变导数，都能够在形式不变性之下得到定义。

协变形式不变性，确保了协变性的准确“遗传”——广义分量的协变性，被准确无误地传递给了广义协变导数。这一论断会在下一章得到证实。

为方便起见，我们将教科书中只能对分量求导的协变导数，称为“经典协变导数”，将能够对广义分量求导的协变导数，称为“广义协变导数”。

同行曾提出建议：“为了与经典协变导数有所区分，可以给广义协变导数取一个新的符号。”对作者而言，这是非常有吸引力的建议。但思量再三，最终放弃了这个建议，决定不再为广义协变导数引入新的符号，而是让广义协变导数与经典协变导数共享同一个符号$\nabla_m(\cdot)$。理由如下：

一是向 Ricci 学派诸先驱们创造性思想致敬。协变性思想，是极具创造性的思想。全面传承这一思想，既包括精神的传承，也包括形式（符号）的传承。

二是出于对概念的重要性的基本估计。广义协变导数只是对经典协变导数的延拓和扩展。前者的重要性，要远逊于后者。因此，应以后者为尊，前者为辅。

三是出于对经典符号$\nabla_m(\cdot)$的喜爱。$\nabla_m(\cdot)$自身具有丰富的信息含量和超强的表现力。作者赋于广义协变导数的内涵和外延，都能通过$\nabla_m(\cdot)$表现出来。

特别要说明的是，公设中的用辞是“广义分量的广义协变导数”，这就限定了广义协变导数求导的对象集。早期发表在《力学学报》英文版的论文中[9-11]，用辞则是“任何几何量的广义协变导数”。现在我们知道，并非所有的几何量都能够求广义协变导数。之所以在论文中出现上述认知偏差，是因为当时作者还没有广义分量概念。后来，发表在《应用数学与力学》英文版的论文中[12]，用辞就被修订为“广义分量的广义协变导数”。

因此，我们看到理论内在的逻辑顺序与历史演化顺序的倒错。内在的逻辑顺序，应该是广义分量概念在先，广义协变导数概念在后。但作者的探索历程，却是完全颠倒的：提出协变导数概念在先，澄清广义分量概念在后。由此看来，越是基础性的概念，形成正确的认知往往越困难，澄清其本质的时程越滞后。

如果说，狭义协变导数$\nabla_m(\cdot)$被称为“联络”，那么，广义协变导数$\nabla_m(\cdot)$就可以被称为“广义联络”。

下面，我们以公设为基础，研究各种形式的广义分量的广义协变导数。

## 5.4　杂交广义协变导数求导指标的变换关系

考查式(5.17)第一个式子的右端项：

$$\frac{\partial \boldsymbol{p}_{i'}}{\partial x^{m}}=\frac{\partial \boldsymbol{p}_{i'}}{\partial x^{m'}}\frac{\partial x^{m'}}{\partial x^{m}}=g_{m}^{m'}\frac{\partial \boldsymbol{p}_{i'}}{\partial x^{m'}} \tag{5.22}$$

同时注意到第 4 章引入的杂交 Christoffel 符号的定义式：

$$\Gamma_{i'm}^{k'}\triangleq\Gamma_{i'm'}^{k'}g_{m}^{m'} \tag{5.23}$$

式(5.17)、式(5.22)和式(5.23)联立，可得

$$\nabla_{m}\boldsymbol{p}_{i'}=g_{m}^{m'}\nabla_{m'}\boldsymbol{p}_{i'} \tag{5.24}$$

同理，式(5.18)的第一个式子化为

$$\nabla_{m'}\boldsymbol{p}_{i}=g_{m'}^{m}\nabla_{m}\boldsymbol{p}_{i} \tag{5.25}$$

对于式(5.20)和式(5.21)的第一个式子，同样可得

$$\nabla_{m}\boldsymbol{q}_{ij'}=g_{m}^{m'}\nabla_{m'}\boldsymbol{q}_{ij'} \tag{5.26}$$

$$\nabla_{m'}\boldsymbol{q}_{ij'}=g_{m'}^{m}\nabla_{m}\boldsymbol{q}_{ij'} \tag{5.27}$$

式(5.24)～式(5.27)可以推广到一般情形：

$$\nabla_{m}(\cdot)=g_{m}^{m'}\nabla_{m'}(\cdot) \tag{5.28}$$

$$\nabla_{m'}(\cdot)=g_{m'}^{m}\nabla_{m}(\cdot) \tag{5.29}$$

式(5.28)和式(5.29)是广义协变导数求导指标的 Ricci 变换，并没有涉及括号(•)内的指标。

注意到，式(5.28)和式(5.29)中广义协变导数的求导指标，都是下指标。实际上，也可以形式化地引入上指标：

$$\nabla^{m}(\cdot)=g^{mm'}\nabla_{m'}(\cdot),\quad \nabla^{m'}(\cdot)=g^{m'm}\nabla_{m}(\cdot)$$

为了降低复杂度，本书尽可能避免使用上指标形式的广义协变导数。当然，这并非意味着上指标形式的广义协变导数不重要。在后续的章节中，我们会涉及高阶广义协变导数。那时候，上指标形式的广义协变导数，就不可或缺。

## 5.5　广义分量之积的广义协变导数定义式

考查广义分量乘积$(\boldsymbol{p}_{i}\otimes\boldsymbol{q}^{jk})$的广义协变导数$\nabla_{m}(\boldsymbol{p}_{i}\otimes\boldsymbol{q}^{jk})$。其中，“$\otimes$”可以是内积“•”、外积“×”和并积。

注意到，$(\boldsymbol{p}_{i}\otimes\boldsymbol{q}^{jk})$虽然包含有两个因子，但从整体上，可视为一个具有 3 个自由指标的广义分量，是“3-指标广义分量”。满足协变形式不变性要求的$\nabla_{m}(\boldsymbol{p}_{i}\otimes\boldsymbol{q}^{jk})$定义式为

$$\nabla_m(\boldsymbol{p}_i\otimes\boldsymbol{q}^{jk})\triangleq\frac{\partial(\boldsymbol{p}_i\otimes\boldsymbol{q}^{jk})}{\partial x^m}-(\boldsymbol{p}_l\otimes\boldsymbol{q}^{jk})\Gamma_{im}^l+$$
$$(\boldsymbol{p}_i\otimes\boldsymbol{q}^{lk})\Gamma_{lm}^j+(\boldsymbol{p}_i\otimes\boldsymbol{q}^{jl})\Gamma_{lm}^k \tag{5.30}$$

式(5.30)右端项中,哑指标 $l$ 是束缚哑指标,不满足 Ricci 变换。

请读者自己写出$\nabla_m(\boldsymbol{p}^i\otimes\boldsymbol{q}^{jk})$,$\nabla_m(\boldsymbol{p}^i\otimes\boldsymbol{q}_{jk})$,$\nabla_m(\boldsymbol{p}^i\otimes\boldsymbol{q}_j^{\cdot k})$等形式的定义式。下一章会证实:$\nabla_m(\boldsymbol{p}_i\otimes\boldsymbol{q}^{jk})$等是 4-指标广义分量,必然满足 Ricci 变换,必然具有协变性。

对于杂交广义分量之积$(\boldsymbol{p}_i\otimes\boldsymbol{q}^{jk'})$,则有

$$\nabla_m(\boldsymbol{p}_i\otimes\boldsymbol{q}^{jk'})\triangleq\frac{\partial(\boldsymbol{p}_i\otimes\boldsymbol{q}^{jk'})}{\partial x^m}-(\boldsymbol{p}_l\otimes\boldsymbol{q}^{jk'})\Gamma_{im}^l+$$
$$(\boldsymbol{p}_i\otimes\boldsymbol{q}^{lk'})\Gamma_{lm}^j+(\boldsymbol{p}_i\otimes\boldsymbol{q}^{jl'})\Gamma_{l'm}^{k'} \tag{5.31}$$

$$\nabla_{m'}(\boldsymbol{p}_i\otimes\boldsymbol{q}^{jk'})\triangleq\frac{\partial(\boldsymbol{p}_i\otimes\boldsymbol{q}^{jk'})}{\partial x^{m'}}-(\boldsymbol{p}_l\otimes\boldsymbol{q}^{jk'})\Gamma_{im'}^l+$$
$$(\boldsymbol{p}_i\otimes\boldsymbol{q}^{lk'})\Gamma_{lm'}^j+(\boldsymbol{p}_i\otimes\boldsymbol{q}^{jl'})\Gamma_{l'm'}^{k'} \tag{5.32}$$

式(5.31)中,默认 $\boldsymbol{p}_i=\boldsymbol{p}_i(x^m)$,$\boldsymbol{q}^{jk'}=\boldsymbol{q}^{jk'}(x^m)$。式(5.32)中,默认 $\boldsymbol{p}_i=\boldsymbol{p}_i(x^{m'})$,$\boldsymbol{q}^{jk'}=\boldsymbol{q}^{jk'}(x^{m'})$。

式(5.31)和式(5.32)右端项中,哑指标 $l$ 和 $l'$ 都是束缚哑指标。

请读者写出$\nabla_m(\boldsymbol{p}^{i'}\otimes\boldsymbol{q}^{j'k})$,$\nabla_{m'}(\boldsymbol{p}^i\otimes\boldsymbol{q}_{jk'})$,$\nabla_m(\boldsymbol{p}^{i'}\otimes\boldsymbol{q}_{j'}^{\cdot k})$等形式的定义式。下一章会证实:$\nabla_m(\boldsymbol{p}_i\otimes\boldsymbol{q}^{jk'})$和$\nabla_{m'}(\boldsymbol{p}_i\otimes\boldsymbol{q}^{jk'})$等都是 4-指标杂交广义分量,必然满足 Ricci 变换,必然具有协变性。

## 5.6 第一类组合模式与 Leibniz 法则

广义协变导数的组合模式,与狭义协变导数的组合模式,完全一致。因此,本节的分析,与第 4 章的分析,思路完全相同。

式(5.30)显示,乘积的协变导数定义式,都有深层的内部结构。如果我们精细地剖析内部结构,就能够从中提炼并生成具有一般意义的模式。这里的模式,是指组合模式。本节讨论第一类组合模式,涉及广义协变导数的乘法运算规则。

就表观形式看,广义协变导数定义式中,都包含了两个部分。第一部分是普通偏导数项,第二部分是以 Christoffel 符号 $\Gamma_{ij}^k$ 为标志的诸代数项。在乘积项$(\boldsymbol{p}_i\otimes\boldsymbol{q}^{jk})$的协变导数$\nabla_m(\boldsymbol{p}_i\otimes\boldsymbol{q}^{jk})$的定义式中,两部分各自都有更深层次的内部结构。如果将各个部分进行适当的组合,就能获得有价值的结果。

我们发现:从式(5.30)出发,立即归纳出第一类组合模式:$\nabla_m(\boldsymbol{p}_i\otimes\boldsymbol{q}^{jk})$的定义式中,有普通偏导数$\dfrac{\partial(\boldsymbol{p}_i\otimes\boldsymbol{q}^{jk})}{\partial x^m}$。利用偏导数乘法运算的 Leibniz 法则,可将

$\frac{\partial(\boldsymbol{p}_i \otimes \boldsymbol{q}^{jk})}{\partial x^m}$拆分为各因子普通偏导数的组合，然后再结合诸代数项，生成诸因子的协变导数的组合。

按照上述方案，在式(5.30)中，分拆偏导数项$\frac{\partial(\boldsymbol{p}_i \otimes \boldsymbol{q}^{jk})}{\partial x^m}$，并与诸代数项组合，可以导出：

$$
\begin{aligned}
\nabla_m(\boldsymbol{p}_i \otimes \boldsymbol{q}^{jk}) &= \frac{\partial \boldsymbol{p}_i}{\partial x^m} \otimes \boldsymbol{q}^{jk} + \boldsymbol{p}_i \otimes \frac{\partial \boldsymbol{q}^{jk}}{\partial x^m} - (\boldsymbol{p}_l \Gamma^l_{im}) \otimes \boldsymbol{q}^{jk} + \\
&\quad \boldsymbol{p}_i \otimes (\boldsymbol{q}^{lk} \Gamma^j_{lm} + \boldsymbol{q}^{jl} \Gamma^k_{lm}) \\
&= \left(\frac{\partial \boldsymbol{p}_i}{\partial x^m} - \boldsymbol{p}_l \Gamma^l_{mi}\right) \otimes \boldsymbol{q}^{jk} + \boldsymbol{p}_i \otimes \left(\frac{\partial \boldsymbol{q}^{jk}}{\partial x^m} + \boldsymbol{q}^{lk} \Gamma^j_{lm} + \boldsymbol{q}^{jl} \Gamma^k_{lm}\right)
\end{aligned}
\tag{5.33}
$$

将式(5.33)的最后一个等式右端进一步组合得

$$
\nabla_m(\boldsymbol{p}_i \otimes \boldsymbol{q}^{jk}) = (\nabla_m \boldsymbol{p}_i) \otimes \boldsymbol{q}^{jk} + \boldsymbol{p}_i \otimes (\nabla_m \boldsymbol{q}^{jk}) \tag{5.34}
$$

式(5.34)表明：

广义协变导数的乘法运算，遵循 Leibniz 法则。

显然，协变形式不变性公设之下，第一类组合模式不仅普遍存在，而且必然走向广义协变导数的乘法运算规则——Leibniz 法则：

广义分量乘积的广义协变导数，等于所有广义分量的广义协变导数之组合。

同理，对于杂交广义分量之积的杂交广义协变导数，仍然有 Leibniz 法则成立：

$$
\nabla_m(\boldsymbol{p}_i \otimes \boldsymbol{q}^{jk'}) = (\nabla_m \boldsymbol{p}_i) \otimes \boldsymbol{q}^{jk'} + \boldsymbol{p}_i \otimes (\nabla_m \boldsymbol{q}^{jk'}) \tag{5.35}
$$

$$
\nabla_{m'}(\boldsymbol{p}_i \otimes \boldsymbol{q}^{jk'}) = (\nabla_{m'} \boldsymbol{p}_i) \otimes \boldsymbol{q}^{jk'} + \boldsymbol{p}_i \otimes (\nabla_{m'} \boldsymbol{q}^{jk'}) \tag{5.36}
$$

实际上，广义协变导数的定义式中已经蕴含了 Leibniz 法则成立的全部要素。第一类组合模式只是将法则明确地展示了出来。

## 5.7 第二类组合模式

上述广义分量中的指标，都是自由指标。本节涉及的广义分量，既有自由指标，又有自由哑指标。因此，第二类组合模式，也称为缩并模式。

式(5.30)中，缩并指标 $i$、$j$ 可得

$$
\begin{aligned}
\nabla_m(\boldsymbol{p}_i \otimes \boldsymbol{q}^{ik}) &\triangleq \frac{\partial(\boldsymbol{p}_i \otimes \boldsymbol{q}^{ik})}{\partial x^m} - (\boldsymbol{p}_l \otimes \boldsymbol{q}^{ik}) \Gamma^l_{im} + \\
&\quad (\boldsymbol{p}_i \otimes \boldsymbol{q}^{lk}) \Gamma^i_{lm} + (\boldsymbol{p}_i \otimes \boldsymbol{q}^{il}) \Gamma^k_{lm}
\end{aligned}
\tag{5.37}
$$

式(5.37)右端项中，哑指标 $l$ 是束缚哑指标。

关注式(5.37)右端的代数项,可以看出如下恒等式:

$$-(\boldsymbol{p}_l\otimes\boldsymbol{q}^{ik})\Gamma^l_{im}+(\boldsymbol{p}_i\otimes\boldsymbol{q}^{lk})\Gamma^i_{lm}\equiv\boldsymbol{0}\tag{5.38}$$

于是式(5.37)退化为

$$\nabla_m(\boldsymbol{p}_i\otimes\boldsymbol{q}^{ik})=\frac{\partial(\boldsymbol{p}_i\otimes\boldsymbol{q}^{ik})}{\partial x^m}+(\boldsymbol{p}_i\otimes\boldsymbol{q}^{il})\Gamma^k_{lm}\tag{5.39}$$

式(5.37)和式(5.39)都是$\nabla_m(\boldsymbol{p}_i\otimes\boldsymbol{q}^{ik})$的定义式,两个定义式完全等价。式(5.37)把$\boldsymbol{p}_i\otimes\boldsymbol{q}^{ik}$视为包括哑指标$i$在内的3-指标广义分量;而式(5.39)则把$\boldsymbol{p}_i\otimes\boldsymbol{q}^{ik}$视为关于自由指标$k$的1-指标广义分量。

从式(5.39)可抽象出如下命题:

广义协变导数,只取决于求导对象(广义分量)中的自由指标,而与哑指标无关。

还可以抽象出如下命题:

广义协变导数的求导运算与缩并运算,具有运算顺序的可交换性。

上述命题具有普遍适用性。例如,两个1-指标广义分量之积$\boldsymbol{p}_i\otimes\boldsymbol{s}^j$的广义协变导数,有

$$\nabla_m(\boldsymbol{p}_i\otimes\boldsymbol{s}^j)\triangleq\frac{\partial(\boldsymbol{p}_i\otimes\boldsymbol{s}^j)}{\partial x^m}-(\boldsymbol{p}_l\otimes\boldsymbol{s}^j)\Gamma^l_{im}+(\boldsymbol{p}_i\otimes\boldsymbol{s}^l)\Gamma^j_{lm}\tag{5.40}$$

式(5.40)右端项中,哑指标$l$是束缚哑指标。缩并指标$i,j$可得

$$\nabla_m(\boldsymbol{p}_i\otimes\boldsymbol{s}^i)\triangleq\frac{\partial(\boldsymbol{p}_i\otimes\boldsymbol{s}^i)}{\partial x^m}-(\boldsymbol{p}_l\otimes\boldsymbol{s}^i)\Gamma^l_{im}+(\boldsymbol{p}_i\otimes\boldsymbol{s}^l)\Gamma^i_{lm}\tag{5.41}$$

可以看出恒等式:

$$-(\boldsymbol{p}_l\otimes\boldsymbol{s}^i)\Gamma^l_{im}+(\boldsymbol{p}_i\otimes\boldsymbol{s}^l)\Gamma^i_{lm}\equiv\boldsymbol{0}\tag{5.42}$$

于是式(5.41)退化为

$$\nabla_m(\boldsymbol{p}_i\otimes\boldsymbol{s}^i)=\frac{\partial(\boldsymbol{p}_i\otimes\boldsymbol{s}^i)}{\partial x^m}\tag{5.43}$$

式(5.43)中,$\boldsymbol{p}_i\otimes\boldsymbol{s}^i$中只有一对自由哑指标,没有自由指标,因此,$\boldsymbol{p}_i\otimes\boldsymbol{s}^i$可以视为0-指标广义分量。

式(5.43)可以进一步推广。例如,对于具有两对自由哑指标的0-指标广义分量$\boldsymbol{p}_i\otimes\boldsymbol{s}^i\otimes\boldsymbol{t}^j\otimes\boldsymbol{w}_j$,必然有

$$\nabla_m(\boldsymbol{p}_i\otimes\boldsymbol{s}^i\otimes\boldsymbol{t}^j\otimes\boldsymbol{w}_j)=\frac{\partial(\boldsymbol{p}_i\otimes\boldsymbol{s}^i\otimes\boldsymbol{t}^j\otimes\boldsymbol{w}_j)}{\partial x^m}\tag{5.44}$$

由此抽象出命题:

0-指标广义分量的广义协变导数,等于其普通偏导数。

## 5.8 矢量实体的广义协变导数

我们借助上述命题，考查式(5.1)中矢量实体的广义协变导数。矢量 $\boldsymbol{u}=u_i\boldsymbol{g}^i$ 是 $\boldsymbol{p}_i\otimes\boldsymbol{s}^i$ 的特殊情形。于是由式(5.43)立即得

$$\nabla_m\boldsymbol{u}=\frac{\partial\boldsymbol{u}}{\partial x^m} \tag{5.45}$$

于是我们有命题：

矢量场函数的广义协变导数等于其普通偏导数。

式(5.45)有推论：对于定义在平坦空间中的常矢量 $\boldsymbol{c}$，必然有

$$\nabla_m\boldsymbol{c}=\frac{\partial\boldsymbol{c}}{\partial x^m}\equiv\boldsymbol{0} \tag{5.46}$$

因此，常矢量可以自由进出广义协变导数：

$$\nabla_m[\boldsymbol{c}\otimes(\cdot)]=(\nabla_m\boldsymbol{c})\otimes(\cdot)+\boldsymbol{c}\otimes[\nabla_m(\cdot)]=\boldsymbol{c}\otimes[\nabla_m(\cdot)] \tag{5.47}$$

我们再引入矢量 $\boldsymbol{w}=w^j\boldsymbol{g}_j$，并与矢量 $\boldsymbol{u}=u_i\boldsymbol{g}^i$ 做乘积：

$$\boldsymbol{u}\otimes\boldsymbol{w}=u_i\boldsymbol{g}^i\otimes w^j\boldsymbol{g}_j \tag{5.48}$$

由式(5.44)，立即得

$$\nabla_m(\boldsymbol{u}\otimes\boldsymbol{w})=\frac{\partial(\boldsymbol{u}\otimes\boldsymbol{w})}{\partial x^m} \tag{5.49}$$

## 5.9 标量场函数的广义协变导数

式(5.49)中，将运算符号“$\otimes$”取为内积“$\cdot$”，则有推论：

$$\nabla_m(\boldsymbol{u}\cdot\boldsymbol{w})=\frac{\partial(\boldsymbol{u}\cdot\boldsymbol{w})}{\partial x^m} \tag{5.50}$$

由于 $f=\boldsymbol{u}\cdot\boldsymbol{w}$ 是标量场函数，故式(5.50)进一步给出：

$$\nabla_m f=\frac{\partial f}{\partial x^m} \tag{5.51}$$

式(5.51)是《协变微分学》中的经典结论。教科书一般都认为，其成立是天经地义的事。现在我们知道，这并不是一个“显而易见”的结果。实际上，只有在协变形式不变性公设下，式(5.51)的成立才成为必然。

若 $f=c_0$ 为常数，则有

$$\nabla_m c_0=\frac{\partial c_0}{\partial x^m}=0 \tag{5.52}$$

式(5.52)表明，常数可以自由进出广义协变导数：

$$\nabla_m[c_0(\cdot)]=c_0\nabla_m(\cdot) \tag{5.53}$$

## 5.10 张量实体的广义协变导数

式(5.49)中,去掉运算符号"⊗",引入二阶张量 $\boldsymbol{T}=\boldsymbol{uw}$,则立即有

$$\nabla_m \boldsymbol{T}=\frac{\partial \boldsymbol{T}}{\partial x^m} \tag{5.54}$$

式(5.54)可以推广到任意阶的张量。于是我们有命题:

张量场函数的广义协变导数等于其普通偏导数。

式(5.54)还可以方便地推广至两个张量之积 $\boldsymbol{B}\otimes\boldsymbol{C}$ 的形式:

$$\nabla_m(\boldsymbol{B}\otimes\boldsymbol{C})=\frac{\partial(\boldsymbol{B}\otimes\boldsymbol{C})}{\partial x^m} \tag{5.55}$$

## 5.11 度量张量行列式及其根式之广义协变导数的定义式

度量张量分量 $g_{ij}$ 的行列式 $g$ 及其根式 $\sqrt{g}$ 特别值得关注。先看 $\sqrt{g}$,其定义式为

$$\sqrt{g}\triangleq(\boldsymbol{g}_1\times\boldsymbol{g}_2)\cdot\boldsymbol{g}_3 \tag{5.56}$$

$\sqrt{g}$ 是随坐标而变化的量,因而不是标量不变量。经典的《协变微分学》中,只涉及 $\sqrt{g}$ 的普通偏导数 $\dfrac{\partial\sqrt{g}}{\partial x^m}$,从未涉及其协变导数 $\nabla_m\sqrt{g}$。

实际上,从式(5.56)可以看出,$\sqrt{g}$ 是三个基矢量的混合积 $(\boldsymbol{g}_1\times\boldsymbol{g}_2)\cdot\boldsymbol{g}_3$。基矢量是1-指标广义分量,三个基矢量的混合积 $(\boldsymbol{g}_1\times\boldsymbol{g}_2)\cdot\boldsymbol{g}_3$ 当然就是3-指标广义分量。即 $\sqrt{g}$ 是"3-指标广义分量"。这是个极其要紧的观念。

实际上,阅读了下一章,读者就可以发现,$\sqrt{g}$ 就是 Eddington 张量的第一个分量。

既然 $\sqrt{g}$ 是 3-指标广义分量,那么,在协变形式不变性公设之下,其协变导数 $\nabla_m\sqrt{g}$ 的定义式就可以写为

$$\begin{aligned}\nabla_m\sqrt{g}=\nabla_m[(\boldsymbol{g}_1\times\boldsymbol{g}_2)\cdot\boldsymbol{g}_3]&\triangleq\frac{\partial[(\boldsymbol{g}_1\times\boldsymbol{g}_2)\cdot\boldsymbol{g}_3]}{\partial x^m}-\\&[(\boldsymbol{g}_l\times\boldsymbol{g}_2)\cdot\boldsymbol{g}_3]\Gamma_{1m}^l-[(\boldsymbol{g}_1\times\boldsymbol{g}_l)\cdot\boldsymbol{g}_3]\Gamma_{2m}^l-[(\boldsymbol{g}_1\times\boldsymbol{g}_2)\cdot\boldsymbol{g}_l]\Gamma_{3m}^l\end{aligned} \tag{5.57}$$

式(5.57)右端项中,哑指标 $l$ 是束缚哑指标。

由第一类组合模式,式(5.57)可以推导出:

$$\nabla_m\sqrt{g}=\nabla_m\left[(\boldsymbol{g}_1\times\boldsymbol{g}_2)\cdot\boldsymbol{g}_3\right]=\left[\left(\frac{\partial\boldsymbol{g}_1}{\partial x^m}-\boldsymbol{g}_l\Gamma^l_{2m}\right)\times\boldsymbol{g}_2\right]\cdot\boldsymbol{g}_3+$$

$$\left[\boldsymbol{g}_1\times\left(\frac{\partial\boldsymbol{g}_2}{\partial x^m}-\boldsymbol{g}_l\Gamma^l_{2m}\right)\right]\cdot\boldsymbol{g}_3+(\boldsymbol{g}_1\times\boldsymbol{g}_2)\cdot\left(\frac{\partial\boldsymbol{g}_3}{\partial x^m}-\boldsymbol{g}_l\Gamma^l_{3m}\right)$$

进而得

$$\begin{aligned}\nabla_m\sqrt{g}&=\nabla_m\left[(\boldsymbol{g}_1\times\boldsymbol{g}_2)\cdot\boldsymbol{g}_3\right]\\&=\left[(\nabla_m\boldsymbol{g}_1)\times\boldsymbol{g}_2\right]\cdot\boldsymbol{g}_3+\left[\boldsymbol{g}_1\times(\nabla_m\boldsymbol{g}_2)\right]\cdot\boldsymbol{g}_3+\\&\quad(\boldsymbol{g}_1\times\boldsymbol{g}_2)\cdot(\nabla_m\boldsymbol{g}_3)\end{aligned}\tag{5.58}$$

式(5.58)表明，$\nabla_m\left[(\boldsymbol{g}_1\times\boldsymbol{g}_2)\cdot\boldsymbol{g}_3\right]$满足 Leibniz 法则。

由第二类组合模式，保持式(5.57)中的普通偏导数不变，将最后三项代数项组合起来：

$$\begin{aligned}\nabla_m\sqrt{g}=\frac{\partial\sqrt{g}}{\partial x^m}-\{&\left[(\boldsymbol{g}_l\times\boldsymbol{g}_2)\cdot\boldsymbol{g}_3\right]\Gamma^l_{1m}+\left[(\boldsymbol{g}_1\times\boldsymbol{g}_l)\cdot\boldsymbol{g}_3\right]\Gamma^l_{2m}+\\&\left[(\boldsymbol{g}_1\times\boldsymbol{g}_2)\cdot\boldsymbol{g}_l\right]\Gamma^l_{3m}\}\end{aligned}\tag{5.59}$$

式(5.59)右端项中，哑指标 $l$ 是束缚哑指标。注意到，式(5.59)中，括号{·}内的代数项中，共有九项，其中，非零的项只有如下三项：

$$\left[(\boldsymbol{g}_l\times\boldsymbol{g}_2)\cdot\boldsymbol{g}_3\right]\Gamma^l_{1m}=\left[(\boldsymbol{g}_1\times\boldsymbol{g}_2)\cdot\boldsymbol{g}_3\right]\Gamma^1_{1m}=\sqrt{g}\,\Gamma^1_{1m}$$

$$\left[(\boldsymbol{g}_1\times\boldsymbol{g}_l)\cdot\boldsymbol{g}_3\right]\Gamma^l_{2m}=\left[(\boldsymbol{g}_1\times\boldsymbol{g}_2)\cdot\boldsymbol{g}_3\right]\Gamma^2_{2m}=\sqrt{g}\,\Gamma^2_{2m}$$

$$\left[(\boldsymbol{g}_1\times\boldsymbol{g}_2)\cdot\boldsymbol{g}_l\right]\Gamma^l_{3m}=\left[(\boldsymbol{g}_1\times\boldsymbol{g}_2)\cdot\boldsymbol{g}_3\right]\Gamma^3_{3m}=\sqrt{g}\,\Gamma^3_{3m}$$

于是式(5.59)重写为

$$\nabla_m\sqrt{g}=\frac{\partial\sqrt{g}}{\partial x^m}-(\sqrt{g}\,\Gamma^1_{1m}+\sqrt{g}\,\Gamma^2_{2m}+\sqrt{g}\,\Gamma^3_{3m})\tag{5.60}$$

式(5.60)右端项中，所有的上指标1,2,3都是束缚指标，不满足 Ricci 变换。式(5.60)写成约定求和形式：

$$\nabla_m\sqrt{g}=\frac{\partial\sqrt{g}}{\partial x^m}-\sqrt{g}\,\Gamma^j_{jm}\tag{5.61}$$

式(5.61)右端项中，哑指标 $j$ 变是束缚哑指标。

我们将式(5.57)视为$\nabla_m\sqrt{g}$的原始定义式，将式(5.61)视为$\nabla_m\sqrt{g}$的间接定义式。式(5.61)可以被视为$\nabla_m\sqrt{g}$的另一种等价的定义式。

这是个相当有趣的表达式。它在经典教科书中尚未出现过。这并不奇怪。过去，在经典协变微分学中，我们根本说不清楚$\nabla_m\sqrt{g}$到底是何物。

后续的章节会证实：$\nabla_m\sqrt{g}$对揭示变换群下的不变性，具有决定性的意义。

不难看出，只要$\nabla_m\sqrt{g}$有定义，则$\nabla_m g$也必然有定义：

$$\nabla_m g=\nabla_m(\sqrt{g})^2=\nabla_m(\sqrt{g}\cdot\sqrt{g})=(\nabla_m\sqrt{g})\sqrt{g}+\sqrt{g}(\nabla_m\sqrt{g})$$

$$=2\sqrt{g}\,(\nabla_m\sqrt{g}) \tag{5.62}$$

结合式(5.61)和式(5.62),可得

$$\nabla_m g = 2\sqrt{g}\left(\frac{\partial\sqrt{g}}{\partial x^m} - \sqrt{g}\,\Gamma^j_{jm}\right) \tag{5.63}$$

请读者回顾前辈力学家的论断(见第1章导言):“协变导数$\nabla_m(\cdot)$对$g$不起作用”。现在看来,随着式(5.63)的出现,$\nabla_m(\cdot)$开始对$g$能够起作用了。这是很要紧的进展。显然,没有协变形式不变性公设,没有广义协变导数概念,一切都是不可能的。

## 5.12 广义协变导数的代数结构

本节将阐释一个观念:协变形式不变性公设不仅赋予了广义协变导数$\nabla_m(\cdot)$的定义式,而且赋予了其完备的代数结构。

我们可以从加法和乘法的角度,看$\nabla_m(\cdot)$的代数结构的完备性。

从式(5.16)立即可以推知,广义协变导数加法的交换律成立:

$$\nabla_m \boldsymbol{p}_i + \nabla_m \boldsymbol{q}_i = \nabla_m \boldsymbol{q}_i + \nabla_m \boldsymbol{p}_i \tag{5.64}$$

加法的分配律也成立:

$$\nabla_m(\boldsymbol{p}_i + \boldsymbol{q}_i) = \nabla_m \boldsymbol{p}_i + \nabla_m \boldsymbol{q}_i \tag{5.65}$$

即“和的广义协变导数,等于广义协变导数之和”。加法的结合律还成立:

$$(\nabla_m \boldsymbol{p}_i + \nabla_m \boldsymbol{q}_i) + \nabla_m \boldsymbol{t}_i = \nabla_m \boldsymbol{p}_i + (\nabla_m \boldsymbol{q}_i + \nabla_m \boldsymbol{t}_i) \tag{5.66}$$

显然,在协变形式不变性公设下,广义协变导数的加法运算是完备的。

在协变形式不变性公设下,由于Leibniz法则普遍成立,故广义协变导数的乘法运算也是完备的。

不仅如此,广义协变导数的运算规则,与普通偏导数的运算规则,完全相同。因此我们说,广义协变导数与普通偏导数具有完全相同的代数结构。普通偏导数的代数结构被称为“微分环”。与之类似,广义协变导数的代数结构被称为“协变微分环”。

至此,我们能够回答这样的疑问:将协变导数延拓为广义协变导数,为什么非要以协变形式不变性公设为基础?理由很简单:协变形式不变性公设,将广义协变导数概念,奠定在了完备的代数结构——环的基础之上。由于其上的运算满足组合学规则,故这个环可称为“组合环”。组合环最主要的特征,是其乘法运算遵循Leibniz法则。

在古典微分学中,经典导数(包括普通偏导数)的代数结构,都是组合环。由此可知,广义协变导数,虽然延拓了经典导数的内涵和外延,但却不折不扣地继承了其代数结构。这对不同学科的研究者而言,是个好消息。

## 5.13　协变微分学中的量系及其分类

《协变微分学》中，所有的几何量构成一个系统，我们称之为协变微分学的“量系”。

“量系”这个名词，对应着名词“数系”。数学最原始的研究对象，始于“数”和“量”。“数”看似简单，但人类澄清“数系”的历史，几乎与数学的历史一样漫长。可以预料，要理解“量系”，绝非易事。

数系可以分类，量系也可以分类。就协变微分学而言，全体几何量可以初步划分为两个集合，一个是广义分量集合，另一个是非广义分量集合。这里的分类标准，就是 Ricci 变换。广义分量集合中的元素都满足 Ricci 变换，而非广义分量集合中的元素都不满足 Ricci 变换。

广义分量集合中的元素，都有一个共性，即都可以求广义协变导数。利用这个共性，我们还可以对广义分量进一步分类：广义分量集合可以划分为两个子集，一个是实体量集合，另一个是非实体量集合。其中，实体量集合中的元素，其广义协变导数等于其普通偏导数，而非实体量集合中的元素，其广义协变导数不等于其普通偏导数。

至此，读者肯定还有疑问：到底哪些几何量是非广义分量？首先，正如第二章提及的陈述：坐标 $x^m$ 不是广义分量。实际上，$x^m$ 连狭义的矢量分量都不是。其次，Christoffel 符号 $\Gamma_{jm}^{k}$ 也不是广义分量。实际上，$\Gamma_{jm}^{k}$ 连狭义的张量分量都不是。最后，任何非 0-指标的广义分量的普通偏导数，都不是广义分量。

实际上，绝大多数非广义分量都与普通偏导数有关，例如，Christoffel 符号 $\Gamma_{jm}^{k}$。我们在第 4 章中已经指出：在 $\Gamma_{jm}^{k}$ 的三个指标中，只有来自偏导数$\dfrac{\partial(\cdot)}{\partial x^m}$的指标 $m$ 是自由的，满足 Ricci 变换。我们将部分指标满足 Ricci 变换的几何量(例如 $\Gamma_{jm}^{k}$)称为“不完全分量”。

类似地，基矢量的偏导数$\dfrac{\partial \boldsymbol{g}_j}{\partial x^m}$中，指标 $j$ 是束缚指标，指标 $m$ 是自由指标。考虑到 $\boldsymbol{g}_j$ 是广义分量，故$\dfrac{\partial \boldsymbol{g}_j}{\partial x^m}$被称为“不完全广义分量”。

注意到，上述现象，都源自普通偏导数。普通偏导数的“危害”，由此可见一斑。

在后续的章节中，随着新概念的进一步引入，量系的划分也会进一步细化。当然，这只是一个初步的划分。随着本书章节的推进，会有新的量被纳入进来。

## 5.14　本章注释

协变形式不变性公设规定，广义协变导数定义式必须具备协变形式不变性。以此为基础，协变导数的求导对象从分量被延拓到了任意广义分量。尽管这只是个形式化的延拓，但却在以下方面产生了深刻影响：

(1) 塑造了广义协变导数的代数结构。

如上所述，广义协变导数的代数结构，是协变微分环。从表面上看，协变微分环就存在于广义协变导数的定义式中，而第一类组合模式，是将其从定义式中展示出来的“核心技术”。正是通过第一类组合模式，我们才能深刻地揭示出广义协变导数的代数结构。

然而，从本质上看，协变形式不变性公设，是协变微分环得以成立的深层基础。或者说，协变微分环是协变形式不变性公设下的必然结果。

(2) 实现了协变导数与普通偏导数的有机统一。

实体量(0-指标广义分量)的协变导数可定义，是统一的关键。实体量有标量、矢量和张量，它们都是与坐标无关的量。也就是说，坐标变换下，它们都是不变量。这样的不变量，其协变导数不仅可定义，而且就是其普通偏导数。因此，陈述①和陈述②可以推广到更一般的情形：

任何实体量(或 0-指标广义分量)，其广义协变导数＝其普通偏导数，即 $\nabla_m(\cdot)=\dfrac{\partial(\cdot)}{\partial x^m}$。

一般性陈述揭示了广义协变导数与普通偏导数之间深刻的内在联系。因此我们说，广义协变导数概念，实现了协变导数与普通偏导数的完美统一。

注意到，实体量都是与坐标无关的客观量。求导对象一旦与坐标无关，则广义协变导数与其普通偏导数之间的差异便完全消失。这是一个深刻的结果。

(3) 揭示了广义协变导数与普通偏导数的深刻差异。

确切地说，是揭示了非实体量与实体量之间的深刻差别。非实体量，包括所有非 0-指标广义分量。这些量都是与坐标相关的量。也就是说，坐标变换下，它们都不是不变量。这些非实体量，可以求普通偏导数，也可以求(广义)协变导数，但其协变导数不等于偏导数，例如，我们已经有：

$$\nabla_m u^i \neq \frac{\partial u^i}{\partial x^m},\quad \nabla_m \boldsymbol{g}_i \neq \frac{\partial \boldsymbol{g}_i}{\partial x^m},\quad \nabla_m\sqrt{g} \neq \frac{\partial\sqrt{g}}{\partial x^m}$$

普通偏导数$\dfrac{\partial(\cdot)}{\partial x^m}$总是导致束缚指标，广义协变导数$\nabla_m(\cdot)$总是保有自由指标。因此，我们有如下一般性陈述：

任何 $n$-指标广义分量($n\geqslant1$)，其协变导数≠其普通偏导数，即$\nabla_m(\cdot)\neq\dfrac{\partial(\cdot)}{\partial x^m}$。

正因为其协变导数不等于其普通偏导数，所有的非实体量都不可以求梯度。从这里，我们看出非实体量与实体量的深刻差别。

理解了实体量与非实体量的深刻差别，也就理解了前辈力学家(见第 1 章)的论断中“矛盾”的根源。在经典协变微分学体系之内，“矛盾”不可调和。但在协变形式不变性公设之下,“矛盾”消失了。

总之,广义协变导数延拓了经典协变导数的作用对象。这一延拓,深化了我们对梯度的理解,重整了《协变微分学》的体系,使之在形式上和逻辑上,更加简化。我们在后续的章节中,会进一步探索广义协变导数的微分和积分不变性质。

最后,再看概念生成模式。经典协变导数的定义,引出了具有协变性的概念的生成模式。现在,广义协变导数定义本身,丰富和发展了概念生成模式。在这样的概念生成模式下,一旦定义了具有狭义协变性的概念,都可以通过协变形式不变性公设,将其延拓为具有广义协变性的概念。

# 广义协变导数的微分不变性质

第 5 章提出了平坦空间中的协变形式不变性公设，并以公设为基础，定义了广义分量的广义协变导数。本章将研究广义协变导数的微分不变性质。

协变形式不变性，是一种极为基本的不变性。从基本不变性出发，便可揭示更高级别、更深层次的不变性。这构成了本章的动机。

广义协变导数的不变性质，涉及三个方面的内容，一是代数不变性质，二是微分不变性质，三是积分不变性质。代数不变性质已经在第 5 章述及，本章将在深化代数不变性质的同时，主要聚焦于微分不变性质。下一章则致力于积分不变性质。

不变性，也是对称性，本章对二者不加区分地使用。

## 6.1 广义协变导数的基本微分不变性质

第 5 章中，基于协变形式不变性公设，直接诱导出了如下基本表达式：

$$\nabla_m \sqrt{g} = \frac{\partial \sqrt{g}}{\partial x^m} - \sqrt{g}\,\Gamma^j_{jm} \tag{6.1}$$

$$\nabla_m \boldsymbol{p}_i \triangleq \frac{\partial \boldsymbol{p}_i}{\partial x^m} - \boldsymbol{p}_k \Gamma^k_{im}, \quad \nabla_m \boldsymbol{p}^i \triangleq \frac{\partial \boldsymbol{p}^i}{\partial x^m} + \boldsymbol{p}^k \Gamma^i_{km} \tag{6.2}$$

$$\nabla_m \boldsymbol{T} = \frac{\partial \boldsymbol{T}}{\partial x^m} \tag{6.3}$$

如本章开头所述，协变形式不变性，是更“高层次”不变性的基础：公设之下，以上诸式刻画了广义协变导数最基本的微分不变性质。将其视为基本砖块，组合起来，便可揭示出更多漂亮的不变性质。

## 6.2 协变微分不变式

本节将揭示一种影响深远的不变性——协变微分不变式[9,10]。

协变微分不变式的定义如下：由广义分量（·）的广义协变导数$\nabla_m$（·）刻画的表达式$f[\nabla_m(\cdot)]$，如果将其中的广义协变导数符号$\nabla_m$替换为普通偏导数符号$\dfrac{\partial}{\partial x^m}$，表达式的值保持不变，即

$$f[\nabla_m(\cdot)]=f\left[\frac{\partial}{\partial x^m}(\cdot)\right] \tag{6.4}$$

我们就把上述等式，称为“协变微分不变式”。

读者也许会问：为什么要引入协变微分不变式？答案是为寻求微分不变性开辟新道路，提供新模式。

追求不变性，是科学探索者永恒的使命。历史上，Ricci和意大利学派都对微分不变性有独到和深刻的理解，他们花费了长达20年的时间，尝试构造各种形式的微分不变量。但作者注意到，由于无规律可循，他们的尝试充满了盲目性。要摆脱盲目性，就需要找到具有普遍意义的构造模式。现在看来，协变微分不变式，可能会成为这样的构造模式。

协变微分不变式的重要价值之一，是把一个相当抽象的协变微分结构，转换为一个较为具体的偏微分结构。从后续诸节可以看出，这种转换的影响是深远的。

由定义可知，式(6.3)就是最简单的协变微分不变式。它是关于实体张量(0-指标广义分量)$\boldsymbol{T}$的协变微分不变式。

广义分量中，除了实体量，就是非零指标广义分量。式(6.1)和式(6.2)表明：非零指标广义分量不可能满足最简单的协变微分不变式，即

$$\nabla_m\sqrt{g}\neq\frac{\partial\sqrt{g}}{\partial x^m},\quad \nabla_m\boldsymbol{p}^i\neq\frac{\partial\boldsymbol{p}^i}{\partial x^m} \tag{6.5}$$

现在，我们换一个思路：如果把若干非零指标广义分量组合起来，能否生成更高级的协变微分不变式？答案是肯定的。

式(6.1)和式(6.2)结合协变形式不变性公设，可以导出：

$$\nabla_m(\sqrt{g}\,\boldsymbol{p}^i)=\frac{\partial(\sqrt{g}\,\boldsymbol{p}^i)}{\partial x^m}-(\sqrt{g}\,\boldsymbol{p}^i)\Gamma_{jm}^j+(\sqrt{g}\,\boldsymbol{p}^k)\Gamma_{km}^i \tag{6.6}$$

式(6.6)中，$\sqrt{g}$是3-指标广义分量，$\boldsymbol{p}^i$是1-指标广义分量，因此，$\sqrt{g}\,\boldsymbol{p}^i$是4-指标广义分量。后续的章节会证明，$\nabla_m(\sqrt{g}\,\boldsymbol{p}^i)$是5-指标广义分量。

读者也可以通过广义协变导数的公理化定义写出式(6.6)。如上所述，$\sqrt{g}\,\boldsymbol{p}^i$是4-指标广义分量。根据协变形式不变性公设，可以写出$\nabla_m(\sqrt{g}\,\boldsymbol{p}^i)$的定义式，进

一步由定义式导出式(6.6)。

显然，式(6.6)不是协变微分不变式。然而，缩并指标 $i, m$，可得

$$\nabla_m(\sqrt{g}\,\boldsymbol{p}^m)=\frac{\partial(\sqrt{g}\,\boldsymbol{p}^m)}{\partial x^m}-(\sqrt{g}\,\boldsymbol{p}^m)\Gamma_{jm}^j+(\sqrt{g}\,\boldsymbol{p}^k)\Gamma_{km}^m \tag{6.7}$$

由第二类组合模式，将式(6.7)最后两代数项组合在一起，可以看出，二者正好互相抵消：

$$-(\sqrt{g}\,\boldsymbol{p}^m)\Gamma_{jm}^j+(\sqrt{g}\,\boldsymbol{p}^k)\Gamma_{km}^m\equiv\mathbf{0}$$

注意到，"魔鬼般"的 Christoffel 符号，消失了。这实在是个好兆头。随着 Christoffel 符号的消失，式(6.7)退化为

$$\nabla_m(\sqrt{g}\,\boldsymbol{p}^m)=\frac{\partial}{\partial x^m}(\sqrt{g}\,\boldsymbol{p}^m) \tag{6.8}$$

式(6.8)正是我们期待的协变微分不变式。这是一个不含 Christoffel 符号的不变式。很显然，与式(6.3)稍有差别，式(6.8)是一种"迹"形式的协变微分不变式：$\sqrt{g}\,\boldsymbol{p}^m$ 的广义协变导数之迹，等于其普通偏导数之迹。在后续的章节中，我们会证实，式(6.8)左端的$\nabla_m(\sqrt{g}\,\boldsymbol{p}^m)$是 3-指标广义分量。

我们再提出问题：如果把若干非零指标广义分量与实体量组合起来，能否生成更高级的协变微分不变式？答案仍然是肯定的。

基于公设，组合式(6.1)和式(6.3)，可得

$$\nabla_m(\sqrt{g}\,\boldsymbol{T})=\frac{\partial(\sqrt{g}\,\boldsymbol{T})}{\partial x^m}-(\sqrt{g}\,\boldsymbol{T})\Gamma_{jm}^j \tag{6.9}$$

在后续的章节中，我们会证实，式(6.9)左端的$\nabla_m(\sqrt{g}\,\boldsymbol{T})$是 4-指标广义分量。式(6.9)虽然不是协变微分不变式，但却是一个漂亮的结果：对比式(6.1)和式(6.9)，可以看出：将$\sqrt{g}\,\boldsymbol{T}$ 代替式(6.1)中的$\sqrt{g}$，表达式仍然成立；或者说，将式(6.9)中的 $\boldsymbol{T}$"消去"，等式仍然成立。

读者也可以通过广义协变导数的公理化定义写出式(6.9)。$\sqrt{g}\,\boldsymbol{T}$ 是 3-指标广义分量。根据协变形式不变性公设，可以写出$\nabla_m(\sqrt{g}\,\boldsymbol{T})$的公理化定义式，进一步由定义式导出式(6.9)。

如果将式(6.9)与式(6.2)组合，或者更直接地，将式(6.8)与式(6.3)组合，即可得

$$\begin{aligned}\nabla_m(\sqrt{g}\,\boldsymbol{p}^m\otimes\boldsymbol{T})&=[\nabla_m(\sqrt{g}\,\boldsymbol{p}^m)]\otimes\boldsymbol{T}+(\sqrt{g}\,\boldsymbol{p}^m)\otimes(\nabla_m\boldsymbol{T})\\&=\frac{\partial(\sqrt{g}\,\boldsymbol{p}^m)}{\partial x^m}\otimes\boldsymbol{T}+(\sqrt{g}\,\boldsymbol{p}^m)\otimes\frac{\partial\boldsymbol{T}}{\partial x^m}\end{aligned} \tag{6.10}$$

式(6.10)中的第一个等式用到了 Leibniz 法则，第二个等式则用到了式(6.8)和式(6.3)。再次应用 Leibniz 法则于第二个等式，便可将式(6.10)转换为协变微分不变式：

$$\nabla_m(\sqrt{g}\,\boldsymbol{p}^m \otimes \boldsymbol{T}) = \frac{\partial}{\partial x^m}(\sqrt{g}\,\boldsymbol{p}^m \otimes \boldsymbol{T}) \tag{6.11}$$

式(6.11)在更普遍的意义上,显示出了优美的协变微分不变性质。在后续的章节中,我们会证实,式(6.11)左端的$\nabla_m(\sqrt{g}\,\boldsymbol{p}^m \otimes \boldsymbol{T})$,是3-指标广义分量。

读者也可以更直接地导出式(6.11):$\sqrt{g}\,\boldsymbol{p}^i \otimes \boldsymbol{T}$ 是4-指标广义分量。根据协变形式不变性公设,可写出$\nabla_m(\sqrt{g}\,\boldsymbol{p}^i \otimes \boldsymbol{T})$的公理化定义式,然后缩并指标 $i,m$,再结合第二类组合模式,立即可得式(6.11)。

注意到,式(6.8)是式(6.11)的特例:如果将实体量 $\boldsymbol{T}$ 取为标量 $\varphi$,则式(6.11)化为

$$\nabla_m(\sqrt{g}\,\varphi\boldsymbol{p}^m) = \frac{\partial}{\partial x^m}(\sqrt{g}\,\varphi\boldsymbol{p}^m) \tag{6.12}$$

如果再令 $\varphi=1$,则式(6.12)就可以退化为式(6.8)。

当然也可以颠倒过来看:式(6.8)对1-指标广义分量 $\boldsymbol{p}^m$ 成立,对1-指标广义分量$\boldsymbol{p}^m \otimes \boldsymbol{T}$ 自然也成立。因此,做变量代换,即 $\boldsymbol{p}^m \to \boldsymbol{p}^m \otimes \boldsymbol{T}$,则式(6.8)立即被拓展为式(6.11)。

## 6.3 有潜在物理意义的协变微分不变式

作为协变微分不变式,式(6.8)和式(6.11)只是形式化的恒等式,虽然其逻辑的正确性不容置疑,其表观形式既优雅又漂亮,但很遗憾,它们并不具有物理意义。请读者注意,这里说的是"不具有物理意义",而不是"不具有意义"。

那么,怎样使其具有物理意义?答案是选择有物理意义的1-指标广义分量 $\boldsymbol{p}^m$。显然,最简单、也最具物理意义的1-指标广义分量,就是基矢量了(注意,基矢量的重要性,再次凸显出来了)。我们令:

$$\boldsymbol{p}^m = \boldsymbol{g}^m \tag{6.13}$$

则式(6.8)和式(6.11)退化为

$$\nabla_m(\sqrt{g}\,\boldsymbol{g}^m) = \frac{\partial}{\partial x^m}(\sqrt{g}\,\boldsymbol{g}^m) \tag{6.14}$$

$$\nabla_m(\sqrt{g}\,\boldsymbol{g}^m \otimes \boldsymbol{T}) = \frac{\partial}{\partial x^m}(\sqrt{g}\,\boldsymbol{g}^m \otimes \boldsymbol{T}) \tag{6.15}$$

同样,式(6.14)是式(6.15)的特例。

在后续的章节中,我们会证实,式(6.15)左端的$\nabla_m(\sqrt{g}\,\boldsymbol{g}^m \otimes \boldsymbol{T})$是3-指标广义分量。换言之,$\nabla_m(\sqrt{g}\,\boldsymbol{g}^m \otimes \boldsymbol{T})$是与坐标相关的量,故式(6.15)左端的$\nabla_m(\sqrt{g}\,\boldsymbol{g}^m \otimes \boldsymbol{T})$和右端的$\frac{\partial}{\partial x^m}(\sqrt{g}\,\boldsymbol{g}^m \otimes \boldsymbol{T})$,都不是不变量。

数学物理学和数学力学中,特别值得关注的是微分不变量。式(6.14)和

式(6.15)两端的诸项虽然都不是不变量,但只要稍做变换,就可以从中引出微分不变量。以下诸节会证实,式(6.14)和式(6.15)这样的协变微分不变式,正是构造微分不变量的重要基础,也是酝酿新观念的源泉。

如上所述,式(6.14)和式(6.15)显示出基矢量的重要。一旦舍弃了基矢量,则式(6.14)和式(6.15)这样的不变式就会消失。由此,可以清晰地看到 Ricci 学派经典协变微分学的局限性:舍弃了基矢量,"用概念代替计算",就成为幻想了。

从第 5 章到此为止,所有的命题和不变性质,都由协变形式不变性公设直接导出。然而,要想揭示更多的不变性质,仅靠公设是不够的,还必须引入新的观念,这就是协变微分变换群。

## 6.4 协变微分变换群

协变形式不变性公设,结合 Christoffel 的思想,便可诱导出具有决定性意义的协变微分变换群[9-12]。

协变微分变换群的基础,是基矢量的广义协变导数的定义式。第 5 章曾提及,协变形式不变性公设下,式(6.2)的一个重要特例,就是基矢量的协变导数定义式(见第 5 章):

$$\nabla_m \boldsymbol{g}_j \triangleq \frac{\partial \boldsymbol{g}_j}{\partial x^m} - \boldsymbol{g}_k \Gamma_{jm}^k, \quad \nabla_m \boldsymbol{g}^j \triangleq \frac{\partial \boldsymbol{g}^j}{\partial x^m} + \boldsymbol{g}^k \Gamma_{km}^j \tag{6.16}$$

式(6.16)虽然只是一个特例,但却是本章的关键。

式(6.16)作为基矢量协变导数的定义式,只是以公理化的方式,"定量地"给出了基矢量协变导数的具体形式,但是,它给不出基矢量协变导数的具体"值"。欲求出其"值",还必须结合协变微分学中经典的 Christoffel 公式:

$$\frac{\partial \boldsymbol{g}_j}{\partial x^m} = \Gamma_{jm}^k \boldsymbol{g}_k, \quad \frac{\partial \boldsymbol{g}^j}{\partial x^m} = -\Gamma_{km}^j \boldsymbol{g}^k \tag{6.17}$$

联立式(6.17)和式(6.16),立即得到基矢量协变导数的计算式:

$$\nabla_m \boldsymbol{g}_j = \boldsymbol{0}, \quad \nabla_m \boldsymbol{g}^j = \boldsymbol{0} \tag{6.18}$$

即基矢量的协变导数恒等于**零**。请读者注意,这里的用词是"**零**",而不是"零矢量"。理由很简单:基矢量本身并不是实体矢量,故其协变导数,也不是矢量。实际上,按照后续章节中的分析,基矢量的广义协变导数$\nabla_m \boldsymbol{g}_j$,是 2-指标广义分量。现在我们知道,这个 2-指标广义分量的值是"**零**"。

第 1 章提及,前辈力学家曾推测:基矢量的协变导数之值是零。现在,我们可以肯定地说,推测完全正确!或者说,至少在平坦空间中,推测的正确性不容置疑。

至此,基矢量的协变导数可计算了。

基矢量的协变导数可计算,是极其决定性的一步。由此,所有广义分量的广义协变导数,都可计算了。或者说,所有广义协变导数的计算式,都可以确定了。

表面上看,从式(6.16)、式(6.17)到式(6.18),纯粹是一个简单的逻辑游戏。然而,这个看似小儿科的游戏背后,却蕴含着一个深刻的思想:基矢量的大小和方向虽然随坐标点而变化,但在形式上,却可以像不变的常矢量一样,自由地进出广义协变导数!

在继续解说之前,提出两个问题,供读者思考。式(6.18)可以视为协变微分方程。现在我们推广这个协变微分方程。假设有

$$\nabla_m(?)=\mathbf{0}$$

我们提出问题:协变微分方程的解(?)是否唯一?如果不唯一,有多少?

假设有微分方程:

$$\boxed{?}_m \boldsymbol{g}_j=\mathbf{0},\quad \boxed{?}_m \boldsymbol{g}^j=\mathbf{0}$$

即如果基矢量被某个未知的微分算子$\boxed{?}_m$作用了一下,值为零,问这样的微分算子唯一吗?或者,这样的微分算子中,最基本的形式,一定是广义协变导数吗?我们把这个问题,留给读者。

式(6.18)定义了一个连续的变换群,我们称之为曲线坐标系下的协变微分变换群。显然,协变微分变换群的表现形式,就是基矢量广义协变导数的计算式。协变微分变换群的基础,仍然是协变形式不变性公设。

协变微分变换群,是极其简单的变换群,其自身在表观形式上,达到了致精致简。我们有理由认为,这也是《协变微分学》中最简单、最基本的协变微分变换群。

## 6.5 协变微分变换群的诸等价形式

式(6.18)中的协变微分变换群,被表达在了老坐标系下。现在,我们将其表达在新坐标系下:

$$\nabla_{m'}\boldsymbol{g}_{j'}=\mathbf{0},\quad \nabla_{m'}\boldsymbol{g}^{j'}=\mathbf{0} \tag{6.19}$$

式(6.18)和式(6.19)显示出表观形式不变性,其本质是新老坐标的等价性。换言之,式(6.18)和式(6.19)都是协变微分变换群的等价形式。

利用杂交广义协变导数,我们还可以导出其他等价形式。第5章,我们证明了如下变换:

$$\nabla_m(\cdot)=g_m^{m'}\nabla_{m'}(\cdot),\quad \nabla_{m'}(\cdot)=g_{m'}^{m}\nabla_m(\cdot) \tag{6.20}$$

将(·)取为基矢量,可得

$$\nabla_{m'}\boldsymbol{g}^j=g_{m'}^{m}\nabla_m\boldsymbol{g}^j,\quad \nabla_m\boldsymbol{g}^{j'}=g_m^{m'}\nabla_{m'}\boldsymbol{g}^{j'} \tag{6.21}$$

请读者写出$\nabla_m\boldsymbol{g}_{j'}$和$\nabla_{m'}\boldsymbol{g}_j$的变换式。

结合式(6.18)和式(6.19),可得

$$\nabla_{m'}\boldsymbol{g}^j=\mathbf{0},\quad \nabla_m\boldsymbol{g}^{j'}=\mathbf{0} \tag{6.22}$$

同理,有

$$\nabla_m \boldsymbol{g}_{j'} = \mathbf{0}, \quad \nabla_{m'} \boldsymbol{g}_j = \mathbf{0} \tag{6.23}$$

式(6.22)和式(6.23)显示，老基矢量对新坐标的广义协变导数恒等于**零**，而新基矢量对老坐标的广义协变导数也恒等于**零**。

这是非常优美的结果。需要强调的是，这样优美的结果，只有透过广义协变导数的“透镜”，才能看到。

协变微分变换群的深刻影响之一，是能够使《协变微分学》中的计算致精致简。为什么这么说？因为协变微分变换群中，存在大量的“**0**”元素。由此可以做出这样的判断：因为基矢量的协变导数恒为**零**，故基矢量的代数运算给出的所有广义分量，其广义协变导数均为**零**。这就使得广义协变导数的计算简单到了极致。

## 6.6 度量张量的协变导数计算式

基于协变微分变换群，立即看出，度量张量分量的广义协变导数，必然满足：

$$\nabla_m g_{ij} = \nabla_m (\boldsymbol{g}_i \cdot \boldsymbol{g}_j) = 0, \quad \nabla_m g^{ij} = \nabla_m (\boldsymbol{g}^i \cdot \boldsymbol{g}^j) = 0 \tag{6.24}$$

这表明如下命题成立：

度量张量的协变分量 $g_{ij}$ 和逆变分量 $g^{ij}$，都可以自由进出广义协变导数 $\nabla_m(\cdot)$。

读者也许会问：“类似的命题，以及式(6.24)，不是已经在第 4 章出现过了吗?”应该说不全是。如果只写出符号 $\nabla_m g_{ij}$，那么经典协变导数概念就够了。如果写出了符号 $\nabla_m(\boldsymbol{g}_i \cdot \boldsymbol{g}_j)$，就涉及了 $\nabla_m \boldsymbol{g}_i$，就意味着广义协变导数 $\nabla_m(\cdot)$ 登场了。从狭义协变导数到广义协变导数，差别很微妙，请读者用心体验。

进一步有：

$$\nabla_m \boldsymbol{G} = \nabla_m (g^{ij} \boldsymbol{g}_i \boldsymbol{g}_j) = \mathbf{0} \tag{6.25}$$

注意到，式(6.24)和式(6.25)都不是“算”出来的，而是“导”出来的。实际上，连“导”都不需要，一眼就可以“看”出来。而要“看出”式(6.24)和式(6.25)，只需要两个基本观念：一是 Leibniz 法则成立，二是协变微分变换群成立。

同理，对于度量张量的杂交分量，则有

$$\nabla_m g_{ij'} = \nabla_m (\boldsymbol{g}_i \cdot \boldsymbol{g}_{j'}) = 0, \quad \nabla_m g^{ij'} = \nabla_m (\boldsymbol{g}^i \cdot \boldsymbol{g}^{j'}) = 0 \tag{6.26}$$

$$\nabla_m g_i^{j'} = \nabla_m (\boldsymbol{g}_i \cdot \boldsymbol{g}^{j'}) = 0, \quad \nabla_m g_{i'}^{j} = \nabla_m (\boldsymbol{g}_{i'} \cdot \boldsymbol{g}^j) = 0 \tag{6.27}$$

式(6.24)～式(6.27)中，将 $\nabla_m(\cdot)$ 换成 $\nabla_{m'}(\cdot)$，诸式仍然成立。于是我们有命题：

度量张量的杂交分量，可以自由进出广义协变导数 $\nabla_m(\cdot)$ 和 $\nabla_{m'}(\cdot)$。

显然，借助最基本的观念，可以生成新观念。“用观念代替计算”，逐步成为现实了。

## 6.7　广义协变导数的协变性

前一节的命题具有基本的重要性。我们立即能够回答问题：广义分量的广义协变导数，到底是什么？

由1-指标广义分量 $\boldsymbol{p}_i$ 的Ricci变换：

$$\boldsymbol{p}_i = g_{ij}\boldsymbol{p}^j,\quad \boldsymbol{p}_i = g_i^{i'}\boldsymbol{p}_{i'} \tag{6.28}$$

式(6.28)取广义协变导数$\nabla_m(\cdot)$，借助前一节的命题，立即有

$$\nabla_m\boldsymbol{p}_i = \nabla_m(g_{ij}\boldsymbol{p}^j) = g_{ij}(\nabla_m\boldsymbol{p}^j),\ \nabla_m\boldsymbol{p}_i = \nabla_m(g_i^{i'}\boldsymbol{p}_{i'}) = g_i^{i'}(\nabla_m\boldsymbol{p}_{i'}) \tag{6.29}$$

式(6.29)显示，1-指标广义分量 $\boldsymbol{p}_i$ 的广义协变导数$\nabla_m\boldsymbol{p}_i$，满足Ricci变换，因而，仍然是广义分量，必然具有协变性。由于$\nabla_m\boldsymbol{p}_i$ 有两个指标，因而是2-指标广义分量。

由2-指标广义分量 $\boldsymbol{q}_{ij}$ 的Ricci变换：

$$\boldsymbol{q}_{ij} = g_{ik}g_{jn}\boldsymbol{q}^{kn},\quad \boldsymbol{q}_{ij} = g_i^{i'}g_j^{j'}\boldsymbol{q}_{i'j'} \tag{6.30}$$

式(6.30)取广义协变导数$\nabla_m(\cdot)$，借助前一节的命题，度量张量的分量和其杂交分量都可以自由进出广义协变导数，立即有

$$\begin{aligned}\nabla_m\boldsymbol{q}_{ij} &= \nabla_m(g_{ik}g_{jn}\boldsymbol{q}^{kn}) = g_{ik}g_{jn}(\nabla_m\boldsymbol{q}^{kn})\\ \nabla_m\boldsymbol{q}_{ij} &= \nabla_m(g_i^{i'}g_j^{j'}\boldsymbol{q}_{i'j'}) = g_i^{i'}g_j^{j'}(\nabla_m\boldsymbol{q}_{i'j'})\end{aligned} \tag{6.31}$$

式(6.31)显示，2-指标广义分量 $\boldsymbol{q}_{ij}$ 的广义协变导数$\nabla_m\boldsymbol{q}_{ij}$，满足Ricci变换，因而，仍然是广义分量，必然具有协变性。由于$\nabla_m\boldsymbol{q}_{ij}$ 有3个指标，因而是3-指标广义分量。

上述分析可以推广到任意阶广义分量。于是我们有一般性命题：

任意阶广义分量的广义协变导数，必然是更高一阶的广义分量。

请读者将这个命题视为基本观念，组合进自己的观念体系中。

广义协变导数的协变性，仍然是自然空间协变性的延伸。

在结束本节时，我们换一个角度，即从纯粹的数学运算的角度，理解广义协变性。式(6.29)(或式(6.31))中，涉及两类运算，一类是求广义协变导数运算，另一类是指标升降运算(以及坐标变换运算)。广义协变性意味着，两类运算的次序具有可交换性。

本书一再强调这样的观点：运算次序的可交换性或运算次序的无关性，是一种漂亮的对称性或不变性。因此，从不协变到协变性，再到广义协变性，对应着对称性的提升。

将协变性发展到极致，也就是将对称性提升到极致。这正是贯穿本书的灵魂。

## 6.8 Eddington 张量的协变导数计算式

Eddington 张量 $\boldsymbol{E}$ 的分解式为 $\boldsymbol{E}=\varepsilon_{ijk}\boldsymbol{g}^i\boldsymbol{g}^j\boldsymbol{g}^k$，其分量为

$$\varepsilon_{ijk}=(\boldsymbol{g}_i\times\boldsymbol{g}_j)\cdot\boldsymbol{g}_k,\quad \varepsilon^{ijk}=(\boldsymbol{g}^i\times\boldsymbol{g}^j)\cdot\boldsymbol{g}^k \tag{6.32}$$

利用协变微分变换群，可得

$$\nabla_m\varepsilon_{ijk}=\nabla_m[(\boldsymbol{g}_i\times\boldsymbol{g}_j)\cdot\boldsymbol{g}_k]=0,$$
$$\nabla_m\varepsilon^{ijk}=\nabla_m[(\boldsymbol{g}^i\times\boldsymbol{g}^j)\cdot\boldsymbol{g}^k]=0 \tag{6.33}$$

这表明，Eddington 张量分量 $\varepsilon_{ijk}$ 和 $\varepsilon^{ijk}$，可以自由进出广义协变导数。进一步有

$$\nabla_m\boldsymbol{E}=\nabla_m(\varepsilon_{ijk}\boldsymbol{g}^i\boldsymbol{g}^j\boldsymbol{g}^k)=0 \tag{6.34}$$

## 6.9 度量张量行列式及其根式的协变导数的计算式

在协变微分变换群下，还可以方便地导出颇具新意的结果。

协变形式不变性公设下，第 5 章已经给出 $\sqrt{g}$ 的协变导数 $\nabla_m\sqrt{g}$ 的定义式（见式(6.1)）。当然，作为定义式，式(6.1)只能给出 $\nabla_m\sqrt{g}$ 的定义，而不能给出 $\nabla_m\sqrt{g}$ 的计算值。$\nabla_m\sqrt{g}$ 之值可以通过协变微分变换群求得

$$\nabla_m\sqrt{g}=\nabla_m[(\boldsymbol{g}_1\times\boldsymbol{g}_2)\cdot\boldsymbol{g}_3]=0 \tag{6.35}$$

即 $\sqrt{g}$ 的广义协变导数恒为零。这个结果，颇具新意。式(6.35)表明：$\sqrt{g}$ 也可以自由进出协变导数。这是个极漂亮的性质，是后续诸章节的基础之一。

实际上，式(6.35)并不奇特。由 $\sqrt{g}=\varepsilon_{123}$ 和式(6.33)可知，式(6.33)自然成立。

将式(6.35)代入式(6.1)，可以导出：

$$\Gamma^j_{jm}=\frac{1}{\sqrt{g}}\frac{\partial\sqrt{g}}{\partial x^m}=\frac{\partial(\ln\sqrt{g})}{\partial x^m} \tag{6.36}$$

式(6.36)是协变微分学中的经典结果。这个结果十分基本，在《协变微分学》中起着重要作用。

请读者注意：这是一个殊途同归的案例。所谓“殊途”，是因为导出的逻辑路径完全不同。教科书中，式(6.36)是通过冗长的偏导数运算得到的。本节中，式(6.36)是协变形式不变性公设和协变微分变换群下的简单推论。

这个殊途同归的案例，为协变形式不变性公设和协变微分变换群的正确性，提供了例证。

这不仅仅是个殊途同归的案例，而且是一个极好的“用观念代替计算”的案例。

第 5 章还定义了 $\nabla_m g$：

$$\nabla_m g = 2\sqrt{g}\ \nabla_m\sqrt{g} = 2\sqrt{g}\left(\frac{\partial\sqrt{g}}{\partial x^m} - \sqrt{g}\Gamma^j_{jm}\right) \tag{6.37}$$

式(6.37)与式(6.35)联立可得

$$\nabla_m g = 0 \tag{6.38}$$

式(6.38)表明：$g$ 也可以自由进出广义协变导数。

现在，$\nabla_m\sqrt{g}$ 可计算了，$\nabla_m g$ 也可以计算了。

对比前辈力学家的论断(见第 1 章)，我们可以做出这样的回应：经典的协变导数 $\nabla_m(\cdot)$，确实对 $g$ 不起作用；但广义的协变导数 $\nabla_m(\cdot)$，不仅能够对 $g$ 起作用，而且其作用的结果是确定性的。

## 6.10　本征协变微分不变式之值

式(6.14)是一个特殊的协变微分不变式。它不涉及外场，其中 $\sqrt{g}$ 和 $\boldsymbol{g}^m$ 都是空间自身的几何量，我们称之为本征广义分量。式(6.14)称为本征协变微分不变式。可以预料，式(6.14)必等于定值。由式(6.18)和式(6.35)可知：

$$\nabla_m(\sqrt{g}\,\boldsymbol{g}^m) = \boldsymbol{0}$$

于是式(6.14)可确定为

$$\nabla_m(\sqrt{g}\,\boldsymbol{g}^m) = \frac{\partial}{\partial x^m}(\sqrt{g}\,\boldsymbol{g}^m) = \boldsymbol{0} \tag{6.39}$$

特别要强调的是，协变形式不变性公设，只能确定式(6.14)。协变微分变换群，才能确定式(6.39)。

由于 $\sqrt{g}$ 可以自由进出协变导数，故可将式(6.39)两端同除以 $\sqrt{g}$，可得

$$\nabla_m\boldsymbol{g}^m = \frac{1}{\sqrt{g}}\frac{\partial(\sqrt{g}\,\boldsymbol{g}^m)}{\partial x^m} = \boldsymbol{0} \tag{6.40}$$

$\nabla_m\boldsymbol{g}^m$ 是 0-指标广义分量。可以说，$\nabla_m\boldsymbol{g}^m$ 和 $\dfrac{1}{\sqrt{g}}\dfrac{\partial(\sqrt{g}\,\boldsymbol{g}^m)}{\partial x^m}$，都是与坐标无关的量，最右端的“$\boldsymbol{0}$”，是与坐标无关的 $\boldsymbol{0}$ 矢量。

实际上，$\nabla_m\boldsymbol{g}^m = \boldsymbol{0}$ 是协变微分变换群下的必然结果。后续的内容表明，这个结果有清晰的物理意义。

## 6.11　协变微分变换群下的协变微分不变量

这是协变微分变换群的深刻影响之二。

正如 Morris Kline 在《古今数学思想》[15] 中的断言：“自然科学中，真正具有重大意义的，是不变量。”对协变微分学而言，特别重要的，是微分不变量。Kline 在

《古今数学思想》中，选取了一个更具体的词汇：不变量微分算子。

这里所说的“不变量”，是坐标变换下保持不变的量。由普通偏导数组合而成的不变量，称为“偏微分不变量”。由广义协变导数组合而成的不变量，称为“协变微分不变量”。

如上所述，Ricci 曾经与意大利学派一起，花费了长达 20 年的时间，构造各种微分不变量。由此可见，微分不变量在 Ricci 学派心目中的分量。

关于名词的提法，前辈力学家武际可教授曾建议，最好用“不变量微分算子”，而不要用“微分不变量”，因为在 Lie 群理论中，“微分不变量”一词有特定的含义。作者赞同这个建议。但由于作者非常喜欢“微分不变量”这个名词，故在本书中，常常将“微分不变量”和“不变量微分算子”，混合使用，不加区分。

本章将发展一项“新技术”，以“塑造”微分不变量。“塑造”协变微分不变量的“素材”，是协变微分不变式。将“素材”加工成“产品”的“加工技术”，是协变微分变换群。操控“加工技术”的指导思想，是变换群下的不变性思想。

变换群下的不变性，是 Felix Klein 的思想。我们借鉴 Klein 的思想，将协变微分变换群置于基础性的地位。借助协变微分变换群，从协变微分不变式中，提取协变微分不变量。

如上所述，协变微分不变量，就是用广义协变导数刻画的微分不变量。下面的结果表明，协变微分不变量与不变量微分算子之间，存在深刻的内在联系。

由于$\sqrt{g}$可以自由进出协变导数(式(6.35))，故式(6.15)两端同除以$\sqrt{g}$，可得

$$\nabla_m(\boldsymbol{g}^m \otimes \boldsymbol{T})=\frac{1}{\sqrt{g}}\frac{\partial(\sqrt{g}\,\boldsymbol{g}^m \otimes \boldsymbol{T})}{\partial x^m} \tag{6.41}$$

左端的$\nabla_m(\boldsymbol{g}^m \otimes \boldsymbol{T})$项中，已经没有自由指标，故为 0-指标广义分量。0-指标广义分量就是实体量，具有随坐标变换的不变性，故$\nabla_m(\boldsymbol{g}^m \otimes \boldsymbol{T})$必然是协变微分不变量。

运用协变微分变换群(式(6.18))于$\nabla_m(\boldsymbol{g}^m \otimes \boldsymbol{T})$：将基矢量$\boldsymbol{g}^m$移出协变导数，并利用式(6.3)，可得

$$\nabla_m(\boldsymbol{g}^m \otimes \boldsymbol{T})=\boldsymbol{g}^m \otimes (\nabla_m T)=\boldsymbol{g}^m \otimes \frac{\partial T}{\partial x^m} \triangleq \nabla \otimes \boldsymbol{T} \tag{6.42}$$

式(6.42)右端的等式“$\triangleq$”，是《协变微分学》中的经典定义式。其中，$\nabla \otimes \boldsymbol{T}$统一地表示了梯度$\nabla \boldsymbol{T}$、散度$\nabla \cdot \boldsymbol{T}$和旋度$\nabla \times \boldsymbol{T}$，它们都是《协变微分学》中的基本微分不变量，在数学物理学和数学力学中，都具有基本的重要性。

式(6.41)和式(6.42)合并为

$$\nabla \otimes \boldsymbol{T}=\nabla_m(\boldsymbol{g}^m \otimes \boldsymbol{T})=\frac{1}{\sqrt{g}}\frac{\partial(\sqrt{g}\,\boldsymbol{g}^m \otimes \boldsymbol{T})}{\partial x^m} \tag{6.43}$$

式(6.43)中的诸项，都是与坐标无关的不变量。如上所述，$\nabla \otimes \boldsymbol{T}$是经典意义上的

基本微分不变量；$\nabla_m(\boldsymbol{g}^m\otimes\boldsymbol{T})$是“迹”意义上的协变微分不变量；$\dfrac{1}{\sqrt{g}}\dfrac{\partial(\sqrt{g}\,\boldsymbol{g}^m\otimes\boldsymbol{T})}{\partial x^m}$是“迹”意义上的偏微分不变量。

从式(6.41)到式(6.43)，基本思想演进的脉络可以整理如下：$\nabla\otimes\boldsymbol{T}\triangleq\boldsymbol{g}^m\otimes\dfrac{\partial\boldsymbol{T}}{\partial x^m}$作为经典定义式，将基本微分不变量$\nabla\otimes\boldsymbol{T}$奠定在了普通偏导数$\dfrac{\partial\boldsymbol{T}}{\partial x^m}$的基础之上。这并不奇怪，因为普通偏导数是整个分析学的基础。

$\nabla\otimes\boldsymbol{T}=\boldsymbol{g}^m\otimes(\nabla_m\boldsymbol{T})$则将基本微分不变量$\nabla\otimes\boldsymbol{T}$定义在了广义协变导数$\nabla_m\boldsymbol{T}$的基础之上。这可是个不小的变动，它触动了《协变微分学》核心的基石。它开辟了这样的思路：将《协变微分学》奠定在广义协变导数的基础之上。

$\nabla\otimes\boldsymbol{T}=\nabla_m(\boldsymbol{g}^m\otimes\boldsymbol{T})$则将基本微分不变量$\nabla\otimes\boldsymbol{T}$表示为广义协变导数之迹，即协变微分不变量。

$\nabla\otimes\boldsymbol{T}=\dfrac{1}{\sqrt{g}}\dfrac{\partial(\sqrt{g}\,\boldsymbol{g}^m\otimes\boldsymbol{T})}{\partial x^m}$进一步将基本微分不变量$\nabla\otimes\boldsymbol{T}$表示为普通偏导数之迹，即迹形式的偏微分不变量。这一步极具决定性，为揭示积分不变性质(见第7章)奠定了基础。

追溯$\nabla\otimes\boldsymbol{T}$的演进过程，可以看出：从普通偏导数$\dfrac{\partial\boldsymbol{T}}{\partial x^m}$开始，经由广义协变导数$\nabla_m\boldsymbol{T}$，最后又回归普通偏导数$\dfrac{1}{\sqrt{g}}\dfrac{\partial(\sqrt{g}\,\boldsymbol{g}^m\otimes\boldsymbol{T})}{\partial x^m}$。但正如后续的第 7 章所示，这不是简单的回归。

## 6.12　协变微分变换群下的推论与特例

梯度$\nabla\boldsymbol{T}$、散度$\nabla\cdot\boldsymbol{T}$和旋度$\nabla\times\boldsymbol{T}$，看似不同的概念，但从广义协变导数的角度看，它们具有深刻的内在联系——都可以统一地被理解为广义散度。

由于$\boldsymbol{g}^m=\boldsymbol{g}^m\cdot\boldsymbol{G}$，故式(6.43)可进一步写成：

$$\nabla\otimes\boldsymbol{T}=\nabla_m(\boldsymbol{g}^m\otimes\boldsymbol{T})=\nabla_m(\boldsymbol{g}^m\cdot\boldsymbol{G}\otimes\boldsymbol{T})=\boldsymbol{g}^m\cdot\nabla_m(\boldsymbol{G}\otimes\boldsymbol{T})=\nabla\cdot(\boldsymbol{G}\otimes\boldsymbol{T})$$

再结合式(6.43)，有

$$\nabla\otimes\boldsymbol{T}=\frac{1}{\sqrt{g}}\frac{\partial(\sqrt{g}\,\boldsymbol{g}^m\otimes\boldsymbol{T})}{\partial x^m}=\nabla\cdot(\boldsymbol{G}\otimes\boldsymbol{T})\tag{6.44}$$

显然，梯度$\nabla\boldsymbol{T}$、散度$\nabla\cdot\boldsymbol{T}$和旋度$\nabla\times\boldsymbol{T}$，都可以统一地归结为广义的散度$\nabla\cdot(\boldsymbol{G}\otimes\boldsymbol{T})$。这凸显出广义散度不变量的重要性。

式(6.44)中，取运算符号“$\otimes$”为内积“$\cdot$”，令$\boldsymbol{T}=\boldsymbol{G}$，并联立式(6.40)，则有

$$\nabla\cdot\boldsymbol{G}=\nabla_m\boldsymbol{g}^m=\frac{1}{\sqrt{g}}\frac{\partial(\sqrt{g}\,\boldsymbol{g}^m)}{\partial x^m}=\boldsymbol{0}\tag{6.45}$$

式(6.45)是式(6.40)的拓展。其中，$\nabla \cdot \boldsymbol{G}=\nabla_m \boldsymbol{g}^m$ 是协变微分变换群下的必然结果。

式(6.43)中，取运算符号“$\otimes$”为内积“$\cdot$”，$\boldsymbol{T}=\boldsymbol{u}=u^i \boldsymbol{g}_i$，则有 $\boldsymbol{g}^m \cdot \boldsymbol{u}=u^m$，于是得

$$\nabla \cdot \boldsymbol{u}=\nabla_m u^m=\frac{1}{\sqrt{g}} \frac{\partial(\sqrt{g} u^m)}{\partial x^m} \tag{6.46}$$

这是矢量散度的计算式，是《协变微分学》中的经典结果。

比较式(6.46)和式(6.45)。$\nabla_m u^m$ 是矢量逆变分量的协变导数之迹，$\nabla_m \boldsymbol{g}^m$ 则是逆变基矢量的协变导数之迹，二者似乎没有任何关联，但其偏导数形式的不变量，解析结构却完全一致。

再比较式(6.44)、式(6.45)和式(6.46)。可以看出：所有的广义散度不变量，其偏导数形式都具有完全相同的解析结构。这种高度的一致性，是协变形式不变性公设的必然结果。

上述一致性给予我们深刻启示：广义协变导数和广义散度的确是强有力的概念，它们在看似不相关的诸多概念之间，架起了相互联系的桥梁。

式(6.46)也可以从协变微分不变式导出。式(6.8)中，将 $\boldsymbol{p}^m$ 取为矢量 $\boldsymbol{u}$ 的分量 $u^m$，可得

$$\nabla_m(\sqrt{g} u^m)=\frac{\partial(\sqrt{g} u^m)}{\partial x^m} \tag{6.47}$$

式(6.47)两端同除以$\sqrt{g}$，即可得到式(6.46)。

## 6.13 本章注释

本章继续展示了广义协变导数概念的深刻影响：

(1) 实现了曲线坐标系与直线坐标系的有机统一。

如式(6.17)所示，记载基矢量变化率的几何量，是 Christoffel 符号 $\Gamma_{ij}^k$。因此可以说，曲线坐标系与直线坐标系的所有差异，都源自 $\Gamma_{ij}^k$。

随着广义协变导数的定义，$\Gamma_{ij}^k$ 基本上不再显式地出现，大多数运算，在形式上与直线坐标系已没有差别。实际上，只要 $\Gamma_{ij}^k$ 不出现，曲线坐标系与直线坐标系的差异，就基本消失。形象地讲，广义协变导数，将弯曲的坐标线“拉直了”。从这个意义上讲，广义协变导数，实现了曲线坐标系与直线坐标系的统一。

需要强调的是，$\Gamma_{ij}^k$ 虽然不出现，但它并没有消失，而是退居幕后了。而迫使其退居幕后的“力量”，就是广义协变导数。

(2) 实现了形式简单性和逻辑简单性的有机统一。

定义概念是研究者的权利。从这个意义上讲，概念是主观的产物，是研究者抽

象思维的结晶。然而，这并不意味着，概念可以被随心所欲地定义，因为任何概念都必须满足客观性要求。从数学的角度看，任何概念都必须满足逻辑无矛盾性的基本要求。从力学和物理学的角度看，任何概念还必须满足形式简单性和逻辑简单性的要求。

广义协变导数，具有更高的对称性，这使得协变微分学的微分运算，在形式上简单到了极致。这体现在两个方面：一方面，在运算规则上，广义协变导数与普通偏导数完全相同。另一方面，就运算过程而言，广义协变导数比普通偏导数更简单。

广义协变导数，使得《协变微分学》内在的逻辑关联性得到了充分的体现。若干孤立的、甚至看似不相关的结果，通过广义协变导数，建立了相互联系。这种相互联系，深化了我们对《协变微分学》的理解。

可以这样说：直线坐标系下，协变微分学的基础是普通偏导数；而曲线坐标系下，协变微分学合理的基础，应该是广义协变导数。

在下一部专著中，我们会进一步将广义协变导数，由平坦的空间延拓到卷曲的空间。

下面，我们考查一下协变微分变换群的运动学含义。从数学的角度看，这不是一个值得考虑的话题。但对物理学和力学学者而言，这个话题饶有兴趣。请读者观察式(6.17)中的Christoffel公式，再对比式(6.18)中的协变微分变换群，思考一下两个式子的运动学含义。

我们先看Christoffel公式(式(6.17))的运动学含义。设想有观察者1，站在弯曲的坐标线外，盯着坐标线。在点$x^m$，他看到基矢量$\boldsymbol{g}_j$。现在他沿着坐标线移动视线。在点$x^m+\mathrm{d}x^m$，他看到基矢量$\boldsymbol{g}_j+\dfrac{\partial \boldsymbol{g}_j}{\partial x^m}\mathrm{d}x^m$。其中的$\dfrac{\partial \boldsymbol{g}_j}{\partial x^m}$，就由式(6.17)刻画。也就是说，坐标线外的观察者移动视线时，他从坐标线上看到基矢量变化的图像，就是Christoffel公式。

第二个观察者2出现了。观察者2走进坐标线，并把自己融入了坐标线。确切地说，他融入了基矢量。从点$x^m$到点$x^m+\mathrm{d}x^m$，基矢量的大小和方向都在变化，或伸长、缩短，或转动，而观察者2也随之伸长、缩短、转动。在这个过程中，观察者1问观察者2："你看到什么变化了吗？"观察者2回答："没有，什么都没变！"也就是说，坐标线内(或基矢量内)的观察者看到的图像，就是协变微分变换群。

对观察者2而言，他看不到坐标线的弯曲，看不到度量张量分量的变化，也看不到$\sqrt{g}$的变化。

请读者对比以前的观点：协变性，就是协同基矢量的变化而变化的性质。

偏导数，是观察者1看到的导数。而协变导数，就是观察者2看到的导数。

运动学解释，看似不太严肃，但很直观，很有效。在后续的诸章中，我们把观察者2称为"融入基矢量的观察者"。

协变微分变换群是对空间性质的刻画。它是自然基矢量的性质，也是广义协变导数的性质，更是平坦空间的性质。这个见解会在后续的章节中详细展开。

# 广义协变导数的积分不变性质

第 6 章研讨了广义协变导数的微分不变性质。本章则致力于广义协变导数的积分不变性质。从导数(微分)到积分,是自然的逻辑发展。

积分不变性质,也称为积分定理。本章中的积分定理,都属于协变微分学中的经典内容。但不同于经典的协变变分学,本章提供了一种全新的视角:从广义协变导数的角度重新审视经典的积分定理。

## 7.1 协变微分变换群下的微分不变量回顾

协变微分变换群下,第 6 章导出了微分不变量之间的相互联系:

$$\nabla \otimes \boldsymbol{T} = \nabla_m (\boldsymbol{g}^m \otimes \boldsymbol{T}) = \frac{1}{\sqrt{g}} \frac{\partial(\sqrt{g}\, \boldsymbol{g}^m \otimes \boldsymbol{T})}{\partial x^m} \tag{7.1}$$

式(7.1)中,协变微分不变量$\nabla_m (\boldsymbol{g}^m \otimes \boldsymbol{T})$是“桥梁”。至此,“桥梁”的使命已经完成,而被桥梁联系起来的“两端”,则成了本章的重点:

$$\nabla \otimes \boldsymbol{T} = \frac{1}{\sqrt{g}} \frac{\partial(\sqrt{g}\, \boldsymbol{g}^m \otimes \boldsymbol{T})}{\partial x^m} \tag{7.2}$$

一旦去掉了“桥梁”,式(7.2)就多少有些出人预料了。大多数读者可能并不熟悉式(7.2)。他们可能并不知道,一般曲线坐标系下,还存在式(7.2)这样如此优美的相互联系。

现在,我们让式(7.2)退化到平直的笛卡儿坐标系,此时有

$$\sqrt{g} = 1, \quad \boldsymbol{g}^m = \boldsymbol{i}_m \tag{7.3}$$

这里,$\boldsymbol{i}_m$ 是单位基矢量。于是式(7.2)退化为

$$\nabla \otimes \boldsymbol{T} = \frac{\partial(\boldsymbol{i}_m \otimes \boldsymbol{T})}{\partial x^m} \tag{7.4}$$

由于 $\boldsymbol{i}_m$ 是常矢量,故可以移到偏导数之外:

$$\nabla \otimes \boldsymbol{T}=\boldsymbol{i}_m \otimes \frac{\partial \boldsymbol{T}}{\partial x^m} \tag{7.5}$$

读者对式(7.5)都很熟悉。实际上,式(7.5)就是笛卡儿坐标系下不变量微分算子的定义式。

式(7.5)和式(7.2)是同一个式子,但一般难以从式(7.2)联想到式(7.5)。或者说,从式(7.2)退化到式(7.5),很容易;从式(7.5)推广至式(7.2),很困难。

## 7.2 积分定理:从直线坐标系到曲线坐标系的推广

协变微分变换群下的不变性,不仅表现为微分不变量,还表现为积分不变量。

积分定理本身是客观的,与坐标无关。正因为与坐标无关,故经典教科书中的常规方法,是先在直线坐标下给出积分定理的证明,然后再推广到一般曲线坐标系。具体做法,就是在笛卡儿坐标系下直接积分式(7.4)。

正交的笛卡儿坐标系下,与坐标平面平行的六面体微元的体积 $\mathrm{d}V$ 的表达式为

$$\mathrm{d}V=\mathrm{d}x^1\mathrm{d}x^2\mathrm{d}x^3 \tag{7.6}$$

式(7.6)与式(7.5)相乘可得

$$\nabla \otimes \boldsymbol{T}\mathrm{d}V=\boldsymbol{i}_m \otimes \frac{\partial \boldsymbol{T}}{\partial x^m}\mathrm{d}x^1\mathrm{d}x^2\mathrm{d}x^3 \tag{7.7}$$

积分式(7.7)得

$$\iiint_V \nabla \otimes \boldsymbol{T}\mathrm{d}V=\iiint_V \boldsymbol{i}_m \otimes \frac{\partial \boldsymbol{T}}{\partial x^m}\mathrm{d}x^1\mathrm{d}x^2\mathrm{d}x^3 \tag{7.8}$$

笛卡儿坐标系下的单位基矢量 $\boldsymbol{i}_m$,在整个积分域上都是常矢量,故可移到积分号外:

$$\iiint_V \nabla \otimes \boldsymbol{T}\mathrm{d}V=\boldsymbol{i}_m \otimes \iiint_V \frac{\partial \boldsymbol{T}}{\partial x^m}\mathrm{d}x^1\mathrm{d}x^2\mathrm{d}x^3 \tag{7.9}$$

式(7.9)右端可以积分出显式,进而得到积分定理的最终表达式。

这是目前教科书中常见的路子,也是读者熟悉的路子。其中,单位基矢量 $\boldsymbol{i}_m$ 可移出积分号,是极其要紧的一步,极大地简化了证明过程。

先由直线坐标系下导出积分定理,再由坐标无关性将定理推广至任意坐标系,这在理论上没有问题,逻辑上也可以接受。但这种"从特殊到一般"的推广,与"从一般到特殊"的演绎相比,确实不够赏心悦目。

## 7.3 积分定理:曲线坐标系下的极限逼近

另一种方法,是直接在曲线坐标系下给出证明,但逻辑过程要复杂得多。这一方法的出发点是不变量微分算子的定义式:

$$\nabla \otimes \boldsymbol{T} \triangleq \boldsymbol{g}^m \otimes \frac{\partial \boldsymbol{T}}{\partial x^m} \tag{7.10}$$

注意到,式(7.10)与式(7.5)形式完全一致,实际上,式(7.5)是式(7.10)的特例。但二者有一个根本性的差异:式(7.5)中的基矢量 $\boldsymbol{i}_m$ 是常矢量,大小、方向都不变;而式(7.10)中的逆变基矢量 $\boldsymbol{g}^m$ 不是常矢量,不仅大小、方向都变化,而且与坐标相关。实际上,如前章所述,基矢量 $\boldsymbol{g}^m$ 根本就不是矢量。

一般曲线坐标系下,体积微元 $\mathrm{d}V$ 的表达式为(图 7-1)

$$\mathrm{d}V=\sqrt{g}\,\mathrm{d}x^1\mathrm{d}x^2\mathrm{d}x^3 \tag{7.11}$$

曲线坐标系与笛卡儿坐标系的重大差别,是二者的度量不同。比较式(7.11)和式(7.6),立即看出二者体积度量的差异。这种差异虽非本质性的,但影响依旧是深远的。

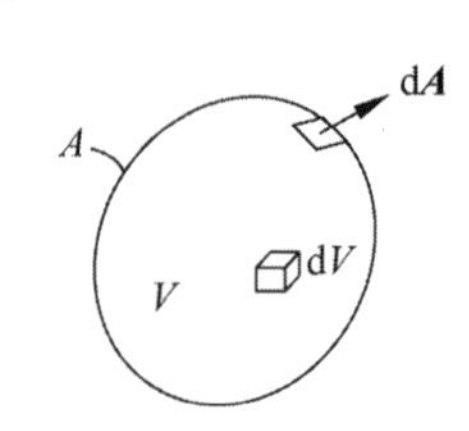


图 7-1　封闭曲面 $A$ 包络的 3D 空间 $V$

将式(7.11)与式(7.10)的左右两端分别相乘:

$$\nabla\otimes\boldsymbol{T}\mathrm{d}V=\sqrt{g}\,\boldsymbol{g}^m\otimes\frac{\partial\boldsymbol{T}}{\partial x^m}\mathrm{d}x^1\mathrm{d}x^2\mathrm{d}x^3 \tag{7.12}$$

积分式(7.12)得

$$\iiint_V\nabla\otimes\boldsymbol{T}\mathrm{d}V=\iiint_V\sqrt{g}\,\boldsymbol{g}^m\otimes\frac{\partial\boldsymbol{T}}{\partial x^m}\mathrm{d}x^1\mathrm{d}x^2\mathrm{d}x^3 \tag{7.13}$$

曲线坐标系下,式(7.13)右端的积分,很难直接积分出显式。困难的根源有两个:一是体积度量 $\sqrt{g}$,二是逆变基矢量 $\boldsymbol{g}^m$。$\sqrt{g}$ 和 $\boldsymbol{g}^m$ 都随点变化,因此,$\sqrt{g}\,\boldsymbol{g}^m\otimes\dfrac{\partial\boldsymbol{T}}{\partial x^m}$必须作为整体参与积分。这个积分,很难直接处理。

教科书中常见的处理手法,是分割积分区域,借助极限过程,“硬算出”式(7.13)右端的积分表达式,进而给出积分定理。这确是无奈之举,不得不退回到积分思想的源头,不得不重走极限求和之路。

看来,从直线坐标到曲线坐标,差异虽非本质性的,但带给积分的困难却是非常本质性的。

对读者而言,要掌握如此复杂的处理手法,并非易事。另外,基于“计算”的定理证明,与基于观念的定理证明相比,前者总是不那么令人满意。

更重要的是,“积分不出显式”,与“积分显式不存在”,毕竟不是一回事。这就涉及一个很基本的问题:曲线坐标系下,式(7.13)右端的积分,到底能不能积分出显式?答案显然是肯定的。

那么,怎样找到显式?作者的看法是,常规方法难以见效。作者的做法是,打破常规,祭出“微分不变量之相互关联”这个威力强大的武器。

## 7.4　积分定理:微分不变量之关联的妙用

现在,有了广义协变导数,曲线坐标系下积分定理的证明,便得到大幅度的简化。在协变形式不变性公设和协变微分变换群下,我们以协变微分不变量

$\nabla_m(\boldsymbol{g}^m \otimes \boldsymbol{T})$为桥梁，导出了式(7.2)中优美的相互联系。式(7.2)右端是具有迹形式的普通偏导数。迹形式的普通偏导数能够用来构造可积分的微分形式。具体操作如下。

式(7.11)与式(7.2)相乘，可得

$$\nabla \otimes \boldsymbol{T} \mathrm{d}V = \frac{\partial(\sqrt{g}\boldsymbol{g}^m \otimes \boldsymbol{T})}{\partial x^m} \mathrm{d}x^1 \mathrm{d}x^2 \mathrm{d}x^3 \tag{7.14}$$

式(7.14)两端积分，得

$$\iiint_V \nabla \otimes \boldsymbol{T} \mathrm{d}V = \iiint_V \frac{\partial(\sqrt{g}\boldsymbol{g}^m \otimes \boldsymbol{T})}{\partial x^m} \mathrm{d}x^1 \mathrm{d}x^2 \mathrm{d}x^3 \tag{7.15}$$

式(7.15)右端可以积分出显式。由经典的 Gauss 积分定理，右端可写成：

$$\iiint_V \frac{\partial(\sqrt{g}\boldsymbol{g}^m \otimes \boldsymbol{T})}{\partial x^m} \mathrm{d}x^1 \mathrm{d}x^2 \mathrm{d}x^3 = \oiint_A \mathrm{d}\boldsymbol{A} \otimes \boldsymbol{T} \tag{7.16}$$

于是可得

$$\iiint_V \nabla \otimes \boldsymbol{T} \mathrm{d}V = \oiint_A \mathrm{d}\boldsymbol{A} \otimes \boldsymbol{T} \tag{7.17}$$

其中有 $\mathrm{d}\boldsymbol{A} = \boldsymbol{n}\mathrm{d}A$。这就是 Euclid 空间曲线坐标系下的广义 Gauss 积分定理。

式(7.17)中，从左端到右端，空间维数降低了一维：左端是三维空间上的体积分，右端是二维曲面上的面积分。降维，对物理和力学而言，具有基本的重要性。基于式(7.17)，就有可能从二维曲面上的信息，推知三维体内部的信息。这正是边界积分方程和边界元法的基本思想。

式(7.17)中，从左端到右端，微分阶次降低了一阶：左端的被积函数$\nabla \otimes \boldsymbol{T}$，求导阶次为一阶；右端的被积函数 $\boldsymbol{T}$，求导阶次为零阶。降阶，对物理学和力学而言，也具有基本的重要性。在有限元法和数值积分中，微分阶次的降低，意味着计算精度的提高。

如上所述，经典教科书中，曲线坐标系下，广义 Gauss 积分定理的证明相当复杂。现在，借助广义协变导数，曲线坐标系下积分定理的证明，与直线坐标系下的证明，一样简单。

以上简洁的证明过程，可以说是协变性思想的产物，是协变微分不变量的"功劳"。

## 7.5 "事后诸葛"式的追问

现在，我们做一次"事后诸葛"，提出这样的问题：如果没有协变性思想，我们能否达成以上简洁的证明？或者说，如果不借助协变微分不变量$\nabla_m(\boldsymbol{g}^m \otimes \boldsymbol{T})$，我们能否推导出式(7.2)？答案不完全是肯定的。

在协变微分学中，我们可以“算出”如下经典结果：

$$\frac{\partial(\sqrt{g}\boldsymbol{g}^m)}{\partial x^m} \equiv \boldsymbol{0} \tag{7.18}$$

式(7.18)的计算过程，请读者补齐。在协变微分学中，式(7.18)只是一个孤立的结果。对大多数读者而言，很难联想到这个结果，也很难意识到其重要性。

式(7.18)在第6章出现过。当然，第6章是基于协变形式不变性公设和协变微分变换群，自然而然地“导出”了式(7.18)。那里的式(7.18)，只是公设和变换群的简单推论。

我们将式(7.18)改造一下：

$$\frac{1}{\sqrt{g}}\frac{\partial(\sqrt{g}\boldsymbol{g}^m)}{\partial x^m} \otimes \boldsymbol{T} = \boldsymbol{0} \tag{7.19}$$

我们再将式(7.10)中的定义式重塑如下：

$$\nabla \otimes \boldsymbol{T} \triangleq \boldsymbol{g}^m \otimes \frac{\partial \boldsymbol{T}}{\partial x^m} = \frac{1}{\sqrt{g}}\sqrt{g}\boldsymbol{g}^m \otimes \frac{\partial \boldsymbol{T}}{\partial x^m} \tag{7.20}$$

表面上看，式(7.19)和式(7.20)中的操作都有些“画蛇添足”。然而，将式(7.20)与式(7.19)糅合起来，便可凑出我们想要的结果：

$$\begin{aligned}\nabla \otimes \boldsymbol{T} &= \frac{1}{\sqrt{g}}\left[\frac{\partial(\sqrt{g}\boldsymbol{g}^m)}{\partial x^m} \otimes \boldsymbol{T} + \sqrt{g}\boldsymbol{g}^m \otimes \frac{\partial \boldsymbol{T}}{\partial x^m}\right] \\ &= \frac{1}{\sqrt{g}}\frac{\partial(\sqrt{g}\boldsymbol{g}^m \otimes \boldsymbol{T})}{\partial x^m}\end{aligned} \tag{7.21}$$

显然，式(7.21)就是式(7.2)。也就是说，我们“无中生有”地从“算出来”的式(7.18)出发，结合微分不变量算子的定义式(式(7.10))，拼凑出了式(7.2)。

可以设想，如果不借助广义协变导数，就得以巧取胜。只有巧妙地拼凑出式(7.2)，方可达到同样简洁的证明。

我们再换一个角度看。式(7.18)表明，$\sqrt{g}\boldsymbol{g}^m$ 作为整体，可以自由进出普通偏导数$\dfrac{\partial(\cdot)}{\partial x^m}$。这样，令$\sqrt{g}\boldsymbol{g}^m$ 进入$\dfrac{\partial(\cdot)}{\partial x^m}$，式(7.12)右端就可以写成式(7.14)右端，简洁的证明即可达成。

如果没有基矢量 $\boldsymbol{g}^m$，就“算不出”式(7.18)。基矢量之重要，可见一斑。从这个意义上，可以再次确认：Ricci 学派的协变微分学，舍弃了基矢量，必将陷入计算的汪洋大海。损失之大，由此可见一斑。

由此也可以看出：公理化一般带不来新的知识。但有了公理化，已有的知识体系的内在秩序，就会行云流水般地、自然而然地展示出来。

广义 Gauss 积分定理有各种形式的推论。下面我们关注其推论。

## 7.6　梯度定理

式(7.17)中,去掉符号"⊗",可得

$$\iiint_V \nabla \boldsymbol{T} \mathrm{d}V = \oiint_A \mathrm{d}\boldsymbol{A}\boldsymbol{T} \tag{7.22}$$

式(7.22)就是张量场的梯度定理。

式(7.22)中,将 $\boldsymbol{T}$ 取为标量 $\varphi$,则有

$$\iiint_V \nabla \varphi \mathrm{d}V = \oiint_A \varphi \mathrm{d}A \tag{7.23}$$

式(7.23)就是标量场的梯度定理。这个形式的梯度定理,在微积分教科书中很常见。

式(7.23)中,将 $\varphi$ 取为常数 $c_0$,由于 $\nabla c_0 = \boldsymbol{0}$,故有

$$\oiint_A \mathrm{d}\boldsymbol{A} = \boldsymbol{0} \tag{7.24}$$

式(7.24)具有非常漂亮的物理意义:在均匀内压 $c_0$ 作用下,封闭薄膜容器的力平衡方程,就是式(7.24)。

## 7.7　散度定理

式(7.17)中,将运算符号"⊗"取为内积"·",可得

$$\iiint_V \nabla \cdot \boldsymbol{T} \mathrm{d}V = \oiint_A \mathrm{d}\boldsymbol{A} \cdot \boldsymbol{T} \tag{7.25}$$

式(7.25)就是张量场的散度定理。

式(7.25)中,将 $\boldsymbol{T}$ 取为矢量 $\boldsymbol{u}$,则有

$$\iiint_V \nabla \cdot \boldsymbol{u} \mathrm{d}V = \oiint_A \mathrm{d}\boldsymbol{A} \cdot \boldsymbol{u} \tag{7.26}$$

此式为矢量场的散度定理,在微积分教科书中很常见。

连续介质力学中,式(7.25)和式(7.26)是守恒律微分方程的基础,在推导质量守恒微分方程,以及连续体的平衡微分方程中,起着基础性的作用。

式(7.26)中,将 $\boldsymbol{u}$ 取为常矢量,即 $\boldsymbol{u} = \boldsymbol{c}$,则 $\nabla \cdot \boldsymbol{c} = \boldsymbol{0}$,立即导出式(7.24)。

式(7.26)中,取 $\boldsymbol{u} = \nabla \varphi$,则有

$$\iiint_V \nabla^2 \varphi \mathrm{d}V = \oiint_A \mathrm{d}\boldsymbol{A} \cdot \nabla \varphi \tag{7.27}$$

式(7.27)在有势场理论中有广泛用途。

式(7.26)中,取 $\boldsymbol{u} = \boldsymbol{r}$,则有

$$\nabla \cdot \boldsymbol{r} = \boldsymbol{g}^m \cdot \nabla_m \boldsymbol{r} = \boldsymbol{g}^m \cdot \boldsymbol{g}_m = 3 \tag{7.28}$$

于是式(7.26)退化为

$$3V=\oiint_A \mathrm{d}\boldsymbol{A}\cdot\boldsymbol{r} \tag{7.29}$$

式(7.29)有清晰的几何意义。它展示了空间三维体的体积计算公式。注意到，式(7.29)左端的体积是标量不变量，因此，右端的积分值必然与矢径 $\boldsymbol{r}$ 的原点无关。这个结果虽然几何上的涵义显而易见，但含义深刻：由于矢径 $\boldsymbol{r}$ 强烈地取决于原点的选择，故我们说，矢径 $\boldsymbol{r}$ 是个与观察者相关的“主观量”。然而，右端的积分就像一个“过滤器”，将主观因素“过滤掉”了。这样，不论观察者站在哪里观察，右端的积分都将给出定值。

# 7.8 旋度定理

式(7.17)中，将运算符号“⊗”取为外积“×”，可得

$$\iiint_V \nabla\times\boldsymbol{T}\mathrm{d}V=\oiint_A \mathrm{d}\boldsymbol{A}\times\boldsymbol{T} \tag{7.30}$$

式(7.25)就是张量场的旋度定理。

将式(7.30)中的 $\boldsymbol{T}$ 取为矢量场 $\boldsymbol{u}$：

$$\iiint_V \nabla\times\boldsymbol{u}\mathrm{d}V=\oiint_A \mathrm{d}\boldsymbol{A}\times\boldsymbol{u} \tag{7.31}$$

此式为矢量场的旋度定理，在微积分教科书中很常见。

式(7.31)中，取 $\boldsymbol{u}=\nabla\varphi$，则有

$$\iiint_V \nabla\times\nabla\varphi\mathrm{d}V=\oiint_A \mathrm{d}\boldsymbol{A}\times\nabla\varphi \tag{7.32}$$

有势场也是无旋场，故有

$$\nabla\times\nabla\varphi=\boldsymbol{0} \tag{7.33}$$

式(7.32)退化为

$$\oiint_A \mathrm{d}\boldsymbol{A}\times\nabla\varphi=\boldsymbol{0} \tag{7.34}$$

将式(7.31)中的 $\boldsymbol{u}$ 取为矢径 $\boldsymbol{r}$：

$$\iiint_V \nabla\times\boldsymbol{r}\mathrm{d}V=\oiint_A \mathrm{d}\boldsymbol{A}\times\boldsymbol{r} \tag{7.35}$$

由于有

$$\nabla\times\boldsymbol{r}=\boldsymbol{g}^m\times\nabla_m\boldsymbol{r}=\boldsymbol{g}^m\times\boldsymbol{g}_m=\varepsilon^{m}_{\cdot mn}\boldsymbol{g}^n=g^{pm}\varepsilon_{pmn}\boldsymbol{g}^n=\boldsymbol{0} \tag{7.36}$$

故式(7.35)退化为

$$\oiint_A \mathrm{d}\boldsymbol{A}\times\boldsymbol{r}=\boldsymbol{0} \tag{7.37}$$

式(7.37)中的积分值与矢径 $\boldsymbol{r}$ 的起点无关。

式(7.37)也具有非常漂亮的物理意义：在均匀内压 $c_0$ 作用下，封闭薄膜容器的力矩平衡方程，就是式(7.37)。力矩平衡方程与矩心的选择无关，因此，式(7.37)中的积分值与矢径 $\boldsymbol{r}$ 的起点无关。

于是，式(7.24)和式(7.37)配合起来，就可以描述压力容器的自平衡：前者描述了力的平衡，后者刻画了力矩的平衡。

## 7.9　Stokes 定理(广义环量定理)

需要说明的是，Euclid 空间曲线坐标系下，除了广义 Gauss 积分定理，还有广义 Stokes 积分定理。如果说，广义 Gauss 积分定理是中规中矩的积分定理，那么可以说，广义 Stokes 积分定理是奇特异类的积分定理。

这里，仅列出经典的广义环量定理的表达式：

$$\iint_A \mathrm{d}\boldsymbol{A} \cdot (\nabla \times \boldsymbol{T}) = \oint_C \mathrm{d}\boldsymbol{r} \cdot \boldsymbol{T} \tag{7.38}$$

式(7.38)右端的 $\oint_C \mathrm{d}\boldsymbol{r} \cdot \boldsymbol{T}$ 有清晰的物理意义。如果把张量 $\boldsymbol{T}$ 取为速度矢量 $\boldsymbol{v}$，则 $\oint_C \mathrm{d}\boldsymbol{r} \cdot \boldsymbol{v}$ 就是流体力学中的环量。因此，式(7.38)也被称为广义环量定理。

注意到，广义 Stokes 积分定理与广义 Gauss 积分定理有类似的功能：降维，降阶。

从教科书中，读者能够找到广义环量定理的证明。然而，经典的证明过程，大都是“计算”的过程。前面已经表达这样的观点：基于“计算”的证明，与基于观念的证明相比，总是不那么令人满意。

本来，作者有这样的设想：基于广义协变导数，对式(7.38)予以精细的分析，力求从中找出令人满意的证明之路。但由于如下原因，作者放弃了这一设想。

这是个相当重要的定理，但也是个相当令人纠结的定理。定理奇妙地展示出空间的“错配”：张量场函数 $\boldsymbol{T}$ 被定义在平坦的 Euclid 空间，不变量微分算子 $\nabla(\cdot)$ 也被定义在平坦的 Euclid 空间，但积分域却是弯曲的 Riemann 空间，即左端的积分域是曲面，右端的积分域是封闭曲线。在如此强烈的“错配”之下，Stokes 能有如此天才的发现，令人由衷钦佩。

作者认为，由于积分域是弯曲的空间，故在弯曲的空间形式下研究广义环量定理，逻辑上会更自然，更流畅。鉴于这种考虑，作者把该定理的分析，留给下一本著作。

有趣的是，不仅作者对该定理感到纠结，前辈学者同样感到纠结。如果读者仔细阅读辈力学家郭仲衡先生的名著《张量》[7]，便能够从字里行间感受到纠结的体验。作者认为，郭先生对 Stokes 积分定理的经典证明并不满意，他曾暗示，要在后续的著作中给出更令人满意的证明。遗憾的是，因为先生英年早逝，我们没能看到更漂亮的证明。

作者考证历史，萌发有趣的推测：Stokes 定理也许是 Bourbaki 学派成立的诱因之一。学派奠基前夕，几位卓越的奠基人曾在一起讨论过一个问题：怎样在大学的课堂上讲授 Stokes 定理？作者很好奇：如此卓越的人物，为何费心思于一个如此小儿科的问题？答案很可能是这样的：他们感到，如此重要的定理，证明却如此的别扭，如此的不自然。他们在讨论切磋之余，萌发了改造经典函数论的想法，由此一发不可收拾，创立了一个惊天动地的伟大学派。

当然，这只是作者随意的推测，从历史的文献和史学家的记载中，没有更多严肃的证据支持这一推测。

作者由此感悟：如果某个极其基本且重要的结果让你感到不自然，很纠结，那你可千万别放过它。

在下一本著作中，作者会借助广义协变导数，证实如下命题：不论是在平坦空间还是在弯曲空间，广义环量定理都不是“一个”，而是“一族”。

实际上，在作者早期的知识结构中，只知道形如式(7.38)的环量定理。2006年，作者的学生尹杰在查阅文献时，看到了环量定理的若干形式。从此，我们才意识到，式(7.38)只是环量定理的经典形式之一。

## 7.10 Green 积分定理

Green 积分定理，是与二阶微分算子相关的积分定理。注意到，与二阶微分算子相关的积分定理已经在本章出现过，即式(7.27)。尽管如此，作者仍然决定，将对 Green 积分定理的分析推迟至下一章。理由很简单：二阶微分算子只是高阶不变量微分算子的简单情形。作者希望赋予高阶不变量微分算子以清晰的代数结构。而这个代数结构的基础，是高阶广义协变导数。

在下一章，读者会从二阶广义协变导数的角度理解二阶不变量微分算子，进而理解 Green 积分定理。

## 7.11 本章注释

从协变微分不变量$\nabla_m(\boldsymbol{g}^m \otimes \boldsymbol{T})$与偏微分不变量之关联的角度考查积分定理，是本章的特色。

积分定理是十分经典的内容。由于不变量微分算子是积分定理的核心，因此传统的出发点和视角，是不变量微分算子的定义式。然而，微分算子虽然简洁，但算子的解析结构操作起来并不轻松。相反，与微分算子的解析结构相比，广义协变导数的解析结构更自然，更方便。

后续的章节会表明：所有的不变量微分算子，都可以用广义协变导数刻画。换言之，微分算子的解析结构，受控于广义协变导数的解析结构。因此，完全可以从广义协变导数入手研究不变量微分算子，进而研究积分定理。

# 第8章 高阶广义协变导数

由协变导数到高阶协变导数，是自然延拓。同样，由广义协变导数到高阶广义协变导数，也是自然延拓。

协变导数求导的对象是分量，高阶协变导数求导的对象也是分量。同样，广义协变导数求导的对象是广义分量，高阶广义协变导数求导的对象也是广义分量。

研究高阶广义协变导数的目的之一，是构造高阶不变量微分算子。这是本章最要紧的特色。

## 8.1 0-指标广义分量的二阶广义协变导数

考查张量场函数 $\boldsymbol{T}$ 的二阶广义协变导数$\nabla_m \nabla_n \boldsymbol{T}$。注意到，$\nabla_n \boldsymbol{T}$ 是 1-指标广义分量，故可以对其定义广义协变导数。由协变形式不变性公设，可写出$\nabla_n \boldsymbol{T}$ 的广义协变导数$\nabla_m \nabla_n \boldsymbol{T}$ 的定义式：

$$\nabla_m \nabla_n \boldsymbol{T} \triangleq \frac{\partial (\nabla_n \boldsymbol{T})}{\partial x^m} - (\nabla_k \boldsymbol{T}) \Gamma_{nm}^k \tag{8.1}$$

1-指标广义分量的广义协变导数是 2-指标广义分量，故$\nabla_m \nabla_n \boldsymbol{T}$ 必然是 2-指标广义分量。

交换协变导数的求导顺序，$\nabla_m \nabla_n \boldsymbol{T}$ 就变成了$\nabla_n \nabla_m \boldsymbol{T}$，于是式(8.1)就变成了下式：

$$\nabla_n \nabla_m \boldsymbol{T} \triangleq \frac{\partial (\nabla_m \boldsymbol{T})}{\partial x^n} - (\nabla_k \boldsymbol{T}) \Gamma_{mn}^k \tag{8.2}$$

式(8.1)减去式(8.2)，并注意到 $\Gamma_{mn}^k = \Gamma_{nm}^k$，可得

$$\nabla_m \nabla_n \boldsymbol{T} - \nabla_n \nabla_m \boldsymbol{T} = \frac{\partial (\nabla_n \boldsymbol{T})}{\partial x^m} - \frac{\partial (\nabla_m \boldsymbol{T})}{\partial x^n} \tag{8.3}$$

由第 5 章可知，张量的广义协变导数等于其普通偏导数：

$$\nabla_m \boldsymbol{T} = \frac{\partial \boldsymbol{T}}{\partial x^m}, \quad \nabla_n \boldsymbol{T} = \frac{\partial \boldsymbol{T}}{\partial x^n} \tag{8.4}$$

联立式(8.3)、式(8.4)可得

$$\nabla_m \nabla_n \boldsymbol{T} - \nabla_n \nabla_m \boldsymbol{T} = \frac{\partial^2 \boldsymbol{T}}{\partial x^m \partial x^n} - \frac{\partial^2 \boldsymbol{T}}{\partial x^n \partial x^m} \tag{8.5}$$

我们知道，对于光滑函数 $\boldsymbol{T}$ 普通二阶偏导数的求导顺序具有可交换性：

$$\frac{\partial^2 \boldsymbol{T}}{\partial x^m \partial x^n} = \frac{\partial^2 \boldsymbol{T}}{\partial x^n \partial x^m} \tag{8.6}$$

联立式(8.5)和式(8.6)，最后导出：

$$\nabla_m \nabla_n \boldsymbol{T} \equiv \nabla_n \nabla_m \boldsymbol{T} \tag{8.7}$$

式(8.7)引出一般性命题：

0-指标广义分量(或实体量)的二阶广义协变导数，具有求导顺序的可交换性。

求导顺序的可交换性，也称为求导顺序的无关性。这是一种很要紧的对称性或不变性。

特别要说明的是，二阶广义协变导数求导顺序的可交换性，至少在平坦空间是成立的。后续的章节会逐步证实：一般意义上求导顺序的可交换性，是平坦空间的本征性质。

如果将 $\boldsymbol{T}$ 取为标量场函数 $\varphi$，则式(8.7)退化为

$$\nabla_m \nabla_n \varphi \equiv \nabla_n \nabla_m \varphi \tag{8.8}$$

这是协变微分学教科书中的经典结论。显然，这个经典结论只是式(8.7)的特例。

式(8.7)还有一款特例，特别值得关注。用度量张量分量 $g^{mn}$ 缩并式(8.7)：

$$g^{mn}(\nabla_m \nabla_n \boldsymbol{T} - \nabla_n \nabla_m \boldsymbol{T}) \equiv \boldsymbol{0} \tag{8.9}$$

第 6 章已经证实，$g^{mn}$ 不仅可以自由进出广义协变导数，而且可以升降广义协变导数的求导指标，故有

$$g^{mn}(\nabla_m \nabla_n \boldsymbol{T}) = \nabla_m (g^{mn} \nabla_n \boldsymbol{T}) = \nabla_m \nabla^m \boldsymbol{T} \tag{8.10}$$

$$g^{mn}(\nabla_n \nabla_m \boldsymbol{T}) = g^{mn} \nabla_n (\nabla_m \boldsymbol{T}) = \nabla^m \nabla_m \boldsymbol{T} \tag{8.11}$$

最后导出：

$$\nabla_m \nabla^m \boldsymbol{T} = \nabla^m \nabla_m \boldsymbol{T} \tag{8.12}$$

这个式子在后面的章节中还会涉及。

注意到，前面的诸章节中，广义协变导数$\nabla_m(\cdot)$中的指标都是下指标。现在，从本章开始，上式中的$\nabla^m(\cdot)$出现了上指标，我们称之为“广义逆变导数”。

请读者注意：一阶广义协变导数$\nabla_m(\cdot)$运算的对象，是括号$(\cdot)$内的广义分量。而随着广义逆变导数$\nabla^m(\cdot)$的引入，同时也引入了新的运算。例如，$\nabla_m \nabla^m \boldsymbol{T}$或$\nabla^m \nabla_m \boldsymbol{T}$，运算的对象不仅包括张量 $\boldsymbol{T}$，而且包括广义协变导数的两个符号，即$\nabla_m \nabla^m$或$\nabla_m \nabla^m$。

## 8.2　1-指标广义分量的二阶广义协变导数

由第 5 章可知，在协变形式不变性公设之下，1-指标广义分量 $\boldsymbol{p}_r$ 的广义协变导数的定义为

$$\nabla_m \boldsymbol{p}_r \triangleq \frac{\partial \boldsymbol{p}_r}{\partial x^m} - \boldsymbol{p}_k \Gamma^k_{rm} \tag{8.13}$$

$\nabla_m \boldsymbol{p}_r$ 是 2-指标广义分量，基于协变形式不变性公设，可以进一步定义其广义协变导数：

$$\nabla_n(\nabla_m \boldsymbol{p}_r) \triangleq \frac{\partial(\nabla_m \boldsymbol{p}_r)}{\partial x^n} - (\nabla_t \boldsymbol{p}_r)\Gamma^t_{mn} - (\nabla_m \boldsymbol{p}_t)\Gamma^t_{rn} \tag{8.14}$$

$\nabla_n(\nabla_m \boldsymbol{p}_r)$就是 $\boldsymbol{p}_r$ 的二阶广义协变导数，它是 3-指标广义分量。既然是广义分量，就可以继续定义广义协变导数。请读者自己写出 $\boldsymbol{p}_r$ 的三阶广义协变导数 $\nabla_s[\nabla_n(\nabla_m \boldsymbol{p}_r)]$的定义式。

式(8.14)中，交换求导顺序，则$\nabla_n(\nabla_m \boldsymbol{p}_r)$就变成了$\nabla_m(\nabla_n \boldsymbol{p}_r)$：

$$\nabla_m(\nabla_n \boldsymbol{p}_r) \triangleq \frac{\partial(\nabla_n \boldsymbol{p}_r)}{\partial x^m} - (\nabla_t \boldsymbol{p}_r)\Gamma^t_{nm} - (\nabla_n \boldsymbol{p}_t)\Gamma^t_{rm} \tag{8.15}$$

式(8.14)与式(8.15)相减：

$$\nabla_n(\nabla_m \boldsymbol{p}_r) - \nabla_m(\nabla_n \boldsymbol{p}_r) = \frac{\partial(\nabla_m \boldsymbol{p}_r)}{\partial x^n} - \frac{\partial(\nabla_n \boldsymbol{p}_r)}{\partial x^m} + (\nabla_n \boldsymbol{p}_t)\Gamma^t_{rm} - (\nabla_m \boldsymbol{p}_t)\Gamma^t_{rn} \tag{8.16}$$

将式(8.13)代入式(8.16)，可得

$$\nabla_n(\nabla_m \boldsymbol{p}_r) - \nabla_m(\nabla_n \boldsymbol{p}_r) = \boldsymbol{p}_k \left[\left(\frac{\partial \Gamma^k_{rn}}{\partial x^m} + \Gamma^t_{rn}\Gamma^k_{tm}\right) - \left(\frac{\partial \Gamma^k_{rm}}{\partial x^n} + \Gamma^t_{rm}\Gamma^k_{tn}\right)\right] \tag{8.17}$$

请读者仔细观察式(8.17)，可以发现，不论是符号排列，还是指标顺序，都很有规律。由 Riemann 张量分量[5]的定义式：

$$R^k_{\cdot rnm} \triangleq \left(\frac{\partial \Gamma^k_{rn}}{\partial x^m} + \Gamma^t_{rn}\Gamma^k_{tm}\right) - \left(\frac{\partial \Gamma^k_{rm}}{\partial x^n} + \Gamma^t_{rm}\Gamma^k_{tn}\right) \tag{8.18}$$

注意到，式(8.18)中的 Riemann 张量分量 $R^k_{\cdot rnm}$，其表达式与教科书中的写法稍有差异——正负号正好相反。作者这样写，主要是为了更好地展现诸表达式中的结构律。

于是式(8.17)重写为

$$\nabla_n(\nabla_m \boldsymbol{p}_r) - \nabla_m(\nabla_n \boldsymbol{p}_r) = \boldsymbol{p}_k R^k_{\cdot rnm} \tag{8.19}$$

式(8.19)左端，$\nabla_m(\nabla_n \boldsymbol{p}_r)$和$\nabla_n(\nabla_m \boldsymbol{p}_r)$都是 3-指标广义分量，它们的差也是 3-指标广义分量。也就是说，式(8.19)右端，$\boldsymbol{p}_k R^k_{\cdot rnm}$ 是 3-指标广义分量。因 $\boldsymbol{p}_k$ 是 1-指标广义分量，故 $R^k_{\cdot rnm}$ 是 4 阶张量分量。

请读者注意式(8.18)中的有趣现象：左端的 $R^{k}_{\cdot rnm}$ 是四阶张量分量，但右端的每一项都不是张量分量。这意味着，右端诸"非张量项"的代数和，却在整体上构成了张量分量。

注意到，Riemann 张量是空间内蕴的曲率张量。换言之，二阶广义协变导数，已经可以引出空间的内蕴曲率了。

我们称式(8.19)为 1-指标广义分量 $\boldsymbol{p}_r$ 的广义 Ricci 公式。

式(8.19)中，1-指标广义分量 $\boldsymbol{p}_r$ 可以是矢量分量，也可以是基矢量。如果 $\boldsymbol{p}_r$ 取为矢量分量，即 $\boldsymbol{p}_r=u_r$，则有

$$\nabla_n(\nabla_m u_r)-\nabla_m(\nabla_n u_r)=u_k R^{k}_{\cdot rnm} \tag{8.20}$$

这就是经典的 Ricci 公式。请注意，经典 Ricci 公式只是广义 Ricci 公式的特例。教科书中，一般都是通过矢量分量的二阶协变导数，引出 Ricci 公式。

如果 $\boldsymbol{p}_r$ 取为基矢量，即 $\boldsymbol{p}_r=\boldsymbol{g}_r$，则有

$$\nabla_n(\nabla_m \boldsymbol{g}_r)-\nabla_m(\nabla_n \boldsymbol{g}_r)=\boldsymbol{g}_k R^{k}_{\cdot rnm} \tag{8.21}$$

请读者注意式(8.20)和式(8.21)之间的对称性。第 5 章涉及 $\nabla_n u_r$ 与 $\nabla_n \boldsymbol{g}_r$ 的对称性，类似地，本章展示了 $\nabla_m(\nabla_n u_r)$ 与 $\nabla_m(\nabla_n \boldsymbol{g}_r)$ 的对称性。$\nabla_n u_r$ 与 $\nabla_n \boldsymbol{g}_r$ 的对称性，是协变形式不变性公设的必然结果，类似地，$\nabla_m(\nabla_n u_r)$ 与 $\nabla_m(\nabla_n \boldsymbol{g}_r)$ 的对称性，仍然是协变形式不变性公设的必然推论。

在经典协变微分学中，式(8.21)从来没有出现过。这并不奇怪，因为经典协变微分学，就是关于分量(而不是基矢量)的微分学；经典的 Ricci 公式，刻画的就是分量的(二阶)协变导数之不变性质。没有基矢量的广义协变导数概念，就不会有式(8.21)。

现在看来，Ricci 公式的"家族"要大大扩充了：Ricci 公式不仅是关于分量的恒等式(式(8.20))，而且是关于基矢量的恒等式(式(8.21))，更是关于广义分量的恒等式(式(8.19))。

从 Ricci 公式到 Ricci 公式族，是观念上的拓展。这一观念拓展，必须以广义分量概念和广义协变导数概念为基础。

## 8.3 2-指标广义分量的二阶广义协变导数

对于 2-指标广义分量 $\boldsymbol{q}_{rs}$，由协变形式不变性公设，可定义其广义协变导数 $\nabla_n \boldsymbol{q}_{rs}$：

$$\nabla_n \boldsymbol{q}_{rs} \triangleq \frac{\partial \boldsymbol{q}_{rs}}{\partial x^n}-\boldsymbol{q}_{ts}\Gamma^{t}_{rn}-\boldsymbol{q}_{rt}\Gamma^{t}_{sn} \tag{8.22}$$

$\nabla_n \boldsymbol{q}_{rs}$ 是 3-指标广义分量，可继续定义其广义协变导数 $\nabla_m(\nabla_n \boldsymbol{q}_{rs})$：

$$\nabla_m(\nabla_n \boldsymbol{q}_{rs}) \triangleq \frac{\partial(\nabla_n \boldsymbol{q}_{rs})}{\partial x^m}-(\nabla_k \boldsymbol{q}_{rs})\Gamma^{k}_{nm}-(\nabla_n \boldsymbol{q}_{ks})\Gamma^{k}_{rm}-(\nabla_n \boldsymbol{q}_{rk})\Gamma^{k}_{sm} \tag{8.23}$$

$\nabla_m(\nabla_n \boldsymbol{q}_{rs})$是 4-指标广义分量。借助式(8.22)和式(8.23),请读者自己证明,成立如下恒等式:

$$\nabla_n(\nabla_m \boldsymbol{q}_{rs}) - \nabla_m(\nabla_n \boldsymbol{q}_{rs}) = \boldsymbol{q}_{ts}R^{t}_{\cdot rnm} + \boldsymbol{q}_{rt}R^{t}_{\cdot snm} \tag{8.24}$$

我们称式(8.24)为 2-指标广义分量的广义 Ricci 公式。Ricci 公式家族再次被扩大了。

请读者写出 3-指标广义分量的广义 Ricci 公式。

注意到,广义 Ricci 公式的左端,涉及广义分量的二阶广义协变导数;而公式的右端,则变成广义分量的"线性组合"了。奇妙的是,"组合系数"竟然是 Riemann 曲率张量。从左端到右端,协变导数的阶次降低了两阶。这是很了不起的结果。

## 8.4　平坦空间的对称性

式(8.21)还可以给出有趣的推论。引入协变微分变换群:

$$\nabla_n \boldsymbol{g}_r = \boldsymbol{0}, \quad \nabla_m \boldsymbol{g}_r = \boldsymbol{0} \tag{8.25}$$

于是式(8.21)左端变为

$$\nabla_m(\nabla_n \boldsymbol{g}_r) - \nabla_n(\nabla_m \boldsymbol{g}_r) = \boldsymbol{0} \tag{8.26}$$

实际上,将式(8.25)取协变导数,可给出比式(8.26)更强的结果:

$$\nabla_m(\nabla_n \boldsymbol{g}_r) = \nabla_n(\nabla_m \boldsymbol{g}_r) = \boldsymbol{0} \tag{8.27}$$

式(8.27)第一个等式表明:基矢量的二阶广义协变导数,具有求导顺序的无关性。

式(8.26)代入式(8.21),可得

$$\boldsymbol{g}_k R^{k}_{\cdot rnm} \equiv \boldsymbol{0} \tag{8.28}$$

由于 $\boldsymbol{g}_k \neq \boldsymbol{0}$,且基矢量构成的标架可以有无穷多种取法,故式(8.28)给出:

$$R^{k}_{\cdot rnm} \equiv 0 \tag{8.29}$$

如上所述,Riemann 张量是空间的内蕴曲率张量。而 Euclid 空间是平坦的。平坦空间的曲率必然恒为零,故式(8.29)正是平坦空间之所以平坦的必要条件。需要注意的是,这个必要条件虽然是经典结果,但本章的推导过程不同于教科书:教科书中的推导过程都相当复杂,而式(8.29)则是协变形式不变性公设的"简单"推论,是协变微分变换群下不变性的体现。

第 6 章已经指出,协变微分变换群(式(8.25))刻画了空间自身的性质。现在,从式(8.29)看,这个判断是正确的。

将式(8.29)回代到式(8.19)得

$$\nabla_m(\nabla_n \boldsymbol{p}_r) - \nabla_n(\nabla_m \boldsymbol{p}_r) \equiv \boldsymbol{0} \tag{8.30}$$

式(8.30)表明:在平坦空间中,1-指标广义分量 $\boldsymbol{p}_r$ 的二阶广义协变导数,具有随求导顺序的可交换性。

将式(8.29)回代到式(8.24)得

$$\nabla_m(\nabla_n \boldsymbol{q}_{rs}) - \nabla_n(\nabla_m \boldsymbol{q}_{rs}) \equiv \boldsymbol{0} \tag{8.31}$$

式(8.31)表明：在平坦空间中，2-指标广义分量 $\boldsymbol{q}_{rs}$ 的二阶广义协变导数，具有随求导顺序的可交换性。

从式(8.26)、式(8.30)到式(8.31)，我们已经看到，求导顺序的可交换性，对于0-指标、1-指标、2-指标广义分量都成立。推而广之，任意多指标广义分量的二阶广义协变导数，都具有求导顺序的可交换性。

请读者自己思考：任意阶的广义协变导数，是否都具有求导顺序的可交换性？

再次强调：求导顺序的可交换性，是非常优美的不变性质，是平坦空间对称性的体现。卷曲空间就不会有这样漂亮的对称性，我们在后续的专著中给出详尽的论证。

## 8.5 二阶的协变微分不变式

第6章提出了一个有趣的恒等式，被称为协变微分不变式：

$$\nabla_m (\sqrt{g}\,\boldsymbol{g}^m \otimes \boldsymbol{T}) = \frac{\partial}{\partial x^m}(\sqrt{g}\,\boldsymbol{g}^m \otimes \boldsymbol{T}) \tag{8.32}$$

从本节开始，我们加一个限定词：称式(8.32)为"一阶协变微分不变式"。这里的"一阶"，有两方面的含义：一方面，式(8.32)中导数的阶次是一阶；另一方面，式(8.32)只是一系列协变微分不变式中的第一个。

注意到，式(8.32)对于任意实体量都成立。故在式(8.32)中做如下变量代换：

$$\boldsymbol{T} \rightarrow \nabla \otimes \boldsymbol{T} \tag{8.33}$$

亦即将张量 $\boldsymbol{T}$ 替换为 $\nabla\otimes\boldsymbol{T}$，不变式仍然成立：

$$\nabla_m \left[\sqrt{g}\,\boldsymbol{g}^m \otimes (\nabla\otimes \boldsymbol{T})\right] = \frac{\partial}{\partial x^m}\left[\sqrt{g}\,\boldsymbol{g}^m \otimes (\nabla\otimes \boldsymbol{T})\right] \tag{8.34}$$

读者也可以借助协变形式不变性公设，通过严格的逻辑步骤，证明式(8.34)成立。

表面上看，式(8.34)似乎不符合协变微分不变式的标准形式(见第6章)。实际上并非如此。第5章已经证实，张量的广义协变导数等于其普通偏导数(即式(8.4))：

$$\nabla_n \boldsymbol{T} = \frac{\partial \boldsymbol{T}}{\partial x^n} \tag{8.35}$$

由式(8.35)可知，$\nabla\otimes\boldsymbol{T}$ 既可以用普通偏导数定义，也可以用广义协变导数刻画：

$$\nabla\otimes \boldsymbol{T} \triangleq \boldsymbol{g}^n \otimes \frac{\partial \boldsymbol{T}}{\partial x^n} = \boldsymbol{g}^n \otimes \nabla_n \boldsymbol{T} \tag{8.36}$$

将式(8.36)代入式(8.34)得

$$\nabla_m \left[\sqrt{g}\,\boldsymbol{g}^m \otimes (\boldsymbol{g}^n \otimes \nabla_n \boldsymbol{T})\right] = \frac{\partial}{\partial x^m}\left[\sqrt{g}\,\boldsymbol{g}^m \otimes \left(\boldsymbol{g}^n \otimes \frac{\partial \boldsymbol{T}}{\partial x^n}\right)\right] \tag{8.37}$$

式(8.37)显示，如果把左端的广义协变导数(即 $\nabla_m$ 和 $\nabla_n$)，改为普通偏导数

$\left(\text{即}\dfrac{\partial}{\partial x^m}\text{和}\dfrac{\partial}{\partial x^n}\right)$，就可得右端项，且保持值不变。这正是协变微分不变式的要义之所在。由于左端的广义协变导数达到了二阶，右端的普通偏导数也达到了二阶，故称式(8.37)为“二阶的协变微分不变式”。

从式(8.32)到式(8.37)，形成了以“变量代换法”为特征的论证模式。然而，本章的后续诸节，较少采用变量代换法，而是继承第 6 章的风格。第 6 章用演绎的方法，澄清了一阶的协变微分不变量及其与其他微分不变量的相互联系。亦即通过一阶的协变微分不变式(即式(8.32))，演绎出各种一阶微分不变量，并揭示其相互联系。类似于第 6 章，下面基于二阶的协变微分不变式(式(8.37))，演绎出各种二阶的微分不变量及其相互联系。

## 8.6　二阶的协变微分不变量与偏微分不变量之关系

式(8.37)中，左端的$\nabla_m\left[\sqrt{g}\,\boldsymbol{g}^m\otimes(\boldsymbol{g}^n\otimes\nabla_n\boldsymbol{T})\right]$是 3-指标广义分量，因而不是不变量。由于$\sqrt{g}$可以自由进出广义协变导数，故式(8.37)两端同除以$\sqrt{g}$：

$$\nabla_m\left[\boldsymbol{g}^m\otimes(\boldsymbol{g}^n\otimes\nabla_n\boldsymbol{T})\right]=\frac{1}{\sqrt{g}}\frac{\partial}{\partial x^m}\left[\sqrt{g}\,\boldsymbol{g}^m\otimes\left(\boldsymbol{g}^n\otimes\frac{\partial\boldsymbol{T}}{\partial x^n}\right)\right]\tag{8.38}$$

式(8.38)中，左端的$\nabla_m\left[\boldsymbol{g}^m\otimes(\boldsymbol{g}^n\otimes\nabla_n\boldsymbol{T})\right]$是 0-指标广义分量，因而必然是二阶的协变微分不变量。由此推知，右端的$\dfrac{1}{\sqrt{g}}\dfrac{\partial}{\partial x^m}\left[\sqrt{g}\,\boldsymbol{g}^m\otimes\left(\boldsymbol{g}^n\otimes\dfrac{\partial\boldsymbol{T}}{\partial x^n}\right)\right]$必然是二阶的偏微分不变量。式(8.38)表明，二阶的协变微分不变量，与二阶的偏微分不变量之间，存在深刻的内在联系。

## 8.7　二阶的协变微分不变量与基本微分不变量之关系

二阶的协变微分不变量，还可以导出不变量微分算子。由于基矢量可以自由进出广义协变导数，故式(8.38)左端可化为

$$\nabla_m\left[\boldsymbol{g}^m\otimes(\boldsymbol{g}^n\otimes\nabla_n\boldsymbol{T})\right]=\boldsymbol{g}^m\otimes\nabla_m(\boldsymbol{g}^n\otimes\nabla_n\boldsymbol{T})\triangleq\nabla\otimes(\nabla\otimes\boldsymbol{T})\tag{8.39}$$

式(8.39)的右端项$\nabla\otimes(\nabla\otimes\boldsymbol{T})$，涉及二阶的不变量微分算子。于是，以二阶的协变微分不变量$\nabla_m\left[\boldsymbol{g}^m\otimes(\boldsymbol{g}^n\otimes\nabla_n\boldsymbol{T})\right]$为桥梁，二阶的不变量微分算子与二阶的偏微分不变量之间，就建立起了相互联系：

$$\begin{aligned}\nabla\otimes(\nabla\otimes\boldsymbol{T})&\triangleq\boldsymbol{g}^m\otimes\nabla_m(\boldsymbol{g}^n\otimes\nabla_n\boldsymbol{T})\\&=\frac{1}{\sqrt{g}}\frac{\partial}{\partial x^m}\left[\sqrt{g}\,\boldsymbol{g}^m\otimes\left(\boldsymbol{g}^n\otimes\frac{\partial\boldsymbol{T}}{\partial x^n}\right)\right]\end{aligned}\tag{8.40}$$

式(8.40)的左端项，可以用来生成有物理意义的二阶不变量微分算子，因而在物理

学和力学中具有基本的重要性。式(8.40)的右端项,展示了二阶的偏微分不变量精致的解析结构。特别要说明的是,这类解析结构非常珍贵,因为它能够积分出显式,是导出各种积分定理的基础。

第6章已经提及,历史上,Ricci和意大利学派十分重视不变量微分算子。但由于缺乏强有力的工具,故高阶微分算子构造只能借助复杂的运算和试探。现在,式(8.40)带来了极大的方便:其左端项$\nabla\otimes(\nabla\otimes\boldsymbol{T})$就可以生成各种二阶不变量微分算子,其右端项$\frac{1}{\sqrt{g}}\frac{\partial}{\partial x^m}\left[\sqrt{g}\,\boldsymbol{g}^m\otimes\left(\boldsymbol{g}^n\otimes\frac{\partial\boldsymbol{T}}{\partial x^n}\right)\right]$,则将这些二阶不变量微分算子表达为二阶偏导数形式。由于偏导数可积分出显式,故积分式(8.40),就可以方便地导出积分定理。

实际上,没有广义协变导数概念,没有式(8.37)这样的协变微分不变式,要导出式(8.40)并非易事。

以下命题,对物理学和力学是有价值的:

所有的二阶不变量微分算子,都可以从$\nabla\otimes(\nabla\otimes\boldsymbol{T})$构造出来。

这个命题的含义,并不出人预料。这个命题的价值在于,它指出了构造二阶不变量微分算子的可能路径。

与上述命题相比,下面的命题并不显而易见:

所有的二阶不变量微分算子的解析结构,都可以由"迹"形式的二阶偏微分不变量统一刻画。

这里,"迹"形式的二阶偏微分不变量,就是指式(8.40)右端的表达式$\frac{1}{\sqrt{g}}\frac{\partial}{\partial x^m}\left[\sqrt{g}\,\boldsymbol{g}^m\otimes\left(\boldsymbol{g}^n\otimes\frac{\partial\boldsymbol{T}}{\partial x^n}\right)\right]$。

注意到,式(8.39)和式(8.40)中,$\nabla\otimes(\nabla\otimes\boldsymbol{T})$显示出两层嵌套的相似性,而$\boldsymbol{g}^m\otimes\nabla_m(\boldsymbol{g}^n\otimes\nabla_n\boldsymbol{T})$也展现出两层嵌套的相似性。下一节,我们会证实,随着嵌套层次的提升,相似性也会提升,我们会从中看到具有普遍意义的自相似性。

## 8.8 三阶的协变微分不变量与基本微分不变量之关系

上述分析,可以推广到更高阶。例如,将张量$\boldsymbol{T}$替换为$\nabla\otimes\boldsymbol{T}$,式(8.37)可由二阶升为三阶,得到三阶的协变微分不变式:

$$\nabla_m\{\sqrt{g}\,\boldsymbol{g}^m\otimes[\boldsymbol{g}^n\otimes\nabla_n(\boldsymbol{g}^r\otimes\nabla_r\boldsymbol{T})]\}=\frac{\partial}{\partial x^m}\left\{\sqrt{g}\,\boldsymbol{g}^m\otimes\left[\boldsymbol{g}^n\otimes\frac{\partial}{\partial x^n}\left(\boldsymbol{g}^r\otimes\frac{\partial\boldsymbol{T}}{\partial x^r}\right)\right]\right\} \tag{8.41}$$

式(8.41)的左端项中,$\sqrt{g}\,\boldsymbol{g}^m$可以自由进出广义协变导数,即

$$\nabla_m\{\sqrt{g}\,\boldsymbol{g}^m\otimes[\boldsymbol{g}^n\otimes\nabla_n(\boldsymbol{g}^r\otimes\nabla_r\boldsymbol{T})]\}=\sqrt{g}\,\boldsymbol{g}^m\otimes\nabla_m[\boldsymbol{g}^n\otimes\nabla_n(\boldsymbol{g}^r\otimes\nabla_r\boldsymbol{T})] \tag{8.42}$$

注意到梯度算子的定义：

$$\boldsymbol{g}^m \otimes \nabla_m [\boldsymbol{g}^n \otimes \nabla_n (\boldsymbol{g}^r \otimes \nabla_r \boldsymbol{T})] \triangleq \nabla\otimes [\nabla\otimes (\nabla\otimes \boldsymbol{T})] \tag{8.43}$$

于是式(8.41)、式(8.42)和式(8.43)引出不变量之间的关联：

$$\begin{aligned}\nabla\otimes [\nabla\otimes (\nabla\otimes \boldsymbol{T})] &\triangleq \boldsymbol{g}^m \otimes \nabla_m [\boldsymbol{g}^n \otimes \nabla_n (\boldsymbol{g}^r \otimes \nabla_r \boldsymbol{T})] \\ &= \frac{1}{\sqrt{g}} \frac{\partial}{\partial x^m} \left\{ \sqrt{g}\,\boldsymbol{g}^m \otimes \left[ \boldsymbol{g}^n \otimes \frac{\partial}{\partial x^n} \left( \boldsymbol{g}^r \otimes \frac{\partial \boldsymbol{T}}{\partial x^r} \right) \right] \right\}\end{aligned} \tag{8.44}$$

此处做如下猜测：所有的三阶不变量微分算子，都可以由式(8.44)的左端项$\nabla\otimes[\nabla\otimes(\nabla\otimes\boldsymbol{T})]$引出；而其深层的解析结构，则由三阶偏微分不变量(式(8.44)的最后一项)刻画。

再次强调：没有广义协变导数概念，没有协变微分不变式，很难导出式(8.44)。

式(8.43)和式(8.44)中，我们看到，三阶的不变量微分算子，即$\nabla\otimes[\nabla\otimes(\nabla\otimes\boldsymbol{T})]$，具有三层嵌套的自相似结构；三阶的协变微分不变量，即 $\boldsymbol{g}^m\otimes\nabla_m\cdot[\boldsymbol{g}^n\otimes\nabla_n(\boldsymbol{g}^r\otimes\nabla_r\boldsymbol{T})]$，也具有三层嵌套的自相似解析结构。

这是有趣的现象，立即令人联想到几何中的分形结构——多层嵌套的自相似空间结构。而分形结构是分形几何研究的对象。读者可以思考一个问题：多层嵌套的自相似解析结构，与多层嵌套的自相似分形结构，有关联吗？

从式(8.40)到式(8.44)，求导阶次从二阶升到三阶。随着阶次的升高，多层嵌套的自相似性特征越明显。请读者进一步将求导阶次提升至四阶，并观察四层嵌套的自相似性。我们有如下命题：

$n$ 阶不变量微分算子，都应具有 $n$ 层嵌套的自相似解析结构；$n$ 阶协变微分不变量，也都应具有 $n$ 层嵌套的自相似解析结构。

但需要注意，高阶偏微分不变量，虽然也是多层嵌套的解析结构，但自相似性稍有破缺。因此我们说，高阶偏微分不变量，具有破缺的多层嵌套式自相性。

三阶以上的不变量微分算子在物理学和力学中并不多见。因此，本章不再赘述。后面诸节仍旧以二阶不变量微分算子为主。

## 8.9 与二阶不变量微分算子对应的广义 Gauss 积分定理

我们回到二阶不变量微分算子。将式(8.40)改写为

$$\nabla\otimes (\nabla\otimes \boldsymbol{T}) = \frac{1}{\sqrt{g}} \frac{\partial}{\partial x^m} [\sqrt{g}\,\boldsymbol{g}^m \otimes (\nabla\otimes \boldsymbol{T})] \tag{8.45}$$

由体积微元的表达式：

$$\mathrm{d}V = \sqrt{g}\,\mathrm{d}x^1 \mathrm{d}x^2 \mathrm{d}x^3 \tag{8.46}$$

式(8.45)两端同乘以 $\mathrm{d}V$，并积分：

$$\iiint_V \nabla\otimes(\nabla\otimes \boldsymbol{T})\,\mathrm{d}V=\iiint_V \frac{\partial}{\partial x^m}\left[\sqrt{g}\,\boldsymbol{g}^m\otimes(\nabla\otimes \boldsymbol{T})\right]\mathrm{d}x^1\mathrm{d}x^2\mathrm{d}x^3 \tag{8.47}$$

由 Gauss 定理，式(8.47)右端可化为

$$\iiint_V \frac{\partial}{\partial x^m}\left[\sqrt{g}\,\boldsymbol{g}^m\otimes(\nabla\otimes \boldsymbol{T})\right]\mathrm{d}x^1\mathrm{d}x^2\mathrm{d}x^3=\oiint_S \mathrm{d}\boldsymbol{A}\otimes(\nabla\otimes \boldsymbol{T}) \tag{8.48}$$

联立式(8.47)和式(8.48)：

$$\iiint_V \nabla\otimes(\nabla\otimes \boldsymbol{T})\,\mathrm{d}V=\oiint_S \mathrm{d}\boldsymbol{A}\otimes(\nabla\otimes \boldsymbol{T}) \tag{8.49}$$

式(8.49)就是我们期待的积分定理。这个定理的证明，显示了高阶协变微分不变式的威力。

式(8.49)中，从左端到右端，我们再次看到积分定理的两大功能：降维，降阶。

当然，还有一种更简单的证明，即变量代换法。利用第 6 章的广义 Gauss 积分定理：

$$\iiint_V \nabla\otimes \boldsymbol{T}\,\mathrm{d}V=\oiint_S \mathrm{d}\boldsymbol{A}\otimes \boldsymbol{T} \tag{8.50}$$

借助变量代换，即令 $\boldsymbol{T}\to\nabla\otimes\boldsymbol{T}$，则由式(8.50)立即可以导出式(8.49)。

## 8.10 物理学和力学中的二阶不变量微分算子

下面，我们主要讨论物理学和力学中有广泛用途的二阶不变量微分算子。

物理学和力学中，常将张量场函数取梯度，即$\nabla\boldsymbol{T}$，然后，再用梯度算子作用，即得二阶不变量微分算子$\nabla\otimes(\nabla\boldsymbol{T})=\nabla\otimes\nabla\boldsymbol{T}$。注意，这里去掉括号，不影响求导结果。由式(8.40)，我们可以写出$\nabla\otimes\nabla\boldsymbol{T}$ 的表达式：

$$\nabla\otimes\nabla\boldsymbol{T}=\boldsymbol{g}^m\otimes\boldsymbol{g}^n\,\nabla_m\nabla_n\boldsymbol{T}=\frac{1}{\sqrt{g}}\frac{\partial}{\partial x^m}\left(\sqrt{g}\,\boldsymbol{g}^m\otimes\boldsymbol{g}^n\,\frac{\partial\boldsymbol{T}}{\partial x^n}\right) \tag{8.51}$$

式(8.51)可细分为三种情形。情形之一，是去掉符号“$\otimes$”：

$$\nabla\nabla\boldsymbol{T}=\boldsymbol{g}^m\boldsymbol{g}^n(\nabla_m\nabla_n\boldsymbol{T})=\frac{1}{\sqrt{g}}\frac{\partial}{\partial x^m}\left(\sqrt{g}\,\boldsymbol{g}^m\boldsymbol{g}^n\,\frac{\partial\boldsymbol{T}}{\partial x^n}\right) \tag{8.52}$$

式(8.52)中的第一个等式显示：张量场 $\boldsymbol{T}$ 的二阶梯度$\nabla\nabla\boldsymbol{T}$ 之协变分量，就是张量 $\boldsymbol{T}$ 的二阶广义协变导数$\nabla_m\nabla_n\boldsymbol{T}$。纯粹从算子的角度看，借助二阶广义协变导数$\nabla_m\nabla_n\boldsymbol{T}$，可以将二阶梯度算子$\nabla\nabla(\cdot)$表达成优美的形式，即$\nabla\nabla(\cdot)=\boldsymbol{g}^m\boldsymbol{g}^n\,\nabla_m\nabla_n(\cdot)$。

情形之二，是将式(8.51)中的“$\otimes$”取为外积：

$$\nabla\times\nabla\boldsymbol{T}=\boldsymbol{g}^m\times\boldsymbol{g}^n(\nabla_m\nabla_n\boldsymbol{T})=\frac{1}{\sqrt{g}}\frac{\partial}{\partial x^m}\left(\sqrt{g}\,\boldsymbol{g}^m\times\boldsymbol{g}^n\,\frac{\partial\boldsymbol{T}}{\partial x^n}\right) \tag{8.53}$$

逐项考查式(8.53)。由经典协变微分学可知，式(8.53)的左端项中，梯度场$\nabla\boldsymbol{T}$ 是无旋场，故其旋度必然为零：

$$\nabla \times \nabla \boldsymbol{T} \equiv \boldsymbol{0}$$

还可以换一个角度，即从对称和反对称的角度看式(8.53)的中间项。由于

$$\boldsymbol{g}^m \times \boldsymbol{g}^n = -\boldsymbol{g}^n \times \boldsymbol{g}^m, \quad \nabla_m \nabla_n \boldsymbol{T} = \nabla_n \nabla_m \boldsymbol{T} \tag{8.54}$$

故必然有

$$\boldsymbol{g}^m \times \boldsymbol{g}^n (\nabla_m \nabla_n \boldsymbol{T}) \equiv \boldsymbol{0} \tag{8.55}$$

于是式(8.53)最后一项必须满足恒等式：

$$\frac{1}{\sqrt{g}} \frac{\partial}{\partial x^m}\left(\sqrt{g}\, \boldsymbol{g}^m \times \boldsymbol{g}^n \frac{\partial \boldsymbol{T}}{\partial x^n}\right) \equiv \boldsymbol{0} \tag{8.56}$$

特别要说明的是，式(8.56)并不是个显而易见的结果。请读者通过详细的计算，直接证明式(8.56)成立。

情形之三，是式(8.51)中的“$\otimes$”取内积：

$$\nabla \cdot \nabla \boldsymbol{T} = \boldsymbol{g}^m \cdot \boldsymbol{g}^n \nabla_m \nabla_n \boldsymbol{T} = \frac{1}{\sqrt{g}} \frac{\partial}{\partial x^m}\left(\sqrt{g}\, \boldsymbol{g}^m \cdot \boldsymbol{g}^n \frac{\partial \boldsymbol{T}}{\partial x^n}\right) \tag{8.57}$$

利用经典定义：

$$\boldsymbol{g}^m \cdot \boldsymbol{g}^n \triangleq g^{mn} \tag{8.58}$$

$$\nabla \cdot \nabla \boldsymbol{T} \triangleq \nabla^2 \boldsymbol{T} \tag{8.59}$$

式(8.59)正是 Laplace 算子的定义式。于是式(8.57)改写为

$$\nabla^2 \boldsymbol{T} \triangleq \nabla \cdot \nabla \boldsymbol{T} = g^{mn} \nabla_m \nabla_n \boldsymbol{T} = \frac{1}{\sqrt{g}} \frac{\partial}{\partial x^m}\left(\sqrt{g}\, g^{mn} \frac{\partial \boldsymbol{T}}{\partial x^n}\right) \tag{8.60}$$

经典教科书中，一般将$\nabla^2(\cdot) = \nabla \cdot \nabla(\cdot)$称为二阶标量微分算子。注意到，$\nabla_m \nabla_n \boldsymbol{T}$是 2-指标广义分量，其求导指标 $m,n$ 作为自由指标，必然满足 Ricci 变换：

$$g^{mn} \nabla_m \nabla_n \boldsymbol{T} = \nabla^n \nabla_n \boldsymbol{T} \tag{8.61}$$

由于度量张量分量 $g^{mn}$ 可以自由进出广义协变导数，因此有

$$g^{mn} \nabla_m \nabla_n \boldsymbol{T} = \nabla_m (g^{mn} \nabla_n \boldsymbol{T}) = \nabla_m \nabla^m \boldsymbol{T} \tag{8.62}$$

于是式(8.60)扩展为

$$\nabla^2 \boldsymbol{T} \triangleq \nabla \cdot \nabla \boldsymbol{T} = \nabla_m \nabla^m \boldsymbol{T} = \nabla^n \nabla_n \boldsymbol{T} = \frac{1}{\sqrt{g}} \frac{\partial}{\partial x^m}\left(\sqrt{g}\, g^{mn} \frac{\partial \boldsymbol{T}}{\partial x^n}\right) \tag{8.63}$$

式(8.63)中，第二、第三个等式，看上去似乎很自然，但其成立的逻辑基础，是张量的广义协变导数概念。换言之，如果没有协变形式不变性公设，如果没有广义协变导数概念，要写出第二、第三个等式，并非易事。

式(8.63)显示，梯度算子的内积运算，可方便地转化为广义协变导数的指标运算：

$$\nabla \cdot \nabla(\cdot) = \nabla_m \nabla^m (\cdot) = \nabla^n \nabla_n (\cdot) \tag{8.64}$$

式(8.64)的第二个等式，就是式(8.12)。请读者对比矢量的内积运算：

$$\boldsymbol{u} \cdot \boldsymbol{u} = u_m u^m = u^n u_n \tag{8.65}$$

式(8.64)和式(8.65)表观形式完全相同。注意到，$\nabla \cdot \nabla(\cdot)$本质上是微分运算。

因此我们说，广义协变导数将梯度算子间的微分运算，转换成了形式上的代数运算。

如果将实体量 $\boldsymbol{T}$ 取为标量场函数 $\varphi$，则式(8.63)就退化为如下特例：

$$\nabla^2\varphi \triangleq \nabla\cdot\nabla\varphi = \nabla_m\nabla^m\varphi = \nabla^n\nabla_n\varphi = \frac{1}{\sqrt{g}}\frac{\partial}{\partial x^m}\left(\sqrt{g}\,g^{mn}\frac{\partial\varphi}{\partial x^n}\right) \tag{8.66}$$

式(8.66)是协变微分学中的经典结果。这个结果在物理学和力学中有广泛应用。

请读者比较式(8.66)的推导过程与教科书中的推导过程，看一下二者之间的差别。

对比式(8.63)和式(8.66)。从式(8.63)退化至式(8.66)，顺理成章。但不可反过来。不少读者非常熟悉式(8.66)，以至于先验地认为，式(8.66)可以很自然地推广至式(8.63)。实际上，式(8.63)和式(8.66)的逻辑基础稍有差别。式(8.63)的逻辑基础是广义协变导数；而式(8.66)的逻辑基础是普通偏导数。

## 8.11 与二阶微分算子对应的 Green 积分定理

对于标量场函数 $\varphi$ 和张量场函数 $\boldsymbol{T}$，我们考查表达式$\nabla\cdot(\varphi\nabla\boldsymbol{T})$。由于 $\varphi$ 是标量，故$\nabla\cdot(\varphi\nabla\boldsymbol{T})$中的内积仍然是两个算子间的运算，于是有

$$\begin{aligned}\nabla\cdot(\varphi\nabla\boldsymbol{T}) &= \nabla_m(\varphi\nabla^m\boldsymbol{T}) = (\nabla_m\varphi)(\nabla^m\boldsymbol{T}) + \varphi(\nabla_m\nabla^m\boldsymbol{T})\\ &= (\nabla\varphi)\cdot\nabla\boldsymbol{T} + \varphi\nabla^2\boldsymbol{T}\end{aligned} \tag{8.67}$$

如果 $\boldsymbol{T}$ 取为标量场函数 $\psi$，则式(8.67)退化为

$$\nabla\cdot(\varphi\nabla\psi) = \nabla\varphi\cdot\nabla\psi + \varphi\nabla^2\psi \tag{8.68}$$

式(8.68)中，交换 $\varphi$ 和 $\psi$ 的位置：

$$\nabla\cdot(\psi\nabla\varphi) = \nabla\psi\cdot\nabla\varphi + \psi\nabla^2\varphi \tag{8.69}$$

式(8.68)和式(8.69)相减，可得

$$\nabla\cdot(\varphi\nabla\psi - \psi\nabla\varphi) = \varphi\nabla^2\psi - \psi\nabla^2\varphi \tag{8.70}$$

积分式(8.70)得

$$\iiint_V \nabla\cdot(\varphi\nabla\psi - \psi\nabla\varphi)\,\mathrm{d}V = \iiint_V (\varphi\nabla^2\psi - \psi\nabla^2\varphi)\,\mathrm{d}V \tag{8.71}$$

对式(8.71)左端应用广义 Gauss 积分定理：

$$\iiint_V \nabla\cdot(\varphi\nabla\psi - \psi\nabla\varphi)\,\mathrm{d}V = \oint\!\!\!\oint_S (\varphi\nabla\psi - \psi\nabla\varphi)\cdot\mathrm{d}\boldsymbol{A} \tag{8.72}$$

联立式(8.71)和式(8.72)，即可给出 Green 积分定理：

$$\iiint_V (\varphi\nabla^2\psi - \psi\nabla^2\varphi)\,\mathrm{d}V = \oint\!\!\!\oint_S (\varphi\nabla\psi - \psi\nabla\varphi)\cdot\mathrm{d}\boldsymbol{A} \tag{8.73}$$

Green 积分定理，是构造边界积分方程的理论基础。式(8.73)中，从左端到右端，我们再次看到积分定理的两大功能：降维，降阶。

## 8.12　本章注释

应用变量代换法，就可以将第 6 章、第 7 章中的一阶微分（积分）不变性质，升级为二阶微分（积分）不变性质，进而导出本章的大部分内容。反复运用变量代换法，就可以将低阶的微分（积分）不变性质，不断地升级为高阶的微分（积分）不变性质。

当然，本章并没有一味地依赖变量代换法，而是糅合进了演绎方法，即从高阶协变微分不变式出发，演绎出高阶不变量微分算子。这样做的理由很简单：变量代换法虽然能够一步到位，但遗漏了太多有价值的信息。例如，二阶微分算子的代数结构就被淹没了。演绎方法虽然繁琐，但所有的中间步骤清晰可见，更重要的是，二阶微分算子的代数结构得以展示，二阶广义协变导数的威力得以发挥。

打个通俗的比方。在游览区，由山脚登顶，读者可选择两种路径，一是乘缆车，二是步行。两种路径，便捷程度不同，但经历和感受也不同。请读者自己仔细体验。

作者特别想强调的是，一阶微分算子的代数基础，是一阶广义协变导数；高阶微分算子的代数基础，正是高阶广义协变导数。从这个意义上讲，广义协变导数，是算子代数的核心。

高阶广义协变导数，是我们认识高阶微分不变量的有效概念。协变形式不变性公设，为高阶广义协变导数的定义开辟了道路。本章虽然只涉及到三阶，但读者可以方便地将相关内容推广到更高阶。

有了协变形式不变性公设，所有的高阶广义协变导数，所有的高阶不变量微分算子，都可以无遗漏地、有序地构造。

仅从式(8.40)，已经可以看出：高阶不变量算子都具有复杂的内部解析结构。写出这样的结构，不能靠“凑”。Ricci 及意大利学派的“误算”，在于他们盲目地去“凑”。当然，在他们所处的时代，“凑”仍然是必由之路。

从高阶协变微分不变式出发，是高招。避免了盲目性。高招之高，体现在，最终可以把高阶微分算子不变量，转化为高阶偏微分算子不变量，直接给出解析结构。

早期，作者曾推测：平坦空间只有一个基本度量，因而只有一个最基本的不变量为分算子，这就是经典梯度算子$\nabla(\cdot)$。与$\nabla(\cdot)$对应，最基本的广义协变导数也是唯一的，即$\nabla_m(\cdot)$。

早期，作者曾经推测：基本不变量微分算子$\nabla(\cdot)$，就是构造高阶不变量微分算子的基本砖块。至于构造的基本路径，是算子乘法。

现在看来，上述推测是正确的。请读者关注一下式(8.68)。左端的$\nabla\cdot(\varphi\,\nabla\psi)$是微分不变量，右端的$\nabla\varphi\cdot\nabla\psi$和$\nabla^2\psi$也都是微分不变量。这些微分不变量，都是由基本砖块∇(·)构造而成。根据 Kline 的《古今数学思想史》[15]，19 世纪 50 年代，Lame 研究过的微分不变量，主要形式有$\nabla\varphi\cdot\nabla\psi$ 和$\nabla^2\psi$。其中，$\nabla^2\psi$ 的表达式可见式(8.66)。$\nabla\varphi\cdot\nabla\psi$ 用协变微分学语言可表达为

$$\nabla\varphi\cdot\nabla\psi=(\nabla_m\varphi)\nabla^m\psi=(\nabla_m\varphi)g^{mn}\nabla_n\psi=g^{mn}\frac{\partial\varphi}{\partial x^m}\frac{\partial\varphi}{\partial x^n}\tag{8.74}$$

式(8.74)用到了梯度矢量之间的内积乘法。

显然，算子自身的内积乘法起到了核心作用。

在结束本章时，作者抛出如下问题，供读者思考：高阶微分算子中自相似的解析结构，是固有的本征性质吗？借助自相似的解析结构，能够无遗漏地构造出所有的高阶微分算子吗？

# 平坦空间中的广义协变微分

经典微分学中，导数概念之后，就是微分概念。同样，协变微分学中，协变导数概念之后，就是协变微分概念。协变微分是协变微分学中的经典概念。本章首先回顾协变微分概念，然后延续上述说法：广义协变导数概念之后，就是广义协变微分概念。

经典协变导数是从普通偏导数引出的。类似地，经典协变微分是从普通微分引出的。我们就先从张量场函数的经典微分开始。

## 9.1 场函数的 Taylor 级数展开与张量的经典微分概念

对于一般的张量场函数 $\boldsymbol{T}$，有

$$\boldsymbol{T}=\boldsymbol{T}(x^{m}) \tag{9.1}$$

令坐标 $x^m$ 产生一增量 $\Delta x^m$，则场函数 $\boldsymbol{T}$ 也必然产生一增量 $\Delta\boldsymbol{T}$，亦即

$$x^{m}\rightarrow x^{m}+\Delta x^{m},\quad \boldsymbol{T}\rightarrow \boldsymbol{T}+\Delta \boldsymbol{T} \tag{9.2}$$

张量场函数的增量 $\Delta\boldsymbol{T}$ 可表达为

$$\Delta \boldsymbol{T}\triangleq \boldsymbol{T}(x^{m}+\Delta x^{m})-\boldsymbol{T}(x^{m}) \tag{9.3}$$

将函数 $\boldsymbol{T}(x^m+\Delta x^m)$ 在坐标 $x^m$ 的邻域内展开为 Taylor 级数：

$$\boldsymbol{T}(x^{m}+\Delta x^{m})=\boldsymbol{T}(x^{m})+\frac{\partial \boldsymbol{T}}{\partial x^{m}}\Delta x^{m}+\cdots \tag{9.4}$$

式(9.4)代入式(9.3)，可得

$$\Delta \boldsymbol{T}=\frac{\partial \boldsymbol{T}}{\partial x^{m}}\Delta x^{m}+\cdots \tag{9.5}$$

当 $\Delta x^m$ 足够小时，式(9.5)右端起决定性作用的是 $\Delta x^m$ 的线性项 $\dfrac{\partial \boldsymbol{T}}{\partial x^{m}}\Delta x^{m}$，因此，我们从线性项提取一阶微分形式：

$$\mathrm{d}\boldsymbol{T}=\frac{\partial \boldsymbol{T}}{\partial x^{m}}\mathrm{d}x^{m} \tag{9.6}$$

式(9.6)可以推广到任何场函数(•)：

$$\mathrm{d}(\cdot)=\frac{\partial(\cdot)}{\partial x^{m}}\mathrm{d}x^{m} \tag{9.7}$$

式(9.7)表明，普通微分 d(•)，是普通偏导数$\frac{\partial(\cdot)}{\partial x^{m}}$的线性组合，而组合系数则是 $\mathrm{d}x^{m}$。

普通微分 d(•)是协变微分学中的经典概念。本节将普通微分 d(•)的引出置于 Taylor 级数展开的基础之上，并非逻辑上的需要，而是作者有意为之，以便为下篇中局部变分概念的引出，提供参照。

我们在前面的章节中不断提及这样的观念：普通偏导数$\frac{\partial(\cdot)}{\partial x^{m}}$不是一个“好概念”。它将(•)中的自由指标禁锢成了束缚指标，因而不满足 Ricci 变换，不具有协变性。基于式(9.7)，可以知道，普通偏导数$\frac{\partial(\cdot)}{\partial x^{m}}$的所有局限性，都会“线性”地、高保真地“遗传”给普通微分 d(•)。也就是说，d(•)也将(•)中的自由指标禁锢成了束缚指标，因而也不满足 Ricci 变换，不具有协变性。

至此，本章的目标就清楚了：将不协变的微分 d(•)，发展成为协变的微分。

在 Ricci 学派的思想体系内，协变微分概念的生成模式，与协变导数的概念生成模式，如出一辙。

## 9.2 矢量分量的经典协变微分

考查矢量场函数 $\boldsymbol{u}$，其在自然基矢量下的分解式为

$$\boldsymbol{u}=u^{i}\boldsymbol{g}_{i}=u_{i}\boldsymbol{g}^{i} \tag{9.8}$$

式(9.8)取普通微分：

$$\mathrm{d}\boldsymbol{u}=\mathrm{d}(u^{i}\boldsymbol{g}_{i})=\mathrm{d}(u_{i}\boldsymbol{g}^{i}) \tag{9.9}$$

借助式(9.7)和 Christoffel 公式：

$$\mathrm{d}\boldsymbol{g}_{i}=\frac{\partial \boldsymbol{g}_{i}}{\partial x^{m}}\mathrm{d}x^{m}=\Gamma_{im}^{k}\boldsymbol{g}_{k}\mathrm{d}x^{m},\quad \mathrm{d}\boldsymbol{g}^{i}=\frac{\partial \boldsymbol{g}^{i}}{\partial x^{m}}\mathrm{d}x^{m}=-\Gamma_{km}^{i}\boldsymbol{g}^{k}\mathrm{d}x^{m} \tag{9.10}$$

基于第 4 章的分析可知，式(9.10)中的指标 $i$ 来自被禁锢基矢量，因而是束缚指标。哑指标 $k$ 是束缚哑指标。来自偏导数$\frac{\partial(\cdot)}{\partial x^{m}}$的哑指标 $m$，则是自由哑指标。

式(9.10)代入式(9.9)可得

$$\mathrm{d}\boldsymbol{u}=(\mathrm{D}u^{i})\boldsymbol{g}_{i}=(\mathrm{D}u_{i})\boldsymbol{g}^{i} \tag{9.11}$$

其中

$$\mathrm{D}u^i \triangleq \mathrm{d}u^i + u^k \Gamma^i_{km} \mathrm{d}x^m \tag{9.12}$$

$$\mathrm{D}u_i \triangleq \mathrm{d}u_i - u_k \Gamma^k_{im} \mathrm{d}x^m \tag{9.13}$$

$\mathrm{D}u^i$ 和 $\mathrm{D}u_i$ 称为矢量分量 $u^i$ 和 $u_i$ 的协变微分。之所以称为“协变微分”，是因为 $\mathrm{D}u_i$ 和 $\mathrm{D}u^i$ 都是具有协变性的微分：从式(9.11)可以看出，$\mathrm{D}u_i$ 和 $\mathrm{D}u^i$ 是矢量 $\mathrm{d}\boldsymbol{u}$ 的协变分量；$\mathrm{D}u_i$ 与 $\boldsymbol{g}^i$ 广义对偶不变地生成了矢量 $\mathrm{d}\boldsymbol{u}$。$\mathrm{D}u^i$ 是矢量 $\mathrm{d}\boldsymbol{u}$ 的逆变分量，$\mathrm{D}u^i$ 与 $\boldsymbol{g}_i$ 广义对偶不变地生成了矢量 $\mathrm{d}\boldsymbol{u}$。因而，$\mathrm{D}u_i$ 和 $\mathrm{D}u^i$ 必然都满足 Ricci 变换，必然都具有协变性。

注意到，与 Christoffel 符号相关的代数项，即 $u^k \Gamma^i_{km} \mathrm{d}x^m$（和$-u_k \Gamma^k_{im} \mathrm{d}x^m$），不具有协变性；经典微分项 $\mathrm{d}u^i$（和 $\mathrm{d}u_i$）也不具有协变性。但二者的代数和，即 $\mathrm{D}u^i$（和 $\mathrm{D}u_i$），却具有协变性。

协变微分 $\mathrm{D}u^i$ 是经典微分 $\mathrm{d}u^i$ 的扩展。将不协变的经典微分 $\mathrm{d}u^i$，延拓为协变的协变微分 $\mathrm{D}u^i$，是 Ricci 学派的重大贡献。

也可以这样说：经典微分 $\mathrm{d}u^i$，将分量 $u^i$ 中的自由指标禁锢为束缚指标。而协变微分 $\mathrm{D}u^i$，则将 $\mathrm{d}u^i$ 中的束缚指标解放为自由指标。

请读者注意：经典协变微分概念 $\mathrm{D}u^i$，与经典协变导数概念$\nabla_m u^i$，秉承的基本思想完全一致，展示出的结构模式非常相似，遵循的概念生成模式也完全一致。

请读者归纳 $\mathrm{D}u^i$ 和 $\mathrm{D}u_i$ 中的结构模式和概念生成模式。

结束本节时，强调一下：式(9.12)和式(9.13)右端的代数项 $u^k \Gamma^i_{km} \mathrm{d}x^m$ 和 $-u_k \Gamma^k_{im} \mathrm{d}x^m$ 中，指标 $m$ 来自坐标 $x^m$，是自由哑指标；指标 $k$ 是束缚哑指标，指标 $i$ 是束缚指标。

实际上，我们有如下一般性命题：

**经典协变微分 D(・)的定义式中，涉及 Christoffel 符号的代数项，都有两对哑指标。坐标与 Christoffel 符号相配的哑指标，是自由哑指标。分量与 Christoffel 符号相配的哑指标，是束缚哑指标。**

后面诸节中，这个命题还可以进一步推广至广义协变微分 D(・)的定义式。

# 9.3 张量分量的经典协变微分

上述思想可以从矢量场扩展到张量场。设有曲线坐标系下的二阶张量 $\boldsymbol{T}$：

$$\boldsymbol{T} = T^{ij}\boldsymbol{g}_i\boldsymbol{g}_j = T_{ij}\boldsymbol{g}^i\boldsymbol{g}^j = T_i^{\cdot j}\boldsymbol{g}^i\boldsymbol{g}_j = T^i_{\cdot j}\boldsymbol{g}_i\boldsymbol{g}^j \tag{9.14}$$

其普通微分为

$$\mathrm{d}\boldsymbol{T} = \mathrm{d}(T^{ij}\boldsymbol{g}_i\boldsymbol{g}_j) = \mathrm{d}(T_{ij}\boldsymbol{g}^i\boldsymbol{g}^j) = \mathrm{d}(T_i^{\cdot j}\boldsymbol{g}^i\boldsymbol{g}_j) = \mathrm{d}(T^i_{\cdot j}\boldsymbol{g}_i\boldsymbol{g}^j) \tag{9.15}$$

式(9.10)代入式(9.15)得

$$\mathrm{d}\boldsymbol{T} = (\mathrm{D}T^{ij})\boldsymbol{g}_i\boldsymbol{g}_j = (\mathrm{D}T_{ij})\boldsymbol{g}^i\boldsymbol{g}^j = (\mathrm{D}T_i^{\cdot j})\boldsymbol{g}^i\boldsymbol{g}_j = (\mathrm{D}T^i_{\cdot j})\boldsymbol{g}_i\boldsymbol{g}^j \tag{9.16}$$

其中：

$$\mathrm{D}T^{ij} \triangleq \mathrm{d}T^{ij} + T^{kj}\Gamma^{i}_{km}\mathrm{d}x^{m} + T^{ik}\Gamma^{j}_{km}\mathrm{d}x^{m} \tag{9.17}$$

$$\mathrm{D}T_{ij} \triangleq \mathrm{d}T_{ij} - T_{kj}\Gamma^{k}_{im}\mathrm{d}x^{m} - T_{ik}\Gamma^{k}_{jm}\mathrm{d}x^{m} \tag{9.18}$$

$$\mathrm{D}T_{i}^{\cdot j} \triangleq \mathrm{d}T_{i}^{\cdot j} - T_{k}^{\cdot j}\Gamma^{k}_{im}\mathrm{d}x^{m} + T_{i}^{\cdot k}\Gamma^{j}_{km}\mathrm{d}x^{m} \tag{9.19}$$

$$\mathrm{D}T^{i}_{\cdot j} \triangleq \mathrm{d}T^{i}_{\cdot j} + T^{k}_{\cdot j}\Gamma^{i}_{km}\mathrm{d}x^{m} - T^{i}_{\cdot k}\Gamma^{k}_{jm}\mathrm{d}x^{m} \tag{9.20}$$

$\mathrm{D}T^{ij}$ 被称为张量分量 $T^{ij}$ 的协变微分。显然，协变微分 $\mathrm{D}T^{ij}$，是普通微分 $\mathrm{d}T^{ij}$ 的拓展。$\mathrm{D}T^{ij}$ 是张量 $\mathrm{d}\boldsymbol{T}$ 的分量，必然满足 Ricci 变换，必然具有协变性。

式(9.17)～式(9.20)右端的哑指标 $k$，都是束缚哑指标。哑指标 $m$，都是自由哑指标。

请读者归纳 $\mathrm{D}T^{ij}$ 等定义式中的结构模式。

请读者注意：经典协变微分 $\mathrm{D}T^{ij}$，与经典协变导数$\nabla_m T^{ij}$，概念生成模式完全一致。

度量张量分量 $g_{ij}$ 也是二阶张量分量，因此，由式(9.17)～式(9.20)可以写出其协变微分定义式：

$$\mathrm{D}g^{ij} \triangleq \mathrm{d}g^{ij} + g^{kj}\Gamma^{i}_{km}\mathrm{d}x^{m} + g^{ik}\Gamma^{j}_{km}\mathrm{d}x^{m}, \quad \mathrm{D}g_{ij} \triangleq \mathrm{d}g_{ij} - g_{kj}\Gamma^{k}_{im}\mathrm{d}x^{m} - g_{ik}\Gamma^{k}_{jm}\mathrm{d}x^{m}$$

$$\mathrm{D}g_{i}^{j} \triangleq \mathrm{d}g_{i}^{j} - g_{k}^{j}\Gamma^{k}_{im}\mathrm{d}x^{m} + g_{i}^{k}\Gamma^{j}_{km}\mathrm{d}x^{m}, \quad \mathrm{D}g_{j}^{i} \triangleq \mathrm{d}g_{j}^{i} + g_{j}^{k}\Gamma^{i}_{km}\mathrm{d}x^{m} - g_{k}^{i}\Gamma^{k}_{jm}\mathrm{d}x^{m} \tag{9.21}$$

式(9.21)右端的哑指标 $k$ 都是束缚哑指标。哑指标 $m$ 都是自由哑指标。

在上述定义下，便可计算度量张量分量的协变微分。思路如下：利用度量张量分量的定义式：

$$g_{ij} = \boldsymbol{g}_i \cdot \boldsymbol{g}_j, \quad g^{ij} = \boldsymbol{g}^i \cdot \boldsymbol{g}^j, \quad g_i^j = \boldsymbol{g}_i \cdot \boldsymbol{g}^j, \quad g_j^i = \boldsymbol{g}_j \cdot \boldsymbol{g}^i$$

借助式(9.10)，可计算度量张量分量的普通微分：

$$\mathrm{d}g^{ij} = -g^{kj}\Gamma^{i}_{km}\mathrm{d}x^{m} - g^{ik}\Gamma^{j}_{km}\mathrm{d}x^{m}, \quad \mathrm{d}g_{ij} = g_{kj}\Gamma^{k}_{im}\mathrm{d}x^{m} + g_{ik}\Gamma^{k}_{jm}\mathrm{d}x^{m}$$

$$\mathrm{d}g_{i}^{j} = g_{k}^{j}\Gamma^{k}_{im}\mathrm{d}x^{m} - g_{i}^{k}\Gamma^{j}_{km}\mathrm{d}x^{m}, \quad \mathrm{d}g_{j}^{i} = -g_{j}^{k}\Gamma^{i}_{km}\mathrm{d}x^{m} + g_{k}^{i}\Gamma^{k}_{jm}\mathrm{d}x^{m} \tag{9.22}$$

式(9.22)右端的哑指标 $k$ 都是束缚哑指标。哑指标 $m$ 都是自由哑指标。

观察式(9.22)，不难看出：

$$\mathrm{d}g^{ij} \neq 0, \quad \mathrm{d}g_{ij} \neq 0, \quad \mathrm{d}g_{i}^{j} = 0, \quad \mathrm{d}g_{j}^{i} = 0$$

由此可知：

度量张量的协变分量 $g_{ij}$ 和逆变分量 $g^{ij}$，都不能自由进出普通微分 d( • )；但度量张量的混变分量 $g_i^j$ 和 $g_j^i$，都可以自由进出普通微分 d( • )。

式(9.22)联合式(9.21)，可给出经典协变微分学中已有的定论：

$$\mathrm{D}g_{ij} = 0, \quad \mathrm{D}g^{ij} = 0, \quad \mathrm{D}g_{i}^{j} = 0, \quad \mathrm{D}g_{j}^{i} = 0 \tag{9.23}$$

因此成立如下命题：

度量张量分量 $g_{ij}$，$g^{ij}$，$g_i^j$，$g_j^i$ 都可以自由进出经典协变微分 D( • )。

命题显示，度量张量分量是"与众不同"的张量分量。协变微分是"与众不同"的微分，比普通微分优越。

上述 3 节都是协变微分学的经典内容。从现在开始，我们引出变化。

## 9.4　张量杂交分量的经典协变微分

将二阶张量 $\boldsymbol{T}$ 表达在新老杂交坐标系下：

$$\boldsymbol{T}=T^{ij'}\boldsymbol{g}_i\boldsymbol{g}_{j'}=T_{ij'}\boldsymbol{g}^i\boldsymbol{g}^{j'}=T_{i}^{\cdot j'}\boldsymbol{g}^i\boldsymbol{g}_{j'}=T^{i}_{\cdot j'}\boldsymbol{g}_i\boldsymbol{g}^{j'} \tag{9.24}$$

其普通微分为

$$\mathrm{d}\boldsymbol{T}=\mathrm{d}(T^{ij'}\boldsymbol{g}_i\boldsymbol{g}_{j'})=\mathrm{d}(T_{ij'}\boldsymbol{g}^i\boldsymbol{g}^{j'})=\mathrm{d}(T_{i}^{\cdot j'}\boldsymbol{g}^i\boldsymbol{g}_{j'})=\mathrm{d}(T^{i}_{\cdot j'}\boldsymbol{g}_i\boldsymbol{g}^{j'}) \tag{9.25}$$

新、老基矢量具有同等的地位。故参照老基矢量的微分表达式(式(9.10))，立即可以写出新基矢量的微分表达式：

$$\mathrm{d}\boldsymbol{g}_{i'}=\frac{\partial\boldsymbol{g}_{i'}}{\partial x^{m'}}\mathrm{d}x^{m'}=\Gamma^{k'}_{i'm'}\boldsymbol{g}_{k'}\mathrm{d}x^{m'},\quad \mathrm{d}\boldsymbol{g}^{i'}=\frac{\partial\boldsymbol{g}^{i'}}{\partial x^{m'}}\mathrm{d}x^{m'}=-\Gamma^{i'}_{k'm'}\boldsymbol{g}^{k'}\mathrm{d}x^{m'} \tag{9.26}$$

式(9.26)中的指标 $i'$ 是束缚指标，指标 $m'$ 是自由哑指标，指标 $k'$ 是束缚哑指标。

式(9.26)与式(9.10)在表观形式上完全一致。式(9.26)中，默认了如下函数关系：

$$\boldsymbol{g}_{i'}=\boldsymbol{g}_{i'}(x^{m'}) \tag{9.27}$$

$$\boldsymbol{g}^{i'}=\boldsymbol{g}^{i'}(x^{m'}) \tag{9.28}$$

即新基矢量都被表达为新坐标的函数。式(9.26)和式(9.10)代入式(9.25)，可导出：

$$\mathrm{d}\boldsymbol{T}=(\mathrm{D}T^{ij'})\boldsymbol{g}_i\boldsymbol{g}_{j'}=(\mathrm{D}T_{ij'})\boldsymbol{g}^i\boldsymbol{g}^{j'}=(\mathrm{D}T_{i}^{\cdot j'})\boldsymbol{g}^i\boldsymbol{g}_{j'}=(\mathrm{D}T^{i}_{\cdot j'})\boldsymbol{g}_i\boldsymbol{g}^{j'} \tag{9.29}$$

其中

$$\mathrm{D}T^{ij'}\triangleq\mathrm{d}T^{ij'}+T^{kj'}\Gamma^{i}_{km}\mathrm{d}x^{m}+T^{ik'}\Gamma^{j'}_{k'm'}\mathrm{d}x^{m'} \tag{9.30}$$

$$\mathrm{D}T_{ij'}\triangleq\mathrm{d}T_{ij'}-T_{kj'}\Gamma^{k}_{im}\mathrm{d}x^{m}-T_{ik'}\Gamma^{k'}_{j'm'}\mathrm{d}x^{m'} \tag{9.31}$$

$$\mathrm{D}T_{i}^{\cdot j'}\triangleq\mathrm{d}T_{i}^{\cdot j'}-T_{k}^{\cdot j'}\Gamma^{k}_{im}\mathrm{d}x^{m}+T_{i}^{\cdot k'}\Gamma^{j'}_{k'm'}\mathrm{d}x^{m'} \tag{9.32}$$

$$\mathrm{D}T^{i}_{\cdot j'}\triangleq\mathrm{d}T^{i}_{\cdot j'}+T^{k}_{\cdot j'}\Gamma^{i}_{km}\mathrm{d}x^{m}-T^{i}_{\cdot k'}\Gamma^{k'}_{j'm'}\mathrm{d}x^{m'} \tag{9.33}$$

$\mathrm{D}T^{ij'}$ 被称为张量杂交分量 $T^{ij'}$ 的协变微分。可以看出，$\mathrm{D}T^{ij'}$ 是张量 $\mathrm{d}\boldsymbol{T}$ 的杂交分量，故必然满足 Ricci 变换，必然具有协变性。

式(9.30)～式(9.33)右端，哑指标 $k$ 和 $k'$ 都是束缚哑指标。哑指标 $m$ 和 $m'$ 都是自由哑指标。

请读者归纳 $\mathrm{D}T^{ij'}$ 等定义式中的结构模式和概念生成模式。

度量张量的杂交分量 $g_{ij'}$ 是特殊的二阶张量，其协变微分可以定义为

$$\mathrm{D}g^{ij'}\triangleq\mathrm{d}g^{ij'}+g^{kj'}\Gamma^{i}_{km}\mathrm{d}x^{m}+g^{ik'}\Gamma^{j'}_{k'm'}\mathrm{d}x^{m'},$$

$$\mathrm{D}g_{ij'} \triangleq \mathrm{d}g_{ij'} - g_{kj'}\Gamma^{k}_{im}\mathrm{d}x^{m} - g_{ik'}\Gamma^{k'}_{j'm'}\mathrm{d}x^{m'}$$

$$\mathrm{D}g^{j'}_{i} \triangleq \mathrm{d}g^{j'}_{i} - g^{j'}_{k}\Gamma^{k}_{im}\mathrm{d}x^{m} + g^{k'}_{i}\Gamma^{j'}_{k'm'}\mathrm{d}x^{m'},$$

$$\mathrm{D}g^{i}_{j'} \triangleq \mathrm{d}g^{i}_{j'} + g^{k}_{j'}\Gamma^{i}_{km}\mathrm{d}x^{m} - g^{i}_{k'}\Gamma^{k'}_{j'm'}\mathrm{d}x^{m'} \tag{9.34}$$

式(9.34)右端,哑指标 $k$ 和 $k'$ 都是束缚哑指标。哑指标 $m$ 和 $m'$ 都是自由哑指标。

经典协变微分学中,度量张量的杂交分量的协变微分不仅可定义,而且可计算。步骤如下。利用度量张量杂交分量的定义式:

$$g_{ij'} = \boldsymbol{g}_{i} \cdot \boldsymbol{g}_{j'}, \quad g^{ij'} = \boldsymbol{g}^{i} \cdot \boldsymbol{g}^{j'}, \quad g^{j'}_{i} = \boldsymbol{g}_{i} \cdot \boldsymbol{g}^{j'}, \quad g^{i}_{j'} = \boldsymbol{g}_{j'} \cdot \boldsymbol{g}^{i}$$

借助式(9.10)和式(9.26),可计算度量张量的杂交分量的微分:

$$\mathrm{d}g^{ij'} = -g^{kj'}\Gamma^{i}_{km}\mathrm{d}x^{m} - g^{ik'}\Gamma^{j'}_{k'm'}\mathrm{d}x^{m'}, \mathrm{d}g_{ij'} = g_{kj'}\Gamma^{k}_{im}\mathrm{d}x^{m} + g_{ik'}\Gamma^{k'}_{j'm'}\mathrm{d}x^{m'}$$

$$\mathrm{d}g^{j'}_{i} = g^{j'}_{k}\Gamma^{k}_{im}\mathrm{d}x^{m} - g^{k'}_{i}\Gamma^{j'}_{k'm'}\mathrm{d}x^{m'}, \mathrm{d}g^{i}_{j'} = -g^{k}_{j'}\Gamma^{i}_{km}\mathrm{d}x^{m} + g^{i}_{k'}\Gamma^{k'}_{j'm'}\mathrm{d}x^{m'} \tag{9.35}$$

式(9.35)右端,哑指标 $k$ 和 $k'$ 都是束缚哑指标,哑指标 $m$ 和 $m'$ 都是自由哑指标。一般意义上,有

$$\mathrm{d}g^{ij'} \neq 0, \quad \mathrm{d}g_{ij'} \neq 0, \quad \mathrm{d}g^{j'}_{i} \neq 0, \quad \mathrm{d}g^{i}_{j'} \neq 0$$

于是我们有命题:

度量张量的杂交分量 $g^{ij'}, g_{ij'}, g^{j'}_{i}, g^{i}_{j'}$ 都不能自由进出普通微分 d(·)。

式(9.34)和式(9.35)联立,可得

$$\mathrm{D}g^{ij'} = 0, \quad \mathrm{D}g_{ij'} = 0, \quad \mathrm{D}g^{j'}_{i} = 0, \quad \mathrm{D}g^{i}_{j'} = 0 \tag{9.36}$$

因此成立如下命题:

度量张量的杂交分量 $g^{ij'}, g_{ij'}, g^{j'}_{i}, g^{i}_{j'}$ 都可以自由进出经典协变微分 D(·)。

命题显示,度量张量的杂交分量,是"与众不同"的杂交分量。协变微分 D(·)远比普通微分 d(·)优越。

## 9.5 协变形式不变性公设

与经典协变导数的作用对象类似,经典协变微分的作用对象,也是张量分量。这再次体现出经典协变微分学的局限性。

为克服经典协变导数的局限性,第 5 章提出了协变形式不变性公设和广义协变导数概念。类似地,为克服经典协变微分的局限性,本章将提出协变形式不变性公设和广义协变微分概念:

广义分量的广义协变微分,与狭义分量的经典协变微分,在表观形式上具有完全的一致性。

这个公设,将经典协变微分拓展为广义协变微分。经典协变微分只能作用于狭义分量,而广义协变微分则可以作用于广义分量。

注意到,广义协变导数的协变形式不变性公设,与广义协变微分的协变形式不

变性公设，表述相同，内涵相同。实际上，我们在后续章节中会证明，二者本质上是完全等价的。因此，我们不加区分地将其统称为公设。

本章规定：广义协变微分和经典协变微分共享符号 D(・)。

## 9.6　广义分量之广义协变微分的公理化定义式

依据公设，1-指标广义分量 $\boldsymbol{p}_i$（或 $\boldsymbol{p}^i$）的广义协变微分可定义为

$$\mathrm{D}\boldsymbol{p}^i \triangleq \mathrm{d}\boldsymbol{p}^i + \boldsymbol{p}^k \Gamma_{km}^i \mathrm{d}x^m \tag{9.37}$$

$$\mathrm{D}\boldsymbol{p}_i \triangleq \mathrm{d}\boldsymbol{p}_i - \boldsymbol{p}_k \Gamma_{im}^k \mathrm{d}x^m \tag{9.38}$$

按照公设的要求，这个定义式，与矢量分量协变微分的定义式（见式(9.12)和式(9.13)），表观形式完全一致。在后面的章节中，我们会证实，$\mathrm{D}\boldsymbol{p}^i$ 和 $\mathrm{D}\boldsymbol{p}_i$ 都是 1-指标广义分量，都满足 Ricci 变换，都具有协变性。

类似于式(9.12)和式(9.13)，式(9.37)和式(9.38)右端项中，哑指标 $k$ 是束缚哑指标。哑指标 $m$ 是自由哑指标。指标 $i$ 是束缚指标。

2-指标广义分量 $\boldsymbol{q}_{ij}$（或 $\boldsymbol{q}^{ij}$），其广义协变微分的公理化定义为

$$\mathrm{D}\boldsymbol{q}^{ij} \triangleq \mathrm{d}\boldsymbol{q}^{ij} + \boldsymbol{q}^{kj} \Gamma_{km}^i \mathrm{d}x^m + \boldsymbol{q}^{ik} \Gamma_{km}^j \mathrm{d}x^m \tag{9.39}$$

$$\mathrm{D}\boldsymbol{q}_{ij} \triangleq \mathrm{d}\boldsymbol{q}_{ij} - \boldsymbol{q}_{kj} \Gamma_{im}^k \mathrm{d}x^m - \boldsymbol{q}_{ik} \Gamma_{jm}^k \mathrm{d}x^m \tag{9.40}$$

$$\mathrm{D}\boldsymbol{q}_i^{\cdot j} \triangleq \mathrm{d}\boldsymbol{q}_i^{\cdot j} - \boldsymbol{q}_k^{\cdot j} \Gamma_{im}^k \mathrm{d}x^m + \boldsymbol{q}_i^{\cdot k} \Gamma_{km}^j \mathrm{d}x^m \tag{9.41}$$

$$\mathrm{D}\boldsymbol{q}_{\cdot j}^i \triangleq \mathrm{d}\boldsymbol{q}_{\cdot j}^i + \boldsymbol{q}_{\cdot j}^k \Gamma_{km}^i \mathrm{d}x^m - \boldsymbol{q}_{\cdot k}^i \Gamma_{jm}^k \mathrm{d}x^m \tag{9.42}$$

按照公设的要求，这个定义式，与二阶张量分量协变微分的定义式（式(9.17)～式(9.20)），表观形式完全一致。在后面的章节中，我们会证实，$\mathrm{D}\boldsymbol{q}^{ij}$ 等都是 2-指标广义分量，都满足 Ricci 变换，都具有协变性。

式(9.39)～式(9.42)右端项中，哑指标 $k$ 是束缚哑指标。哑指标 $m$ 是自由哑指标。

2-指标广义杂交分量 $\boldsymbol{q}^{ij'}$（或 $\boldsymbol{q}_{ij'}$），其广义协变微分的公理化定义式，可比照式(9.30)～式(9.33)写为

$$\mathrm{D}\boldsymbol{q}^{ij'} \triangleq \mathrm{d}\boldsymbol{q}^{ij'} + \boldsymbol{q}^{kj'} \Gamma_{km}^i \mathrm{d}x^m + \boldsymbol{q}^{ik'} \Gamma_{k'm'}^{j'} \mathrm{d}x^{m'} \tag{9.43}$$

$$\mathrm{D}\boldsymbol{q}_{ij'} \triangleq \mathrm{d}\boldsymbol{q}_{ij'} - \boldsymbol{q}_{kj'} \Gamma_{im}^k \mathrm{d}x^m - \boldsymbol{q}_{ik'} \Gamma_{j'm'}^{k'} \mathrm{d}x^{m'} \tag{9.44}$$

$$\mathrm{D}\boldsymbol{q}_i^{\cdot j'} \triangleq \mathrm{d}\boldsymbol{q}_i^{\cdot j'} - \boldsymbol{q}_k^{\cdot j'} \Gamma_{im}^k \mathrm{d}x^m + \boldsymbol{q}_i^{\cdot k'} \Gamma_{k'm'}^{j'} \mathrm{d}x^{m'} \tag{9.45}$$

$$\mathrm{D}\boldsymbol{q}_{\cdot j'}^i \triangleq \mathrm{d}\boldsymbol{q}_{\cdot j'}^i + \boldsymbol{q}_{\cdot j'}^k \Gamma_{km}^i \mathrm{d}x^m - \boldsymbol{q}_{\cdot k'}^i \Gamma_{j'm'}^{k'} \mathrm{d}x^{m'} \tag{9.46}$$

在后面的章节中，我们会证实，$\mathrm{D}\boldsymbol{q}^{ij'}$ 等都是 2-指标杂交广义分量，都满足 Ricci 变换，都具有协变性。

式(9.43)～式(9.46)右端项中，哑指标 $k$ 和 $k'$ 都是束缚哑指标。哑指标 $m$ 和

$m'$都是自由哑指标。

## 9.7 广义协变微分定义式中的基本组合模式

基本组合模式的思想如下：借助普通微分与普通偏导数之关系（式(9.7)），重新组合广义协变微分的定义式，揭示广义协变微分与广义协变导数之间的内在联系。

由式(9.7)可知，式(9.37)和式(9.38)中的普通微分可表达为

$$\mathrm{d}\boldsymbol{p}^i=\frac{\partial \boldsymbol{p}^i}{\partial x^m}\mathrm{d}x^m,\quad \mathrm{d}\boldsymbol{p}_i=\frac{\partial \boldsymbol{p}_i}{\partial x^m}\mathrm{d}x^m \tag{9.47}$$

式(9.47)代入式(9.37)和式(9.38)，可得

$$\mathrm{D}\boldsymbol{p}^i=\mathrm{d}x^m\ \nabla_m\boldsymbol{p}^i,\quad \mathrm{D}\boldsymbol{p}_i=\mathrm{d}x^m\ \nabla_m\boldsymbol{p}_i \tag{9.48}$$

其中，$\nabla_m\boldsymbol{p}^i$ 和$\nabla_m\boldsymbol{p}_i$ 正是1-指标广义分量的广义协变导数，其表达式见第5章。

由9.17节可知，式(9.48)中，所有的（哑）指标，都是自由（哑）指标。当然，基于广义协变性的已有知识，我们可以推知，至少式(9.48)右端的所有（哑）指标都是自由的。

对于式(9.39)～式(9.42)，普通微分可表达为

$$\mathrm{d}\boldsymbol{q}^{ij}=\frac{\partial \boldsymbol{q}^{ij}}{\partial x^m}\mathrm{d}x^m,\ \mathrm{d}\boldsymbol{q}_{ij}=\frac{\partial \boldsymbol{q}_{ij}}{\partial x^m}\mathrm{d}x^m,\ \mathrm{d}\boldsymbol{q}_i^{\cdot j}=\frac{\partial \boldsymbol{q}_i^{\cdot j}}{\partial x^m}\mathrm{d}x^m,\ \mathrm{d}\boldsymbol{q}^i_{\cdot j}=\frac{\partial \boldsymbol{q}^i_{\cdot j}}{\partial x^m}\mathrm{d}x^m \tag{9.49}$$

式(9.49)代入式(9.39)～式(9.42)，可得

$$\begin{aligned}&\mathrm{D}\boldsymbol{q}^{ij}=\mathrm{d}x^m\ \nabla_m\boldsymbol{q}^{ij},\quad \mathrm{D}\boldsymbol{q}_{ij}=\mathrm{d}x^m\ \nabla_m\boldsymbol{q}_{ij},\\&\mathrm{D}\boldsymbol{q}_i^{\cdot j}=\mathrm{d}x^m\ \nabla_m\boldsymbol{q}_i^{\cdot j},\quad \mathrm{D}\boldsymbol{q}^i_{\cdot j}=\mathrm{d}x^m\ \nabla_m\boldsymbol{q}^i_{\cdot j}\end{aligned} \tag{9.50}$$

其中，$\nabla_m\boldsymbol{q}^{ij}$，$\nabla_m\boldsymbol{q}_{ij}$，$\nabla_m\boldsymbol{q}_i^{\cdot j}$，$\nabla_m\boldsymbol{q}^i_{\cdot j}$ 正是2-指标广义分量的广义协变导数，其表达式见第5章。

由9.17节可知，式(9.50)中，所有的（哑）指标都是自由（哑）指标。当然，基于广义协变性的已有知识，我们可以推知，至少式(9.50)右端的所有（哑）指标都是自由的。

对于杂交广义分量的广义协变微分，需要仔细讨论。我们以式(9.44)为例，且只讨论杂交协变分量 $\boldsymbol{q}_{ij'}$，其他杂交分量的分析，请读者补齐。如果以老坐标系为参照，则场函数 $\boldsymbol{q}_{ij'}$ 可以写成老坐标 $x^m$ 的函数：

$$\boldsymbol{q}_{ij'}=\boldsymbol{q}_{ij'}(x^m) \tag{9.51}$$

于是 $\mathrm{d}\boldsymbol{q}_{ij'}$ 可以表达为

$$\mathrm{d}\boldsymbol{q}_{ij'}=\frac{\partial \boldsymbol{q}_{ij'}}{\partial x^m}\mathrm{d}x^m \tag{9.52}$$

Christoffel 符号 $\Gamma^{k'}_{j'm'}$ 虽然不是张量分量，但涉及坐标 $x^m$ 和 $x^{m'}$ 的指标是自由指

标，满足 Ricci 变换。因此，式(9.44)最后一项可重写为

$$\Gamma^{k'}_{j'm'}\mathrm{d}x^{m'}=\Gamma^{k'}_{j'm}\mathrm{d}x^{m} \tag{9.53}$$

式(9.52)和式(9.53)代入式(9.44)，可得

$$\mathrm{D}\boldsymbol{q}_{ij'}=\mathrm{d}x^{m}\ \nabla_{m}\boldsymbol{q}_{ij'} \tag{9.54}$$

其中，$\nabla_{m}\boldsymbol{q}_{ij'}$ 正是杂交广义分量 $\boldsymbol{q}_{ij'}$ 对老坐标的广义协变导数。其表达式见第 5 章。

由 9.17 节可知，式(9.54)中，所有的(哑)指标都是自由(哑)指标。当然，基于广义协变性的已有知识，我们可以推知，至少式(9.54)右端的所有(哑)指标都是自由的。

如果以新坐标系为参照，则场函数 $\boldsymbol{q}_{ij'}$ 可以写成新坐标 $x^{m'}$ 的函数：

$$\boldsymbol{q}_{ij'}=\boldsymbol{q}_{ij'}(x^{m'}) \tag{9.55}$$

于是 $\mathrm{d}\boldsymbol{q}_{ij'}$ 可以表达为

$$\mathrm{d}\boldsymbol{q}_{ij'}=\frac{\partial\boldsymbol{q}_{ij'}}{\partial x^{m'}}\mathrm{d}x^{m'} \tag{9.56}$$

将式(9.44)右端第二项重写为

$$\Gamma^{k}_{im}\mathrm{d}x^{m}=\Gamma^{k}_{im'}\mathrm{d}x^{m'} \tag{9.57}$$

式(9.56)和式(9.57)代入式(9.44)，可得

$$\mathrm{D}\boldsymbol{q}_{ij'}=\mathrm{d}x^{m'}\ \nabla_{m'}\boldsymbol{q}_{ij'} \tag{9.58}$$

其中，$\nabla_{m'}\boldsymbol{q}_{ij'}$ 正是杂交广义分量 $\boldsymbol{q}_{ij'}$ 对新坐标的广义协变导数。其表达式见第 5 章。

由下面的 9.17 节可知，式(9.58)中，所有的(哑)指标，都是自由(哑)指标。当然，基于广义协变性的已有知识，我们可以推知，至少式(9.58)右端的所有(哑)指标都是自由的。

实际上，式(9.54)和式(9.58)本质上完全相同，因为如下等式恒成立：

$$\mathrm{d}x^{m}\ \nabla_{m}(\cdot)=\mathrm{d}x^{m'}\ \nabla_{m'}(\cdot) \tag{9.59}$$

基本组合模式表明，不论(·)是广义分量还是杂交广义分量，广义协变微分与广义协变导数之间恒有如下关系：

$$\mathrm{D}(\cdot)=\mathrm{d}x^{m}\ \nabla_{m}(\cdot),\quad \mathrm{D}(\cdot)=\mathrm{d}x^{m'}\ \nabla_{m'}(\cdot) \tag{9.60}$$

式(9.60)中的对偶不变性和形式不变性，清晰可见。

式(9.60)表明：由于 $\mathrm{d}x^{m}$ 线性地加权了$\nabla_{m}(\cdot)$，故广义协变导数$\nabla_{m}(\cdot)$的协变形式不变性公设，完全等价于广义协变微分 D(·)的协变形式不变性公设。

需要说明的是，本章中的广义协变导数$\nabla_{m}(\cdot)$，与第 5 章中的广义协变导数$\nabla_{m}(\cdot)$，“起源”稍有不同。第 5 章的广义协变导数$\nabla_{m}(\cdot)$，是通过协变形式不变性公设定义的，是公设的直接“产物”；本章的广义协变导数$\nabla_{m}(\cdot)$，则是从广义协变微分 D(·)的定义式逻辑地导出来的，而广义协变微分 D(·)是通过协变形式不变性公设定义的。因此可以说，本章的$\nabla_{m}(\cdot)$只是公设的间接“附属物”。

对比式(9.60)和式(9.7),可以发现优美的对称性:$\mathrm{D}(\cdot)\sim\nabla_m(\cdot)$关系式,与 $\mathrm{d}(\cdot)\sim\dfrac{\partial(\cdot)}{\partial x^m}$关系式,形式完全对称。但二者有差别:前者具有协变性,后者一般不具有协变性。

随着式(9.60)的导出,本章已经可以结束了。理由很简单:广义协变微分 $\mathrm{D}(\cdot)$是广义协变导数$\nabla_m(\cdot)$的线性组合,因此,$\nabla_m(\cdot)$的任何性质,都可以"线性地"传递给 $\mathrm{D}(\cdot)$。由于广义协变导数$\nabla_m(\cdot)$的性质已经彻底澄清,故广义协变微分 $\mathrm{D}(\cdot)$的性质也随之清晰化。当然,这样的观点背后隐含着一个基本判断,即$\nabla_m(\cdot)$是比 $\mathrm{D}(\cdot)$更基本的概念;$\mathrm{D}(\cdot)$只有依附于$\nabla_m(\cdot)$,方有存在的价值。

然而,上述基本判断是狭隘的。作者的看法如下:广义协变导数$\nabla_m(\cdot)$和广义协变微分 $\mathrm{D}(\cdot)$都是极为基本的概念,具有同等重要的地位,或者说,二者是"平行"关系,而非依附关系,二者都能够发展出各自的逻辑系统。式(9.60)只是表明,两个基本概念之间,存在深刻的内在联系。或者说,两个逻辑系统之间,存在深刻的内在联系。

换言之,作者倾向于将 $\mathrm{D}(\cdot)$视为"独立"的基本概念。围绕 $\mathrm{D}(\cdot)$,发展独立的逻辑系统。这样,下面诸节就有存在的必要了。

## 9.8 广义协变微分定义式中的第一类组合模式和 Leibniz 法则

本节将证实如下命题:

若干广义分量乘积的广义协变微分,满足 Leibniz 法则。

两个广义分量 $\boldsymbol{p}_i$ 和$\boldsymbol{q}^{jk}$ 的乘积$(\boldsymbol{p}_i\otimes\boldsymbol{q}^{jk})$,可以视为"3-指标"广义分量。依据公设,其广义协变微分定义为

$$\begin{aligned}\mathrm{D}(\boldsymbol{p}_i\otimes\boldsymbol{q}^{jk})\triangleq&\mathrm{d}(\boldsymbol{p}_i\otimes\boldsymbol{q}^{jk})-(\boldsymbol{p}_l\otimes\boldsymbol{q}^{jk})\Gamma^l_{im}\mathrm{d}x^m+\\&(\boldsymbol{p}_i\otimes\boldsymbol{q}^{lk})\Gamma^j_{lm}\mathrm{d}x^m+(\boldsymbol{p}_i\otimes\boldsymbol{q}^{jl})\Gamma^k_{lm}\mathrm{d}x^m\end{aligned}\tag{9.61}$$

式(9.61)右端项中,哑指标 $l$ 是束缚哑指标,哑指标 $m$ 是自由哑指标。

式(9.61)蕴含了两类组合模式。先看基本组合模式。借助式(9.7),将普通微分项表达为偏导数的线性组合:

$$\mathrm{d}(\boldsymbol{p}_i\otimes\boldsymbol{q}^{jk})=\frac{\partial(\boldsymbol{p}_i\otimes\boldsymbol{q}^{jk})}{\partial x^m}\mathrm{d}x^m\tag{9.62}$$

式(9.62)代入式(9.61),可将广义协变微分表达为广义协变导数的线性组合:

$$\mathrm{D}(\boldsymbol{p}_i\otimes\boldsymbol{q}^{jk})=\mathrm{d}x^m\ \nabla_m(\boldsymbol{p}_i\otimes\boldsymbol{q}^{jk})\tag{9.63}$$

$\nabla_m(\boldsymbol{p}_i\otimes\boldsymbol{q}^{jk})$的表达式见第 5 章。

由 9.17 节可知,式(9.63)中的所有(哑)指标都是自由的。当然,基于广义协变性的已有知识,我们可以推知,至少式(9.63)右端的所有(哑)指标都是自由的。

除了基本组合模式，式(9.61)中还蕴含着第 1 类组合模式。这类组合模式包含如下操作：先用 Leibniz 法则于式(9.61)中的普通微分：

$$\mathrm{d}(\boldsymbol{p}_i \otimes \boldsymbol{q}^{jk}) = \mathrm{d}\boldsymbol{p}_i \otimes \boldsymbol{q}^{jk} + \boldsymbol{p}_i \otimes \mathrm{d}\boldsymbol{q}^{jk} \tag{9.64}$$

式(9.64)代入式(9.61)，并利用公设，导出广义协变微分的乘法运算式：

$$\mathrm{D}(\boldsymbol{p}_i \otimes \boldsymbol{q}^{jk}) = (\mathrm{D}\boldsymbol{p}_i) \otimes \boldsymbol{q}^{jk} + \boldsymbol{p}_i \otimes (\mathrm{D}\boldsymbol{q}^{jk}) \tag{9.65}$$

式(9.61)表明，广义协变微分的乘法运算，满足 Leibniz 法则。

杂交广义分量 $\boldsymbol{p}_i$ 和 $\boldsymbol{q}^{jk'}$ 的乘积($\boldsymbol{p}_i \otimes \boldsymbol{q}^{jk'}$)，可以视为 3-指标杂交广义分量。依据公设，其广义协变微分定义为

$$\begin{aligned}\mathrm{D}(\boldsymbol{p}_i \otimes \boldsymbol{q}^{jk'}) \triangleq\ & \mathrm{d}(\boldsymbol{p}_i \otimes \boldsymbol{q}^{jk'}) - (\boldsymbol{p}_l \otimes \boldsymbol{q}^{jk'})\Gamma^l_{im}\mathrm{d}x^m + \\ & (\boldsymbol{p}_i \otimes \boldsymbol{q}^{lk'})\Gamma^j_{lm}\mathrm{d}x^m + (\boldsymbol{p}_i \otimes \boldsymbol{q}^{jl'})\Gamma^{k'}_{l'm'}\mathrm{d}x^{m'}\end{aligned} \tag{9.66}$$

式(9.66)的右端项中，哑指标 $l$ 和 $l'$ 都是束缚哑指标，哑指标 $m$ 和 $m'$ 都是自由哑指标。

借助式(9.53)，式(9.66)可以重写为

$$\begin{aligned}\mathrm{D}(\boldsymbol{p}_i \otimes \boldsymbol{q}^{jk'}) \triangleq\ & \mathrm{d}(\boldsymbol{p}_i \otimes \boldsymbol{q}^{jk'}) - (\boldsymbol{p}_l \otimes \boldsymbol{q}^{jk'})\Gamma^l_{im}\mathrm{d}x^m + \\ & (\boldsymbol{p}_i \otimes \boldsymbol{q}^{lk'})\Gamma^j_{lm}\mathrm{d}x^m + (\boldsymbol{p}_i \otimes \boldsymbol{q}^{jl'})\Gamma^{k'}_{l'm}\mathrm{d}x^{m}\end{aligned} \tag{9.67}$$

由基本组合模式，式(9.67)给出：

$$\mathrm{D}(\boldsymbol{p}_i \otimes \boldsymbol{q}^{jk'}) = \mathrm{d}x^m\ \nabla_m(\boldsymbol{p}_i \otimes \boldsymbol{q}^{jk'}) \tag{9.68}$$

广义协变导数$\nabla_m(\boldsymbol{p}_i \otimes \boldsymbol{q}^{jk'})$的表达式见第 5 章。

同理，式(9.66)还可以写出：

$$\mathrm{D}(\boldsymbol{p}_i \otimes \boldsymbol{q}^{jk'}) = \mathrm{d}x^{m'}\ \nabla_{m'}(\boldsymbol{p}_i \otimes \boldsymbol{q}^{jk'}) \tag{9.69}$$

广义协变导数$\nabla_{m'}(\boldsymbol{p}_i \otimes \boldsymbol{q}^{jk'})$的表达式见第 5 章。

由 9.17 节可知，式(9.68)和式(9.69)中，所有的(哑)指标都是自由的。当然，基于广义协变性的已有知识，我们可以推知，至少式(9.68)和式(9.69)右端的所有(哑)指标都是自由的。

由第一类组合模式，式(9.66)给出：

$$\mathrm{D}(\boldsymbol{p}_i \otimes \boldsymbol{q}^{jk'}) = (\mathrm{D}\boldsymbol{p}_i) \otimes \boldsymbol{q}^{jk'} + \boldsymbol{p}_i \otimes (\mathrm{D}\boldsymbol{q}^{jk'}) \tag{9.70}$$

式(9.70)表明，对于杂交广义分量之广义协变微分的乘法运算，Leibniz 法则仍然成立。

## 9.9　广义协变微分定义式中的第二类组合模式

两个 1-指标广义分量之积 $\boldsymbol{p}_i \otimes \boldsymbol{s}^j$，是 2-指标广义分量。其广义协变微分的公理化定义式为

$$\mathrm{D}(\boldsymbol{p}_i \otimes \boldsymbol{s}^j) \triangleq \mathrm{d}(\boldsymbol{p}_i \otimes \boldsymbol{s}^j) - (\boldsymbol{p}_k \otimes \boldsymbol{s}^j)\Gamma^k_{im}\mathrm{d}x^m + (\boldsymbol{p}_i \otimes \boldsymbol{s}^k)\Gamma^j_{km}\mathrm{d}x^m \tag{9.71}$$

式(9.71)右端项中，哑指标 $k$ 是束缚哑指标，哑指标 $m$ 是自由哑指标。缩并指标 $i,j$ 可得

$$\mathrm{D}(\boldsymbol{p}_i \otimes \boldsymbol{s}^i) \triangleq \mathrm{d}(\boldsymbol{p}_i \otimes \boldsymbol{s}^i) - (\boldsymbol{p}_k \otimes \boldsymbol{s}^i)\Gamma_{im}^k \mathrm{d}x^m + (\boldsymbol{p}_i \otimes \boldsymbol{s}^k)\Gamma_{km}^i \mathrm{d}x^m \tag{9.72}$$

注意到，式(9.72)最后两项正好互相抵消：

$$-(\boldsymbol{p}_k \otimes \boldsymbol{s}^i)\Gamma_{im}^k \mathrm{d}x^m + (\boldsymbol{p}_i \otimes \boldsymbol{s}^k)\Gamma_{km}^i \mathrm{d}x^m \equiv 0 \tag{9.73}$$

式(9.73)是个赏心悦目的恒等式："魔鬼般"的 Christoffel 符号消失了。于是式(9.72)退化为

$$\mathrm{D}(\boldsymbol{p}_i \otimes \boldsymbol{s}^i) = \mathrm{d}(\boldsymbol{p}_i \otimes \boldsymbol{s}^i) \tag{9.74}$$

式(9.74)中，$\boldsymbol{p}_i \otimes \boldsymbol{s}^i$ 可以视为 0-指标广义分量。

式(9.74)可以进一步推广。例如，对于具有两对自由哑指标的 0-指标广义分量 $\boldsymbol{p}_i \otimes \boldsymbol{s}^i \otimes \boldsymbol{t}^j \otimes \boldsymbol{w}_j$，必然有

$$\mathrm{D}(\boldsymbol{p}_i \otimes \boldsymbol{s}^i \otimes \boldsymbol{t}^j \otimes \boldsymbol{w}_j) = \mathrm{d}(\boldsymbol{p}_i \otimes \boldsymbol{s}^i \otimes \boldsymbol{t}^j \otimes \boldsymbol{w}_j) \tag{9.75}$$

由式(9.74)和式(9.75)，可抽象出命题：

0-指标广义分量的广义协变微分，等于其普通微分。

## 9.10 矢量实体的广义协变微分

矢量 $\boldsymbol{u} = u_i \boldsymbol{g}^i$ 是 $\boldsymbol{p}_i \otimes \boldsymbol{s}^i$ 的特殊情形。于是由式(9.74)，立即可得

$$\mathrm{D}\boldsymbol{u} = \mathrm{d}\boldsymbol{u} \tag{9.76}$$

于是我们有命题：

矢量场函数的广义协变微分=其普通微分。

比较式(9.76)和式(9.11)可知：

$$\mathrm{D}\boldsymbol{u} = (\mathrm{D}u^i)\boldsymbol{g}_i = (\mathrm{D}u_i)\boldsymbol{g}^i \tag{9.77}$$

即矢量分量的协变微分 $\mathrm{D}u^i$ 和 $\mathrm{D}u_i$，就是矢量广义协变微分 $\mathrm{D}\boldsymbol{u}$ 的分量。逻辑上，这是非常顺畅的命题。

借助式(9.7)，式(9.76)右端进一步写成：

$$\mathrm{d}\boldsymbol{u} = \frac{\partial \boldsymbol{u}}{\partial x^m}\mathrm{d}x^m \tag{9.78}$$

利用第 5 章的命题，矢量实体的广义协变导数，等于其普通偏导数：

$$\nabla_m \boldsymbol{u} = \frac{\partial \boldsymbol{u}}{\partial x^m} \tag{9.79}$$

式(9.76)、式(9.78)、式(9.79)给出：

$$\mathrm{D}\boldsymbol{u} = \mathrm{d}x^m \nabla_m \boldsymbol{u} \tag{9.80}$$

式(9.80)可以视为式(9.60)的特例。

我们再引入矢量 $\boldsymbol{w}=w^j\boldsymbol{g}_j$，并与矢量 $\boldsymbol{u}=u_i\boldsymbol{g}^i$ 做乘积：

$$\boldsymbol{u}\otimes\boldsymbol{w}=u_i\boldsymbol{g}^i\otimes w^j\boldsymbol{g}_j \tag{9.81}$$

由式(9.75)和式(9.81)，立即得

$$\mathrm{D}(\boldsymbol{u}\otimes\boldsymbol{w})=\mathrm{d}(\boldsymbol{u}\otimes\boldsymbol{w}) \tag{9.82}$$

## 9.11 张量实体的广义协变微分

式(9.82)中，去掉运算符号“⊗”，引入二阶张量 $\boldsymbol{T}\triangleq\boldsymbol{uw}$，则立即有

$$\mathrm{D}\boldsymbol{T}=\mathrm{d}\boldsymbol{T} \tag{9.83}$$

可以证实，式(9.83)对任意阶的张量都成立。于是我们有命题：

张量场函数的广义协变微分等于其普通微分。

比较式(9.83)和式(9.16)可知：

$$\mathrm{D}\boldsymbol{T}=(\mathrm{D}T^{ij})\boldsymbol{g}_i\boldsymbol{g}_j=(\mathrm{D}T_{ij})\boldsymbol{g}^i\boldsymbol{g}^j=(\mathrm{D}T_i^{\cdot j})\boldsymbol{g}^i\boldsymbol{g}_j=(\mathrm{D}T^i_{\cdot j})\boldsymbol{g}_i\boldsymbol{g}^j \tag{9.84}$$

即张量分量的协变微分 $\mathrm{D}T^{ij}$，就是张量广义协变微分 $\mathrm{D}\boldsymbol{T}$ 的分量。逻辑上，这也是非常顺畅的命题。

进一步有

$$\mathrm{D}\boldsymbol{T}=\mathrm{d}x^m\ \nabla_m\boldsymbol{T} \tag{9.85}$$

式(9.85)也是式(9.60)的特例。

## 9.12 张量之积的广义协变微分

考查张量 $\boldsymbol{B}$,$\boldsymbol{C}$ 及其乘法式 $\boldsymbol{B}\otimes\boldsymbol{C}$。$\boldsymbol{B}\otimes\boldsymbol{C}$ 仍然是张量，故必然有如下诸式成立：

$$\mathrm{D}(\boldsymbol{B}\otimes\boldsymbol{C})=\mathrm{d}(\boldsymbol{B}\otimes\boldsymbol{C}) \tag{9.86}$$

$$\mathrm{D}(\boldsymbol{B}\otimes\boldsymbol{C})=\mathrm{d}x^m\ \nabla_m(\boldsymbol{B}\otimes\boldsymbol{C}) \tag{9.87}$$

$$\mathrm{D}(\boldsymbol{B}\otimes\boldsymbol{C})=(\mathrm{D}\boldsymbol{B})\otimes\boldsymbol{C}+\boldsymbol{B}\otimes(\mathrm{D}\boldsymbol{C}) \tag{9.88}$$

式(9-86)～式(9-88)概括了实体张量之广义协变微分乘法的主要运算规则。

## 9.13 度量张量行列式之根式的广义协变微分

度量张量 $\boldsymbol{G}$ 之分量 $g_{ij}$ 的行列式之根式为$\sqrt{g}$，其定义式为

$$\sqrt{g}\triangleq(\boldsymbol{g}_1\times\boldsymbol{g}_2)\cdot\boldsymbol{g}_3 \tag{9.89}$$

$\sqrt{g}$可视为 3-指标广义分量。在公设下，其广义协变微分的定义式为

$$\begin{aligned}\mathrm{D}\sqrt{g}=\mathrm{D}[(\boldsymbol{g}_1\times\boldsymbol{g}_2)\cdot\boldsymbol{g}_3]\triangleq\mathrm{d}[(\boldsymbol{g}_1\times\boldsymbol{g}_2)\cdot\boldsymbol{g}_3]-[(\boldsymbol{g}_l\times\boldsymbol{g}_2)\cdot\boldsymbol{g}_3]\Gamma^l_{1m}\mathrm{d}x^m-\\ [(\boldsymbol{g}_1\times\boldsymbol{g}_l)\cdot\boldsymbol{g}_3]\Gamma^l_{2m}\mathrm{d}x^m-[(\boldsymbol{g}_1\times\boldsymbol{g}_2)\cdot\boldsymbol{g}_l]\Gamma^l_{3m}\mathrm{d}x^m\end{aligned} \tag{9.90}$$

式(9.90)右端项中,哑指标 $l$ 是束缚哑指标,哑指标 $m$ 是自由哑指标。

式(9.90)蕴含了三类组合模式。先看基本组合模式。将普通微分表达为普通偏导数的线性组合:

$$\mathrm{d}[(\boldsymbol{g}_1 \times \boldsymbol{g}_2) \cdot \boldsymbol{g}_3] = \frac{\partial [(\boldsymbol{g}_1 \times \boldsymbol{g}_2) \cdot \boldsymbol{g}_3]}{\partial x^m} \mathrm{d}x^m \tag{9.91}$$

式(9.91)代入式(9.90),利用公设,可将广义协变微分 $\mathrm{D}\sqrt{g}$ 表达为广义协变导数 $\nabla_m \sqrt{g}$ 的线性组合:

$$\mathrm{D}\sqrt{g} = \mathrm{d}x^m \ \nabla_m \sqrt{g} \tag{9.92}$$

再看第1类组合模式。将 Leibniz 法则应用于式(9.90)中的普通微分:

$$\mathrm{d}[(\boldsymbol{g}_1 \times \boldsymbol{g}_2) \cdot \boldsymbol{g}_3] = (\mathrm{d}\boldsymbol{g}_1 \times \boldsymbol{g}_2) \cdot \boldsymbol{g}_3 + (\boldsymbol{g}_1 \times \mathrm{d}\boldsymbol{g}_2) \cdot \boldsymbol{g}_3 + (\boldsymbol{g}_1 \times \boldsymbol{g}_2) \cdot \mathrm{d}\boldsymbol{g}_3 \tag{9.93}$$

式(9.93)代入式(9.90),利用公设,可得

$$\mathrm{D}\sqrt{g} = \mathrm{D}[(\boldsymbol{g}_1 \times \boldsymbol{g}_2) \cdot \boldsymbol{g}_3] = (\mathrm{D}\boldsymbol{g}_1 \times \boldsymbol{g}_2) \cdot \boldsymbol{g}_3 + (\boldsymbol{g}_1 \times \mathrm{D}\boldsymbol{g}_2) \cdot \boldsymbol{g}_3 + (\boldsymbol{g}_1 \times \boldsymbol{g}_2) \cdot \mathrm{D}\boldsymbol{g}_3 \tag{9.94}$$

式(9.94)表明,广义协变微分 $\mathrm{D}\sqrt{g}$ 之乘法的 Leibniz 法则成立。

最后看第2类组合模式。保持式(9.90)中的普通微分不变,诸代数项变形如下:

$$[(\boldsymbol{g}_l \times \boldsymbol{g}_2) \cdot \boldsymbol{g}_3]\, \Gamma_{1m}^l \mathrm{d}x^m = [(\boldsymbol{g}_1 \times \boldsymbol{g}_2) \cdot \boldsymbol{g}_3]\, \Gamma_{1m}^1 \mathrm{d}x^m = \sqrt{g}\, \Gamma_{1m}^1 \mathrm{d}x^m \tag{9.95}$$

$$[(\boldsymbol{g}_1 \times \boldsymbol{g}_l) \cdot \boldsymbol{g}_3]\, \Gamma_{2m}^l \mathrm{d}x^m = [(\boldsymbol{g}_1 \times \boldsymbol{g}_2) \cdot \boldsymbol{g}_3]\, \Gamma_{2m}^2 \mathrm{d}x^m = \sqrt{g}\, \Gamma_{2m}^2 \mathrm{d}x^m \tag{9.96}$$

$$[(\boldsymbol{g}_1 \times \boldsymbol{g}_2) \cdot \boldsymbol{g}_l]\, \Gamma_{3m}^l \mathrm{d}x^m = [(\boldsymbol{g}_1 \times \boldsymbol{g}_2) \cdot \boldsymbol{g}_3]\, \Gamma_{3m}^3 \mathrm{d}x^m = \sqrt{g}\, \Gamma_{3m}^3 \mathrm{d}x^m \tag{9.97}$$

将变形后的诸代数项组合起来,则式(9.90)转化为

$$\mathrm{D}\sqrt{g} = \mathrm{d}\sqrt{g} - \sqrt{g}\, \Gamma_{jm}^j \mathrm{d}x^m \tag{9.98}$$

式(9.98)右端,哑指标 $j$ 是束缚哑指标,哑指标 $m$ 是自由哑指标。

## 9.14 广义协变微分的代数结构

协变形式不变性公设,赋予了广义协变微分代数结构。

由公设和定义式可知,广义协变微分的加法运算是完备的。由第1类组合模式可知,广义协变微分的乘法运算也是完备的,具体表现为成立 Leibniz 法则。

于是,广义协变微分的集合,在定义了加法和乘法运算之后,便构成了“环”,因此我们说,广义协变微分的代数结构,是“协变微分环”。

很显然,广义协变微分 $\mathrm{D}(\cdot)$ 与广义协变导数 $\nabla_m(\cdot)$,具有完全相同的代数结构。这并不奇怪。$\mathrm{D}(\cdot)$ 与 $\nabla_m(\cdot)$ 之间的线性变换关系(式(9.60)),决定了 $\mathrm{D}(\cdot)$ 与 $\nabla_m(\cdot)$ 的代数结构必然完全相同。

至此,我们可以做出判断:广义协变微分 D(•)的计算途径有两条:间接途径和直接途径。

间接途径,即先计算广义协变导数$\nabla_m(\cdot)$,然后借助式(9.60)计算广义协变微分 D(•)。本章之前的诸章已经彻底解决了广义协变导数$\nabla_m(\cdot)$的可计算性问题,故间接途径畅通无阻。

直接途径,即在协变微分环之内,直接计算广义协变微分 D(•)。这就需要解决一个基本问题:如何计算基矢量的广义协变微分?

# 9.15 协变微分变换群

式(9.37)和式(9.38)中,令 $\boldsymbol{p}^i=\boldsymbol{g}^i$,则基矢量的广义协变微分可定义如下:

$$\mathrm{D}\boldsymbol{g}_i \triangleq \mathrm{d}\boldsymbol{g}_i-\boldsymbol{g}_k\Gamma_{im}^k\mathrm{d}x^m,\quad \mathrm{D}\boldsymbol{g}^i \triangleq \mathrm{d}\boldsymbol{g}^i+\boldsymbol{g}^k\Gamma_{km}^i\mathrm{d}x^m \tag{9.99}$$

联立式(9.99)和式(9.10),可得

$$\mathrm{D}\boldsymbol{g}_i\equiv\boldsymbol{0},\quad \mathrm{D}\boldsymbol{g}^i\equiv\boldsymbol{0} \tag{9.100}$$

即基矢量的广义协变微分恒等于**零**。这表明,基矢量虽然随坐标点变化,但在形式上,却可以像不变的常矢量一样,自由地进出广义协变微分 D(•)!

至此,基矢量的广义协变微分不仅可定义,而且可计算。

与第 6 章类似,式(9.100)定义了一个连续的微分变换群,我们也称之为“协变微分变换群”。

特别要指出的是,此处的协变微分变换群,与第 6 章中的协变微分变换群,虽然形式不同,但本质上完全等价。这种等价性,可从线性组合关系,即 $\mathrm{D}\boldsymbol{g}_i=\mathrm{d}x^m\nabla_m\boldsymbol{g}_i$ 看出。基于这样的线性关系可知,$\mathrm{D}\boldsymbol{g}_i\equiv\boldsymbol{0}$ 必然等同于$\nabla_m\boldsymbol{g}_i\equiv\boldsymbol{0}$。反之亦然。

同理,对于新基矢量,也必然有

$$\mathrm{D}\boldsymbol{g}_{i'}\equiv\boldsymbol{0},\quad \mathrm{D}\boldsymbol{g}^{i'}\equiv\boldsymbol{0} \tag{9.101}$$

式(9.100)与式(9.101)是完全等价的形式。

由于基矢量的广义协变微分恒等于**零**,因此张量分析中的协变微分计算,得到大幅度的简化。这种简化可从如下命题看出:

任何由基矢量的代数运算得到的广义分量,其广义协变微分均为零。

基矢量的广义协变微分可计算,是极其决定性的一步。由此,所有广义分量的广义协变微分,都可计算了。具体案例见后。

# 9.16 度量张量的广义协变微分之值

对于度量张量及其分量,利用式(9.100),立即得出:

$$\mathrm{D}g_{ij}=\mathrm{D}(\boldsymbol{g}_i\cdot\boldsymbol{g}_j)=0,\quad \mathrm{D}g^{ij}=\mathrm{D}(\boldsymbol{g}^i\cdot\boldsymbol{g}^j)=0 \tag{9.102}$$

$$\mathrm{D}\boldsymbol{G}=\mathrm{D}(g^{ij}\boldsymbol{g}_i\boldsymbol{g}_j)=\boldsymbol{0} \tag{9.103}$$

这表明：

度量张量 $G$ 及其协变分量 $g_{ij}$、逆变分类 $g^{ij}$，都可以自由进出广义协变微分 D( • )。

这个漂亮性质，保证了广义协变微分 D( • )满足指标变换。详细论证见下节。

对于度量张量的杂交分量，利用式(9.100)和式(9.101)，立即得出：

$$\mathrm{D}g_{ij'}=\mathrm{D}(\boldsymbol{g}_i\cdot\boldsymbol{g}_{j'})=0,\quad \mathrm{D}g^{ij'}=\mathrm{D}(\boldsymbol{g}^i\cdot\boldsymbol{g}^{j'})=0 \tag{9.104}$$

$$\mathrm{D}g_i^{j'}=\mathrm{D}(\boldsymbol{g}_i\cdot\boldsymbol{g}^{j'})=0,\quad \mathrm{D}g_{j'}^{i}=\mathrm{D}(\boldsymbol{g}^i\cdot\boldsymbol{g}_{j'})=0 \tag{9.105}$$

式(9.104)和式(9.105)表明：

度量张量的杂交分量 $g_{ij'}$，$g^{ij'}$，$g_i^{j'}$，$g_{j'}^{i}$ 都可以自由进出广义协变微分 D( • )。这个漂亮性质，保证了广义协变微分 D( • )满足坐标变换。详细论证见下节。

请读者注意，式(9.102)、式(9.104)和式(9.105)中，当我们写出 $\mathrm{D}(\boldsymbol{g}_i\cdot\boldsymbol{g}_j)$，$\mathrm{D}(\boldsymbol{g}_i\cdot\boldsymbol{g}^{j'})$ 等形式的时候，已经意味着，D( • )是广义的而非狭义的协变微分。因此，本节的命题，与 9.4 节(见式(9.36))的相应命题，有微妙的差异。

## 9.17 广义协变微分的协变性

由 1-指标广义分量 $\boldsymbol{p}_i$ 的 Ricci 变换：

$$\boldsymbol{p}_i=g_{ij}\boldsymbol{p}^j,\quad \boldsymbol{p}_i=g_i^{i'}\boldsymbol{p}_{i'} \tag{9.106}$$

对式(9.106)取广义协变微分 D( • )，立即有

$$\mathrm{D}\boldsymbol{p}_i=\mathrm{D}(g_{ij}\boldsymbol{p}^j)=g_{ij}(\mathrm{D}\boldsymbol{p}^j),\quad \mathrm{D}\boldsymbol{p}_i=\mathrm{D}(g_i^{i'}\boldsymbol{p}_{i'})=g_i^{i'}(\mathrm{D}\boldsymbol{p}_{i'}) \tag{9.107}$$

式(9.107)显示，1-指标广义分量 $\boldsymbol{p}_i$ 的广义协变微分 $\mathrm{D}\boldsymbol{p}_i$，既满足指标变换，又满足坐标变换。换言之，广义协变微分 $\mathrm{D}\boldsymbol{p}_i$ 满足 Ricci 变换，因而，仍然是广义分量，必然具有协变性。由于 $\mathrm{D}\boldsymbol{p}_i$ 有 1 个指标，因而是 1-指标广义分量。

由 2-指标广义分量 $\boldsymbol{q}_{ij}$ 的 Ricci 变换：

$$\boldsymbol{q}_{ij}=g_{im}g_{jn}\boldsymbol{q}^{mn},\quad \boldsymbol{q}_{ij}=g_i^{i'}g_j^{j'}\boldsymbol{q}_{i'j'} \tag{9.108}$$

对式(9.108)取广义协变微分 D( • )，立即有

$$\begin{aligned}\mathrm{D}\boldsymbol{q}_{ij}&=\mathrm{D}(g_{im}\boldsymbol{g}_{jn}\boldsymbol{q}^{mn})=\boldsymbol{g}_{im}\boldsymbol{g}_{jn}(\mathrm{D}\boldsymbol{q}^{mn})\\ \mathrm{D}\boldsymbol{q}_{ij}&=\mathrm{D}(g_i^{i'}g_j^{j'}\boldsymbol{q}_{i'j'})=g_i^{i'}g_j^{j'}(\mathrm{D}\boldsymbol{q}_{i'j'})\end{aligned} \tag{9.109}$$

式(9.109)显示，2-指标广义分量 $\boldsymbol{q}_{ij}$ 的广义协变微分 $\mathrm{D}\boldsymbol{q}_{ij}$，既满足指标变换，又满足坐标变换。换言之，广义协变微分 $\mathrm{D}\boldsymbol{q}_{ij}$ 满足 Ricci 变换，因而，仍然是广义分量，必然具有协变性。由于 $\mathrm{D}\boldsymbol{q}_{ij}$ 有 2 个指标，因而是 2-指标广义分量。

上述分析可以推广到任意阶广义分量。于是我们有一般性命题：

任意阶广义分量的广义协变微分，必然是同阶的广义分量。

## 9.18　Eddington 张量的广义协变微分之值

Eddington 张量 $\boldsymbol{E}$ 的分解式为 $\boldsymbol{E}=\varepsilon_{ijk}\boldsymbol{g}^i\boldsymbol{g}^j\boldsymbol{g}^k$。利用式(9.100)，可得

$$\mathrm{D}\varepsilon_{ijk}=\mathrm{D}[(\boldsymbol{g}_i\times\boldsymbol{g}_j)\cdot\boldsymbol{g}_k]=0,\quad \mathrm{D}\varepsilon^{ijk}=\mathrm{D}[(\boldsymbol{g}^i\times\boldsymbol{g}^j)\cdot\boldsymbol{g}^k]=0 \tag{9.110}$$

$$\mathrm{D}\boldsymbol{E}=\mathrm{D}(\varepsilon_{ijk}\boldsymbol{g}^i\boldsymbol{g}^j\boldsymbol{g}^k)=0 \tag{9.111}$$

这表明，Eddington 张量 $\boldsymbol{E}$ 及其分量 $\varepsilon_{ijk}$，$\varepsilon^{ijk}$ 可以自由进出广义协变微分 $\mathrm{D}(\cdot)$。

经典教科书中，要导出式(9.110)，一般都要经过冗长的运算。至于式(9.111)，很难在经典协变微分学框架下导出，因为在经典协变微分学中，$\mathrm{D}\boldsymbol{E}$ 没有定义。现在，有了广义协变微分和协变微分变换群，诸表达式的正确性都一目了然。

## 9.19　有趣的结果

协变微分变换群下，还可以导出有趣的结果。

协变形式不变性公设下，$\sqrt{g}$ 的广义协变微分定义式是式(9.98)。作为定义式，它只能给出概念的内涵和外延，而不能给出概念的计算结果。计算结果只能通过协变微分变换群求得。由式(9.100)可得

$$\mathrm{D}\sqrt{g}=\mathrm{D}[(\boldsymbol{g}_1\times\boldsymbol{g}_2)\cdot\boldsymbol{g}_3]=0 \tag{9.112}$$

即 $\sqrt{g}$ 的广义协变微分恒为零。这表明：

度量张量行列式之根式 $\sqrt{g}$，可以自由进出广义协变微分 $\mathrm{D}(\cdot)$。

这是个极漂亮的性质。

式(9.112)与式(9.98)联立，可得

$$\mathrm{D}\sqrt{g}=\mathrm{d}\sqrt{g}-\sqrt{g}\,\Gamma_{jm}^{j}\mathrm{d}x^m=0 \tag{9.113}$$

式(9.113)可以给出如下推论。

$$\Gamma_{jm}^{j}\mathrm{d}x^m=\frac{\mathrm{d}\sqrt{g}}{\sqrt{g}}=\mathrm{d}(\ln\sqrt{g}) \tag{9.114}$$

式(9.114)表明，$\Gamma_{jm}^{j}$ 作为导函数，具有原函数 $\ln\sqrt{g}$。积分式(9.114)可得

$$\int_a^b\Gamma_{jm}^{j}\mathrm{d}x^m=\ln\sqrt{g_b}-\ln\sqrt{g_a} \tag{9.115}$$

注意到，式(9.115)中的定积分只取决于起点和终点，而与积分路径无关。

## 9.20　本章注释

本章从张量场的 Taylor 级数展开中，引出了张量的经典微分，进而引出经典协变微分和广义协变微分。确切地说，本章主要讨论了 Taylor 级数中的一阶项，

引出了一阶微分,给出了一阶协变微分,发展了一阶广义协变微分。

实际上,按照本章的模式,还可以深入下去:通过讨论 Taylor 级数中的二阶项,引出二阶微分,给出二阶协变微分,发展二阶广义协变微分学。与一阶类似,二阶微分是不协变的,二阶协变微分和二阶广义协变微分才是协变的。限于篇幅,本章没有涉及更高阶次的协变微分。

正如一阶广义协变导数与一阶广义协变微分相互关联,高阶广义协变导数与高阶广义协变微分也相互关联。

本章中有协变微分变换群,即"基矢量之广义协变微分为零";第 6 章也有协变微分变换群,即"基矢量之广义协变导数为零"。两个变换群不仅完全等价,而且运动学含义完全相同:二者都是融入基矢量的观察者看到的运动学图像。

# 协变微分学的结构

至此,上篇的内容结束了。我们先回顾一下上篇的内容,再展望一下下篇的内容。

## 10.1 上篇的脉络

上篇的基本脉络,可概括如下。

如果我们研究的对象是张量场函数,那么,Netwon 和 Leibniz 的微分学是“不协变”的微分学。具体表现在:经典的导数是不协变的,经典的微分也是不协变的。Ricci 学派通过引入协变导数和协变微分概念,将不协变的微分学发展成了协变的微分学。

对物理学和力学而言,这是至关重要的一步。

然而,Ricci 学派的协变微分学是非公理化的协变微分学。具体表现在:基矢量被过早地赶出了协变微分学的舞台,由此带来的直接后果是,协变性思想没能被进行到底。由于演绎的逻辑链条出现了缺失,协变微分学陷入了计算的汪洋大海。

上篇通过协变形式不变性公设,引入了对坐标的广义协变导数概念,将非公理化的协变微分学,发展成了公理化的广义协变微分学。广义协变微分学,将 Ricci 学派的协变性思想推向了极致。由于实现了“用观念代替运算”,公理化的协变微分学,形式和内容都达到了致精致简。

这就是上篇的内容。

## 10.2 协变微分学的基本图式

通过对上篇的内容归纳总结,我们立即发现,从经典微分学,到协变微分学,再到公理化的广义协变微分学,构成了非常漂亮的逻辑结构。这个逻辑结构的基本图式可展示如下：

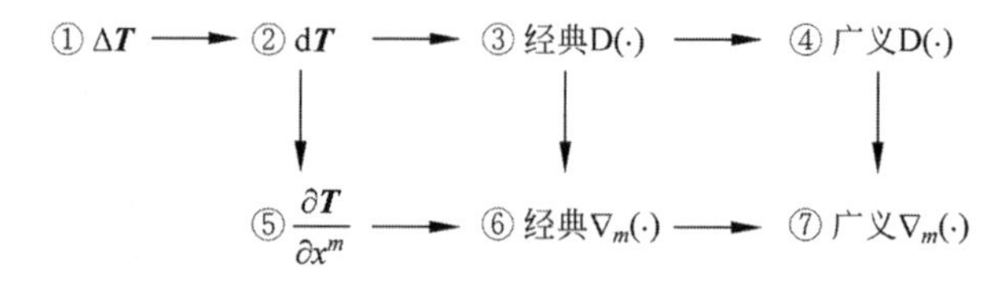


图 10-1　协变微分学的图式

图 10-1 展示了协变微分学的核心概念，以及核心概念之间的相互联系。图中，有两条水平的主线，一条是"⑤→⑥→⑦"，另一条是"②→③→④"。两条主线均起源于"①"，即场函数的 Taylor 级数展开，交汇于"②"，即一阶微分 d$\boldsymbol{T}$ 的引出。

特别要说明的是，从第 2 章到第 9 章，章节内容的先后顺序与图 10-1 展示的逻辑顺序，并不一致。这并不奇怪。章节内容的顺序，需要顾及读者的认知习惯，而认知习惯与内在逻辑，一般并不总是相契合。

引用第 9 章的分析，张量场 $\boldsymbol{T}$ 表示为

$$\boldsymbol{T}=\boldsymbol{T}(x^m) \tag{10.1}$$

张量场 $\boldsymbol{T}$ 的增量 $\Delta\boldsymbol{T}$ 表示为

$$\Delta\boldsymbol{T}\triangleq\boldsymbol{T}(x^m+\Delta x^m)-\boldsymbol{T}(x^m) \tag{10.2}$$

将函数 $\boldsymbol{T}(x^m+\Delta x^m)$在坐标 $x^m$ 的邻域内展开为 Taylor 级数：

$$\boldsymbol{T}(x^m+\Delta x^m)=\boldsymbol{T}(x^m)+\frac{\partial\boldsymbol{T}}{\partial x^m}\Delta x^m+\cdots \tag{10.3}$$

式(10.3)代入式(10.2)，可得

$$\Delta\boldsymbol{T}=\frac{\partial\boldsymbol{T}}{\partial x^m}\Delta x^m+\cdots \tag{10.4}$$

由增量 $\Delta\boldsymbol{T}$ 的级数表达式引出的一阶微分 d$\boldsymbol{T}$，可以被视为引出后续概念的出发点。从一阶微分 d$\boldsymbol{T}$ 开始，可以沿着两条平行的主线，发展协变微分学。

先看水平的主线"⑤→⑥→⑦"，不妨称之为"协变导数主线"。"协变导数主线"描绘了导数概念演进的轨迹。

轨迹的起点是$\dfrac{\partial\boldsymbol{T}}{\partial x^m}$。普通偏导数一般不具有协变性，例如，$\dfrac{\partial T^{ij}}{\partial x^m}$不是张量分量。然而，实体量的偏导数$\dfrac{\partial\boldsymbol{T}}{\partial x^m}$却具有协变性。这是普通偏导数中极为特殊的"异类"。Ricci 学派极其敏锐地捕捉到了"异类"的价值，从中提炼出了具有协变性的导数，即经典协变导数$\nabla_m(\cdot)$，实现了"⑤→⑥"的飞跃。这是极具决定性的一步，由此开启了从经典微分学到协变微分学的进程。

"⑥→⑦"则实现了协变微分学从非公理化到公理化的拓展。这一拓展的难点在于，Ricci 学派的协变微分学自身，并没有提供拓展的任何可能性，因此，必须借

助“外部力量”，这就是公理化思想。基于公理化思想，我们可以从外部赋予协变微分学一个基本的逻辑结构——协变形式不变性。基于协变形式不变性公设，经典协变导数$\nabla_m(\cdot)$，被延拓为广义协变导数$\nabla_m(\cdot)$。

“⑤→⑥”可归结为一句话：从具有协变性的$\dfrac{\partial \boldsymbol{T}}{\partial x^m}$概念中，抽象出具有协变性的经典协变导数概念$\nabla_m(\cdot)$。从这个逻辑过程中，可提炼出“具有协变性的概念的生成模式”。

“⑥→⑦”也可归结为一句话：借助协变形式不变性公设，将经典协变的$\nabla_m(\cdot)$，延拓为广义协变的$\nabla_m(\cdot)$。从这个逻辑过程中，可提炼出“具有广义协变性的概念的生成模式”。

再看另一条水平主线“②→③→④”，不妨称之为“协变微分主线”。“协变微分主线”展现了微分概念演进的轨迹。

“协变微分主线”几乎是“协变导数主线”的再现，故这里不再赘述，只强调一下其中的概念生成模式。

“②→③”再现了“具有协变性的概念的生成模式”：从具有协变性的经典微分概念 $\mathrm{d}\boldsymbol{T}$ 出发，抽象出具有协变性的经典协变微分概念 $\mathrm{D}(\cdot)$。

“③→④”再现了“具有广义协变性的概念的生成模式”：借助公设，将经典协变微分概念 $\mathrm{D}(\cdot)$，延拓为广义协变微分概念 $\mathrm{D}(\cdot)$。

历史地看，沿着两条主线中的任何一条，都可以发展协变微分学。理由很简单：连接两条主线之间的桥梁，是线性变换：$\mathrm{d}\boldsymbol{T}\sim\dfrac{\partial \boldsymbol{T}}{\partial x^m}$之间是线性变换，经典的$\mathrm{D}(\cdot)\sim\nabla_m(\cdot)$之间也是线性变换，广义的 $\mathrm{D}(\cdot)\sim\nabla_m(\cdot)$之间还是线性变换。

两条主线之间是平行的，也是对称的。广义协变微分学，整体上是个对称的结构。

显然，发展(广义)协变微分学，需要引入(广义)协变导数这样的数学结构。而(广义)协变微分学，又形成了数学结构的集合。

## 10.3　历史的借鉴

广义协变微分学阐释了第 1 章的观点：基矢量的缺失，是协变性受到弱化的根本原因。第 1 章曾指出，协变性就是分量随同基矢量的变化而变化的性质。舍弃了基矢量，等于舍弃了“被协同”的对象。于是，随着基矢量退出协变微分学的舞台，分量及其协变导数，就只能唱独角戏了。

我们从中能借鉴什么？对奥卡姆剃刀原则，即“如非必需，勿增实体”，不可运用过度。奥卡姆剃刀原则，是达成致精致简的黄金原则。剃刀原则的正确性，已经在科学的历史长河中得到确证。然而，如果运用过渡，难免走向极端，陷入困境。

舍弃基矢量，就是剃刀原则被过渡运用的表现。其后果，是物极必反，协变微分学陷入了计算的泥潭。

那么，基矢量是“必需”的概念吗？在 Ricci 学派看来，答案应该是否定的：随着协变导数概念的定义，基矢量失去了利用价值。为确保理论的简洁性，过河拆桥，并不鲜见。但在作者看来，基矢量和分量作为广义对偶的两方，缺一不可。缺失了“对立面”，对偶的大戏便黯然失色。另外，基矢量承载着空间的本征信息。放弃了基矢量，必然导致空间信息的短缺，必然引起逻辑通道的阻塞。

请读者联想奥卡姆剃刀原则的对立面，即反奥卡姆剃刀原则：“如非多余，勿减实体”。对于协变微分学而言，基矢量虽然不是至关重要的概念，但也决不是可有可无的概念，更不是多余累赘的概念。

对科学探索者而言，要避免过分偏执，将“奥卡姆剃刀”的原则与反原则，有机地结合起来，无疑是上上之策。

## 10.4 关于协变微分变换群的运动学含义

上篇对协变微分变换群的“运动学解释”，虽然很形象，但也很勉强。

从数学的角度看，运动学解释是多余的，因为逻辑的正确性，并不取决于几何图像或运动图像。

但从力学的角度看，运动学解释是有启发性的。任何描述运动的方程，都不可能把观察者完全排除在外。换言之，研究者列出的任何运动方程，都有意无意地(或自觉不自觉地)把自己作为观察者算计在内。因此，可以说，运动方程是运动与观察者相互作用的结果。

协变微分变换群是空间的本征性质。自然基矢量构成了空间自身本征的标架场。协变微分变换群，就是自然标架场最佳的联络方程，是对空间性质最简洁的刻画，不可能找到更简洁的刻画了。

如果说，$\nabla_m u_i$ 体现了分量与基矢量的协同效应，那么可以说，$\nabla_m \boldsymbol{g}_i$ 则体现了基矢量对自身的协同效应。协变微分变换群，则是基矢量对自身协同效应的定量表示。

协变微分变换群，再次显示了基矢量的必不可少。

## 10.5 关于变换群下的不变性

(广义)协变微分学中，有两个基本变换群：一个是 Ricci 变换群，另一个是协变微分变换群。前者是代数变换群，后者是微分变换群。Ricci 变换群下的不变性，构成了张量代数学的核心内容；而 Ricci 变换群下的不变性，和协变微分变换群下的不变性一起，构成了张量的(广义)协变微分学的核心内容。

Klein 的思想，为广义协变微分学开辟了道路。变换群下的不变性，是读者理解广义协变微分学的重要思想基础。

变换群下的不变性思想，在下篇中会继续大放异彩。

## 10.6　关于 Bourbaki 学派的思想

Bourbaki 学派的“公理化，结构化和统一性”思想，在广义协变微分学中显示出生命力。随着协变形式不变性公设的引入，结构化便成为广义协变微分学不可逆转的趋势，内在的相互联系清晰可见，统一性成为必然归宿。

Bourbaki 学派的思想，不仅在广义协变微分学中成立，而且在广义协变变分学中也成立。换言之，上篇的广义协变微分学，与下篇的广义协变变分学，思想基础是完全一致的。因此，读者会看到，二者看似属于不同的分支，但却是对称的，或者说，是相互联系的和统一的。

## 10.7　下篇展望

不论是经典的协变微分学，还是公理化的广义协变微分学，都是静态空间 $x^m$ 上的微分学。换言之，空间是静止的、固定不动的。在这样的静态空间 $x^m$ 中，导数是对空间坐标 $x^m$ 的，微分也是对空间坐标 $x^m$ 的。

借用数学中的名词，我们说静态空间 $x^m$ 构成了一个空间域。因此，上篇中的协变微分学，可以称为静态空间域上的协变微分学。上篇中的广义协变微分学，可以称为静态空间域上的广义协变微分学。

然而，物理学和力学研究物质的运动。描述运动，不仅需要空间，还需要时间。此时的物质空间，不是静态的，而是动态的。在这样的动态空间上，不仅涉及对空间坐标的导数，而且涉及对时间参数的导数；不仅要有对空间坐标的微分，而且要有对时间参数的微分；不仅涉及空间的协变性，而且涉及时间的协变性。于是，继往开来，就顺理成章地成为了下篇的使命。

下篇的内容也可以归结为如下两句话。第一句话是：将 Ricci 学派的静态空间域上的协变微分学，发展成动态空间域上的协变微分学。由于涉及到时间，而连续分布的时间，也构成了一个域，故我们称之为时间域。这样，第二句话就是：将时间域上的微分学，发展成协变微分学；进一步，将时间域上的协变微分学，发展成广义协变变分学。

下篇将帮助读者先建立一个很要紧的观念：时间域上的微分学，就是局部化的变分学；时间域上的协变微分学，就是局部化的协变变分学；时间域上的广义协变微分学，就是局部化的广义协变变分学。

从(广义)协变微分学到(广义)协变变分学的转换，就是如此的迅捷。

与上述观念对应，下篇还将拓展一个要紧的思想：时间协变性思想。长期以来，Ricci 学派的协变性思想已经深入人心。然而，经典协变性思想，是在静态空间域上发展起来的，因此，我们可以称之为空间协变性思想。一旦从静态走向动态，我们就会发现，动态的空间域中，由于引入了时间维，故仅有空间协变性思想就不够了，很有必要发展时间协变性思想。

从空间协变性到时间协变性的发展，就是如此的出人预料。实际上，作者认清“对时间的协变性”图像，走过了相当曲折的道路。

变分学起源于最速下降线问题、等周问题等著名的问题。变分学的思想最终成熟于 Euler 和 Lagrange 之手。因此，今天，所有通过变分法导出的微分方程，都被统称为“Euler-Lagrange 方程”。

如上所述，基于 Netwon 和 Leibniz 的(张量)微分学，是不协变的微分学。类似地，基于 Euler 和 Lagrange 的(张量)变分学，是不协变的变分学。请读者注意，作者将“张量”加了括号。理由很简单：作为一种代数结构，张量概念出现得很晚。不论是在 Netwon 和 Leibniz 的“天才时代”，还是在 Euler 和 Lagrange 的“英雄时代”，都尚不存在张量概念。换言之，不论是天才的时代，还是英雄的时代，都没有协变性思想。

这意味着，发展张量的协变微分学，必须小心翼翼，因为天才们既没有提供现成的答案，也没有给出些微的暗示。尽管如此，Ricci 学派以大无畏的气概，将不协变的张量微分学，发展成了协变的张量微分学。可以说，他们“在虚无中创造了一个新世界”。

发展张量的协变变分学，必须慎之又慎，因为英雄们既没有提供现成的答案，也没有给出些微的暗示。尽管如此，下篇力求继承 Ricci 学派的传统，将不协变的张量变分学，发展成协变的张量变分学。作者期待，Ricci 学派创造的新世界的疆界，能够由此得以拓展。

与创造新世界相比，拓展新疆界的难度要小得多。因为，协变微分学的灯塔不息，协变性思想的光辉普照，我辈在开辟新道路时，就不会轻易地迷失方向。

协变微分学是非公理化的，上篇将其延拓为公理化的广义协变微分学；类似地，协变变分学是非公理化的，下篇还需将其延拓为公理化的广义协变变分学。

上篇中，协变微分学公理化的基础，是协变形式不变性公设；下篇中，协变变分学公理化的基础，仍然是协变形式不变性公设。

由此可以推测：下篇与上篇，在逻辑结构上，将会完全一致。读者熟悉了上篇的内容，会很轻松地熟悉下篇的内容。

需要说明的是，变分学是一个博大精深的体系，有成熟的逻辑系统和描述模式。这种模式背后的基本思想，是“整体化数理分析思想”。但限于篇幅，下篇的协变变分学，并不采用常规的描述方式。换言之，下篇并不采用“整体化数理分析思想”，而是追随 Ricci 学派的足迹，采用“局部化数理分析思想”，即从张量场函数的局部变分切入，以协变性思想为主线展开。这是相当独特的策略。

作者采用上述独特的策略，是基于这样的强烈的信念：协变微分学与协变变分学，不应该是相互独立的体系。而从局部入手，研究张量的协变变分，方可展示出二者的统一性。

力学中，泛函的变分极值问题，是基本问题。力学研究者理解的经典变分学，一般都与泛函的变分联系在一起。力学中的泛函，一般可这样理解：定义在物质点上且含时间参数的场函数，其在物质空间上的积分，就是泛函。这样的泛函，本质上是时间参数的函数。泛函的变分，也就是泛函对时间参数的微分。

泛函对时间参数的微分，与泛函对时间参数的导数密切相关。而后者往往归结为定义在物质点上的场函数对时间的导数，连续介质力学中也称之为场函数的物质导数。

因此，下篇将从物质导数开启进程。

同一个概念，在不同学科中，往往赋予不同的名称。物质导数是力学学者喜爱的名称，但微分几何学家不用这个名词，他们引入了一个更具一般性的提法——对参变量的导数。显然，如果把参变量取为时间，那么，对参变量的导数，就是物质导数。下篇借鉴了微分几何学家的思想。

需要说明的是，几何学家主要关注几何的空间，物理学家和力学家主要关注物质的空间。几何的空间与物质的空间有联系，也有差别。怎样将几何的空间观与物质的空间观融为一体，是下篇面临的挑战之一。

下篇从张量场函数的物质导数入手，引出张量场函数对时间参数的微分，进而定义张量场函数的局部变分，由此步入协变变分学的轨道。

# 平坦空间中的协变变分学和广义协变变分学

# Euler描述下平坦空间本征几何量的物质导数

物质导数，是定义在物质点上的几何量（场函数）对时间参数 $t$ 的导数。对于物理学和力学而言，场函数的物质导数，具有基本的重要性。

作为先导，本章聚焦于 Euler 描述下的空间域上本征几何量的物质导数。

平坦空间只有一个基本度量，即长度度量。所有与长度度量相关的几何量，称为本征几何量。本征几何量刻画空间的本征性质，其物质导数，是研究场函数物质导数的基础。

## 11.1 Euler 描述

如何描述运动，永远是自然科学中的大问题。正因为这一问题的重要性，它吸引了众多著名的大人物。他们在探索运动的过程中，形成了自己的思想，留下了深深的印记。

描述运动，需要建立坐标系。坐标系也称为参考系或参照系。作者时常告诫学生们：只有深刻地理解了坐标（系），才能真正理解现代力学。

描述运动的物体，仅有坐标是不够的，还必须有时间 $t$。

描述运动的连续体，有 Euler 方法和 Lagrange 方法。两种方法差别很大，为便于读者理解，本章聚焦于 Euler 方法，而将 Lagrange 方法推迟至后续的章节。

Euler 坐标系是固定不动的坐标系，可称之为静止的背景参照系。实际上，上篇中的坐标系，都可视为 Euler 坐标系。平坦空间中，Euler 坐标用 $x^m$ 表示。

现在，我们在 Euler 坐标系下考查连续介质的运动。连续介质中的质点可用 $\hat{\xi}^p$ 标记。这里，要澄清两个概念。一个是空间几何点的 Euler 坐标 $x^m$，另一个是质点 $\hat{\xi}^p$ 的 Euler 坐标 $x^m$。两个概念有关联，也有区别：当某质点与某几何点重合时，则该质点就拥有了该几何点的 Euler 坐标 $x^m$；空间几何点的 Euler 坐标 $x^m$，既与质点 $\hat{\xi}^p$ 无关，也与时间 $t$ 无关；相反，连续体上物质点的 Euler 坐标 $x^m$，既与质点 $\hat{\xi}^p$ 相关，也与时间 $t$ 相关。

Euler 描述下，时间参数 $t$ 与 Euler 坐标 $x^m$ 一起构成 Euler 时空，用 $x^m \sim t$ 表示。以下说法会不时出现：Euler 时空 $x^m \sim t$，Euler 空间 $x^m$，Euler 时间 $t$。

连续体上物质点的 Euler 坐标 $x^m$ 与标记物质点的符号 $\hat{\xi}^p$ 和时间 $t$ 的相关性，可用下式表示：

$$x^m = x^m(\hat{\xi}^p, t) \tag{11.1}$$

式(11.1)的含义是清晰的：同一个时刻 $t$，不同的质点 $\hat{\xi}^p$ 占据了不同的几何点，具有不同的 Euler 坐标 $x^m$；同一个质点 $\hat{\xi}^p$，不同时刻 $t$ 占据了不同的几何点，具有不同的 Euler 坐标 $x^m$。也可以这样理解式(11.1)：如果固定 $\hat{\xi}^p$，则式(11.1)描述了给定质点 $\hat{\xi}^p$ 的演化轨迹；如果固定时间 $t$，则式(11.1)刻画了给定时刻 $t$ 连续体上所有物质点的坐标分布。

为便于分析，我们仍然引入一个名词：函数形态，即参数 $t$ 在场函数中的状态。请读者注意，名词“函数形态”在上篇中已经出现过，用于区别自变量是老坐标还是新坐标。下篇中的函数形态，含义与上篇中的含义稍有不同。我们根据时间参数 $t$ 在场函数中的不同状态，将函数划分为不同的形态。由于式(11.1)中显含了时间参数 $t$，故我们称之为“显含时间参数 $t$ 的函数形态”。为方便起见，我们引入定义：

显含时间参数 $t$ 的函数，称为“显态函数”。

Euler 描述下，一般显态函数 $f(\hat{\xi}^p, t)$ 和 $s(\hat{\xi}^p, t)$，成立如下命题：

两个显态函数之和，即 $(f+s)$，仍然是显态函数。

两个显态函数之积，即 $f \otimes s$，仍然是显态函数。

基于式(11.1)，连续体上任意物质点的矢径 $\boldsymbol{r}$ 可表示为

$$\boldsymbol{r} = \boldsymbol{r}[x^m(\hat{\xi}^p, t)] \tag{11.2}$$

请读者自己分析“空间几何点的矢径”与“物质点的矢径”的联系和差别。至此，我们完成了连续介质上物质点位置的描述。

从函数的角度看，式(11.2)定义了一个复合函数：即连续体上质点的矢径 $\boldsymbol{r}$ 是质点坐标 $x^m$ 的函数，而质点坐标 $x^m$ 又是质点 $\hat{\xi}^p$ 和时间参数 $t$ 的函数。于是，我们可以形成这样的观念：Euler 描述下，连续体上物质点的矢径函数 $\boldsymbol{r}$，是一个复合函数。

注意到，质点坐标 $x^m$ 是矢径 $\boldsymbol{r}$ 的自变量，而时间参数 $t$ 作为 $x^m$ 的自变量，又隐含在 $\boldsymbol{r}$ 之内。也就是说，$\boldsymbol{r}[x^m(\hat{\xi}^p, t)]$ 以复合函数的方式隐含了时间参数 $t$。因此，我们称之为“隐含时间参数 $t$ 的函数形态”。为方便起见，我们引入定义：

隐含时间参数 $t$ 的函数，称为"隐态函数"。

请读者注意：此处的"复合函数"与"隐含时间参数 $t$"是密切相关的两个概念，构成了"一个硬币的两面"。

Euler 描述下，一般隐态函数 $f\left[x^m(\hat{\xi}^p,t)\right]$ 和 $s\left[x^m(\hat{\xi}^p,t)\right]$，成立如下命题：

两个隐态函数之和，即 $(f+s)$，仍然是隐态函数。

两个隐态函数之积，即 $f\otimes s$，仍然是隐态函数。

加法和乘法运算，都是代数运算，故我们把上述命题集成起来，就有更一般性的命题：

函数形态相同的函数之间的代数运算，不改变函数形态。

## 11.2　Euler 基矢量的定义

矢径 $\boldsymbol{r}$ 确定了，即可确定连续体内物质点处的基矢量。

同样，请读者自己分析"空间几何点处的基矢量"与"物质点处的基矢量"的联系和差别。上篇中，我们研究的是"空间几何点处的自然基矢量"。现在，我们研究物质点处的自然基矢量。出发点就是式(11.2)。协变基矢量 $\boldsymbol{g}_n$ 是物理实在，其定义式为

$$\boldsymbol{g}_n=\frac{\partial \boldsymbol{r}}{\partial x^n}=\boldsymbol{g}_n\left[x^m(\hat{\xi}^p,t)\right] \tag{11.3}$$

很显然，由于时间参数 $t$ 包含在坐标 $x^m$ 之内，故只要不对时间 $t$ 求导，仅对坐标 $x^m$ 求偏导数，就不会改变隐含参数 $t$ 的函数形态。因此，$\boldsymbol{g}_n\left[x^m(\hat{\xi}^p,t)\right]$ 与 $\boldsymbol{r}\left[x^m(\hat{\xi}^p,t)\right]$ 一样，仍然是具有隐含参数 $t$ 的函数形态，仍然是隐态函数。这个观念可以推广到一般情形，于是我们有命题：

Euler 描述下，隐态函数 $f\left[x^m(\hat{\xi}^p,t)\right]$ 对坐标的普通偏导数，$\dfrac{\partial f}{\partial x^n}\triangleq f_{,n}$，仍然是隐态函数，即 $f_{,n}=f_{,n}\left[x^m(\hat{\xi}^p,t)\right]$。

换言之，我们可以将上述命题等价地陈述如下：

隐态函数对 Euler 坐标的普通偏导数，不改变函数形态。

物质点处的协变基矢量确定了，便可定义物质点处的逆变基矢量。逆变基矢量 $\boldsymbol{g}^n$ 是虚构的几何概念，可通过对偶关系($\boldsymbol{g}_i\cdot\boldsymbol{g}^j=\delta_i^j$)确定：

$$\boldsymbol{g}^n=\boldsymbol{g}^n\left[x^m(\hat{\xi}^p,t)\right] \tag{11.4}$$

对偶运算是代数运算，而代数运算不改变函数形态，故逆变基矢量 $\boldsymbol{g}^n\left[x^m(\hat{\xi}^p,t)\right]$ 与协变基矢量 $\boldsymbol{g}_n\left[x^m(\hat{\xi}^p,t)\right]$ 一样，都是隐态函数。

我们把物质点处的协变基矢量和逆变基矢量，统称为 Euler 基矢量。

式(11.3)中的 Euler 基矢量 $\boldsymbol{g}_i$ 仍然是自然基矢量。一组自然基矢量可构成

Euler 自然标架。本章中的 Euler 自然标架与上篇中静态的自然标架,有联系,也有差别。对于站在背景坐标系中的观察者而言,Euler 自然标架就是静态的自然标架。但对于站在物质点 $\hat{\xi}^p$ 上的观察者而言,由于运动的相对性,他看到的 Euler 自然标架是动态的自然标架。

## 11.3 Euler 描述下物质导数的定义

物质导数,也称为随体导数。它是定义在连续体内物质点上的物理量或几何量随时间参数 $t$ 的变化率,其一般定义式为

$$\frac{\mathrm{d}_t(\cdot)}{\mathrm{d}t} \triangleq \left.\frac{\partial(\cdot)}{\partial t}\right|_{\hat{\xi}^p} \tag{11.5}$$

式(11.5)表明,物质导数就是某种形式的、对时间的偏导数。其中,$(\cdot)$是定义在连续体每个物质点上的物理量或几何量,因而$(\cdot)$是分布的场函数。$(\cdot)|_{\hat{\xi}^p}$ 是定义在物质点 $\hat{\xi}^p$ 上的物理量或几何量。$\left.\frac{\partial(\cdot)}{\partial t}\right|_{\hat{\xi}^p}$ 的含义如下:站在 Euler 背景坐标系中的观察者,盯着某个物质点 $\hat{\xi}^p$,其视线随着物质点 $\hat{\xi}^p$ 的运动而运动,他看到了$(\cdot)|_{\hat{\xi}^p}$ 随时间参数 $t$ 的变化率,这就是$\left.\frac{\partial(\cdot)}{\partial t}\right|_{\hat{\xi}^p}$ 或$\frac{\mathrm{d}_t(\cdot)}{\mathrm{d}t}$。

由于任何几何量都可以求偏导数,故定义在物质点 $\hat{\xi}^p$ 上的任何物理量或几何量$(\cdot)$,都可以求物质导数$\frac{\mathrm{d}_t(\cdot)}{\mathrm{d}t}$。

## 11.4 物质点的速度与连续体上分布的速度场

物质导数一经定义,便可应用于连续体上物质点速度$\boldsymbol{v}$ 的定义:

$$\boldsymbol{v} = \frac{\mathrm{d}_t \boldsymbol{r}}{\mathrm{d}t} \triangleq \left.\frac{\partial \boldsymbol{r}}{\partial t}\right|_{\hat{\xi}^p} = \left.\frac{\partial \boldsymbol{r}}{\partial x^m}\frac{\partial x^m}{\partial t}\right|_{\hat{\xi}^p} = v^m \boldsymbol{g}_m \tag{11.6}$$

请读者注意:由于矢径 $\boldsymbol{r}\,[x^m(\hat{\xi}^p, t)]$ 是隐含参数 $t$ 的复合函数,故式(11.6)中用到了复合函数的求导法则。这是极其决定性的一步。没有这一步,Euler 描述下物质导数的理论体系不可能得以建立。

式(11.6)中,$v^m$ 是物质点速度矢量$\boldsymbol{v}$ 在质点处的 Euler 协变基矢量 $\boldsymbol{g}_m$ 下的分量:

$$v^m = \left.\frac{\partial x^m}{\partial t}\right|_{\hat{\xi}^p} = \frac{\mathrm{d}_t x^m}{\mathrm{d}t} \tag{11.7}$$

为确保形式上的统一性,我们规定:凡涉及连续体上物质点的速度,均采用速度矢

量$\boldsymbol{v}$的逆变分量$v^m$。

下面,我们分析速度分量$v^n$和速度矢量$\boldsymbol{v}$的函数形态。由式(11.7)和式(11.1)可知,速度分量$v^n$和速度矢量$\boldsymbol{v}$必然是坐标$x^m$的函数,而$x^m$又是$\hat{\xi}^p$和$t$的函数,故$v^n$和$\boldsymbol{v}$必然具有如下函数形态:

$$v^n = v^n\left[x^m(\hat{\xi}^p, t), \odot\right], \quad \boldsymbol{v} = \boldsymbol{v}\left[x^m(\hat{\xi}^p, t), \odot\right] \tag{11.8}$$

即场函数$v^n$和$\boldsymbol{v}$中必然存在隐含的时间参数$t$。其中符号"⊙"表示有待确定的自变量。从运动学的角度看,可以这样理解式(11.8):

如果观察者盯着连续体上同一个质点$\hat{\xi}^p$,他会看到,在不同的时刻$t$,该质点$\hat{\xi}^p$占据不同的Euler坐标$x^m$,具有不同的速度分量$v^n$和速度矢量$\boldsymbol{v}$。

如果观察者目不转睛地盯着固定的空间几何点$x^m$,则在不同的时刻$t$,不同的物质点$\hat{\xi}^p$,会以不同的速度$\boldsymbol{v}$从他眼前流过,于是有

$$v^n = v^n(\odot, t), \quad \boldsymbol{v} = \boldsymbol{v}(\odot, t) \tag{11.9}$$

式(11.9)中表明,函数$v^n$和$\boldsymbol{v}$的函数形态中,还应该有显含的时间参数$t$。还可以再从数学的角度看一下:由于物质点坐标$x^m(\hat{\xi}^p, t)$中有显含的时间参数$t$,故$\dfrac{\mathrm{d}_t x^m}{\mathrm{d}t}$中也应该有显含的时间参数$t$。或者说,$\dfrac{\mathrm{d}_t x^m}{\mathrm{d}t}$将$x^m(\hat{\xi}^p, t)$中的时间参数$t$释放出来了,使之显态地包含在函数$v^n$和$\boldsymbol{v}$的函数表达式中。

把以上两方面的信息综合起来,就有

$$v^n = v^n\left[x^m(\hat{\xi}^p, t), t\right] \tag{11.10}$$

$$\boldsymbol{v} = \boldsymbol{v}\left[x^m(\hat{\xi}^p, t), t\right] \tag{11.11}$$

式(11.10)和式(11.11)表明,场函数$v^n$和$\boldsymbol{v}$的函数形态中,既有隐含的时间参数$t$,又有显含的时间参数$t$。我们称之为"具有隐含/显含时间参数$t$的函数形态"。这样的函数,简称"混态函数"。

式(11.11)刻画了连续体上的速度场:如果固定时间$t$,则式(11.11)刻画了给定时刻$t$、占据不同坐标点$x^m$的、不同物质点$\hat{\xi}^p$的速度分布。如果紧盯$\hat{\xi}^p$,则式(11.11)刻画了不同时刻$t$、流经不同坐标点$x^m$的、同一个物质点$\hat{\xi}^p$的速度演化。如果固定坐标点$x^m$,则式(11.11)刻画了不同时刻$t$、流经给定几何点$x^m$的、不同物质点$\hat{\xi}^p$的速度。

## 11.5　关于隐态函数的一般性命题

关于隐态函数,我们还有如下一般性命题:

Euler描述下,隐态函数$f\left[x^m(\hat{\xi}^p, t)\right]$的物质导数,$\dfrac{\mathrm{d}_t f}{\mathrm{d}t}$,一般是混态函数。命

题的正确性，可从复合函数的求导公式看出：

$$\frac{\mathrm{d}_t f}{\mathrm{d}t}=\frac{\partial f}{\partial x^m}v^m \tag{11.12}$$

根据 11.4 节的分析可知，$\dfrac{\partial f}{\partial x^m}$ 仍然是隐态函数，而速度分量 $v^m$ 是混态函数，故 $\dfrac{\partial f}{\partial x^m}v^m$ 或 $\dfrac{\mathrm{d}_t f}{\mathrm{d}t}$ 必然是混态函数。

由于隐态函数 $f[x^m(\hat{\xi}^p,t)]$ 中没有显含的时间参数 $t$，故如下命题显然成立：

Euler 描述下，隐态函数 $f[x^m(\hat{\xi}^p,t)]$ 对显含的时间参数 $t$ 的偏导数，$\left.\dfrac{\partial f}{\partial t}\right|_{x^m}$，恒为零，即

$$\left.\frac{\partial f[x^m(\hat{\xi}^p,t)]}{\partial t}\right|_{x^m}\equiv 0 \tag{11.13}$$

由此看来，Euler 描述下，存在三种可能的函数形态，一是“显态函数”（例如 $x^m(\hat{\xi}^p,t)$）；二是“隐态函数”（例如 $\boldsymbol{g}_i[x^m(\hat{\xi}^p,t)]$）；三是“混态函数”（例如 $\boldsymbol{v}[x^m(\hat{\xi}^p,t),t]$）。

## 11.6 物质点处 Euler 基矢量的物质导数

Euler 基矢量具有“隐含时间参数 $t$ 的函数形态”。因此，由式(11.3)、式(11.4)、式(11.5)和式(11.7)，借助复合函数的求导法则和 Christoffel 公式，可写出：

$$\frac{\mathrm{d}_t\boldsymbol{g}_i}{\mathrm{d}t}\triangleq\left.\frac{\partial\boldsymbol{g}_i}{\partial t}\right|_{\hat{\xi}^p}=\frac{\partial\boldsymbol{g}_i}{\partial x^m}\frac{\partial x^m}{\partial t}=\boldsymbol{g}_j\Gamma_{im}^j v^m \tag{11.14}$$

$$\frac{\mathrm{d}_t\boldsymbol{g}^i}{\mathrm{d}t}\triangleq\left.\frac{\partial\boldsymbol{g}^i}{\partial t}\right|_{\hat{\xi}^p}=\frac{\partial\boldsymbol{g}^i}{\partial x^m}\frac{\partial x^m}{\partial t}=-\boldsymbol{g}^j\Gamma_{jm}^i v^m \tag{11.15}$$

注意到，由于用到了 Christoffel 公式，故第 4 章关于 Christoffel 符号的分析，均适用于式(11.14)和式(11.15)中的 $\Gamma_{im}^j$ 和 $\Gamma_{jm}^i$。

式(11.14)和式(11.15)右端项中，$\dfrac{\partial\boldsymbol{g}_i}{\partial x^m}$ 和 $\dfrac{\partial\boldsymbol{g}^i}{\partial x^m}$ 分别禁锢了基矢量 $\boldsymbol{g}_i$ 和 $\boldsymbol{g}^i$，故指标 $i$ 是束缚指标。哑指标 $j$ 是束缚哑指标，哑指标 $m$ 是自由哑指标。

同时，我们可以推知：物质导数 $\dfrac{\mathrm{d}_t\boldsymbol{g}_i}{\mathrm{d}t}$ 禁锢了基矢量 $\boldsymbol{g}_i$，$\dfrac{\mathrm{d}_t\boldsymbol{g}^i}{\mathrm{d}t}$ 禁锢了基矢量 $\boldsymbol{g}^i$。

基于式(11.14)和式(11.15)的第二个等式，我们可以建立这样的观念：

物质导数 $\dfrac{\mathrm{d}_t g_i}{\mathrm{d}t}$ $\left(\text{或}\dfrac{\mathrm{d}_t g^i}{\mathrm{d}t}\right)$ 对基矢量的禁锢效应，遗传自普通偏导数 $\dfrac{\partial g_i}{\partial x^m}$

$\left(\text{或}\dfrac{\partial \boldsymbol{g}^i}{\partial x^m}\right)$对基矢量的禁锢效应。

再次强调：式(11.14)和式(11.15)用到了复合函数求导法则。复合函数的求导法则，不仅对于 Euler 描述下的物质导数，而且对于 Euler 描述下的变分学和协变变分学，都有着决定性的影响。

式(11.14)和式(11.15)表明：Euler 基矢量的物质导数，仍然是 Euler 基矢量的组合。其中，组合系数取决于 Christoffel 符号 $\Gamma_{im}^{j}$ 与速度分量 $v^m$。

需要注意的是，$\dfrac{\mathrm{d}_t\boldsymbol{g}_i}{\mathrm{d}t}$和$\dfrac{\mathrm{d}_t\boldsymbol{g}^i}{\mathrm{d}t}$的正负号完全相反。原因很简单：协变基矢量和逆变基矢量是对偶关系，即 $\boldsymbol{g}_i\cdot\boldsymbol{g}^j=g_i^j$ 是定值，故一个增加，另一个必定减小。

请读者形成这样的观念：Euler 描述下，速度分量 $v^m$ 和 Christoffel 符号 $\Gamma_{im}^{j}$，几乎贯穿在每一个几何量的物质导数表达式中。

虽然 $v^m$，$\boldsymbol{g}_j$，$\boldsymbol{g}^j$ 都是广义分量，但由于 Christoffel 符号 $\Gamma_{im}^{j}$ 不是广义分量，故$\dfrac{\mathrm{d}_t\boldsymbol{g}_i}{\mathrm{d}t}$和$\dfrac{\mathrm{d}_t\boldsymbol{g}^i}{\mathrm{d}t}$都不是广义分量。也就是说，Euler 基矢量的物质导数，不具有协变性。故我们有理由说，Euler 描述下，物质导数$\dfrac{\mathrm{d}_t(\cdot)}{\mathrm{d}t}$破坏了协变性，不是个“好概念”。

请读者注意，作者认为“物质导数不是个好概念”，是基于美感或对称性标准的评价，绝无贬低其科学价值之意。

至此，Euler 描述下基矢量的物质导数具有了可计算性。这是决定性的一步：一旦基矢量的物质导数可计算，则定义在连续体上的任何几何量和物理量的物质导数，都可计算了。

式(11.14)和式(11.15)在推导过程中用到了基矢量对 Euler 坐标的导数公式(即 Christoffel 公式)。因此，式(11.14)和式(11.15)与 Christoffel 公式具有同等的重要性。

式(11.14)和式(11.15)的最后一个等式隐含着这样的观念：静态空间中的 Christoffel 公式，在 Euler 动态空间中仍然成立。

## 11.7　物质点处度量张量分量的物质导数

Euler 基矢量下，度量张量的分解式为

$$\boldsymbol{G}=g^{ij}\boldsymbol{g}_i\boldsymbol{g}_j=g_{ij}\boldsymbol{g}^i\boldsymbol{g}^j=g_i^j\boldsymbol{g}^i\boldsymbol{g}_j=g_j^i\boldsymbol{g}_i\boldsymbol{g}^j \tag{11.16}$$

尽管 Euler 物质空间是动态的，但定义在物质点上的实体张量在 Euler 自然标架下的分解式，与其在静态空间自然标架下的分解式相比，没有任何不同。分解式中的不变性质(例如，广义对偶不变性、表观形式不变性、协变性等)，都完全一致。换言之，静态空间中发展的张量代数，在动态的 Euler 空间域上仍然成立。

Euler 描述下，度量张量的协变分量 $g_{ij}$ 的定义式仍然可以表达为

$$g_{ij}=\boldsymbol{g}_i\cdot\boldsymbol{g}_j \tag{11.17}$$

式(11.17)两端求物质导数：

$$\frac{\mathrm{d}_t g_{ij}}{\mathrm{d}t}=\frac{\mathrm{d}_t\boldsymbol{g}_i}{\mathrm{d}t}\cdot\boldsymbol{g}_j+\boldsymbol{g}_i\cdot\frac{\mathrm{d}_t\boldsymbol{g}_j}{\mathrm{d}t} \tag{11.18}$$

利用式(11.14)，可导出式(11.18)右端两项的表达式：

$$\frac{\mathrm{d}_t\boldsymbol{g}_i}{\mathrm{d}t}\cdot\boldsymbol{g}_j=v^m\Gamma_{mi}^k\boldsymbol{g}_k\cdot\boldsymbol{g}_j=g_{kj}\Gamma_{im}^k v^m \tag{11.19}$$

$$\boldsymbol{g}_i\cdot\frac{\mathrm{d}_t\boldsymbol{g}_j}{\mathrm{d}t}=\frac{\mathrm{d}_t\boldsymbol{g}_j}{\mathrm{d}t}\cdot\boldsymbol{g}_i=g_{ik}\Gamma_{jm}^k v^m \tag{11.20}$$

将式(11.19)、式(11.20)代入式(11.18)，可导出：

$$\frac{\mathrm{d}_t g_{ij}}{\mathrm{d}t}=g_{kj}\Gamma_{im}^k v^m+g_{ik}\Gamma_{jm}^k v^m \tag{11.21}$$

式(11.21)给出了度量张量协变分量的物质导数计算式。式(11.21)右端有两项，二者具有完全相同的解析结构，唯一的差别是指标的位置。即使如此，二者的指标转换也有规律可循，请读者总结其中的规律性。

式(11.21)显示，左端的$\frac{\mathrm{d}_t g_{ij}}{\mathrm{d}t}$关于两个指标对称，即交换两个下指标 $i$ 和 $j$，物质导数$\frac{\mathrm{d}_t g_{ij}}{\mathrm{d}t}$的值不变。作为等式，右端的值也应该具有指标对称性。实际上，交换两个下指标 $i$ 和 $j$，则右端的第一项和第二项的表达式，互相交换，但两项之和保持不变。因此，右端的指标对称性是保证的。

但需要强调的是，由于右端的 Christoffel 符号 $\Gamma_{im}^j$ 不是张量分量，故左端的$\frac{\mathrm{d}_t g_{ij}}{\mathrm{d}t}$也不是张量分量，不具有协变性。或者说，尽管 $g_{ij}$ 是张量分量，$\frac{\mathrm{d}_t g_{ij}}{\mathrm{d}t}$不再是张量分量。

从指标的角度看，左端项$\frac{\mathrm{d}_t g_{ij}}{\mathrm{d}t}$中的指标 $i$ 和 $j$ 都是束缚指标。而右端第一项 $g_{kj}\Gamma_{im}^k v^m$ 中，指标 $i$ 是束缚指标，指标 $j$ 是自由指标，哑指标 $k$ 是束缚哑指标，哑指标 $m$ 是自由哑指标。第二项 $g_{ik}\Gamma_{jm}^k v^m$ 中，指标 $j$ 是束缚指标，指标 $i$ 是自由指标，哑指标 $k$ 是束缚哑指标，哑指标 $m$ 是自由哑指标。

再看度量张量的逆变分量 $g^{ij}$ 的定义式：

$$g^{ij}=\boldsymbol{g}^i\cdot\boldsymbol{g}^j \tag{11.22}$$

式(11.22)两端求物质导数：

$$\frac{\mathrm{d}_t g^{ij}}{\mathrm{d}t}=\frac{\mathrm{d}_t\boldsymbol{g}^i}{\mathrm{d}t}\cdot\boldsymbol{g}^j+\boldsymbol{g}^i\cdot\frac{\mathrm{d}_t\boldsymbol{g}^j}{\mathrm{d}t} \tag{11.23}$$

利用式(11.15)，可导出式(11.23)右端两项：

$$\frac{\mathrm{d}_t \boldsymbol{g}^i}{\mathrm{d}t} \cdot \boldsymbol{g}^j = -v^m \Gamma^i_{km} \boldsymbol{g}^k \cdot \boldsymbol{g}^j = -g^{kj} \Gamma^i_{km} v^m \tag{11.24}$$

$$\boldsymbol{g}^i \cdot \frac{\mathrm{d}_t \boldsymbol{g}^j}{\mathrm{d}t} = \frac{\mathrm{d}_t \boldsymbol{g}^j}{\mathrm{d}t} \cdot \boldsymbol{g}^i = -g^{ik} \Gamma^j_{km} v^m \tag{11.25}$$

将式(11.24)、式(11.25)代入式(11.23)：

$$\frac{\mathrm{d}_t g^{ij}}{\mathrm{d}t} = -g^{kj} \Gamma^i_{km} v^m - g^{ik} \Gamma^j_{km} v^m \tag{11.26}$$

式(11.26)显示，左端的$\frac{\mathrm{d}_t g^{ij}}{\mathrm{d}t}$关于两个指标对称。右端的两项之代数和，也具有指标对称性。但由于右端的 Christoffel 符号 $\Gamma^j_{km}$ 不是张量分量，故左端的$\frac{\mathrm{d}_t g^{ij}}{\mathrm{d}t}$也不是张量分量，不具有协变性。

从指标的角度看，左端项$\frac{\mathrm{d}_t g^{ij}}{\mathrm{d}t}$中的指标 $i$ 和 $j$ 都是束缚指标。而右端第一项 $-g^{kj} \Gamma^i_{km} v^m$ 中，指标 $i$ 是束缚指标，指标 $j$ 是自由指标，哑指标 $k$ 是束缚哑指标，哑指标 $m$ 是自由哑指标。第二项 $-g^{ik} \Gamma^j_{km} v^m$ 中，指标 $j$ 是束缚指标，指标 $i$ 是自由指标，哑指标 $k$ 是束缚哑指标，哑指标 $m$ 是自由哑指标。

式(11.26)与式(11.21)相比，结构特征一致，指标转换规律相同。唯一的差异是正负号。可以这样理解二者的正负号差异：协变分量 $g_{ij}$ 与逆变分量 $g^{jk}$ 是对偶关系：

$$g_{ij} g^{jk} = g^k_i = \delta^k_i \tag{11.27}$$

因此，$g_{ij}$ 增大，即$\frac{\mathrm{d}_t g_{ij}}{\mathrm{d}t} > 0$，必然对应 $g^{jk}$ 减小，即$\frac{\mathrm{d}_t g^{jk}}{\mathrm{d}t} < 0$。

式(11.21)和式(11.26)再次表明，Euler 描述下，物质导数破坏了协变性。

最后看度量张量的混变分量 $g^j_i$ 的物质导数。其定义式为

$$g^j_i = \delta^j_i = \boldsymbol{g}_i \cdot \boldsymbol{g}^j \tag{11.28}$$

由于 $\delta^j_i$ 是常数，故其物质导数应该恒为 0。但为了便于对比，我们仍然写出其物质导数的表达式：

$$\frac{\mathrm{d}_t g^j_i}{\mathrm{d}t} = \frac{\mathrm{d}_t \boldsymbol{g}_i}{\mathrm{d}t} \cdot \boldsymbol{g}^j + \boldsymbol{g}_i \cdot \frac{\mathrm{d}_t \boldsymbol{g}^j}{\mathrm{d}t} \tag{11.29}$$

式(11.14)、式(11.15)代入式(11.29)：

$$\frac{\mathrm{d}_t g^j_i}{\mathrm{d}t} = v^m \Gamma^k_{im} \boldsymbol{g}_k \cdot \boldsymbol{g}^j + \boldsymbol{g}_i \cdot (-v^m \Gamma^j_{km} \boldsymbol{g}^k) \tag{11.30}$$

式(11.30)整理可得

$$\frac{\mathrm{d}_t g^j_i}{\mathrm{d}t} = g^j_k \Gamma^k_{im} v^m - g^k_i \Gamma^j_{km} v^m \tag{11.31}$$

同理，可导出$\frac{\mathrm{d}_t g_j^{\ i}}{\mathrm{d}t}$：

$$\frac{\mathrm{d}_t g_j^{\ i}}{\mathrm{d}t}=-g_j^{\ k}\Gamma_{km}^{i}v^m+g_k^{\ i}\Gamma_{jm}^{k}v^m \tag{11.32}$$

从式(11.21)、式(11.26)到式(11.31)、式(11.32)，右端项的结构和正负号的变换规律，均一脉相承。请读者仔细体验。

由于有$g_k^{\ j}=\delta_k^j$，$g_i^{\ k}=\delta_i^k$，故即使不做任何计算，也可推知$\frac{\mathrm{d}_t g_i^{\ j}}{\mathrm{d}t}\equiv 0$和$\frac{\mathrm{d}_t g_j^{\ i}}{\mathrm{d}t}\equiv 0$。当然，现在有了式(11.31)和式(11.32)，我们确实可以确凿地算得

$$\frac{\mathrm{d}_t g_i^{\ j}}{\mathrm{d}t}=\delta_k^j\Gamma_{im}^{k}v^m-\delta_i^k\Gamma_{km}^{j}v^m=\Gamma_{im}^{j}v^m-\Gamma_{im}^{j}v^m\equiv 0 \tag{11.33}$$

$$\frac{\mathrm{d}_t g_j^{\ i}}{\mathrm{d}t}=\delta_k^i\Gamma_{jm}^{k}v^m-\delta_j^k\Gamma_{km}^{i}v^m=\Gamma_{jm}^{i}v^m-\Gamma_{jm}^{i}v^m\equiv 0 \tag{11.34}$$

注意到，度量张量混变分量$g_i^{\ j}$和$g_j^{\ i}$的物质导数恒为零，我们由此抽象出命题：

度量张量的混变分量$g_i^{\ j}$和$g_j^{\ i}$，都可以自由进出物质导数$\frac{\mathrm{d}_t(\cdot)}{\mathrm{d}t}$。

一般情况下，度量张量协变分量$g_{ij}$和逆变分量$g^{ij}$的物质导数(见式(11.21)和式(11.26))，其值不为零：

$$\frac{\mathrm{d}_t g_{ij}}{\mathrm{d}t}\neq 0,\quad \frac{\mathrm{d}_t g^{ij}}{\mathrm{d}t}\neq 0 \tag{11.35}$$

我们由此抽象出一般性命题：

度量张量的 Euler 协变分量$g_{ij}$和逆变分量$g^{ij}$，都不能自由进出物质导数$\frac{\mathrm{d}_t(\cdot)}{\mathrm{d}t}$。

度量张量不同分量之物质导数之间的这种“错配”，显示出物质导数概念内在的局限性。

看到这里，读者可能已经能够猜出作者的意图了：能否发展出一种新的时间导数，彻底克服物质导数的局限性？

这个命题很要紧。张量分析中，度量张量的协变分量$g_{ij}$和逆变分量$g^{ij}$肩负着指标升降变换的功能。$g_{ij}$和$g^{ij}$不能自由进出$\frac{\mathrm{d}_t(\cdot)}{\mathrm{d}t}$，意味着：

物质导数$\frac{\mathrm{d}_t(\cdot)}{\mathrm{d}t}$不满足指标升降变换。

更形象地说，$g_{ij}$和$g^{ij}$无法穿越$\frac{\mathrm{d}_t}{\mathrm{d}t}$的障碍，无法对(·)指标进行升降。也可以说，物质导数$\frac{\mathrm{d}_t(\cdot)}{\mathrm{d}t}$将(·)中的指标禁锢起来了。

## 11.8 度量张量杂交分量的物质导数

Euler 描述下，度量张量在新老杂交坐标系下的分解式为

$$G = g^{ij'}\boldsymbol{g}_i\boldsymbol{g}_{j'} = g_{ij'}\boldsymbol{g}^i\boldsymbol{g}^{j'} = g_i^{j'}\boldsymbol{g}^i\boldsymbol{g}_{j'} = g_{j'}^{i}\boldsymbol{g}_i\boldsymbol{g}^{j'} \tag{11.36}$$

度量张量的杂交协变分量为

$$g_{ij'} = \boldsymbol{g}_i \cdot \boldsymbol{g}_{j'} \tag{11.37}$$

式(11.37)两端求物质导数：

$$\frac{\mathrm{d}_t g_{ij'}}{\mathrm{d}t} = \frac{\mathrm{d}_t \boldsymbol{g}_i}{\mathrm{d}t} \cdot \boldsymbol{g}_{j'} + \boldsymbol{g}_i \cdot \frac{\mathrm{d}_t \boldsymbol{g}_{j'}}{\mathrm{d}t} \tag{11.38}$$

类似于式(11.14)和式(11.15)中老基矢量的物质导数，我们可以写出新基矢量的物质导数：

$$\frac{\mathrm{d}_t \boldsymbol{g}_{j'}}{\mathrm{d}t} = \boldsymbol{g}_{k'}\Gamma_{j'm'}^{k'}v^{m'} \tag{11.39}$$

$$\frac{\mathrm{d}_t \boldsymbol{g}^{j'}}{\mathrm{d}t} = -\boldsymbol{g}^{k'}\Gamma_{k'm'}^{j'}v^{m'} \tag{11.40}$$

将式(11.14)、式(11.39)代入式(11.38)，可得

$$\frac{\mathrm{d}_t g_{ij'}}{\mathrm{d}t} = g_{kj'}\Gamma_{im}^{k}v^{m} + g_{ik'}\Gamma_{j'm'}^{k'}v^{m'} \tag{11.41}$$

同理，借助式(11.15)和式(11.40)，可以导出杂交逆变分量和杂交混变分量的物质导数：

$$\frac{\mathrm{d}_t g^{ij'}}{\mathrm{d}t} = -g^{kj'}\Gamma_{km}^{i}v^{m} - g^{ik'}\Gamma_{k'm'}^{j'}v^{m'} \tag{11.42}$$

$$\frac{\mathrm{d}_t g_i^{j'}}{\mathrm{d}t} = g_k^{j'}\Gamma_{im}^{k}v^{m} - g_i^{k'}\Gamma_{k'm'}^{j'}v^{m'} \tag{11.43}$$

$$\frac{\mathrm{d}_t g_{j'}^{i}}{\mathrm{d}t} = -g_{j'}^{k}\Gamma_{km}^{i}v^{m} + g_{k'}^{i}\Gamma_{j'm'}^{k'}v^{m'} \tag{11.44}$$

式(11.41)～式(11.44)右端项中，哑指标 $k$ 和 $k'$ 都是束缚哑指标，哑指标 $m$ 和 $m'$ 都是自由哑指标。

由式(11.41)和式(11.42)可以看出，一般有

$$\frac{\mathrm{d}_t g_{ij'}}{\mathrm{d}t} \neq 0, \quad \frac{\mathrm{d}_t g^{ij'}}{\mathrm{d}t} \neq 0 \tag{11.45}$$

由此我们抽象出命题：

度量张量的杂交协变分量和杂交逆变分量，$g_{ij'}$ 和 $g^{ij'}$，都不能自由进出物质导数 $\dfrac{\mathrm{d}_t(\cdot)}{\mathrm{d}t}$。

再看式(11.43)和式(11.44)。类似于上篇(第 4 章)中的分析,式(11.43)和式(11.44)右端诸项不存在坐标变换关系,即

$$g_k^{j'}\Gamma_{im}^k v^m \neq \Gamma_{im}^{j'} v^m,\quad g_i^{k'}\Gamma_{k'm'}^{j'} v^{m'} \neq \Gamma_{im'}^{j'} v^{m'} \tag{11.46}$$

$$g_{j'}^k\Gamma_{km}^i v^m \neq \Gamma_{j'm}^i v^m,\quad g_{k'}^i\Gamma_{j'm'}^{k'} v^{m'} \neq \Gamma_{j'm'}^i v^{m'} \tag{11.47}$$

故一般意义上,有

$$\frac{\mathrm{d}_t g_i^{j'}}{\mathrm{d}t} \neq \Gamma_{im}^{j'} v^m - \Gamma_{im'}^{j'} v^{m'} = \Gamma_{im}^{j'} v^m - \Gamma_{im}^{j'} v^m = 0,$$

$$\frac{\mathrm{d}_t g_{j'}^i}{\mathrm{d}t} \neq \Gamma_{j'm}^i v^m - \Gamma_{j'm'}^i v^{m'} = \Gamma_{j'm}^i v^m - \Gamma_{j'm}^i v^m = 0 \tag{11.48}$$

由此我们抽象出一般性命题:

Euler 描述下,度量张量的杂交混变分量,即 $g_i^{j'}$ 和 $g_{j'}^i$,都不能自由进出物质导数$\dfrac{\mathrm{d}_t(\cdot)}{\mathrm{d}t}$。

这个命题很要紧。张量分析中,度量张量的杂交分量 $g_i^{j'}$ 和 $g_{j'}^i$ 肩负着坐标变换功能。$g_i^{j'}$ 和 $g_{j'}^i$ 不能自由进出$\dfrac{\mathrm{d}_t(\cdot)}{\mathrm{d}t}$,意味着:

**物质导数$\dfrac{\mathbf{d}_t(\cdot)}{\mathbf{d}t}$不满足坐标变换。**

更形象地说,$g_i^{j'}$ 和 $g_{j'}^i$ 无法穿越$\dfrac{\mathrm{d}_t}{\mathrm{d}t}$的障碍,无法对$(\cdot)$进行坐标变换。仍然可以说,$\dfrac{\mathrm{d}_t(\cdot)}{\mathrm{d}t}$将$(\cdot)$中的指标禁锢起来了。

## 11.9 物质点处度量张量行列式及其根式的物质导数

Euler 描述下,度量张量行列式之根式,仍然可以表达为 Euler 基矢量的混合积:

$$\sqrt{g} = (\boldsymbol{g}_1 \times \boldsymbol{g}_2)\cdot \boldsymbol{g}_3 \tag{11.49}$$

式(11.49)两端求物质导数:

$$\frac{\mathrm{d}_t\sqrt{g}}{\mathrm{d}t} = \frac{\mathrm{d}_t[(\boldsymbol{g}_1 \times \boldsymbol{g}_2)\cdot \boldsymbol{g}_3]}{\mathrm{d}t}$$

$$= \left(\frac{\mathrm{d}_t\boldsymbol{g}_1}{\mathrm{d}t}\times \boldsymbol{g}_2\right)\cdot \boldsymbol{g}_3 + \left(\boldsymbol{g}_1 \times \frac{\mathrm{d}_t\boldsymbol{g}_2}{\mathrm{d}t}\right)\cdot \boldsymbol{g}_3 + (\boldsymbol{g}_1 \times \boldsymbol{g}_2)\cdot \frac{\mathrm{d}_t\boldsymbol{g}_3}{\mathrm{d}t} \tag{11.50}$$

由式(11.14),式(11.50)右端诸项可变换如下:

$$\left(\frac{\mathrm{d}_t\boldsymbol{g}_1}{\mathrm{d}t}\times \boldsymbol{g}_2\right)\cdot \boldsymbol{g}_3 = (v^m\Gamma_{1m}^j\boldsymbol{g}_j \times \boldsymbol{g}_2)\cdot \boldsymbol{g}_3$$

$$= v^m\Gamma_{1m}^1(\boldsymbol{g}_1 \times \boldsymbol{g}_2)\cdot \boldsymbol{g}_3 = \sqrt{g}\,\Gamma_{1m}^1 v^m \tag{11.51}$$

同理可得

$$\left(\boldsymbol{g}_1 \times \frac{\mathrm{d}_t \boldsymbol{g}_2}{\mathrm{d}t}\right) \cdot \boldsymbol{g}_3 = \sqrt{g}\,\Gamma_{2m}^{2} v^m \tag{11.52}$$

$$(\boldsymbol{g}_1 \times \boldsymbol{g}_2) \cdot \frac{\mathrm{d}_t \boldsymbol{g}_3}{\mathrm{d}t} = \sqrt{g}\,\Gamma_{3m}^{3} v^m \tag{11.53}$$

将式(11.51)～式(11.53)代入式(11.50)，可得

$$\frac{\mathrm{d}_t \sqrt{g}}{\mathrm{d}t} = \sqrt{g}\,\Gamma_{jm}^{j} v^m \tag{11.54}$$

式(11.54)右端的哑指标 $j$ 是束缚哑指标，哑指标 $m$ 是自由哑指标。由式(11.54)可以导出：

$$\Gamma_{jm}^{j} v^m = \frac{1}{\sqrt{g}} \frac{\mathrm{d}_t \sqrt{g}}{\mathrm{d}t} = \frac{\mathrm{d}_t (\ln \sqrt{g}\,)}{\mathrm{d}t} \tag{11.55}$$

式(11.55)左端，$\Gamma_{jm}^{j} v^m$ 中含有束缚哑指标，其值必然与坐标相关，因而，$\Gamma_{jm}^{j} v^m$ 不是标量场函数。式(11.55)右端，$\ln \sqrt{g}$ 不是标量场函数，$\dfrac{\mathrm{d}_t (\ln \sqrt{g}\,)}{\mathrm{d}t}$ 也不是标量场函数。

我们可以这样理解式(11.55)：在给定的物质点上，如果把 $\Gamma_{mj}^{j} v^m$ 视为 Euler 时间域上的导函数，则其原函数，就是 $\ln \sqrt{g}$。这是个美好的见解。基于这样的见解，在 Euler 时间域上积分式(11.55)，就可以写出原函数 $\ln \sqrt{g}$。

$\dfrac{\mathrm{d}_t \sqrt{g}}{\mathrm{d}t}$ 一旦确定，便可导出 $\dfrac{\mathrm{d}_t g}{\mathrm{d}t}$：

$$\frac{\mathrm{d}_t g}{\mathrm{d}t} = 2\sqrt{g}\,\frac{\mathrm{d}_t \sqrt{g}}{\mathrm{d}t} = 2g\Gamma_{jm}^{j} v^m \tag{11.56}$$

式(11.56)右端，$g$ 和 $\Gamma_{jm}^{j} v^m$ 都不是标量场函数，因此，左端的 $\dfrac{\mathrm{d}_t g}{\mathrm{d}t}$ 也不是标量场函数。

## 11.10 有关 Euler 基矢量的命题

本章的前几节，抽象出了与隐态函数相关的若干一般性命题。表面上看，那些命题似乎都是“无用的废话”。其实不然。本节将展示隐态函数命题的用途。因此，本节的内容，可以视为隐态函数命题的应用。

本章研究的空间本征几何量，都是由 Euler 基矢量运算而得，且这种运算，可分为两种类型。一类是乘法运算，另一类是微分运算。

先看基矢量的乘法运算生成的几何量。由于 Euler 基矢量是最简单的广义分

量，且是隐态函数（即 $\boldsymbol{g}_n=\boldsymbol{g}_n[x^m(\hat{\xi}^p,t)]$），于是，我们有隐态函数命题：

由基矢量的乘法运算生成的几何量 $\boldsymbol{s}^i{}_{\cdot jk}$，都是广义分量，必是隐态函数，即 $\boldsymbol{s}^i{}_{\cdot jk}=\boldsymbol{s}^i{}_{\cdot jk}[x^m(\hat{\xi}^p,t)]$，且有

$$\left.\frac{\partial \boldsymbol{s}^i{}_{\cdot jk}}{\partial t}\right|_{x^m}=\boldsymbol{0} \tag{11.57}$$

$$\frac{\mathrm{d}_t \boldsymbol{s}^i{}_{\cdot jk}}{\mathrm{d}t}=\frac{\partial \boldsymbol{s}^i{}_{\cdot jk}}{\partial x^m}\frac{\mathrm{d}_t x^m}{\mathrm{d}t}=\frac{\partial \boldsymbol{s}^i{}_{\cdot jk}}{\partial x^m}v^m \tag{11.58}$$

很显然，$g_{ij}$，$g^{ij}$，$\sqrt{g}$ 和 $g$，都是满足命题的广义分量和隐态函数。

上述命题还可以进一步扩展：

由新、老基矢量的乘法运算生成的几何量 $\boldsymbol{s}^i{}_{\cdot jk'}$，都是杂交广义分量，必是隐态函数，即 $\boldsymbol{s}^i{}_{\cdot jk'}=\boldsymbol{s}^i{}_{\cdot jk'}[x^m(\hat{\xi}^p,t)]$ 或 $\boldsymbol{s}^i{}_{\cdot jk'}=\boldsymbol{s}^i{}_{\cdot jk'}[x^{m'}(\hat{\xi}^p,t)]$，且有

$$\left.\frac{\partial \boldsymbol{s}^i{}_{\cdot jk'}}{\partial t}\right|_{x^m}=\boldsymbol{0} \tag{11.59}$$

$$\frac{\mathrm{d}_t \boldsymbol{s}^i{}_{\cdot jk'}}{\mathrm{d}t}=\frac{\partial \boldsymbol{s}^i{}_{\cdot jk'}}{\partial x^m}\frac{\mathrm{d}_t x^m}{\mathrm{d}t}=\frac{\partial \boldsymbol{s}^i{}_{\cdot jk'}}{\partial x^m}v^m \tag{11.60}$$

或

$$\left.\frac{\partial \boldsymbol{s}^i{}_{\cdot jk'}}{\partial t}\right|_{x^{m'}}=\boldsymbol{0} \tag{11.61}$$

$$\frac{\mathrm{d}_t \boldsymbol{s}^i{}_{\cdot jk'}}{\mathrm{d}t}=\frac{\partial \boldsymbol{s}^i{}_{\cdot jk'}}{\partial x^{m'}}\frac{\mathrm{d}_t x^{m'}}{\mathrm{d}t}=\frac{\partial \boldsymbol{s}^i{}_{\cdot jk'}}{\partial x^{m'}}v^{m'} \tag{11.62}$$

很显然，$g_{ij'}$，$g^{ij'}$，$g_i^{j'}$ 和 $g_{j'}^i$，都是满足命题的杂交广义分量和隐态函数。

再看基矢量的微分运算生成的几何量。由式(11.12)和式(11.13)可知：

由基矢量的微分运算生成的几何量，$\boldsymbol{s}^i{}_{\cdot jk,n}=\dfrac{\partial \boldsymbol{s}^i{}_{\cdot jk,n}}{\partial x^n}$，必是隐态函数，即 $\boldsymbol{s}^i{}_{\cdot jk,n}=\boldsymbol{s}^i{}_{\cdot jk,n}[x^m(\hat{\xi}^p,t)]$，且有

$$\left.\frac{\partial \boldsymbol{s}^i{}_{\cdot jk,n}}{\partial t}\right|_{x^m}=\boldsymbol{0} \tag{11.63}$$

$$\frac{\mathrm{d}_t \boldsymbol{s}^i{}_{\cdot jk}}{\mathrm{d}t}=\frac{\partial \boldsymbol{s}^i{}_{\cdot jk,n}}{\partial x^m}\frac{\mathrm{d}_t x^m}{\mathrm{d}t}=\frac{\partial \boldsymbol{s}^i{}_{\cdot jk,n}}{\partial x^m}v^m \tag{11.64}$$

很显然，Christoffel 符号 $\Gamma_{jm}^k$ 就是满足命题的隐态函数。

本节的命题，陈述的虽然都是简单的事实，但作为观念，其力量不可小觑：一旦熟练地掌握了这些观念，那么，“用观念代替运算”，便顺理成章了：以上诸节的内容中，诸本征几何量的物质导数，都是通过计算得到的。现在，借助隐态函数命题，都可以直接写出相关表达式。

例如，推导式(11.54)，过程稍显复杂。如果利用命题，则过程就很简单。由式(11.49)可知：

$$g = g\left[x^m(\hat{\xi}^p, t)\right] \tag{11.65}$$

立即有

$$\frac{\mathrm{d}_t \sqrt{g}}{\mathrm{d}t} = \frac{\partial \sqrt{g}}{\partial x^m}\frac{\mathrm{d}_t x^m}{\mathrm{d}t} = \frac{\partial \sqrt{g}}{\partial x^m} v^m \tag{11.66}$$

由 Euler 空间域上的经典结果：

$$\Gamma^j_{jm} = \frac{1}{\sqrt{g}}\frac{\partial \sqrt{g}}{\partial x^m} \tag{11.67}$$

于是立即导出式(11.54)。

再例如式(11.44)。由式(11.60)可知：

$$\frac{\mathrm{d}_t g^i_{j'}}{\mathrm{d}t} = \frac{\partial g^i_{j'}}{\partial x^m} v^m \tag{11.68}$$

由 Euler 空间域上的经典结果(见第 4 章)：

$$\frac{\partial g^i_{j'}}{\partial x^m} = -g^k_{j'}\Gamma^i_{km} + g^i_{k'}\Gamma^{k'}_{j'm'} \tag{11.69}$$

式(11.69)代入式(11.68)，即可得式(11.44)。

同样，其他本征几何量的物质导数，都可以借助上述命题，用类似的方法，方便地予以导出。

结束本节时，我们列出$\left.\frac{\partial(\boldsymbol{\cdot})}{\partial t}\right|_{x^m}=0$ 的几个特例(见式(11.57)，式(11.59))：

$$\left.\frac{\partial \sqrt{g}}{\partial t}\right|_{x^m} = 0 \tag{11.70}$$

$$\left.\frac{\partial \boldsymbol{g}_i}{\partial t}\right|_{x^m} = \boldsymbol{0},\quad \left.\frac{\partial \boldsymbol{g}^j}{\partial t}\right|_{x^m} = \boldsymbol{0},\quad \left.\frac{\partial \boldsymbol{g}_{i'}}{\partial t}\right|_{x^m} = \boldsymbol{0},\quad \left.\frac{\partial \boldsymbol{g}^{j'}}{\partial t}\right|_{x^m} = \boldsymbol{0} \tag{11.71}$$

$$\left.\frac{\partial g^{ij}}{\partial t}\right|_{x^m} = 0,\quad \left.\frac{\partial g_{ij}}{\partial t}\right|_{x^m} = 0,\quad \left.\frac{\partial g^j_i}{\partial t}\right|_{x^m} = 0,\quad \left.\frac{\partial g^i_j}{\partial t}\right|_{x^m} = 0 \tag{11.72}$$

$$\left.\frac{\partial g^{ij'}}{\partial t}\right|_{x^m} = 0,\quad \left.\frac{\partial g_{ij'}}{\partial t}\right|_{x^m} = 0,\quad \left.\frac{\partial g^{j'}_i}{\partial t}\right|_{x^m} = 0,\quad \left.\frac{\partial g^i_{j'}}{\partial t}\right|_{x^m} = 0 \tag{11.73}$$

从代数的角度看，上述本征几何量作为隐态函数，自变量中不显含时间 $t$，因此对显含时间 $t$ 的导数$\left.\frac{\partial(\boldsymbol{\cdot})}{\partial t}\right|_{x^m}$ 必然为零。从物理学的角度看，$\left.\frac{\partial(\boldsymbol{\cdot})}{\partial t}\right|_{x^m}$ 的含义如下：站在背景坐标系的静止观察者，盯住空间几何点 $x^m$，他看到的($\boldsymbol{\cdot}$)的时间变化率，就是$\left.\frac{\partial(\boldsymbol{\cdot})}{\partial t}\right|_{x^m}$。很显然，空间几何点的基矢量是不变的，因此，在静止观察者看来，其时间变化率为零(式(11.71))。同样，由基矢量乘法生成的所有几何量，其时

间变化率均为零(式(11.70)、式(11.72)、式(11.73))。

经典教科书将$\left.\frac{\partial(\cdot)}{\partial t}\right|_{x^m}$称为“当地导数”或“局部导数”。后续章节还会涉及这个概念。

特别值得关注的是式(11.72)和式(11.73)。度量张量分量$g_{ij}$和$g^{ij}$等的局部导数为零(见式(11.72)),意味着如下命题成立:

度量张量的协变分量$g_{ij}$和逆变分量$g_{ij}$,可以自由进出局部导数$\left.\frac{\partial(\cdot)}{\partial t}\right|_{x^m}$。

由于$g_{ij}$和$g^{ij}$肩负着升降指标的使命,故局部导数$\left.\frac{\partial(\cdot)}{\partial t}\right|_{x^m}$满足指标升降变换。

度量张量的杂交分量$g_i^{j'}$和$g_{j'}^i$的局部导数为零(见式(11.73)),意味着如下命题成立:

度量张量的协杂交分量$g_i^{j'}$和$g_{j'}^i$,可以自由进出局部导数$\left.\frac{\partial(\cdot)}{\partial t}\right|_{x^m}$。

由于$g_i^{j'}$和$g_{j'}^i$肩负着坐标变换的使命,故局部导数$\left.\frac{\partial(\cdot)}{\partial t}\right|_{x^m}$满足坐标变换。

综合起来,就成立如下命题:

局部导数$\left.\frac{\partial(\cdot)}{\partial t}\right|_{x^m}$满足 Ricci 变换。

还有等价的命题:

局部导数$\left.\frac{\partial(\cdot)}{\partial t}\right|_{x^m}$中的指标,都是自由指标。

后续的章节会用到这些命题。

## 11.11 Christoffel 符号的物质导数

显态函数命题的极好应用,是 Christoffel 符号。

Euler 描述下,Christoffel 符号$\Gamma_{jn}^k$是空间本征性质的组成部分。$\Gamma_{jn}^k$作为显态函数,有

$$\Gamma_{jn}^k=\Gamma_{jn}^k\left[x^m(\hat{\xi}^p,t)\right] \tag{11.74}$$

借助式(11.60),Christoffel 符号$\Gamma_{jn}^k$物质导数可以写成:

$$\frac{\mathrm{d}_t\Gamma_{jn}^k}{\mathrm{d}t}=\frac{\partial\Gamma_{jn}^k}{\partial x^m}\frac{\mathrm{d}_t x^m}{\mathrm{d}t}=\frac{\partial\Gamma_{jn}^k}{\partial x^m}v^m \tag{11.75}$$

由于 Christoffel 符号$\Gamma_{jn}^k$不是张量分量,其普通偏导数$\frac{\partial\Gamma_{jn}^k}{\partial x^m}$也不是张量分量,故其

物质导数$\frac{\mathrm{d}_t \Gamma_{jk}^k}{\mathrm{d}t}$肯定不是张量分量，即不具有协变性。

## 11.12 本章注释

本章初步澄清了本征几何量的物质导数。进而为 Euler 描述下张量场函数的物质导数，奠定了分析学基础。

请读者注意，不同于经典教科书，本章对物质导数的符号，做了一点小小的改动：在物质导数的经典符号$\frac{\mathrm{d}(\cdot)}{\mathrm{d}t}$上，加了一个下标“$t$”，使之变为$\frac{\mathrm{d}_t(\cdot)}{\mathrm{d}t}$。这一举动，看似画蛇添足，但随着后续内容的展开，读者就会看到，其中有两个好处：一是突出了 Euler 描述的特征；二是将物质导数$\frac{\mathrm{d}_t(\cdot)}{\mathrm{d}t}$赋予了“商”的含义，从而便于引出变分概念。

习惯上，对坐标的偏导数$\frac{\partial(\cdot)}{\partial x^m}$，被称为空间导数。如上所述，本质上，物质导数$\frac{\mathrm{d}_t(\cdot)}{\mathrm{d}t}$是对时间的某种形式的偏导数，有时也被称为时间导数。因此，空间导数$\frac{\partial(\cdot)}{\partial x^m}$与时间导数$\frac{\mathrm{d}_t(\cdot)}{\mathrm{d}t}$是完全对应的概念。理解了二者的对应性，也就理解了后续内容展开的逻辑脉络。

# 第12章 Euler描述下分量对时间的狭义协变导数

协变性是贯穿本书始终的核心概念。上篇涉及了静态空间的协变性,下篇则涉及动态时空的协变性。本章主要关注 Euler 时空 $x^m \sim t$ 的协变性。

第 11 章提及的 Euler 时空 $x^m \sim t$,是 Euler 空间 $x^m$ 与 Euler 时间 $t$ 的合称。因此,Euler 时空 $x^m \sim t$ 的协变性,实际上是两类协变性的合称,一类是 Euler 空间域上的协变性,另一类是 Euler 时间域上的协变性。

在任意固定的时刻 $t$,Euler 动态空间域与上篇中的静态空间域相比,没有任何差别;Euler 自然标架与静态的自然标架相比,也没有任何差别。鉴于这样的“无差别”,我们先粗略地提出如下命题:

静态空间域的所有协变性性质,在 Euler 动态空间域都成立。

有了上述命题,我们就可以将静态空间域的协变性分析(见上篇),放心地推广至动态的 Euler 空间域。

当然,这一命题是在定性分析的基础上提出来的。进一步的定量化分析,见本书的后续章节,尤其是第 19 章。

鉴于其确凿无疑的协变性,在 Euler 空间域中,我们就完全可以像在静态的空间域中那样,定义 Euler 分量对 Euler 坐标 $x^m$ 的协变导数 $\nabla_m(\cdot)$。类似于上篇,我们将 Euler 分量对 Euler 坐标 $x^m$ 的协变导数 $\nabla_m(\cdot)$,称为“经典协变导数”。

关于 Euler 空间域上的协变性,本章不做重点,只是直接引用静态空间中的协变性分析结果。本章将致力于揭示 Euler 时间域上的协变性,引出关键性的概念——对时间的协变导数 $\nabla_t(\cdot)$。

确切地说,本章的协变导数 $\nabla_t(\cdot)$,是 Euler 分量对时间 $t$ 的协变导数。我们也称之为“狭义协变导数 $\nabla_t(\cdot)$”或“时间协变导数 $\nabla_t(\cdot)$”。

读者会问:“为什么要引入狭义协变导数 $\nabla_t(\cdot)$?”答案在第 10 章已经被涉及,这里再次强调一下:引入狭义协变导数 $\nabla_t(\cdot)$,是为了揭示时间域上的协变性。

物理学和力学研究物质的运动。而任何形式的运动都发生在特定的“时空”中。描述空间要借助坐标 $x^m$，而描述时间则要借助时间参数 $t$。从这个意义上讲，对时间 $t$ 的协变导数 $\nabla_t(\cdot)$，和对坐标 $x^m$ 的协变导数 $\nabla_m(\cdot)$，具有同等的重要性。

Ricci 学派引出经典协变导数 $\nabla_m(\cdot)$ 的逻辑过程堪称经典。在上篇，我们称之为“具有协变性的概念的生成模式”。之所以称之为“模式”，是因为它具有普遍性。这表明，生成具有协变性的 $\nabla_t(\cdot)$，与生成具有协变性的 $\nabla_m(\cdot)$，遵循同样的逻辑过程。生成协变导数 $\nabla_m(\cdot)$ 的逻辑起点，是普通偏导数 $\dfrac{\partial(\cdot)}{\partial x^m}$，而生成协变导数 $\nabla_t(\cdot)$ 的逻辑起点，是物质导数 $\dfrac{\mathrm{d}_t(\cdot)}{\mathrm{d}t}$。

请读者注意，本书将物质导数 $\dfrac{\mathrm{d}_t(\cdot)}{\mathrm{d}t}$ 与普通偏导数 $\dfrac{\partial(\cdot)}{\partial x^m}$ 类比和并列。

上篇已经指出：对坐标 $x^m$ 的普通偏导数 $\dfrac{\partial(\cdot)}{\partial x^m}$ 不是个“好概念”，因为 $\dfrac{\partial(\cdot)}{\partial x^m}$ 一般不具有协变性。为了弥补 $\dfrac{\partial(\cdot)}{\partial x^m}$ 协变性之不足，Ricci 学派定义了对坐标 $x^m$ 的协变导数 $\nabla_m(\cdot)$。同理，对时间 $t$ 的普通偏导数 $\left(\text{包括物质导数}\dfrac{\mathrm{d}_t(\cdot)}{\mathrm{d}t}\right)$，也不是个“好概念”。于是，寻求“更好的概念”，便顺理成章了。这个“更好的概念”，必须具有协变性，这就是“对时间 $t$ 的协变导数” $\nabla_t(\cdot)$。

## 12.1 矢量分量对时间 $t$ 的协变导数

考查定义在连续体上的矢量场函数 $\boldsymbol{u}$。Euler 描述下，随体的矢量场 $\boldsymbol{u}$ 一般具有“隐含/显含参数 $t$”的函数形态，即为混态函数：

$$\boldsymbol{u}=\boldsymbol{u}\left[x^m(\hat{\xi}^p,t),t\right] \tag{12.1}$$

Euler 基矢量下，可写出矢量场 $\boldsymbol{u}$ 的分解式：

$$\boldsymbol{u}=u^i\boldsymbol{g}_i=u_i\boldsymbol{g}^i \tag{12.2}$$

第 11 章已经说明，Euler 基矢量具有隐含时间参数 $t$ 的函数形态，即为隐态函数：

$$\boldsymbol{g}_i=\boldsymbol{g}_i\left[x^m(\hat{\xi}^p,t)\right],\quad \boldsymbol{g}^i=\boldsymbol{g}^i\left[x^m(\hat{\xi}^p,t)\right] \tag{12.3}$$

容易判断出，Euler 分量应具有“隐含/显含参数 $t$”的函数形态，即为混态函数：

$$u^i=u^i\left[x^m(\hat{\xi}^p,t),t\right],\quad u_i=u_i\left[x^m(\hat{\xi}^p,t),t\right] \tag{12.4}$$

式(12.3)和式(12.4)显示，矢量的 Euler 分量和 Euler 基矢量，都随时间 $t$ 不断变化，但在任意时刻 $t$，式(12.2)中的广义对偶不变性和表观形式不变性都成立。

Euler 自然标架下，广义对偶不变性和表观形式不变性，确保了矢量的协变性。

虽然物质导数$\dfrac{\mathrm{d}_t(\cdot)}{\mathrm{d}t}$不是个好概念，但它却是不可或缺的素材，从中我们能提炼出更好的概念。我们求矢量场函数 $\boldsymbol{u}$ 的物质导数：

$$\frac{\mathrm{d}_t\boldsymbol{u}}{\mathrm{d}t}=\frac{\mathrm{d}_t}{\mathrm{d}t}(u^i\boldsymbol{g}_i)=\frac{\mathrm{d}_t}{\mathrm{d}t}(u_i\boldsymbol{g}^i) \tag{12.5}$$

先看式(12.5)的第一个等式。由物质导数乘法运算的 Leibniz 法则：

$$\frac{\mathrm{d}_t\boldsymbol{u}}{\mathrm{d}t}=\frac{\mathrm{d}_t}{\mathrm{d}t}(u^i\boldsymbol{g}_i)=u^i\frac{\mathrm{d}_t\boldsymbol{g}_i}{\mathrm{d}t}+\frac{\mathrm{d}_tu^i}{\mathrm{d}t}\boldsymbol{g}_i \tag{12.6}$$

注意式(12.6)的左端项。$\dfrac{\mathrm{d}_t\boldsymbol{u}}{\mathrm{d}t}$仍然是矢量。再看式(12.6)右端的两项。

第一项 $u^i\dfrac{\mathrm{d}_t\boldsymbol{g}_i}{\mathrm{d}t}$中，$\dfrac{\mathrm{d}_t\boldsymbol{g}_i}{\mathrm{d}t}$的指标$i$ 是束缚指标，$\dfrac{\mathrm{d}_t\boldsymbol{g}_i}{\mathrm{d}t}$不是 1-指标广义分量。整体上，$u^i\dfrac{\mathrm{d}_t\boldsymbol{g}_i}{\mathrm{d}t}$中的哑指标$i$ 是束缚哑指标，$u^i\dfrac{\mathrm{d}_t\boldsymbol{g}_i}{\mathrm{d}t}$不是 0-指标广义分量或实体矢量。

第二项$\dfrac{\mathrm{d}_tu^i}{\mathrm{d}t}\boldsymbol{g}_i$ 中，$\dfrac{\mathrm{d}_tu^i}{\mathrm{d}t}$的指标 $i$ 是束缚指标，$\dfrac{\mathrm{d}_tu^i}{\mathrm{d}t}$不是矢量分量。整体上，$\dfrac{\mathrm{d}_tu^i}{\mathrm{d}t}\boldsymbol{g}_i$ 中的哑指标$i$ 是束缚哑指标，$\dfrac{\mathrm{d}_tu^i}{\mathrm{d}t}\boldsymbol{g}_i$ 也不是实体矢量。

特别要强调的是，虽然矢量的物质导数$\left(\dfrac{\mathrm{d}_t\boldsymbol{u}}{\mathrm{d}t}\right)$仍然是矢量，但矢量分量的物质导数$\left(\dfrac{\mathrm{d}_tu^i}{\mathrm{d}t}\right)$却不是矢量分量。

实际上，Euler 描述下，任何非 0-指标广义分量$(\cdot)$的物质导数$\dfrac{\mathrm{d}_t(\cdot)}{\mathrm{d}t}$，都不是广义分量。借用数学中集合的概念：所有的广义分量，构成了广义分量集合。遗憾的是，集合中诸元素的物质导数，一般不再是该集合中的元素。

这再次确认了第 11 章中的观念：物质导数破坏了协变性。因此，物质导数$\dfrac{\mathrm{d}_t(\cdot)}{\mathrm{d}t}$确实不是个“好概念”。当然，这个判断并不出人预料，因为物质导数$\dfrac{\mathrm{d}_t(\cdot)}{\mathrm{d}t}$就是定义在物质点上的对时间的偏导数$\left.\dfrac{\partial(\cdot)}{\partial t}\right|_{\xi^p}$。

第 11 章已经给出 Euler 基矢量的物质导数之“值”：

$$\frac{\mathrm{d}_t\boldsymbol{g}_i}{\mathrm{d}t}=\boldsymbol{g}_j\Gamma_{im}^jv^m,\qquad \frac{\mathrm{d}_t\boldsymbol{g}^i}{\mathrm{d}t}=-\boldsymbol{g}^j\Gamma_{jm}^iv^m \tag{12.7}$$

将式(12.7)代入式(12.6)，可得

$$\frac{\mathrm{d}_t\boldsymbol{u}}{\mathrm{d}t}=\frac{\mathrm{d}_tu^i}{\mathrm{d}t}\boldsymbol{g}_i+u^i\frac{\mathrm{d}_t\boldsymbol{g}_i}{\mathrm{d}t}=\frac{\mathrm{d}_tu^i}{\mathrm{d}t}\boldsymbol{g}_i+u^i\boldsymbol{g}_j\Gamma_{im}^jv^m$$

$$=\left(\frac{\mathrm{d}_t u^i}{\mathrm{d}t}+u^k\Gamma^i_{km}v^m\right)\boldsymbol{g}_i$$
$$=(\nabla_t u^i)\boldsymbol{g}_i \tag{12.8}$$

其中

$$\nabla_t u^i \triangleq \frac{\mathrm{d}_t u^i}{\mathrm{d}t}+u^k\Gamma^i_{km}v^m \tag{12.9}$$

$\nabla_t u^i$ 被称为矢量的逆变分量 $u^i$ 对时间参数 $t$ 的协变导数。请读者注意，$\nabla_t u^i$ 与 $\boldsymbol{g}_i$ 广义对偶不变地生成了矢量$\frac{\mathrm{d}_t\boldsymbol{u}}{\mathrm{d}t}$。式(12.9)右端，$\frac{\mathrm{d}_t u^i}{\mathrm{d}t}$中的指标 $i$ 是束缚指标；$u^k\Gamma^i_{km}v^m$ 中的指标 $i$ 是束缚指标，哑指标 $k$ 是束缚哑指标，哑指标 $m$ 是自由哑指标。$\frac{\mathrm{d}_t u^i}{\mathrm{d}t}$和 $u^k\Gamma^i_{km}v^m$ 都不是矢量分量，但二者的代数和，却是矢量分量。

再看式(12.5)的第二个等式。同理可得

$$\frac{\mathrm{d}_t\boldsymbol{u}}{\mathrm{d}t}=(\nabla_t u_i)\boldsymbol{g}^i \tag{12.10}$$

其中

$$\nabla_t u_i \triangleq \frac{\mathrm{d}_t u_i}{\mathrm{d}t}-u_k\Gamma^k_{im}v^m \tag{12.11}$$

$\nabla_t u_i$ 被称为矢量的协变分量 $u_i$ 对时间参数 $t$ 的协变导数[13]。请读者注意，$\nabla_t u_i$ 与 $\boldsymbol{g}^i$ 广义对偶不变地生成了矢量$\frac{\mathrm{d}_t\boldsymbol{u}}{\mathrm{d}t}$。式(12.11)右端，$\frac{\mathrm{d}_t u_i}{\mathrm{d}t}$中的指标 $i$ 是束缚指标；$-u_k\Gamma^k_{im}v^m$ 中的指标 $i$ 是束缚指标，哑指标 $k$ 是束缚哑指标，哑指标 $m$ 是自由哑指标。$\frac{\mathrm{d}_t u_i}{\mathrm{d}t}$和 $-u_k\Gamma^k_{im}v^m$ 都不是矢量分量，但二者的代数和，却是矢量分量。

## 12.2 对时间 $t$ 的协变导数与全导数之关系

特别要说明的是，在经典张量分析中，已经有非常成熟的概念，即“全导数”。矢量的逆变分量 $u^i$ 的全导数$\frac{\mathrm{D}u^i}{\mathrm{D}t}$定义为

$$\frac{\mathrm{D}u^i}{\mathrm{D}t}\triangleq\frac{\mathrm{d}_t u^i}{\mathrm{d}t}+u^k\Gamma^i_{km}v^m \tag{12.12}$$

对比式(12.12)和式(12.9)，显然有

$$\nabla_t u^i \equiv \frac{\mathrm{D}u^i}{\mathrm{D}t} \tag{12.13}$$

同样，矢量的协变分量 $u_i$ 的全导数$\frac{\mathrm{D}u_i}{\mathrm{D}t}$定义为

$$\frac{\mathrm{D}u_i}{\mathrm{D}t} \triangleq \frac{\mathrm{d}_t u_i}{\mathrm{d}t} - u_k \Gamma_{im}^k v^m \tag{12.14}$$

对比式(12.14)和式(12.11),显然有

$$\nabla_t u_i \equiv \frac{\mathrm{D}u_i}{\mathrm{D}t} \tag{12.15}$$

看到式(12.13)和式(12.15),读者会有想法。但在提出想法之前,先追究一下全导数的涵义。

由式(12.4)可知,逆变分量 $u^i$ 是混态函数,自变量中既有显含的时间参数 $t$,又有隐含的时间参数 $t$。而物质导数$\frac{\mathrm{d}_t u^i}{\mathrm{d}t}$,则含有对 $u^i$ 中的全体时间参数 $t$ 求导之意。注意到,$\frac{\mathrm{D}u^i}{\mathrm{D}t}$中,既有$\frac{\mathrm{d}_t u^i}{\mathrm{d}t}$,又有 $u^k \Gamma_{km}^i v^m$,而 $u^k \Gamma_{km}^i v^m$ 则是来自基矢量对时间 $t$ 的导数。显然,全导数$\frac{\mathrm{D}u^i}{\mathrm{D}t}$的表达式中,不仅包含了 $u^i$ 中的全体时间参数 $t$ 的影响,而且包含了基矢量中的时间参数 $t$ 的影响。由此看出,全导数之“全”的涵义,极其深刻。当年先驱们提出这个概念,可谓用心良苦。

现在我们回归读者的想法。式(12.13)和式(12.15)表明,矢量分量对时间参数 $t$ 的协变导数,与矢量分量的全导数,是同一个概念。读者肯定会产生疑问:既然说的是同一回事,何必叠床架屋,引入新名词和新符号呢?

这是个好问题。然而,需要说明的是,问题是在本章中提出来的,答案却不在本章,而在下一章。虽然答案不在本章,但这里可以提前作答:之所以舍弃全导数$\frac{\mathrm{D}(\cdot)}{\mathrm{D}t}$,代之以对时间 $t$ 的协变导数$\nabla_t(\cdot)$,是因为全导数$\frac{\mathrm{D}(\cdot)}{\mathrm{D}t}$不具有扩张的潜力。相反,对时间 $t$ 的协变导数$\nabla_t(\cdot)$具有巨大的扩张潜力。换言之,$\frac{\mathrm{D}(\cdot)}{\mathrm{D}t}$一经定义,逻辑过程便告终结,而$\nabla_t(\cdot)$一经定义,便可开辟新的道路。更重要的是,作为时间协变导数的$\nabla_t(\cdot)$,与作为空间协变导数的$\nabla_m(\cdot)$,形成了完美的时空对应。对时间的协变性思想,与对空间的协变性思想,形成了精准的思想传承。

注意到,对时间 $t$ 的协变导数$\nabla_t(\cdot)$是对 Euler 分量定义的,或者说,只有 Euler 分量才可以对时间参数 $t$ 求协变导数。别的几何量,到目前为止,尚无法对时间 $t$ 求协变导数。

如上所述,$\nabla_t u^i$ 和$\nabla_t u_i$ 都是矢量$\frac{\mathrm{d}_t \boldsymbol{u}}{\mathrm{d}t}$的分量,因此我们说,$\nabla_t u^i$ 和$\nabla_t u_i$ 必然满足 Ricci 变换,必然具有协变性。

## 12.3 张量分量对时间的协变导数

上述思想可以从矢量扩展到张量。Euler 描述下，二阶张量场 $\boldsymbol{T}$ 一般具有“隐含/显含参数 $t$”的函数形态，即为混态函数：

$$\boldsymbol{T}=\boldsymbol{T}\left[x^{m}(\hat{\xi}^{p},t),t\right] \tag{12.16}$$

Euler 基矢量下，其分解式为

$$\boldsymbol{T}=T^{ij}\boldsymbol{g}_{i}\boldsymbol{g}_{j}=T_{ij}\boldsymbol{g}^{i}\boldsymbol{g}^{j}=T_{i}^{\cdot j}\boldsymbol{g}^{i}\boldsymbol{g}_{j}=T_{\cdot j}^{i}\boldsymbol{g}_{i}\boldsymbol{g}^{j} \tag{12.17}$$

可以推知，张量分量应具有“隐含/显含参数 $t$”的函数形态，即为混态函数：

$$T^{ij}=T^{ij}\left[x^{m}(\hat{\xi}^{p},t),t\right],\quad T_{ij}=T_{ij}\left[x^{m}(\hat{\xi}^{p},t),t\right] \tag{12.18}$$

式(12.17)中，尽管 Euler 分量和 Euler 基矢量都随时间变化，但广义对偶不变性和表观形式不变性在任意时刻都成立。Euler 自然标架下，广义对偶不变性和表观形式不变性，确保了张量的协变性。

我们可以求张量场 $\boldsymbol{T}$ 对时间参数 $t$ 的物质导数：

$$\frac{\mathrm{d}_{t}\boldsymbol{T}}{\mathrm{d}t}=\frac{\mathrm{d}_{t}}{\mathrm{d}t}(T^{ij}\boldsymbol{g}_{i}\boldsymbol{g}_{j})=\frac{\mathrm{d}_{t}}{\mathrm{d}t}(T_{ij}\boldsymbol{g}^{i}\boldsymbol{g}^{j}) \tag{12.19}$$

先看式(12.19)的第一个等式：

$$\frac{\mathrm{d}_{t}\boldsymbol{T}}{\mathrm{d}t}=\frac{\mathrm{d}_{t}}{\mathrm{d}t}(T^{ij}\boldsymbol{g}_{i}\boldsymbol{g}_{j})=\frac{\mathrm{d}_{t}T^{ij}}{\mathrm{d}t}\boldsymbol{g}_{i}\boldsymbol{g}_{j}+T^{ij}\frac{\mathrm{d}_{t}\boldsymbol{g}_{i}}{\mathrm{d}t}\boldsymbol{g}_{j}+T^{ij}\boldsymbol{g}^{i}\frac{\mathrm{d}_{t}\boldsymbol{g}_{j}}{\mathrm{d}t} \tag{12.20}$$

将式(12.7)代入式(12.20)，可得

$$\begin{aligned}\frac{\mathrm{d}_{t}\boldsymbol{T}}{\mathrm{d}t}&=\frac{\mathrm{d}_{t}T^{ij}}{\mathrm{d}t}\boldsymbol{g}_{i}\boldsymbol{g}_{j}+T^{ij}\Gamma_{im}^{k}v^{m}\boldsymbol{g}_{k}\boldsymbol{g}_{j}+T^{ij}\Gamma_{jm}^{k}v^{m}\boldsymbol{g}_{i}\boldsymbol{g}_{k}\\&=\left(\frac{\mathrm{d}_{t}T^{ij}}{\mathrm{d}t}+T^{kj}\Gamma_{km}^{i}v^{m}+T^{ik}\Gamma_{km}^{j}v^{m}\right)\boldsymbol{g}_{i}\boldsymbol{g}_{j}\end{aligned} \tag{12.21}$$

式(12.21)进一步简写成：

$$\frac{\mathrm{d}_{t}\boldsymbol{T}}{\mathrm{d}t}=(\nabla_{t}T^{ij})\boldsymbol{g}_{i}\boldsymbol{g}_{j} \tag{12.22}$$

其中

$$\nabla_{t}T^{ij}\triangleq\frac{\mathrm{d}_{t}T^{ij}}{\mathrm{d}t}+T^{kj}\Gamma_{km}^{i}v^{m}+T^{ik}\Gamma_{km}^{j}v^{m} \tag{12.23}$$

$\nabla_{t}T^{ij}$ 被称为张量的逆变分量 $T^{ij}$ 对时间参数 $t$ 的协变导数[13]。$\nabla_{t}T^{ij}$ 与 $\boldsymbol{g}_{i}\boldsymbol{g}_{j}$ 广义对偶不变地生成了 $\frac{\mathrm{d}_{t}\boldsymbol{T}}{\mathrm{d}t}$。式(12.23)右端，哑指标 $k$ 是束缚哑指标，哑指标 $m$ 是自由哑指标。

再看式(12.19)的第二个等式。同理可得

$$\frac{\mathrm{d}_t \boldsymbol{T}}{\mathrm{d}t} = (\nabla_t T_{ij}) \boldsymbol{g}^i \boldsymbol{g}^j \tag{12.24}$$

其中

$$\nabla_t T_{ij} \triangleq \frac{\mathrm{d}_t T_{ij}}{\mathrm{d}t} - T_{kj} \Gamma_{im}^k v^m - T_{ik} \Gamma_{jm}^k v^m \tag{12.25}$$

$\nabla_t T_{ij}$ 被称为张量的协变分量 $T_{ij}$ 对时间参数 $t$ 的协变导数。$\nabla_t T_{ij}$ 与 $\boldsymbol{g}^i \boldsymbol{g}^j$ 广义对偶不变地生成了$\frac{\mathrm{d}_t \boldsymbol{T}}{\mathrm{d}t}$。式(12.25)右端，哑指标 $k$ 是束缚哑指标，哑指标 $m$ 是自由哑指标。

注意到，张量分析中，张量的逆变分量 $T^{ij}$ 的全导数$\frac{\mathrm{D}T^{ij}}{\mathrm{D}t}$定义为

$$\frac{\mathrm{D}T^{ij}}{\mathrm{D}t} \triangleq \frac{\mathrm{d}_t T^{ij}}{\mathrm{d}t} + T^{kj} \Gamma_{km}^i v^m + T^{ik} \Gamma_{km}^j v^m \tag{12.26}$$

对比式(12.23)和式(12.26)，显然有

$$\nabla_t T^{ij} \equiv \frac{\mathrm{D}T^{ij}}{\mathrm{D}t} \tag{12.27}$$

张量的协变分量 $T_{ij}$ 的全导数$\frac{\mathrm{D}T_{ij}}{\mathrm{D}t}$定义为

$$\frac{\mathrm{D}T_{ij}}{\mathrm{D}t} \triangleq \frac{\mathrm{d}_t T_{ij}}{\mathrm{d}t} - T_{kj} \Gamma_{im}^k v^m - T_{ik} \Gamma_{jm}^k v^m \tag{12.28}$$

对比式(12.25)和式(12.28)，显然有

$$\nabla_t T_{ij} \equiv \frac{\mathrm{D}T_{ij}}{\mathrm{D}t} \tag{12.29}$$

同样，由于张量分量的全导数不具有扩张的潜力，故予以扬弃。本章后续的内容将不再涉及张量分量的全导数概念。

不难证实，式(12.23)、式(12.26)右端的三项中，每一项都含有束缚指标或束缚哑指标，每一项都不是张量分量，但由于$\frac{\mathrm{d}_t \boldsymbol{T}}{\mathrm{d}t}$是二阶张量，故三项组合起来得到的协变导数$\nabla_t T^{ij}$ 和$\nabla_t T_{ij}$，都是二阶张量$\frac{\mathrm{d}_t \boldsymbol{T}}{\mathrm{d}t}$的分量，都具有协变性，都满足 Ricci 变换。

对于混变分量 $T_i^{\cdot j}$ 和 $T^i_{\cdot j}$，请读者自己证实，其对时间 $t$ 的协变导数，可以定义为如下形式：

$$\nabla_t T_i^{\cdot j} \triangleq \frac{\mathrm{d}_t T_i^{\cdot j}}{\mathrm{d}t} - T_k^{\cdot j} \Gamma_{im}^k v^m + T_i^{\cdot k} \Gamma_{km}^j v^m \tag{12.30}$$

$$\nabla_t T^i_{\cdot j} \triangleq \frac{\mathrm{d}_t T^i_{\cdot j}}{\mathrm{d}t} + T^k_{\cdot j} \Gamma_{km}^i v^m - T^i_{\cdot k} \Gamma_{jm}^k v^m \tag{12.31}$$

$\nabla_t T_i^{\cdot j}$ 和$\nabla_t T^i_{\cdot j}$ 都是张量$\dfrac{\mathrm{d}_t \boldsymbol{T}}{\mathrm{d}t}$的混变分量，即

$$\frac{\mathrm{d}_t \boldsymbol{T}}{\mathrm{d}t} = (\nabla_t T_i^{\cdot j})\boldsymbol{g}^i \boldsymbol{g}_j - (\nabla_t T^i_{\cdot j})\boldsymbol{g}_i \boldsymbol{g}^j$$

自此，张量的 Euler 分量对时间 $t$ 的协变导数，有定义了。

Euler 空间域中，对坐标的协变导数$\nabla_m(\cdot)$的定义式，有结构模式或结构律。同样，Euler 时间域中，对时间的协变导数$\nabla_t(\cdot)$的定义式，同样有结构模式或结构律，请读者归纳其中的结构模式或结构律。

## 12.4　度量张量分量对时间参数的协变导数

度量张量分量 $g^{ij}$ 和 $g_{ij}$ 等是特殊的二阶张量分量，其对时间参数 $t$ 的协变导数由式(12.23)、式(12.25)、式(12.30)、式(12.31)定义得

$$\nabla_t g^{ij} \triangleq \frac{\mathrm{d}_t g^{ij}}{\mathrm{d}t} + g^{kj}\Gamma^i_{km}v^m + g^{ik}\Gamma^j_{km}v^m, \quad \nabla_t g_{ij} \triangleq \frac{\mathrm{d}_t g_{ij}}{\mathrm{d}t} - g_{kj}\Gamma^k_{im}v^m - g_{ik}\Gamma^k_{jm}v^m$$

$$\nabla_t g^j_i \triangleq \frac{\mathrm{d}_t g^j_i}{\mathrm{d}t} - g^j_k\Gamma^k_{im}v^m + g^k_i\Gamma^j_{km}v^m, \quad \nabla_t g^i_j \triangleq \frac{\mathrm{d}_t g^i_j}{\mathrm{d}t} + g^k_j\Gamma^i_{km}v^m - g^i_k\Gamma^k_{jm}v^m \tag{12.32}$$

第 11 章已经导出度量张量分量的物质导数$\dfrac{\mathrm{d}_t g_{ij}}{\mathrm{d}t}$等的计算式。将$\dfrac{\mathrm{d}_t g_{ij}}{\mathrm{d}t}$等的计算式与式(12.32)结合，立即可以导出：

$$\nabla_t g^{ij} = 0, \quad \nabla_t g_{ij} = 0, \quad \nabla_t g^j_i = 0, \quad \nabla_t g^i_j = 0 \tag{12.33}$$

显然，与物质导数$\dfrac{\mathrm{d}_t(\cdot)}{\mathrm{d}t}$相比，时间协变导数$\nabla_t(\cdot)$具有巨大的优越性：度量张量分量的物质导数不全为零，而其时间协变导数却全为零。

由此我们有命题：

度量张量分量，即 $g_{ij}, g^{ij}, g^j_i, g^i_j$，都可以自由进出狭义协变导数$\nabla_t(\cdot)$。

请读者比较空间域中相应的命题，可立即感受到其中的奥妙之所在。

## 12.5　张量的杂交分量对时间的协变导数

张量的分解式，可以表达在老的 Euler 坐标系下，也可表达在新的 Euler 坐标系下，还可以表达在新老杂交的 Euler 坐标系下：

$$\boldsymbol{T} = T^{ij'}\boldsymbol{g}_i\boldsymbol{g}_{j'} = T_{ij'}\boldsymbol{g}^i\boldsymbol{g}^{j'} = T_i^{\cdot j'}\boldsymbol{g}^i\boldsymbol{g}_{j'} = T^i_{\cdot j'}\boldsymbol{g}_i\boldsymbol{g}^{j'} \tag{12.34}$$

杂交分量作为混态函数，具有如下函数形态：

$$T^{ij'} = T^{ij'}[x^m(\hat{\xi}^p, t), t], \quad T_{ij'} = T_{ij'}[x^m(\hat{\xi}^p, t), t] \tag{12.35}$$

或者

$$T^{ij'}=T^{ij'}[x^{m'}(\hat{\xi}^p,t),t],\quad T_{ij'}=T_{ij'}[x^{m'}(\hat{\xi}^p,t),t] \tag{12.36}$$

式(12.35)和式(12.36)实际上是同一个式子。杂交分量 $T^{ij'}$ 和 $T_{ij'}$ 定义在物质点 $\hat{\xi}^p$ 上，而 $t$ 时刻物质点 $\hat{\xi}^p$ 占据的空间位置，既可以用老的 Euler 坐标 $x^m$ 描述，也可以用新的 Euler 坐标 $x^{m'}$ 刻画。换言之，$T^{ij'}$ 和 $T_{ij'}$ 作为混态函数，既可以用式(12.35)表示，又可以用式(12.36)表达。

新坐标 $x^{m'}$ 之下，新 Euler 基矢量的物质导数计算式为

$$\frac{\mathrm{d}_t\boldsymbol{g}_{i'}}{\mathrm{d}t}=\boldsymbol{g}_{j'}\Gamma^{j'}_{i'm'}v^{m'},\quad \frac{\mathrm{d}_t\boldsymbol{g}^{i'}}{\mathrm{d}t}=-\boldsymbol{g}^{j'}\Gamma^{i'}_{j'm'}v^{m'} \tag{12.37}$$

式(12.34)的第一个等式求物质导数得

$$\frac{\mathrm{d}_t\boldsymbol{T}}{\mathrm{d}t}=\frac{\mathrm{d}_t(T^{ij'}\boldsymbol{g}_i\boldsymbol{g}_{j'})}{\mathrm{d}t}=\frac{\mathrm{d}_tT^{ij'}}{\mathrm{d}t}\boldsymbol{g}_i\boldsymbol{g}_{j'}+T^{ij'}\frac{\mathrm{d}_t\boldsymbol{g}_i}{\mathrm{d}t}\boldsymbol{g}_{j'}+T^{ij'}\boldsymbol{g}_i\frac{\mathrm{d}_t\boldsymbol{g}_{j'}}{\mathrm{d}t} \tag{12.38}$$

将式(12.37)代入式(12.38)得

$$\begin{aligned}\frac{\mathrm{d}_t\boldsymbol{T}}{\mathrm{d}t}&=\frac{\mathrm{d}_tT^{ij'}}{\mathrm{d}t}\boldsymbol{g}_i\boldsymbol{g}_{j'}+T^{ij'}(\boldsymbol{g}_k\Gamma^k_{im}v^m)\boldsymbol{g}_{j'}+T^{ij'}\boldsymbol{g}_i(\boldsymbol{g}_{k'}\Gamma^{k'}_{j'm'}v^{m'})\\&=\left(\frac{\mathrm{d}_tT^{ij'}}{\mathrm{d}t}+T^{kj'}\Gamma^k_{km}v^m+T^{ik'}\Gamma^{j'}_{k'm'}v^{m'}\right)\boldsymbol{g}_i\boldsymbol{g}_{j'}\\&=(\nabla_tT^{ij'})\boldsymbol{g}_i\boldsymbol{g}_{j'}\end{aligned} \tag{12.39}$$

其中

$$\nabla_tT^{ij'}\triangleq\frac{\mathrm{d}_tT^{ij'}}{\mathrm{d}t}+T^{kj'}\Gamma^i_{km}v^m+T^{ik'}\Gamma^{j'}_{k'm'}v^{m'} \tag{12.40}$$

比较式(12.40)和式(12.23)，可以看出，$\nabla_tT^{ij'}$ 和$\nabla_tT^{ij}$ 的定义式，在表观形式上，完全一致。式(12.39)中，$\nabla_tT^{ij'}$ 与 $\boldsymbol{g}_i\boldsymbol{g}_{j'}$ 广义对偶不变地生成了$\dfrac{\mathrm{d}_t\boldsymbol{T}}{\mathrm{d}t}$。

同理可得

$$\frac{\mathrm{d}_t\boldsymbol{T}}{\mathrm{d}t}=(\nabla_tT_{ij'})\boldsymbol{g}^i\boldsymbol{g}^{j'} \tag{12.41}$$

其中

$$\nabla_tT_{ij'}\triangleq\frac{\mathrm{d}_tT_{ij'}}{\mathrm{d}t}-T_{kj'}\Gamma^k_{im}v^m-T_{ik'}\Gamma^{k'}_{j'm'}v^{m'} \tag{12.42}$$

式(12.41)中，$\nabla_tT_{ij'}$ 与 $\boldsymbol{g}^i\boldsymbol{g}^{j'}$ 广义对偶不变地生成了$\dfrac{\mathrm{d}_t\boldsymbol{T}}{\mathrm{d}t}$。

请读者自己推导，对于张量的杂交混变分量的时间协变导数，可定义如下：

$$\nabla_tT_i^{\cdot j'}\triangleq\frac{\mathrm{d}_tT_i^{\cdot j'}}{\mathrm{d}t}-T_k^{\cdot j'}\Gamma^k_{im}v^m+T_i^{\cdot k'}\Gamma^{j'}_{k'm'}v^{m'} \tag{12.43}$$

$$\nabla_t T^{i}_{\cdot j'} \triangleq \frac{\mathrm{d}_t T^{i}_{\cdot j'}}{\mathrm{d}t} + T^{k}_{\cdot j'} \Gamma^{i}_{km} v^m - T^{i}_{\cdot k'} \Gamma^{k'}_{j'm'} v^{m'} \tag{12.44}$$

$\nabla_t T_i^{\cdot j'}$, $\nabla_t T^{i}_{\cdot j'}$ 也被称为张量的杂交分量对时间 $t$ 的狭义协变导数。它们都是二阶张量 $\frac{\mathrm{d}_t \boldsymbol{T}}{\mathrm{d}t}$ 的 Euler 杂交分量：

$$\frac{\mathrm{d}_t \boldsymbol{T}}{\mathrm{d}t} = (\nabla_t T_i^{\cdot j'}) \boldsymbol{g}^i \boldsymbol{g}_{j'} = (\nabla_t T^{i}_{\cdot j'}) \boldsymbol{g}_i \boldsymbol{g}^{j'}$$

作为张量 $\frac{\mathrm{d}_t \boldsymbol{T}}{\mathrm{d}t}$ 的杂交分量，$\nabla_t T^{ij'}$ 等必然满足 Ricci 变换，必然具有协变性。

式(12.40)、式(12.42)、式(12.43)、式(12.44)右端，哑指标 $k$ 和 $k'$ 都是束缚哑指标，哑指标 $m$ 和 $m'$ 都是自由哑指标。右端每一项都含有束缚(哑)指标，都不是张量的杂交分量，但其代数和，却是张量的杂交分量。

请读者注意诸定义式中的结构模式。

## 12.6 度量张量的杂交分量对时间参数的协变导数

度量张量的分解式可以表达在新老杂交坐标系下：

$$\boldsymbol{G} = g^{ij'} \boldsymbol{g}_i \boldsymbol{g}_{j'} = g_{ij'} \boldsymbol{g}^i \boldsymbol{g}^{j'} = \boldsymbol{g}_i^{\cdot j'} \boldsymbol{g}^i \boldsymbol{g}_{j'} = g^{i}_{\cdot j'} \boldsymbol{g}_i \boldsymbol{g}^{j'} \tag{12.45}$$

度量张量的杂交分量，作为二阶杂交分量的特例，其对时间 $t$ 的协变导数，可借助式(12.40)、式(12.42)～式(12.44)定义为

$$\nabla_t g^{ij'} \triangleq \frac{\mathrm{d}_t g^{ij'}}{\mathrm{d}t} + g^{kj'} \Gamma^{i}_{km} v^m + g^{ik'} \Gamma^{j'}_{k'm'} v^{m'},$$

$$\nabla_t g_{ij'} \triangleq \frac{\mathrm{d}_t g_{ij'}}{\mathrm{d}t} - g_{kj'} \Gamma^{k}_{im} v^m - g_{ik'} \Gamma^{k'}_{j'm'} v^{m'}$$

$$\nabla_t g^{j'}_{i} \triangleq \frac{\mathrm{d}_t g^{j'}_{i}}{\mathrm{d}t} - g^{j'}_{k} \Gamma^{k}_{im} v^m + g^{k'}_{i} \Gamma^{j'}_{k'm'} v^{m'},$$

$$\nabla_t g^{i}_{j'} \triangleq \frac{\mathrm{d}_t g^{i}_{j'}}{\mathrm{d}t} + g^{k}_{j'} \Gamma^{i}_{km} v^m - g^{i}_{k'} \Gamma^{k'}_{j'm'} v^{m'} \tag{12.46}$$

第 11 章已经导出度量张量杂交分量的物质导数 $\frac{\mathrm{d}_t g_{ij'}}{\mathrm{d}t}$ 等的计算式。将 $\frac{\mathrm{d}_t g_{ij'}}{\mathrm{d}t}$ 等的计算式与式(12.46)结合，可以导出：

$$\nabla_t g^{ij'} = 0, \quad \nabla_t g_{ij'} = 0, \quad \nabla_t g^{j'}_{i} = 0, \quad \nabla_t g^{i}_{j'} = 0 \tag{12.47}$$

式(12.47)与式(12.33)一脉相承：度量张量的任何分量，对时间 $t$ 的协变导数均为零。

比较 12.4 节和 12.6 节，可以看出，度量张量分量以及度量张量杂交分量，对时间 $t$ 的协变导数，解析结构相似，指标变换规律一致，计算结果相同。

由此我们有命题：

度量张量的杂交分量，即 $g_{ij'}, g^{ij'}, g^{i}_{j'}, g^{j'}_{i}$，都可以自由进出狭义协变导数 $\nabla_t(\cdot)$。

## 12.7 对时间的狭义协变导数与时间域上的联络概念

借鉴微分几何学中的名词，第 4 章将空间域上的经典协变导数 $\nabla_m(\cdot)$ 称为“联络”，将 Christoffel 符号 $\Gamma^k_{jm}$ 称为“联络系数”。类似地，我们将狭义协变导数 $\nabla_t(\cdot)$ 也称为“联络”，将 $\Gamma^k_{jm}v^m$ 也称为“联络系数”。

为了便于区分，作者建议，将经典协变导数 $\nabla_m(\cdot)$ 称为“Euler 空间域上的联络”，将 Christoffel 符号 $\Gamma^k_{jm}$ 称为“Euler 空间域上的联络系数”；将狭义协变导数 $\nabla_t(\cdot)$ 称为“Euler 时间域上的联络”，将 $\Gamma^k_{jm}v^m$ 称为“Euler 时间域上的联络系数”。

Euler 空间域上的联络，刻画了 Euler 空间点的邻域内函数的相互关联。类似地，Euler 时间域上的联络，描述了 Euler 时间点的邻域内函数的相互关联。

为了追寻空间域和时间域上相关概念名称上的一致性，我们不遗余力。这样做并非多余，而是为了更清晰地揭示 Euler 时空的结构性、对称性和统一性。

## 12.8 本章注释

对时间的狭义协变导数 $\nabla_t(\cdot)$，将为对时间的广义协变导数 $\nabla_t(\cdot)$ 的定义，提供参照的模板。这个基本思想，在上篇中已经得到系统的展示——对坐标的狭义协变导数 $\nabla_m(\cdot)$，为坐标的广义协变导数 $\nabla_m(\cdot)$ 的定义，提供了参照的模板。

狭义协变导数 $\nabla_t(\cdot)$ 具有很漂亮的性质，但本章暂不涉及。理由如下：狭义协变导数 $\nabla_t(\cdot)$ 只是广义协变导数 $\nabla_t(\cdot)$ 的特例，因此，狭义协变导数 $\nabla_t(\cdot)$ 具有的性质，广义协变导数 $\nabla_t(\cdot)$ 都具备。而广义协变导数 $\nabla_t(\cdot)$ 的性质，会在下一章中系统介绍。

Euler 分量对时间的狭义协变导数 $\nabla_t(\cdot)$，是 Euler 描述下时间域上的微分学与协变微分学的分水岭。

Euler 分量的狭义协变导数 $\nabla_t(\cdot)$，其协变性，由诸多因素有机组合而成。例如，由 $\nabla_t T_i^{\cdot j}$ 的定义式（式(12.30)）可知，$\nabla_t T_i^{\cdot j}$ 的协变性，取决于如下因素的组合：一是张量本身，即 $T_i^{\cdot j}$；二是时间变化率，即 $\frac{\mathrm{d}_t(\cdot)}{\mathrm{d}t}$；三是 Euler 空间的本征几何量，即 $\Gamma^k_{jm}$；四是物质点的运动速度，即 $v^m$。其中，$\Gamma^k_{jm}$ 和 $v^m$ 可以组合成 $\Gamma^k_{jm}v^m$，即 Euler 时间域上的联络系数。

再次强调上述章节提及的现象：Euler 描述下，物质导数 $\frac{\mathrm{d}_t(\cdot)}{\mathrm{d}t}$ 损害了协变

性。例如，张量分量 $T_{ij}$ 具有协变性，但其物质导数 $\frac{\mathrm{d}_t T_{ij}}{\mathrm{d}t}$，却丧失了协变性，不满足 Ricci 变换。实际上，分量集合中的任何元素（•），经 $\frac{\mathrm{d}_t(\cdot)}{\mathrm{d}t}$ 作用后，就不再是该集合中的元素。这个观念，十分要紧。

Euler 描述下，由于物质导数 $\frac{\mathrm{d}_t(\cdot)}{\mathrm{d}t}$ 劣化了协变性，故应慎用于物理学和力学。劣化协变性的因素，都体现在协变导数 $\nabla_t(\cdot)$ 的定义式中了。其中的关键性因素，都组合在联络系数 $\Gamma_{jm}^{k} v^{m}$ 中了。于是，我们有如下基本判断：Euler 坐标线越弯曲，$\Gamma_{jm}^{k}$ 的值越大，$\frac{\mathrm{d}_t(\cdot)}{\mathrm{d}t}$ 的协变性越差；连续体中物质点的运动速度 $v^{m}$ 越大，$\frac{\mathrm{d}_t(\cdot)}{\mathrm{d}t}$ 的协变性越差。

流体力学或气动力学中的超高速流动，固体力学中的高速冲击，都是伴随着物质点的高速运动。此时，更要慎用物质导数 $\frac{\mathrm{d}_t(\cdot)}{\mathrm{d}t}$。另外，当我们建立速率敏感介质的本构方程时，尤其要慎用物质导数 $\frac{\mathrm{d}_t(\cdot)}{\mathrm{d}t}$。

由此可知，当年先驱们付出巨大代价，以寻求具有客观性的率形式的导数，实乃不得已之举。

# 第13章 Euler描述下广义分量对时间的广义协变导数

第 12 章分析了 Euler 时空 $x^m \sim t$ 的狭义协变性。具体地讲，简要提及了 Euler 空间域的狭义协变性，重点分析了 Euler 时间域的狭义协变性。本章将继续推进，借助公理化思想，将 Euler 时空 $x^m \sim t$ 的狭义协变性，延拓到广义协变性。

Euler 时空 $x^m \sim t$ 的广义协变性，与其狭义协变性类似，也包括了两个分支，一个是 Euler 空间域的广义协变性，另一个是 Euler 时间域的广义协变性。

Euler 空间域的广义协变性，与静态空间域的广义协变性，一脉相承；Euler 空间域中的广义协变微分学，与静态空间域的广义协变微分学，完全一致。因此，借助 Euler 空间域上的协变形式不变性公设，可定义 Euler 广义分量对空间（Euler 坐标 $x^m$）的广义协变导数$\nabla_m(\cdot)$。限于篇幅，本章不再赘述细节。

Euler 时间域的广义协变性，则需要从其狭义协变性，延拓而来。

第 12 章定义了 Euler 分量对时间 $t$ 的狭义协变导数$\nabla_t(\cdot)$。本章进一步将其延拓为“Euler 广义分量对时间 $t$ 的广义协变导数$\nabla_t(\cdot)$”。本章的核心概念，就是“广义协变导数$\nabla_t(\cdot)$”或“广义时间协变导数$\nabla_t(\cdot)$”。

将 Euler 分量对时间 $t$ 的狭义协变导数$\nabla_t(\cdot)$，延拓为 Euler 广义分量对时间 $t$ 的广义协变导数$\nabla_t(\cdot)$，逻辑基础是 Euler 时间域上的协变形式不变性。

广义协变导数是协变形式不变性的产物。协变形式不变性，是 Euler 空间域的不变性，它控制着对 Euler 坐标 $x^m$ 的广义协变导数$\nabla_m(\cdot)$。协变形式不变性，也是时间域的不变性，它控制着对 Euler 时间 $t$ 的广义协变导数$\nabla_t(\cdot)$。

Euler 时间域上的广义协变导数$\nabla_t(\cdot)$，与 Euler 空间域上的广义协变导数$\nabla_m(\cdot)$，具有完全一致的概念生成模式。

## 13.1 对称性的破缺

Euler 分量对时间的狭义协变导数$\nabla_t(\cdot)$的引入，打破了 Euler 时间域上协变微分学内在的对称性。

我们以 Euler 空间域上的协变微分学为参照，说明对称性破缺的含义：Euler 描述下，分量 $u^i$ 和基矢量 $\boldsymbol{g}_i$ 对偶不变地生成了矢量 $\boldsymbol{u}$；同样，$u_i$、$\boldsymbol{g}^i$ 对偶不变地生成了矢量 $\boldsymbol{u}$。广义对偶不变性诱导出如下对称性：

$$u^i \sim \boldsymbol{g}^i, \quad u_i \sim \boldsymbol{g}_i \tag{13.1}$$

与空间域类似，时间域上，式(13.1)所显示的对称性，有两层含义，一层是表观形式上的对称性，另一层是代数变换上的对称性。

上篇涉及协变微分学的两大基本代数变换，即指标升降变换，二是坐标变换。上篇将这两大变换统称为“Ricci 变换”。Ricci 变换是代数变换，虽然诞生于静态空间，但可以顺理成章地推广到动态的 Euler 空间域和时间域——Euler 描述下，在每一个物质点 $\hat{\xi}^p$ 和每一个时刻 $t$，Ricci 变换都成立。于是，在每一个物质点 $\hat{\xi}^p$ 和每一个时刻 $t$，Euler 基矢量和矢量的 Euler 分量都有如下指标升降变换：

$$\boldsymbol{g}_i = g_{ij}\boldsymbol{g}^j, \quad \boldsymbol{g}^j = g^{ji}\boldsymbol{g}_i \tag{13.2}$$

$$u_i = g_{ij}u^j, \quad u^j = g^{ji}u_i \tag{13.3}$$

式(13.2)和式(13.3)展现出漂亮的对称性。

同样，在每一个物质点 $\hat{\xi}^p$ 和每一个时刻 $t$，Euler 基矢量和矢量的 Euler 分量都有如下坐标变换：

$$\boldsymbol{g}_i = g_i^{i'}\boldsymbol{g}_{i'}, \quad \boldsymbol{g}^j = g_{j'}^j\boldsymbol{g}^{j'} \tag{13.4}$$

$$u_i = g_i^{i'}u_{i'}, \quad u^j = g_{j'}^j u^{j'} \tag{13.5}$$

式(13.4)和式(13.5)也显现出优雅的对称性。

然而，随着对时间的狭义协变导数$\nabla_t u^i$ 和$\nabla_t u_i$ 的引入，对称性遭到破坏：

$$\nabla_t u^i \sim ?, \quad \nabla_t u_i \sim ? \tag{13.6}$$

与空间域类似，时间域上，我们也提出问题：式(13.6)中的对称性破缺能否弥补？答案是肯定的。重建的对称性，应构建如下对称的图式：

$$\nabla_t u^i \sim \nabla_t \boldsymbol{g}^i, \quad \nabla_t u_i \sim \nabla_t \boldsymbol{g}_i \tag{13.7}$$

也就是说，有必要引入新概念——Euler 基矢量对时间 $t$ 的协变导数$\nabla_t \boldsymbol{g}^i$ 和$\nabla_t \boldsymbol{g}_i$。

需要强调的是，在 Ricci 学派的协变微分学的思想体系中，$\nabla_t \boldsymbol{g}^i$ 和$\nabla_t \boldsymbol{g}_i$ 并不存在。这一困境，与空间域中遭遇的困境如出一辙：在空间域中，为确保协变微分学的对称性，需要引入 Euler 基矢量对坐标 $x^m$ 的协变导数$\nabla_m \boldsymbol{g}^i$ 和$\nabla_m \boldsymbol{g}_i$。然而，在 Ricci 学派的思想体系中，$\nabla_m \boldsymbol{g}^i$ 和$\nabla_m \boldsymbol{g}_i$ 并不存在。

空间域中,突破困境的利器是公理化思想。时间域中,走出困境的道路仍然是公理化之路。

## 13.2 时间域上的协变形式不变性公设

如上所述,空间域中,借助空间域上的协变形式不变性公设,可将 Euler 分量对坐标 $x^m$ 的经典协变导数$\nabla_m(\cdot)$,延拓为 Euler 广义分量对坐标 $x^m$ 的广义协变导数$\nabla_m(\cdot)$。类似地,本节将借助时间域上的协变形式不变性公设,将 Euler 分量对时间 $t$ 的狭义协变导数$\nabla_t(\cdot)$,延拓为 Euler 广义分量对时间 $t$ 的广义协变导数$\nabla_t(\cdot)$。

Euler 广义分量,是 Euler 分量的拓展,其定义如下:Euler 自然标架下,所有满足 Ricci 变换的几何量,都被称为 Euler 广义分量。例如,Euler 基矢量 $\boldsymbol{g}_i$ 和 $\boldsymbol{g}^j$ 都是 1-指标广义分量的典型案例,Euler 基矢量之间的广义乘积,即 $\boldsymbol{g}_i\otimes\boldsymbol{g}_j$,$\boldsymbol{g}^i\otimes\boldsymbol{g}^j$,$\boldsymbol{g}_i\otimes\boldsymbol{g}^j$,$\boldsymbol{g}^i\otimes\boldsymbol{g}_j$,都是 2-指标广义分量的典型案例。其中,"$\otimes$"可以是内积"$\cdot$"、外积"$\times$"和并积。

类似于空间域,时间域上的协变形式不变性公设[13],含义如下:

Euler 广义分量对时间 $t$ 的广义协变导数,与 Euler 分量对时间 $t$ 的狭义协变导数,在表观形式上都完全一致。

请读者比较时间域中的公设与空间域中的公设,可以发现,二者本质上完全相同,都是协变形式不变性。换言之,协变形式不变性,不仅是空间域上广义协变微分学的逻辑基础,也是时间域上广义协变微分学的逻辑基础。

本章规定:对时间 $t$ 的广义协变导数与狭义协变导数,共享符号$\nabla_t(\cdot)$。

下面,我们借助上述公设,定义 $n$-指标 Euler 广义分量对时间 $t$ 的广义协变导数。

## 13.3 1-指标广义分量对时间的广义协变导数定义式

先看 1-指标广义分量。Euler 描述下,1-指标广义分量 $\boldsymbol{p}^i$ 和 $\boldsymbol{p}_i$,一般具有如下函数形态:

$$\boldsymbol{p}^i=\boldsymbol{p}^i\left[x^m(\hat{\xi}^p,t),t\right],\quad \boldsymbol{p}_i=\boldsymbol{p}_i\left[x^m(\hat{\xi}^p,t),t\right]\tag{13.8}$$

其对时间的广义协变导数的公理化定义式,可参照前章中狭义协变导数$\nabla_t u^i$ 和 $\nabla_t u_i$ 的定义式,表达为

$$\nabla_t\boldsymbol{p}^i\triangleq\frac{\mathrm{d}_t\boldsymbol{p}^i}{\mathrm{d}t}+\boldsymbol{p}^k\Gamma^i_{km}v^m,\quad \nabla_t\boldsymbol{p}_i\triangleq\frac{\mathrm{d}_t\boldsymbol{p}_i}{\mathrm{d}t}-\boldsymbol{p}_k\Gamma^k_{im}v^m\tag{13.9}$$

式(13.9)两式右端的指标 $i$ 是束缚指标,哑指标 $k$ 是束缚哑指标,哑指标 $m$ 是自

由哑指标。后续的章节会证实：$\nabla_t \boldsymbol{p}^i$ 和$\nabla_t \boldsymbol{p}_i$ 也是 1-指标广义分量。

将式(13.9)中的 1-指标广义分量取为 Euler 基矢量，可得

$$\nabla_t \boldsymbol{g}^i \triangleq \frac{\mathrm{d}_t \boldsymbol{g}^i}{\mathrm{d}t} + \boldsymbol{g}^k \Gamma^i_{km} v^m, \quad \nabla_t \boldsymbol{g}_i \triangleq \frac{\mathrm{d}_t \boldsymbol{g}_i}{\mathrm{d}t} - \boldsymbol{g}_k \Gamma^k_{im} v^m \tag{13.10}$$

比较式(13.10)和前章中的狭义协变导数$\nabla_t u^i$ 和$\nabla_t u_i$，可以看出，式(13.7)所期待的对称性，得以确立。当然，此时的对称性，是具象的对称性，即表观形式上的对称性。抽象的对称性，即代数变换上的对称性，会在下面的章节中述及。

## 13.4 2-指标广义分量对时间的广义协变导数定义式

再看 2-指标广义分量。Euler 描述下，2-指标广义分量 $\boldsymbol{q}^{ij}$ 和 $\boldsymbol{q}_{ij}$，一般具有如下函数形态：

$$\boldsymbol{q}^{ij} = \boldsymbol{q}^{ij}[x^m(\hat{\xi}^p, t), t], \quad \boldsymbol{q}_{ij} = \boldsymbol{q}_{ij}[x^m(\hat{\xi}^p, t), t] \tag{13.11}$$

其对时间的广义协变导数的公理化定义式，可参照前章的狭义协变导数$\nabla_t T^{ij}$ 和$\nabla_t T_{ij}$ 的定义式，表示为

$$\nabla_t \boldsymbol{q}^{ij} \triangleq \frac{\mathrm{d}_t \boldsymbol{q}^{ij}}{\mathrm{d}t} + \boldsymbol{q}^{kj} \Gamma^i_{km} v^m + \boldsymbol{q}^{ik} \Gamma^j_{km} v^m, \quad \nabla_t \boldsymbol{q}_{ij} \triangleq \frac{\mathrm{d}_t \boldsymbol{q}_{ij}}{\mathrm{d}t} - \boldsymbol{q}_{kj} \Gamma^k_{im} v^m - \boldsymbol{q}_{ik} \Gamma^k_{jm} v^m$$

$$\nabla_t \boldsymbol{q}_i^{\cdot j} \triangleq \frac{\mathrm{d}_t \boldsymbol{q}_i^{\cdot j}}{\mathrm{d}t} - \boldsymbol{q}_k^{\cdot j} \Gamma^k_{im} v^m + \boldsymbol{q}_i^{\cdot k} \Gamma^j_{km} v^m, \quad \nabla_t \boldsymbol{q}^i_{\cdot j} \triangleq \frac{\mathrm{d}_t \boldsymbol{q}^i_{\cdot j}}{\mathrm{d}t} + \boldsymbol{q}^k_{\cdot j} \Gamma^i_{km} v^m - \boldsymbol{q}^i_{\cdot k} \Gamma^k_{jm} v^m \tag{13.12}$$

式(13.12)右端，哑指标 $k$ 是束缚哑指标，哑指标 $m$ 是自由哑指标。

后续的章节会证实：$\nabla_t \boldsymbol{q}^{ij}$ 和$\nabla_t \boldsymbol{q}_{ij}$ 等都是 2-指标广义分量。

依次类推，读者可以写出任意 $n$-指标 Euler 广义分量对时间 $t$ 的广义协变导数。

请读者比较式(13.9)和式(13.12)，从中总结出符号、正负号和指标分布的结构模式。

## 13.5 杂交广义分量对时间的广义协变导数定义式

考查 2-指标杂交广义分量，$\boldsymbol{q}^{ij'}$ 和 $\boldsymbol{q}_{ij'}$，一般具有如下函数形态：

$$\boldsymbol{q}^{ij'} = \boldsymbol{q}^{ij'}[x^m(\hat{\xi}^p, t), t], \quad \boldsymbol{q}_{ij'} = \boldsymbol{q}_{ij'}[x^m(\hat{\xi}^p, t), t] \tag{13.13}$$

式(13.13)将杂交广义分量 $\boldsymbol{q}^{ij'}$ 表达成了老坐标的函数。类似地，杂交广义分量 $\boldsymbol{q}^{ij'}$ 也可以表达成新坐标的函数：

$$\boldsymbol{q}^{ij'} = \boldsymbol{q}^{ij'}[x^{m'}(\hat{\xi}^p, t), t], \quad \boldsymbol{q}_{ij'} = \boldsymbol{q}_{ij'}[x^{m'}(\hat{\xi}^p, t), t] \tag{13.14}$$

$\boldsymbol{q}^{ij'}$ 和 $\boldsymbol{q}_{ij'}$ 对时间的广义协变导数的公理化定义式，可参照前章的狭义协变导

数$\nabla_t T^{ij'}$和$\nabla_t T_{ij'}$的定义式给出：

$$\nabla_t \boldsymbol{q}^{ij'} \triangleq \frac{\mathrm{d}_t \boldsymbol{q}^{ij'}}{\mathrm{d}t} + \boldsymbol{q}^{kj'} \Gamma_{km}^{i} v^m + \boldsymbol{q}^{ik'} \Gamma_{k'm'}^{j'} v^{m'} \tag{13.15}$$

$$\nabla_t \boldsymbol{q}_{ij'} \triangleq \frac{\mathrm{d}_t \boldsymbol{q}_{ij'}}{\mathrm{d}t} - \boldsymbol{q}_{kj'} \Gamma_{im}^{k} v^m - \boldsymbol{q}_{ik'} \Gamma_{j'm'}^{k'} v^{m'} \tag{13.16}$$

$$\nabla_t \boldsymbol{q}_{i}^{\cdot j'} \triangleq \frac{\mathrm{d}_t \boldsymbol{q}_{i}^{\cdot j'}}{\mathrm{d}t} - \boldsymbol{q}_{k}^{\cdot j'} \Gamma_{im}^{k} v^m + \boldsymbol{q}_{i}^{\cdot k'} \Gamma_{k'm'}^{j'} v^{m'} \tag{13.17}$$

$$\nabla_t \boldsymbol{q}^{i}_{\cdot j'} \triangleq \frac{\mathrm{d}_t \boldsymbol{q}^{i}_{\cdot j'}}{\mathrm{d}t} + \boldsymbol{q}^{k}_{\cdot j'} \Gamma_{km}^{i} v^m - \boldsymbol{q}^{i}_{\cdot k'} \Gamma_{j'm'}^{k'} v^{m'} \tag{13.18}$$

式(13.15)～式(13.18)右端，哑指标 $k$ 和 $k'$都是束缚哑指标，哑指标 $m$ 和 $m'$都是自由哑指标。

后续的章节会证实：$\nabla_t \boldsymbol{q}^{ij'}$和$\nabla_t \boldsymbol{q}_{ij'}$等都是 2-指标杂交广义分量。

请读者注意：对时间的广义协变导数$\nabla_t \boldsymbol{q}^{ij'}$，是 Euler 时间域上的协变导数，因此，Euler 描述下，不论将 $\boldsymbol{q}^{ij'}$ 表达为新坐标的函数(见式(13.14))，还是老坐标的函数(见式(13.13))，都不影响广义协变导数$\nabla_t \boldsymbol{q}^{ij'}$的定义式(见式(13.16))。

## 13.6 广义协变导数$\nabla_t(\cdot)$中的基本组合模式

Euler 描述下，对时间 $t$ 的广义协变导数$\nabla_t(\cdot)$中，蕴涵着丰富的信息和漂亮的性质。

空间域中，公理化的广义协变导数$\nabla_m(\cdot)$定义式中，蕴含了两种组合模式。与空间域中的$\nabla_m(\cdot)$相比，时间域中的广义协变导数$\nabla_t(\cdot)$还多出了一种组合模式，即基本组合模式。本节考查基本组合模式。

先考查 1-指标广义分量对时间的广义协变导数(式(13.9))。基本组合模式包含两个步骤：一是运用复合函数的求导规则，将式(13.9)右端的物质导数展开：

$$\frac{\mathrm{d}_t \boldsymbol{p}^i}{\mathrm{d}t} = \left.\frac{\partial \boldsymbol{p}^i}{\partial t}\right|_{x^m} + \frac{\partial \boldsymbol{p}^i}{\partial x^m}\frac{\partial x^m}{\partial t} = \left.\frac{\partial \boldsymbol{p}^i}{\partial t}\right|_{x^m} + v^m \frac{\partial \boldsymbol{p}^i}{\partial x^m} \tag{13.19}$$

$$\frac{\mathrm{d}_t \boldsymbol{p}_i}{\mathrm{d}t} = \left.\frac{\partial \boldsymbol{p}_i}{\partial t}\right|_{x^m} + \frac{\partial \boldsymbol{p}_i}{\partial x^m}\frac{\partial x^m}{\partial t} = \left.\frac{\partial \boldsymbol{p}_i}{\partial t}\right|_{x^m} + v^m \frac{\partial \boldsymbol{p}_i}{\partial x^m} \tag{13.20}$$

二是将式(13.19)、式(13.20)代入式(13.9)，保持偏导数项$\left.\frac{\partial(\cdot)}{\partial t}\right|_{x^m}$不变，将与 $v^m$ 相关的代数项组合起来，有

$$\nabla_t \boldsymbol{p}^i = \left.\frac{\partial \boldsymbol{p}^i}{\partial t}\right|_{x^m} + v^m \nabla_m \boldsymbol{p}^i, \quad \nabla_t \boldsymbol{p}_i = \left.\frac{\partial \boldsymbol{p}_i}{\partial t}\right|_{x^m} + v^m \nabla_m \boldsymbol{p}_i \tag{13.21}$$

其中

$$\nabla_m \boldsymbol{p}_i \triangleq \frac{\partial \boldsymbol{p}_i}{\partial x^m} - \boldsymbol{p}_k \Gamma_{im}^k, \quad \nabla_m \boldsymbol{p}^i \triangleq \frac{\partial \boldsymbol{p}^i}{\partial x^m} + \boldsymbol{p}^k \Gamma_{km}^i \tag{13.22}$$

注意到，上式中的$\nabla_m \boldsymbol{p}_i$ 和$\nabla_m \boldsymbol{p}^i$，正是 1-指标 Euler 广义分量对坐标 $x^m$ 的广义协变导数。Euler 空间域上，广义协变导数$\nabla_m \boldsymbol{p}_i$ 和$\nabla_m \boldsymbol{p}^i$ 的定义与静态空间域上完全一致。

后续的章节会证实：式(13.21)中所有的(哑)指标都是自由的，每一项都是 1-指标广义分量。

结合式(13.22)，我们再次强调如下观念：静态自然空间的协变不变性，在动态的 Euler 自然空间仍然成立；静态自然空间的协变形式不变性，在动态的 Euler 自然空间仍然成立。当然，这类观念都是定性的，现在，针对式(13.22)中的广义协变导数$\nabla_m(\cdot)$，我们有命题：

静态空间中对坐标的广义协变导数$\nabla_m(\cdot)$的定义式，在动态的 Euler 空间中仍然成立。

命题的正确性似乎是不证自明的，但精细的分析仍必不可少。我们以式(13.22)中的 1-指标 Euler 广义分量 $\boldsymbol{p}_i$ 为例说明。

尽管 Euler 广义分量 $\boldsymbol{p}_i = \boldsymbol{p}_i\,[x^m(\hat{\xi}^p, t), t]$ 是混态函数，但从逻辑过程可知，计算其对 Euler 坐标 $x^m$ 的普通偏导数$\dfrac{\partial \boldsymbol{p}_i}{\partial x^m}$时，我们默认的确切含义如下，将 $x^m$ 视为独立变量进而求$\left.\dfrac{\partial \boldsymbol{p}_i(x^m, t)}{\partial x^m}\right|_t$。此时意味着，时刻 $t$ 是“固定”的，时间被“凝固”(或“冻结”)了。由于广义协变导数$\nabla_m \boldsymbol{p}_i$ 是普通偏导数$\dfrac{\partial \boldsymbol{p}_i}{\partial x^m}$的延拓，故计算$\nabla_m \boldsymbol{p}_i$ 时，时刻 $t$ 也是“固定”的。在固定的时刻 $t$ 计算$\nabla_m \boldsymbol{p}_i$，与静态空间中计算$\nabla_m \boldsymbol{p}_i$，没有任何差别。因此，命题的正确性和一般性是毫无疑问的。

既然动态 Euler 空间中广义$\nabla_m(\cdot)$的定义式与静态空间中广义$\nabla_m(\cdot)$的定义式完全一致，我们就有下述命题成立：

动态 Euler 空间中广义协变导数$\nabla_m(\cdot)$的性质，与静态空间中广义协变导数$\nabla_m(\cdot)$的性质，完全相同。

基于这样的命题，我们对 Euler 空间域的协变性和协变形式不变性，就有了更确切的认知。

下面我们言归正传，回归 Euler 时间域。再考查 2-指标广义分量对时间的广义协变导数中的基本组合模式。请读者自己证明，在基本组合模式下，式(13.12)中的广义协变导数定义式，可被变换为

$$\nabla_t \boldsymbol{q}^{ij} = \left.\frac{\partial \boldsymbol{q}^{ij}}{\partial t}\right|_{x^m} + v^m\, \nabla_m \boldsymbol{q}^{ij} \tag{13.23}$$

$$\nabla_t \boldsymbol{q}_{ij} = \left.\frac{\partial \boldsymbol{q}_{ij}}{\partial t}\right|_{x^m} + v^m \nabla_m \boldsymbol{q}_{ij} \tag{13.24}$$

$$\nabla_t \boldsymbol{q}_i^{\cdot j} = \left.\frac{\partial \boldsymbol{q}_i^{\cdot j}}{\partial t}\right|_{x^m} + v^m \nabla_m \boldsymbol{q}_i^{\cdot j} \tag{13.25}$$

$$\nabla_t \boldsymbol{q}^i_{\cdot j} = \left.\frac{\partial \boldsymbol{q}^i_{\cdot j}}{\partial t}\right|_{x^m} + v^m \nabla_m \boldsymbol{q}^i_{\cdot j} \tag{13.26}$$

其中

$$\begin{aligned} &\nabla_m \boldsymbol{q}^{ij} \triangleq \frac{\partial \boldsymbol{q}^{ij}}{\partial x^m} + \boldsymbol{q}^{kj}\Gamma^i_{km} + \boldsymbol{q}^{ik}\Gamma^j_{km}, \quad \nabla_m \boldsymbol{q}_{ij} \triangleq \frac{\partial \boldsymbol{q}_{ij}}{\partial x^m} - \boldsymbol{q}_{kj}\Gamma^k_{im} - \boldsymbol{q}_{ik}\Gamma^k_{jm} \\ &\nabla_m \boldsymbol{q}_i^{\cdot j} \triangleq \frac{\partial \boldsymbol{q}_i^{\cdot j}}{\partial x^m} - \boldsymbol{q}_k^{\cdot j}\Gamma^k_{im} + \boldsymbol{q}_i^{\cdot k}\Gamma^j_{km}, \quad \nabla_m \boldsymbol{q}^i_{\cdot j} \triangleq \frac{\partial \boldsymbol{q}^i_{\cdot j}}{\partial x^m} + \boldsymbol{q}^k_{\cdot j}\Gamma^i_{km} - \boldsymbol{q}^i_{\cdot k}\Gamma^k_{jm} \end{aligned} \tag{13.27}$$

$\nabla_m \boldsymbol{q}^{ij}$，$\nabla_m \boldsymbol{q}_{ij}$，$\nabla_m \boldsymbol{q}_i^{\cdot j}$，$\nabla_m \boldsymbol{q}^i_{\cdot j}$ 正是 2-指标广义分量对 Euler 坐标 $x^m$ 的广义协变导数。Euler 空间域上与静态空间域上，广义协变导数$\nabla_m \boldsymbol{q}^{ij}$，$\nabla_m \boldsymbol{q}_{ij}$，$\nabla_m \boldsymbol{q}_i^{\cdot j}$，$\nabla_m \boldsymbol{q}^i_{\cdot j}$ 的定义式完全一致。

后续的章节会证实：式(13.21)～式(13.26)中所有的(哑)指标都是自由的，每一项都是 2-指标广义分量。

我们最后考查式(13.16)中的基本组合模式。为简洁起见，我们只讨论杂交广义分量 $\boldsymbol{q}_{ij'}$ 相关的表达式。如果将杂交广义分量 $\boldsymbol{q}_{ij'}$ 取为式(13.13)，即用老的 Euler 坐标刻画杂交广义分量，$\boldsymbol{q}_{ij'} = \boldsymbol{q}_{ij'}[x^m(\hat{\xi}^p, t), t]$，则有

$$\frac{\mathrm{d}_t \boldsymbol{q}_{ij'}}{\mathrm{d}t} = \left.\frac{\partial \boldsymbol{q}_{ij'}}{\partial t}\right|_{x^m} + \frac{\partial \boldsymbol{q}_{ij'}}{\partial x^m}\frac{\partial x^m}{\partial t} = \left.\frac{\partial \boldsymbol{q}_{ij'}}{\partial t}\right|_{x^m} + v^m \frac{\partial \boldsymbol{q}_{ij'}}{\partial x^m} \tag{13.28}$$

注意到下式成立：

$$\Gamma^{k'}_{j'm'} v^{m'} = \Gamma^{k'}_{j'm} v^m \tag{13.29}$$

式(13.29)用到了这样的基本观念，即 $\Gamma^{k'}_{j'm'}$ 的三个指标中，来自坐标 $x^m(x^{m'})$ 的指标是自由指标，满足 Ricci 变换。因此，哑指标 $m'$ 变换为 $m$，不会改变表达式的值。式(13.28)和式(13.29)代入式(13.16)，可得

$$\nabla_t \boldsymbol{q}_{ij'} = \left.\frac{\partial \boldsymbol{q}_{ij'}}{\partial t}\right|_{x^m} + v^m \nabla_m \boldsymbol{q}_{ij'} \tag{13.30}$$

其中

$$\nabla_m \boldsymbol{q}_{ij'} \triangleq \frac{\partial \boldsymbol{q}_{ij'}}{\partial x^m} - \boldsymbol{q}_{kj'}\Gamma^k_{im} - \boldsymbol{q}_{ik'}\Gamma^{k'}_{j'm} \tag{13.31}$$

$\nabla_m \boldsymbol{q}_{ij'}$ 正是杂交广义分量对老坐标的广义协变导数。Euler 空间域上与静态空间域上，$\nabla_m \boldsymbol{q}_{ij'}$ 的定义式完全相同。

后续的章节会证实：式(13.30)中所有的(哑)指标都是自由的，每一项都是 2-指标杂交广义分量。

如果将杂交广义分量取为式(13.14)，即用新的 Euler 坐标刻画杂交广义分量，$\boldsymbol{q}_{ij'}=\boldsymbol{q}_{ij'}[x^{m'}(\hat{\xi}^p,t),t]$，则有

$$\frac{\mathrm{d}_t\boldsymbol{q}_{ij'}}{\mathrm{d}t}=\left.\frac{\partial\boldsymbol{q}_{ij'}}{\partial t}\right|_{x^{m'}}+\frac{\partial\boldsymbol{q}_{ij'}}{\partial x^{m'}}\frac{\partial x^{m'}}{\partial t}=\left.\frac{\partial\boldsymbol{q}_{ij'}}{\partial t}\right|_{x^{m'}}+v^{m'}\frac{\partial\boldsymbol{q}_{ij'}}{\partial x^{m'}} \tag{13.32}$$

利用如下恒等式：

$$\Gamma_{im}^{k}v^{m}=\Gamma_{im'}^{k}v^{m'} \tag{13.33}$$

式(13.33)用到了这样的基本观念：$\Gamma_{im}^{k}v^{m}$ 哑指标 $m$ 是自由哑指标，满足 Ricci 变换。因此，哑指标 $m$ 变换为 $m'$，不会改变表达式的值。式(13.32)和式(13.33)代入式(13.16)，可得

$$\nabla_t\boldsymbol{q}_{ij'}=\left.\frac{\partial\boldsymbol{q}_{ij'}}{\partial t}\right|_{x^{m'}}+v^{m'}\nabla_{m'}\boldsymbol{q}_{ij'} \tag{13.34}$$

其中

$$\nabla_{m'}\boldsymbol{q}_{ij'}\triangleq\frac{\partial\boldsymbol{q}_{ij'}}{\partial x^{m'}}-\boldsymbol{q}_{kj'}\Gamma_{im'}^{k}-\boldsymbol{q}_{ik'}\Gamma_{j'm'}^{k'} \tag{13.35}$$

$\nabla_{m'}\boldsymbol{q}_{ij'}$ 正是杂交广义分量对新坐标的广义协变导数。Euler 空间域上与静态空间域上，$\nabla_{m'}\boldsymbol{q}_{ij'}$ 的定义式完全一致。

后续的章节会证实：式(13.34)中所有的(哑)指标都是自由的，每一项都是 2-指标杂交广义分量。

比较式(13.30)和式(13.34)，我们能够清晰地看到二者表观形式的一致性。

## 13.7　基本组合模式的统一表达式

比较式(13.21)、式(13.23)～式(13.26)、式(13.30)和式(13.34)，我们可以抽象出具有一般意义的命题：

任何 Euler 广义分量(或杂交广义分量)(•)，其对时间 $t$ 的广义协变导数 $\nabla_t(\cdot)$，都可以统一地表达成如下形式：

$$\nabla_t(\cdot)=\left.\frac{\partial(\cdot)}{\partial t}\right|_{x^m}+v^m\nabla_m(\cdot)\quad 或\quad \nabla_t(\cdot)=\left.\frac{\partial(\cdot)}{\partial t}\right|_{x^{m'}}+v^{m'}\nabla_{m'}(\cdot) \tag{13.36}$$

式(13.36)中，$\left.\frac{\partial(\cdot)}{\partial t}\right|_{x^m}\left(或\left.\frac{\partial(\cdot)}{\partial t}\right|_{x^{m'}}\right)$是局部导数(当地导数)项，$v^m\nabla_m(\cdot)$(或 $v^{m'}\nabla_{m'}(\cdot)$)是迁移导数(对流导数)项。局部导数和迁移导数，都是流体力学中的经典概念。于是我们有命题：

任何 Euler 广义分量(或杂交广义分量)(•)，其对时间 $t$ 的广义协变导数 $\nabla_t(\cdot)$，都可以分解为局部导数和迁移导数两个组成部分。

实际上，式(13.36)看似流体力学中的经典全导数公式，但其应用范围要更广泛一些：经典全导数公式的求导对象，只能是分量或实体量；而式(13.28)的求导

对象，既可以是分量或实体量，也可以是广义分量。

式(13.36)中的表达式，有两种形式。一种形式表达在老坐标系下，另一种形式表达在新坐标系下。两种形式本质上完全一致。这从如下等式成立可以得以确证：

$$\left.\frac{\partial(\cdot)}{\partial t}\right|_{x^m}=\left.\frac{\partial(\cdot)}{\partial t}\right|_{x^{m'}},\quad v^m\ \nabla_m(\cdot)=v^{m'}\ \nabla_{m'}(\cdot)$$

请读者补齐这两个式子成立的理由。

注意式(13.22)、式(13.27)、式(13.31)、式(13.35)。在写出对坐标的广义协变导数$\nabla_m(\cdot)$时，总要提一句：Euler 空间域上与静态空间域上，广义协变导数$\nabla_m(\cdot)$的定义完全一致。实际上，本章写出的广义协变导数$\nabla_m(\cdot)$，与静态空间域上定义的广义协变导数$\nabla_m(\cdot)$，“起源”不完全相同。静态空间域上定义的广义协变导数$\nabla_m(\cdot)$，直接来源于空间域上的协变形式不变性公设；而本章写出的广义协变导数$\nabla_m(\cdot)$，是从对时间的广义协变导数$\nabla_t(\cdot)$的定义式逻辑地导出的。注意到，对时间的广义协变导数$\nabla_t(\cdot)$，则是通过 Euler 时间域上的协变形式不变性公设定义的。追根求源，可以说，本章的广义协变导数$\nabla_m(\cdot)$，是间接地从时间域上的协变形式不变性公设导出的。

如何理解上述殊途同归“现象”？这表明，Euler 时间域上的协变形式不变性公设，与静态空间域(或 Euler 空间域)上的协变形式不变性公设，是逻辑相容的。实际上，从几何的观点看，Euler 时空是统一的有机整体。Euler 时空的维数，就是 Euler 空间的维数，加上 Euler 时间的维数。或者说，Euler 空间 $x^m$(例如，$x^1,x^2,x^3$)，与 Euler 时间 $t$，本质上是一回事。我们可以定义 $x^4=t$。这样，Euler 时空上，不仅有广义的$\nabla_1(\cdot)$，$\nabla_2(\cdot)$，$\nabla_3(\cdot)$，而且有广义的$\nabla_4(\cdot)$，它们都满足共同的协变形式不变性公设。式(13.36)则表明，广义的$\nabla_1(\cdot)$，$\nabla_2(\cdot)$，$\nabla_3(\cdot)$与广义的$\nabla_4(\cdot)$是有关联的，并不是互相独立的。

## 13.8 广义协变导数$\nabla_t(\cdot)$中的第一类组合模式和代数结构

Euler 空间域上的协变形式不变性公设，赋予了广义协变导数$\nabla_m(\cdot)$以代数结构，其核心是乘法运算的 Leibniz 法则。类似地，Euler 时间域上的协变形式不变性公设，也赋予了广义$\nabla_t(\cdot)$以代数结构，其核心也是乘法运算的 Leibniz 法则。

两个 Euler 广义分量 $\boldsymbol{p}_i$ 和 $\boldsymbol{q}^{jk}$，其乘积$(\boldsymbol{p}_i\otimes\boldsymbol{q}^{jk})$可以视为 3-指标 Euler 广义分量。考查其对时间 $t$ 的广义协变导数$\nabla_t(\boldsymbol{p}_i\otimes\boldsymbol{q}^{jk})$。由公理化定义：

$$\begin{aligned}\nabla_t(\boldsymbol{p}_i\otimes\boldsymbol{q}^{jk})\triangleq&\frac{\mathrm{d}_t(\boldsymbol{p}_i\otimes\boldsymbol{q}^{jk})}{\mathrm{d}t}-(\boldsymbol{p}_l\otimes\boldsymbol{q}^{jk})\Gamma_{im}^{l}v^m+\\&(\boldsymbol{p}_i\otimes\boldsymbol{q}^{lk})\Gamma_{lm}^{j}v^m+(\boldsymbol{p}_i\otimes\boldsymbol{q}^{jl})\Gamma_{lm}^{k}v^m\end{aligned}\tag{13.37}$$

式(13.37)右端,哑指标 $l$ 是束缚的,哑指标 $m$ 是自由的。

式(13.37)中蕴含着第一类组合模式。这类组合模式包含如下操作。先用 Leibniz 法则,将式(13.37)中的物质导数展开:

$$\frac{\mathrm{d}_t(\boldsymbol{p}_i \otimes \boldsymbol{q}^{jk})}{\mathrm{d}t} = \frac{\mathrm{d}_t \boldsymbol{p}_i}{\mathrm{d}t} \otimes \boldsymbol{q}^{jk} + \boldsymbol{p}_i \otimes \frac{\mathrm{d}_t \boldsymbol{q}^{jk}}{\mathrm{d}t} \tag{13.38}$$

再将式(13.38)代入式(13.37),可组合出下式:

$$\nabla_t(\boldsymbol{p}_i \otimes \boldsymbol{q}^{jk}) = \left(\frac{\mathrm{d}_t \boldsymbol{p}_i}{\mathrm{d}t} - \boldsymbol{p}_l \Gamma^l_{im} v^m\right) \otimes \boldsymbol{q}^{jk} + \boldsymbol{p}_i \otimes \left(\frac{\mathrm{d}_t \boldsymbol{q}^{jk}}{\mathrm{d}t} + \boldsymbol{q}^{lk} \Gamma^j_{lm} v^m + \boldsymbol{q}^{jl} \Gamma^k_{lm} v^m\right) \tag{13.39}$$

借助公理化定义式(式(13.9),式(13.12)),式(13.39)可进一步写成:

$$\nabla_t(\boldsymbol{p}_i \otimes \boldsymbol{q}^{jk}) = (\nabla_t \boldsymbol{p}_i) \otimes \boldsymbol{q}^{jk} + \boldsymbol{p}_i \otimes (\nabla_t \boldsymbol{q}^{jk}) \tag{13.40}$$

式(13.40)表明:广义协变导数$\nabla_t(\cdot)$的乘法运算,满足 Leibniz 法则。

后续的章节会证实,式(13.40)中所有的指标都是自由的。

类似地,考查广义杂交分量的乘积$(\boldsymbol{p}_i \otimes \boldsymbol{q}^{jk'})$。$(\boldsymbol{p}_i \otimes \boldsymbol{q}^{jk'})$可以视为 3-指标 Euler 杂交广义分量。考查其对时间 $t$ 的广义协变导数$\nabla_t(\boldsymbol{p}_i \otimes \boldsymbol{q}^{jk'})$。由公理化定义:

$$\begin{aligned}\nabla_t(\boldsymbol{p}_i \otimes \boldsymbol{q}^{jk'}) &\triangleq \frac{\mathrm{d}_t(\boldsymbol{p}_i \otimes \boldsymbol{q}^{jk'})}{\mathrm{d}t} - (\boldsymbol{p}_l \otimes \boldsymbol{q}^{jk'}) \Gamma^l_{im} v^m + \\ &\quad (\boldsymbol{p}_i \otimes \boldsymbol{q}^{lk'}) \Gamma^j_{lm} v^m + (\boldsymbol{p}_i \otimes \boldsymbol{q}^{jl'}) \Gamma^{k'}_{l'm'} v^{m'}\end{aligned} \tag{13.41}$$

式(13.41)中,哑指标 $l$ 和 $l'$都是束缚哑指标。哑指标 $m$ 和 $m'$都是自由哑指标。

借助第一类组合模式,可以证实,式(13.41)必然给出:

$$\nabla_t(\boldsymbol{p}_i \otimes \boldsymbol{q}^{jk'}) = (\nabla_t \boldsymbol{p}_i) \otimes \boldsymbol{q}^{jk'} + \boldsymbol{p}_i \otimes (\nabla_t \boldsymbol{q}^{jk'}) \tag{13.42}$$

杂交广义分量广义协变导数之乘法运算,仍然成立 Leibniz 法则。

后续的章节会证实,式(13.42)中所有的指标都是自由的。

由此可知:Euler 时间域上的协变形式不变性公设,赋予了广义协变导数$\nabla_t(\cdot)$以“环结构”。具体含义如下:由公设和定义式可知,广义协变导数$\nabla_t(\cdot)$的加法运算是完备的。由第一类组合模式可知,广义协变导数$\nabla_t(\cdot)$的乘法运算也是完备的,具体表现为成立 Leibniz 法则。于是,广义协变导数$\nabla_t(\cdot)$的集合,在定义了加法和乘法运算之后,便构成了“环”,因此我们说,Euler 时间域上,广义协变导数$\nabla_t(\cdot)$的代数结构,是“协变微分环”。

注意到,广义$\nabla_t(\cdot)$的代数结构,与上篇中广义$\nabla_m(\cdot)$的代数结构,完全一致,都是协变微分环。这是令人开心的局面:导数是新的,但其代数结构却是老的。物理学和力学研究者并不会因为新导数而增添新负担,他们轻松愉快地就可以把新导数纳入到自己的知识体系中。

## 13.9 广义协变导数$\nabla_t(\cdot)$中的第二类组合模式

两个 1-指标 Euler 广义分量 $\boldsymbol{p}_i$ 和 $\boldsymbol{s}^j$，一般形式的乘积为$(\boldsymbol{p}_i \otimes \boldsymbol{s}^j)$。$(\boldsymbol{p}_i \otimes \boldsymbol{s}^j)$可以视为 2-指标 Euler 广义分量。其对时间 $t$ 的广义协变导数，可由公设定义为

$$\nabla_t(\boldsymbol{p}_i \otimes \boldsymbol{s}^j) \triangleq \frac{\mathrm{d}_t(\boldsymbol{p}_i \otimes \boldsymbol{s}^j)}{\mathrm{d}t} - (\boldsymbol{p}_l \otimes \boldsymbol{s}^j)\Gamma^l_{im}v^m + (\boldsymbol{p}_i \otimes \boldsymbol{s}^l)\Gamma^j_{lm}v^m \tag{13.43}$$

式(13.43)右端，哑指标 $l$ 是束缚的，哑指标 $m$ 是自由的。

第二类组合模式，涉及指标的缩并。式(13.43)中，缩并指标 $i$，$j$：

$$\nabla_t(\boldsymbol{p}_i \otimes \boldsymbol{s}^i) \triangleq \frac{\mathrm{d}_t(\boldsymbol{p}_i \otimes \boldsymbol{s}^i)}{\mathrm{d}t} - (\boldsymbol{p}_l \otimes \boldsymbol{s}^i)\Gamma^l_{im}v^m + (\boldsymbol{p}_i \otimes \boldsymbol{s}^l)\Gamma^i_{lm}v^m \tag{13.44}$$

式(13.44)右端，保持物质导数项$\dfrac{\mathrm{d}_t(\boldsymbol{p}_i \otimes \boldsymbol{s}^i)}{\mathrm{d}t}$不变，将最后两项代数项组合起来，可以看出，两项正好互相抵消：

$$-(\boldsymbol{p}_l \otimes \boldsymbol{s}^i)\Gamma^l_{im}v^m + (\boldsymbol{p}_i \otimes \boldsymbol{s}^l)\Gamma^i_{lm}v^m = \boldsymbol{0} \tag{13.45}$$

式(13.45)显示，Christoffel 符号消失了。于是式(13.44)退化为

$$\nabla_t(\boldsymbol{p}_i \otimes \boldsymbol{s}^i) = \frac{\mathrm{d}_t(\boldsymbol{p}_i \otimes \boldsymbol{s}^i)}{\mathrm{d}t} \tag{13.46}$$

注意到，$(\boldsymbol{p}_i \otimes \boldsymbol{s}^i)$是特殊形式的乘积。$(\boldsymbol{p}_i \otimes \boldsymbol{s}^i)$中有一对哑指标，但没有自由指标，因而是 0-指标广义分量。于是我们有命题：

当求导对象为 0-指标 Euler 广义分量时，其对时间 $t$ 的广义协变导数，等于其物质导数。

这个命题具有普遍性。对于多对哑指标的 0-指标广义分量，命题仍然成立。例如，对于两对哑指标的 0-指标广义分量，$(\boldsymbol{p}_i \otimes \boldsymbol{s}^i \otimes \boldsymbol{t}^j \otimes \boldsymbol{w}_j)$，必然有

$$\nabla_t(\boldsymbol{p}_i \otimes \boldsymbol{s}^i \otimes \boldsymbol{t}^j \otimes \boldsymbol{w}_j) = \frac{\mathrm{d}_t(\boldsymbol{p}_i \otimes \boldsymbol{s}^i \otimes \boldsymbol{t}^j \otimes \boldsymbol{w}_j)}{\mathrm{d}t} \tag{13.47}$$

## 13.10 实体量对时间的广义协变导数

$(\boldsymbol{p}_i \otimes \boldsymbol{s}^i)$的特例之一，就是矢量 $\boldsymbol{u} = u_i\boldsymbol{g}^i$。因此，实体矢量 $\boldsymbol{u}$ 必然满足式(13.46)：

$$\nabla_t\boldsymbol{u} = \frac{\mathrm{d}_t\boldsymbol{u}}{\mathrm{d}t} \tag{13.48}$$

为深化对式(13.48)的理解，我们列出第 12 章导出的$\dfrac{\mathrm{d}_t\boldsymbol{u}}{\mathrm{d}t}$的表达式：

$$\frac{\mathrm{d}_t \boldsymbol{u}}{\mathrm{d}t} = (\nabla_t u^i)\boldsymbol{g}_i = (\nabla_t u_i)\boldsymbol{g}^i \tag{13.49}$$

我们在第 12 章形成了这样的观念：狭义协变导数$\nabla_t u^i$ 和$\nabla_t u_i$ 分别是矢量$\frac{\mathrm{d}_t \boldsymbol{u}}{\mathrm{d}t}$的逆变分量和协变分量。现在，式(13.49)结合式(13.48)，可得

$$\nabla_t \boldsymbol{u} = (\nabla_t u^i)\boldsymbol{g}_i = (\nabla_t u_i)\boldsymbol{g}^i \tag{13.50}$$

于是，我们可以形成这样的新观念：$\nabla_t u^i$ 和$\nabla_t u_i$ 分别是矢量$\nabla_t \boldsymbol{u}$ 的逆变分量和协变分量。这是非常优美的诠释，可以视为新观念。显然，与老观念相比，新观念更合理，更自然。

式(13.47)可以进一步推广到任意张量 $\boldsymbol{T}$：

$$\nabla_t \boldsymbol{T} = \frac{\mathrm{d}_t \boldsymbol{T}}{\mathrm{d}t} \tag{13.51}$$

第 12 章导出了$\frac{\mathrm{d}_t \boldsymbol{T}}{\mathrm{d}t}$的表达式：

$$\begin{aligned}\frac{\mathrm{d}_t \boldsymbol{T}}{\mathrm{d}t} &= (\nabla_t T^{ij})\boldsymbol{g}_i\boldsymbol{g}_j = (\nabla_t T_{ij})\boldsymbol{g}^i\boldsymbol{g}^j \\ &= (\nabla_t T_i^{\cdot j})\boldsymbol{g}^i\boldsymbol{g}_j = (\nabla_t T^i_{\cdot j})\boldsymbol{g}_i\boldsymbol{g}^j\end{aligned} \tag{13.52}$$

第 12 章有老观念：狭义协变导数$\nabla_t T^{ij}$，$\nabla_t T_{ij}$ 等都是张量$\frac{\mathrm{d}_t \boldsymbol{T}}{\mathrm{d}t}$的分量。式(13.51)结合式(13.52)，可得

$$\begin{aligned}\nabla_t \boldsymbol{T} &= (\nabla_t T^{ij})\boldsymbol{g}_i\boldsymbol{g}_j = (\nabla_t T_{ij})\boldsymbol{g}^i\boldsymbol{g}^j \\ &= (\nabla_t T_i^{\cdot j})\boldsymbol{g}^i\boldsymbol{g}_j = (\nabla_t T^i_{\cdot j})\boldsymbol{g}_i\boldsymbol{g}^j\end{aligned} \tag{13.53}$$

现在，我们可以形成这样的新观念：狭义协变导数$\nabla_t T^{ij}$，$\nabla_t T_{ij}$ 等都是张量$\nabla_t \boldsymbol{T}$ 的分量。进一步将新观念归结为如下命题：

张量的广义时间协变导数的分量，就是张量分量的时间协变导数。

我们还可以换一个角度理解上述命题。我们把“张量取分量”视为一个运算，把“取协变导数”视为另一个运算。上述命题的意思是，这两个运算交换顺序，结果不变。

一切都行云流水般地自然。只有透过广义时间协变导数概念$\nabla_t(\cdot)$，我们才能够看到如此流畅的“自然景观”。

从式(13.48)和式(13.51)，我们可以抽象出命题：

当求导对象为实体量时，其对时间 $t$ 的广义协变导数，等于其物质导数。

下面我们考查式(13.51)中的第一类组合模式。张量的物质导数可进一步写成：

$$\frac{\mathrm{d}_t \boldsymbol{T}}{\mathrm{d}t} = \left.\frac{\partial \boldsymbol{T}}{\partial t}\right|_{x^m} + v^m \frac{\partial \boldsymbol{T}}{\partial x^m} \tag{13.54}$$

Euler 自然空间中,实体量对坐标的广义协变导数,等于其普通偏导数:

$$\nabla_m \boldsymbol{T} = \frac{\partial \boldsymbol{T}}{\partial x^m} \tag{13.55}$$

比较式(13.51)和式(13.55),可以看出 Euler 时间域与空间域的对称性和统一性。将式(13.55)回代到式(13.54),有

$$\nabla_t \boldsymbol{T} = \frac{\mathrm{d}_t \boldsymbol{T}}{\mathrm{d}t} = \left.\frac{\partial \boldsymbol{T}}{\partial t}\right|_{x^m} + v^m \nabla_m \boldsymbol{T} \tag{13.56}$$

式(13.56)再次确证了式(13.36)的正确性。式(13.56)最后一项可写成:

$$v^m \nabla_m \boldsymbol{T} = \boldsymbol{v} \cdot \nabla \boldsymbol{T} \tag{13.57}$$

于是,式(13.56)可以重写为

$$\nabla_t \boldsymbol{T} = \frac{\mathrm{d}_t \boldsymbol{T}}{\mathrm{d}t} = \left.\frac{\partial \boldsymbol{T}}{\partial t}\right|_{x^m} + \boldsymbol{v} \cdot \nabla \boldsymbol{T} \tag{13.58}$$

注意到,式(13.58)中,坐标已经不再"显式"地出现。式(13.58)的第二个等式,既是协变微分学中的经典结果,也是流体力学中的常用表达式。

## 13.11 度量张量行列式及其根式对时间的广义协变导数

度量张量 $\boldsymbol{G} = g_{ij}\boldsymbol{g}^i\boldsymbol{g}^j$,其 Euler 协变分量 $g_{ij}$ 的行列式之根式为$\sqrt{g}$,其定义式为

$$\sqrt{g} \triangleq (\boldsymbol{g}_1 \times \boldsymbol{g}_2) \cdot \boldsymbol{g}_3 \tag{13.59}$$

$\sqrt{g}$可视为 3-指标 Euler 广义分量。在协变形式不变性公设之下,其对时间的广义协变导数$\nabla_t\sqrt{g}$的定义式为

$$\nabla_t\sqrt{g} \triangleq \frac{\mathrm{d}_t[(\boldsymbol{g}_1 \times \boldsymbol{g}_2) \cdot \boldsymbol{g}_3]}{\mathrm{d}t} - [(\boldsymbol{g}_l \times \boldsymbol{g}_2) \cdot \boldsymbol{g}_3]\Gamma^l_{1m}v^m - [(\boldsymbol{g}_1 \times \boldsymbol{g}_l) \cdot \boldsymbol{g}_3]\Gamma^l_{2m}v^m - [(\boldsymbol{g}_1 \times \boldsymbol{g}_2) \cdot \boldsymbol{g}_l]\Gamma^l_{3m}v^m \tag{13.60}$$

式(13.60)右端,哑指标 $l$ 是束缚的,哑指标 $m$ 是自由的。

式(13.60)蕴含了三类组合模式。本节重点关注第二类组合模式。保持式(13.60)中的物质导数$\dfrac{\mathrm{d}_t[(\boldsymbol{g}_1 \times \boldsymbol{g}_2) \cdot \boldsymbol{g}_3]}{\mathrm{d}t}$不变,将最后三项代数项变形如下:

$$[(\boldsymbol{g}_l \times \boldsymbol{g}_2) \cdot \boldsymbol{g}_3]\Gamma^l_{1m}v^m = [(\boldsymbol{g}_1 \times \boldsymbol{g}_2) \cdot \boldsymbol{g}_3]\Gamma^1_{1m}v^m = \sqrt{g}\Gamma^1_{1m}v^m$$

$$[(\boldsymbol{g}_1 \times \boldsymbol{g}_l) \cdot \boldsymbol{g}_3]\Gamma^l_{2m}v^m = [(\boldsymbol{g}_1 \times \boldsymbol{g}_2) \cdot \boldsymbol{g}_3]\Gamma^2_{2m}v^m = \sqrt{g}\Gamma^2_{2m}v^m$$

$$[(\boldsymbol{g}_1 \times \boldsymbol{g}_2) \cdot \boldsymbol{g}_l]\Gamma^l_{3m}v^m = [(\boldsymbol{g}_1 \times \boldsymbol{g}_2) \cdot \boldsymbol{g}_3]\Gamma^3_{3m}v^m = \sqrt{g}\Gamma^3_{3m}v^m$$

将变形后的诸代数项组合起来,则式(13.60)转化为

$$\nabla_t \sqrt{g} = \frac{\mathrm{d}_t \sqrt{g}}{\mathrm{d}t} - \sqrt{g}\,\Gamma^j_{jm} v^m \tag{13.61}$$

式(13.61)右端,哑指标 $j$ 是束缚的,哑指标 $m$ 是自由的。

再对式(13.61)运用基本组合模式。将物质导数项展开:

$$\frac{\mathrm{d}_t \sqrt{g}}{\mathrm{d}t} = \left.\frac{\partial \sqrt{g}}{\partial t}\right|_{x^m} + v^m \frac{\partial \sqrt{g}}{\partial x^m} \tag{13.62}$$

式(13.61)和式(13.62)给出:

$$\nabla_t \sqrt{g} = \left.\frac{\partial \sqrt{g}}{\partial t}\right|_{x^m} + v^m \nabla_m \sqrt{g} \tag{13.63}$$

其中,$\nabla_m \sqrt{g}$ 在空间域中已经有定义:

$$\nabla_m \sqrt{g} = \frac{\partial \sqrt{g}}{\partial x^m} - \sqrt{g}\,\Gamma^j_{jm} \tag{13.64}$$

一旦 $\nabla_t \sqrt{g}$ 有定义,则 $\nabla_t g$ 也必然有定义:

$$\nabla_t g = \nabla_t (\sqrt{g})^2 = \nabla_t (\sqrt{g} \cdot \sqrt{g}) = 2\sqrt{g} \cdot (\nabla_t \sqrt{g}) \tag{13.65}$$

## 13.12　时间域上的协变微分变换群

注意到,以上诸节的内容,都是时间域上协变形式不变性公设的产物,均可以从广义协变导数 $\nabla_t(\cdot)$ 的公理化定义式直接导出来。换言之,到此为止,我们尚未涉及广义协变导数 $\nabla_t(\cdot)$ 的计算。与空间域类似,时间域上,要想使广义的 $\nabla_t(\cdot)$ 可计算,必须建立时间域上的协变微分变换群。

时间域上的协变微分变换群,出发点是 Euler 基矢量对时间的广义协变导数的公理化定义式,即式(13.10)。联立式(13.10)和第 12 章中基矢量的物质导数的计算式,可得

$$\nabla_t \boldsymbol{g}^i = \boldsymbol{0}, \quad \nabla_t \boldsymbol{g}_i = \boldsymbol{0} \tag{13.66}$$

即 Euler 基矢量对时间的广义协变导数恒等于零。这表明,Euler 基矢量虽然随坐标逐点变化,但在形式上,却可以像不变的常矢量一样,自由地进出对时间的广义协变导数 $\nabla_t(\cdot)$!

至此,Euler 基矢量对时间的广义协变导数不仅可定义,而且可计算。基矢量对时间的广义协变导数可计算,是极其决定性的一步。由此,所有 Euler 广义分量对时间的广义协变导数,都可计算了。

式(13.66)定义了一个连续的微分变换群,我们称之为 Euler 时间域上的协变微分变换群。

实际上,上述协变微分变换群已经隐含在式(13.50)和式(13.53)中了。我们看 $\nabla_t \boldsymbol{u}$ 的如下形式:

$$\nabla_t \boldsymbol{u} = \nabla_t (u^i \boldsymbol{g}_i) = (\nabla_t u^i) \boldsymbol{g}_i + u_i (\nabla_t \boldsymbol{g}^i) \tag{13.67}$$

对比式(13.67)和式(13.50),可以看出:

$$u_i (\nabla_t \boldsymbol{g}^i) = \boldsymbol{0} \tag{13.68}$$

式(13.68)对任意矢量分量 $u_i$ 成立,故必然有式(13.66)中的协变微分变换群成立。

式(13.66)可以从老坐标系推广到新坐标系,得到新基矢量在时间域上所满足的协变微分变换群:

$$\nabla_t \boldsymbol{g}^{i'} = \boldsymbol{0}, \quad \nabla_t \boldsymbol{g}_{i'} = \boldsymbol{0} \tag{13.69}$$

式(13.66)和式(13.69)同时成立,这并不奇怪。因为新基矢量和老基矢量,只是名称上有差别,本质上完全相同,因而必然享有同等的地位。

Euler 空间域上有类似的协变微分变换群:

$$\nabla_m \boldsymbol{g}^i = \boldsymbol{0}, \quad \nabla_m \boldsymbol{g}_i = \boldsymbol{0} \tag{13.70}$$

$$\nabla_m \boldsymbol{g}^{i'} = \boldsymbol{0}, \quad \nabla_m \boldsymbol{g}_{i'} = \boldsymbol{0} \tag{13.71}$$

我们能够看出,时间域上的协变微分变换群,和空间域的协变微分变换群,在表观形式和内在含义上,都完全一致。这种完美的一致性,深刻地体现了时间和空间内在的统一性。

上篇讨论了静态空间域上的协变微分变换群的含义。当时的观念是:由于观察者 2 融入了基矢量,因此他看不到基矢量在静态空间域上的任何变化。现在看来,这个观念,在 Euler 时间域上仍然成立:由于观察者 2 融入了基矢量,因此他看不到 Euler 基矢量在时间域上的任何变化。

## 13.13 协变微分变换群应用于度量张量分量

度量张量 $\boldsymbol{G}$ 的 Euler 分量对时间的广义协变导数 $\nabla_t g^{ij}$ 和 $\nabla_t g_{ij}$,其计算式可直接由协变微分变换群给出:

$$\begin{aligned} &\nabla_t g^{ij} = \nabla_t (\boldsymbol{g}^i \cdot \boldsymbol{g}^j) = 0, \quad \nabla_t g_{ij} = \nabla_t (\boldsymbol{g}_i \cdot \boldsymbol{g}_j) = 0 \\ &\nabla_t g_i^j = \nabla_t (\boldsymbol{g}_i \cdot \boldsymbol{g}^j) = 0, \quad \nabla_t g_j^i = \nabla_t (\boldsymbol{g}^i \cdot \boldsymbol{g}_j) = 0 \end{aligned} \tag{13.72}$$

式(13.72)导致如下命题:

度量张量的 Euler 分量,可以自由进出对时间的广义协变导数 $\nabla_t(\cdot)$。

命题可以用表达式刻画如下:

$$\nabla_t (g^{ij} \cdot) = g^{ij} \nabla_t (\cdot), \quad \nabla_t (g_{ij} \cdot) = g_{ij} \nabla_t (\cdot) \tag{13.73}$$

度量张量 $\boldsymbol{G}$ 的 Euler 杂交分量对时间的广义协变导数 $\nabla_t g^{ij'}$ 和 $\nabla_t g_{ij'}$,计算式也可直接由协变微分变换群给出:

$$\nabla_t g^{ij'} = \nabla_t (\boldsymbol{g}^i \cdot \boldsymbol{g}^{j'}) = 0, \quad \nabla_t g_{ij'} = \nabla_t (\boldsymbol{g}_i \cdot \boldsymbol{g}_{j'}) = 0 \tag{13.74}$$

$$\nabla_t g_i^{j'} = \nabla_t (\boldsymbol{g}_i \cdot \boldsymbol{g}^{j'}) = 0, \quad \nabla_t g_{j'}^i = \nabla_t (\boldsymbol{g}^i \cdot \boldsymbol{g}_{j'}) = 0 \tag{13.75}$$

式(13.74)和式(13.75)导致如下命题：

度量张量的 Euler 杂交分量，可以自由进出对时间的广义协变导数$\nabla_t(\cdot)$。

命题可以用表达式刻画如下：

$$\nabla_t(g^{ij'}\ \cdot)=g^{ij'}\ \nabla_t(\cdot),\quad \nabla_t(g_{ij'}\ \cdot)=g_{ij'}\ \nabla_t(\cdot) \tag{13.76}$$

$$\nabla_t(g_i^{j'}\ \cdot)=g_i^{j'}\ \nabla_t(\cdot),\quad \nabla_t(g_{j'}^{i}\ \cdot)=g_{j'}^{i}\ \nabla_t(\cdot) \tag{13.77}$$

对于度量张量 $\boldsymbol{G}$ 的实体形式，则必然有

$$\nabla_t\boldsymbol{G}=\nabla_t(g^{ij}\boldsymbol{g}_i\boldsymbol{g}_j)=0 \tag{13.78}$$

下面会证实：上述命题，保证了时间域上广义协变导数$\nabla_t(\cdot)$的协变性。

## 13.14　变换群应用于 Eddington 张量

对于 Eddington 张量 $\boldsymbol{E}$ 及其 Euler 分量，有

$$\begin{aligned}\nabla_t\varepsilon^{ijk}&=\nabla_t[(\boldsymbol{g}^i\times\boldsymbol{g}^j)\cdot\boldsymbol{g}^k]=0,\quad \nabla_t\varepsilon_{ijk}\\&=\nabla_t[(\boldsymbol{g}_i\times\boldsymbol{g}_j)\cdot\boldsymbol{g}_k]=0\end{aligned} \tag{13.79}$$

由此可知：Eddington 张量的 Euler 分量可以自由进出广义协变导数$\nabla_t(\cdot)$。进一步可以写出：

$$\nabla_t\boldsymbol{E}=\nabla_t(\varepsilon^{ijk}\boldsymbol{g}_i\boldsymbol{g}_j\boldsymbol{g}_k)=\boldsymbol{0} \tag{13.80}$$

## 13.15　变换群应用于度量张量行列式之根式

对于度量张量分量行列式之根式，有

$$\nabla_t\sqrt{g}=\nabla_t[(\boldsymbol{g}_1\times\boldsymbol{g}_2)\cdot\boldsymbol{g}_3]=0 \tag{13.81}$$

即$\sqrt{g}$可以自由进出广义协变导数$\nabla_t(\cdot)$。

注意到，式(13.81)是$\nabla_t\sqrt{g}$的计算式。式(13.81)结合$\nabla_t\sqrt{g}$的定义式(式(13.61))，可得

$$\frac{\mathrm{d}_t\sqrt{g}}{\mathrm{d}t}-\sqrt{g}\,\Gamma_{jm}^{j}v^m=0 \tag{13.82}$$

亦即

$$\Gamma_{jm}^{j}v^m=\frac{1}{\sqrt{g}}\frac{\mathrm{d}_t\sqrt{g}}{\mathrm{d}t}=\frac{\mathrm{d}_t(\ln\sqrt{g})}{\mathrm{d}t} \tag{13.83}$$

积分式(13.83)可得

$$\int_{t_0}^{t}\Gamma_{jm}^{j}v^m\,\mathrm{d}s=\int_{t_0}^{t}\mathrm{d}_s(\ln\sqrt{g})=\ln\sqrt{g}-\ln\sqrt{g_0} \tag{13.84}$$

我们可以这样理解式(13.83)：如果 $\Gamma_{jm}^{j}v^m$ 被理解为 Euler 时间域上的导函数，则其原函数，就是$\sqrt{g}$。注意到，同样的结果，在第 11 章中已经出现过了。本章和第

11 章给出同样的结果，证实了协变形式不变性公设的有效性。

## 13.16 与 Euler 基矢量相关的一般性命题

这个主题，在第 11 章已经讨论过。现在，我们有了时间域上的广义协变导数和协变微分变换群，基于时间域上的协变微分变换群，我们能够推论出一般性命题：

由 Euler 基矢量的乘法运算生成的任何广义分量 $\boldsymbol{s}^{i}{}_{\cdot jk}$，对时间 $t$ 的广义协变导数$\nabla_t s^{i}{}_{\cdot jk}$，恒为零，即

$$\nabla_t \boldsymbol{s}^{i}{}_{\cdot jk} = \boldsymbol{0} \tag{13.85}$$

另外，Euler 基矢量有新老之分。因此，我们有更一般性命题：

由新老 Euler 基矢量的乘法运算生成的任何杂交广义分量 $\boldsymbol{s}^{i}{}_{\cdot j'k'}$，对时间 $t$ 的广义协变导数$\nabla_t s^{i}{}_{\cdot j'k'}$，恒为零，即

$$\nabla_t \boldsymbol{s}^{i}{}_{\cdot j'k'} = \boldsymbol{0} \tag{13.86}$$

我们也可以换一个角度，从基本组合模式的角度理解上述命题。由基本组合模式可知：

$$\nabla_t \boldsymbol{s}^{i}{}_{\cdot jk} = \left.\frac{\partial \boldsymbol{s}^{i}{}_{\cdot jk}}{\partial t}\right|_{x^m} + v^m \nabla_m \boldsymbol{s}^{i}{}_{\cdot jk} \tag{13.87}$$

$$\nabla_t \boldsymbol{s}^{i}{}_{\cdot j'k'} = \left.\frac{\partial \boldsymbol{s}^{i}{}_{\cdot j'k'}}{\partial t}\right|_{x^m} + v^m \nabla_m \boldsymbol{s}^{i}{}_{\cdot j'k'} = \left.\frac{\partial \boldsymbol{s}^{i}{}_{\cdot j'k'}}{\partial t}\right|_{x^{m'}} + v^{m'} \nabla_{m'} \boldsymbol{s}^{i}{}_{\cdot j'k'} \tag{13.88}$$

式(13.87)右端第一项$\left.\frac{\partial \boldsymbol{s}^{i}{}_{\cdot jk}}{\partial t}\right|_{x^m}$，已经在第 11 章被讨论过，回顾如下：$\boldsymbol{s}^{i}{}_{\cdot jk}$ 必是隐态函数，即 $\boldsymbol{s}^{i}{}_{\cdot jk} = \boldsymbol{s}^{i}{}_{\cdot jk}[x^m(\hat{\xi}^p, t)]$。换言之，$\boldsymbol{s}^{i}{}_{\cdot jk}$ 中一定不显含时间参数 $t$。由于$\left.\frac{\partial \boldsymbol{s}^{i}{}_{\cdot jk}}{\partial t}\right|_{x^m}$ 的含义正是对显含时间参数 $t$ 求导，因而必然有

$$\left.\frac{\partial \boldsymbol{s}^{i}{}_{\cdot jk}}{\partial t}\right|_{x^m} = \boldsymbol{0} \tag{13.89}$$

由 Euler 空间域中的结果可知：

$$\nabla_m \boldsymbol{s}^{i}{}_{\cdot jk} = \boldsymbol{0} \tag{13.90}$$

式(13.87)、式(13.89)、式(13.90)显示，式(13.85)成立。

式(13.88)右端第一项$\left.\frac{\partial \boldsymbol{s}^{i}{}_{\cdot j'k'}}{\partial t}\right|_{x^m}$，可借鉴第 11 章的讨论：杂交广义分量 $\boldsymbol{s}^{i}{}_{\cdot j'k'}$，必然是隐态函数，即 $\boldsymbol{s}^{i}{}_{\cdot j'k'} = \boldsymbol{s}^{i}{}_{\cdot j'k'}[x^m(\hat{\xi}^p, t)]$ 或 $\boldsymbol{s}^{i}{}_{\cdot j'k'} = \boldsymbol{s}^{i}{}_{\cdot j'k'}[x^{m'}(\hat{\xi}^p, t)]$，必然有

$$\left.\frac{\partial \boldsymbol{s}^{i}_{\cdot j'k'}}{\partial t}\right|_{x^m}=\boldsymbol{0}\quad 或\quad \left.\frac{\partial \boldsymbol{s}^{i}_{\cdot j'k'}}{\partial t}\right|_{x^{m'}}=\boldsymbol{0} \tag{13.91}$$

Euler 空间域上,已经有

$$\nabla_m \boldsymbol{s}^{i}_{\cdot j'k'}=\boldsymbol{0}\quad 或\quad \nabla_{m'}\boldsymbol{s}^{i}_{\cdot j'k'}=\boldsymbol{0} \tag{13.92}$$

联立式(13.88)、式(13.91)和式(13.92),即知式(13.86)成立。

注意到,上述诸节的计算式中,有大量的零元素。故我们有理由判断:对时间的广义协变导数$\nabla_t(\cdot)$,使得张量分析的运算达到了致精致简。我们可以说,广义协变导数$\nabla_t(\cdot)$与物质导数$\frac{\mathrm{d}(\cdot)}{\mathrm{d}t}$相比,确实要简洁得多。

## 13.17　对时间的广义协变导数的协变性

本节能够回答问题:Euler 广义分量$(\cdot)$对时间的广义协变导数$\nabla_t(\cdot)$,到底是什么?

将$(\cdot)$取为 1-指标广义分量 $\boldsymbol{p}^i$ 和 $\boldsymbol{p}_j$,借助式(13.73)和式(13.77),可得

$$\nabla_t\boldsymbol{p}^i=\nabla_t(g^{ij}\boldsymbol{p}_j)=g^{ij}(\nabla_t\boldsymbol{p}_j),\quad \nabla_t\boldsymbol{p}_j=\nabla_t(g_{ji}\boldsymbol{p}^i)=g_{ji}(\nabla_t\boldsymbol{p}^i) \tag{13.93}$$

$$\nabla_t\boldsymbol{p}^i=\nabla_t(g^{i}_{j'}\boldsymbol{p}^{j'})=g^{i}_{j'}(\nabla_t\boldsymbol{p}^{j'}),\quad \nabla_t\boldsymbol{p}^{j'}=\nabla_t(g^{j'}_{i}\boldsymbol{p}^i)=g^{j'}_{i}(\nabla_t\boldsymbol{p}^i) \tag{13.94}$$

式(13.93)和式(13.94)就是关于$\nabla_t\boldsymbol{p}^i$ 的 Ricci 变换。

式(13.93)和式(13.94)可以推广至更高阶的广义分量。于是我们有命题:

对于任意的 Euler 广义分量$(\cdot)$,其广义时间协变导数$\nabla_t(\cdot)$必然满足 Ricci 变换。

进一步有命题:

$n$-指标 Euler 广义分量$(\cdot)$对时间 $t$ 的广义协变导数$\nabla_t(\cdot)$,仍然是 $n$-指标 Euler 广义分量。

这是个强有力的结果:广义分量$(\cdot)$及其时间广义协变导数$\nabla_t(\cdot)$,同属于一个集合。

由此我们可以说:广义协变导数$\nabla_t(\cdot)$,与物质导数$\frac{\mathrm{d}_t(\cdot)}{\mathrm{d}t}$相比,功能要强大得多:Euler 时间域上,广义分量的物质导数,不再是广义分量;而广义分量的广义协变导数,仍然是广义分量!

实际上,我们从式(13.36)就可以得出上述命题了。式(13.36)中,局部导数$\left.\frac{\partial(\cdot)}{\partial t}\right|_{x^m}$满足 Ricci 变换,迁移导数 $v^m\nabla_m(\cdot)$也满足 Ricci 变换,则$\nabla_t(\cdot)$必然满足 Ricci 变换。

## 13.18 对称性的修复

我们在第2节已经指出：对时间的狭义协变导数$\nabla_t(\cdot)$，导致了对称性的破缺。本节将说明：对时间的广义协变导数$\nabla_t(\cdot)$，导致了对称性的修复。请读者注意如下指标升降变换的对称性：

$$\nabla_t u^i = g^{ij}(\nabla_t u_j),\quad \nabla_t u_j = g_{ji}(\nabla_t u^i) \tag{13.95}$$

$$\nabla_t \boldsymbol{g}^i = g^{ij}(\nabla_t \boldsymbol{g}_j),\quad \nabla_t \boldsymbol{g}_j = g_{ji}(\nabla_t \boldsymbol{g}^i) \tag{13.96}$$

再请读者注意如下坐标变换的对称性：

$$\nabla_t u^i = g^i_{j'}(\nabla_t u^{j'}),\quad \nabla_t u^{j'} = g^{j'}_i(\nabla_t u^i) \tag{13.97}$$

$$\nabla_t \boldsymbol{g}^i = g^i_{j'}(\nabla_t \boldsymbol{g}^{j'}),\quad \nabla_t \boldsymbol{g}^{j'} = g^{j'}_i(\nabla_t \boldsymbol{g}^i) \tag{13.98}$$

基于式(13.97)和式(13.98)，我们可以说：式(13.7)所期待的对称性，不仅从表观形式上，而且从代数变换上，都得到满足。对称性破缺，得到了全面修复。

由此我们再次说：广义协变导数$\nabla_t(\cdot)$，与物质导数$\dfrac{\mathrm{d}_t(\cdot)}{\mathrm{d}t}$相比，要强大得多，也漂亮得多！广义协变导数$\nabla_t(\cdot)$，的确是个令人赏心悦目的好概念。

## 13.19 有趣的现象

整体和局部的关系问题，是科学中的核心问题之一。我们关心这样一个问题：整体拥有的性质，能否传递给局部？具体地说，广义协变导数$\nabla_t(\cdot)$整体上满足Ricci变换，其局部是否也满足Ricci变换？

我们从公理化定义式(式(13.9))的角度考查$\nabla_t(\cdot)$。整体上，$\nabla_t \boldsymbol{p}^i$和$\nabla_t \boldsymbol{p}_j$之间满足指标变换(见式(13.93))，结合式(13.9)，就有

$$\frac{\mathrm{d}_t \boldsymbol{p}^i}{\mathrm{d}t} + \boldsymbol{p}^k \Gamma^i_{km} v^m = g^{ij}\left(\frac{\mathrm{d}_t \boldsymbol{p}_j}{\mathrm{d}t} - \boldsymbol{p}_k \Gamma^k_{jm} v^m\right) \tag{13.99}$$

整体上，$\nabla_t \boldsymbol{p}^i$和$\nabla_t \boldsymbol{p}^{j'}$之间满足坐标变换(式(13.94))，结合式(13.9)，就有

$$\frac{\mathrm{d}_t \boldsymbol{p}^i}{\mathrm{d}t} + \boldsymbol{p}^k \Gamma^i_{km} v^m = g^i_{j'}\left(\frac{\mathrm{d}_t \boldsymbol{p}^{j'}}{\mathrm{d}t} + \boldsymbol{p}^{k'} \Gamma^{j'}_{k'm'} v^{m'}\right) \tag{13.100}$$

观察式(13.99)两端，可得

$$\boldsymbol{p}^k \Gamma^i_{km} v^m \neq g^{ij}(-\boldsymbol{p}_k \Gamma^k_{jm} v^m) \tag{13.101}$$

$$\frac{\mathrm{d}_t \boldsymbol{p}^i}{\mathrm{d}t} \neq g^{ij}\,\frac{\mathrm{d}_t \boldsymbol{p}_j}{\mathrm{d}t} \tag{13.102}$$

式(13.101)右端的Christoffel符号$\Gamma^k_{jm}$，指标$j$和指标$k$是束缚指标，不满足指标升降变换。式(13.102)右端，度量张量分量$g^{ij}$不能自由进出物质导数$\dfrac{\mathrm{d}_t \boldsymbol{p}_j}{\mathrm{d}t}$，亦即

指标 $j$ 是束缚指标，故$\dfrac{\mathrm{d}_t \boldsymbol{p}_j}{\mathrm{d}t}$不能满足指标变换。

总之，局部上，式(13.99)两端的对应项都不满足指标变换。

再观察式(13.100)两端，可得

$$\boldsymbol{p}^k \Gamma^i_{km} v^m \neq g^i_{j'} (\boldsymbol{p}^{k'} \Gamma^{j'}_{k'm'} v^{m'}) \tag{13.103}$$

$$\frac{\mathrm{d}_t \boldsymbol{p}^i}{\mathrm{d}t} \neq g^i_{j'} \left(\frac{\mathrm{d}_t \boldsymbol{p}^{j'}}{\mathrm{d}t}\right) \tag{13.104}$$

式(13.103)右端，只有哑指标 $m'$是自由哑指标。哑指标 $k'$是束缚哑指标，不满足坐标变换。指标 $j'$是束缚指标，不满足坐标变换。

式(13.104)右端，度量张量的杂交混变分量 $g^i_{j'}$不能自由进出物质导数$\dfrac{\mathrm{d}_t \boldsymbol{p}^{j'}}{\mathrm{d}t}$，指标 $j'$是束缚指标，因此$\dfrac{\mathrm{d}_t \boldsymbol{p}^{j'}}{\mathrm{d}t}$不满足坐标变换。

总之，局部上，式(13.100)两端的对应项，都不满足坐标变换。

综合上述分析可知：$\nabla_t \boldsymbol{p}^i$ 是广义分量，因而，整体上满足 Ricci 变换，实属天经地义。但局部上，$\dfrac{\mathrm{d}_t \boldsymbol{p}^i}{\mathrm{d}t}$和 $\boldsymbol{p}^k \Gamma^i_{km} v^m$ 都不是广义分量，因而，都不满足 Ricci 变换，也在情理之中。

至此，本节一开始提出的问题，有否定的答案：$\nabla_t(\cdot)$整体上的性质，不能传递给其局部。

然而，随着视角的改变，我们看到了戏剧性的局面：否定的答案竟然变成了肯定的答案。详情如下。

我们再从基本组合模式(式(13.21))的角度观察$\nabla_t(\cdot)$。整体上，$\nabla_t \boldsymbol{p}^i$ 和 $\nabla_t \boldsymbol{p}_j$ 之间满足指标变换：

$$\left.\frac{\partial \boldsymbol{p}^i}{\partial t}\right|_{x^m} + v^m \nabla_m \boldsymbol{p}^i = g^{ij} \left(\left.\frac{\partial \boldsymbol{p}_j}{\partial t}\right|_{x^m} + v^m \nabla_m \boldsymbol{p}_j\right) \tag{13.105}$$

$\nabla_t \boldsymbol{p}^i$ 和$\nabla_t \boldsymbol{p}^{j'}$之间满足坐标变换：

$$\left.\frac{\partial \boldsymbol{p}^i}{\partial t}\right|_{x^m} + v^m \nabla_m \boldsymbol{p}^i = g^i_{j'} \left(\left.\frac{\partial \boldsymbol{p}^{j'}}{\partial t}\right|_{x^{m'}} + v^{m'} \nabla_{m'} \boldsymbol{p}^{j'}\right) \tag{13.106}$$

观察式(13.105)两端，立即看出，局部上，两端的对应项，都满足指标变换：

$$v^m \nabla_m \boldsymbol{p}^i = g^{ij} (v^m \nabla_m \boldsymbol{p}_j) \tag{13.107}$$

$$\left.\frac{\partial \boldsymbol{p}^i}{\partial t}\right|_{x^m} = g^{ij} \left(\left.\frac{\partial \boldsymbol{p}_j}{\partial t}\right|_{x^m}\right) \tag{13.108}$$

式(13.107)用到了基本观念：右端的度量张量分量 $g^{ij}$，可以自由进出广义协变导数$\nabla_m(\cdot)$，因此，$v^m \nabla_m \boldsymbol{p}_j$ 作为 1-指标广义分量，满足指标变换。式(13.108)用到

了基本观念：右端的度量张量分量 $g^{ij}$ 可以自由进出局部导数 $\left.\frac{\partial \boldsymbol{p}_j}{\partial t}\right|_{x^m}$，因而 $\left.\frac{\partial \boldsymbol{p}_j}{\partial t}\right|_{x^m}$ 满足指标变换。

再观察式(13.106)两端，立即看出，局部上，两端的对应项，都满足坐标变换：

$$v^m \nabla_m \boldsymbol{p}^i = g^i_{j'}(v^{m'} \nabla_{m'} \boldsymbol{p}^{j'}) \tag{13.109}$$

$$\left.\frac{\partial \boldsymbol{p}^i}{\partial t}\right|_{x^m} = g^i_{j'}\left(\left.\frac{\partial \boldsymbol{p}^{j'}}{\partial t}\right|_{x^{m'}}\right) \tag{13.110}$$

式(13.109)用到了两个基本观念：一是度量张量杂交分量 $g^i_{j'}$ 可以自由进出广义协变导数$\nabla_{m'}(\cdot)$；二是哑指标 $m'$ 是自由哑指标，满足坐标变换：

$$v^m \nabla_m(\cdot) = v^{m'} \nabla_{m'}(\cdot) \tag{13.111}$$

总之，$v^{m'} \nabla_{m'} \boldsymbol{p}^{j'}$ 作为 1-指标广义分量，满足坐标变换。式(13.110)用到了基本观念，即度量张量杂交分量 $g^i_{j'}$ 可以自由进出局部导数 $\left.\frac{\partial(\cdot)}{\partial t}\right|_{x^{m'}}$，$\left.\frac{\partial \boldsymbol{p}^{j'}}{\partial t}\right|_{x^{m'}}$ 满足坐标变换。

至此，本节一开始提出的问题，有了肯定的答案：$\nabla_t(\cdot)$整体上的性质，能够传递给局部。

换了观察问题的角度，一切都“面目全非”了。我们该怎样理解上述大逆转？我们把式(13.9)、式(13.20)和式(13.21)集成于一体，便可看出其中的奥妙：

$$\begin{aligned}
\nabla_t \boldsymbol{p}^i &\triangleq \frac{\mathrm{d}_t \boldsymbol{p}^i}{\mathrm{d}t} + \boldsymbol{p}^k \Gamma^i_{km} v^m = \left(\left.\frac{\partial \boldsymbol{p}^i}{\partial t}\right|_{x^{m'}} + v^m \frac{\partial \boldsymbol{p}^i}{\partial x^m}\right) + \boldsymbol{p}^k \Gamma^i_{km} v^m \\
&= \left.\frac{\partial \boldsymbol{p}^i}{\partial t}\right|_{x^m} + \left(v^m \frac{\partial \boldsymbol{p}^i}{\partial x^m} + \boldsymbol{p}^k \Gamma^i_{km} v^m\right) \\
&= \left.\frac{\partial \boldsymbol{p}^i}{\partial t}\right|_{x^m} + v^m \nabla_m \boldsymbol{p}^i
\end{aligned} \tag{13.112}$$

式(13.112)中，$\frac{\mathrm{d}_t \boldsymbol{p}^i}{\mathrm{d}t}$ 虽然不是广义分量，但却可以“分解”成广义分量 $\left.\frac{\partial \boldsymbol{p}^i}{\partial t}\right|_{x^m}$ 与非广义分量 $v^m \frac{\partial \boldsymbol{p}^i}{\partial x^m}$ 之代数和。$\boldsymbol{p}^k \Gamma^i_{km} v^m$ 也不是广义分量，但奇妙的是，它与“分解”出来的非广义分量 $v^m \frac{\partial \boldsymbol{p}^i}{\partial x^m}$ 的组合，正好生成了广义分量 $v^m \nabla_m \boldsymbol{p}^i$：

$$\frac{\mathrm{d}_t \boldsymbol{p}^i}{\mathrm{d}t} + \boldsymbol{p}^k \Gamma^i_{km} v^m = \left.\frac{\partial \boldsymbol{p}^i}{\partial t}\right|_{x^m} + v^m \nabla_m \boldsymbol{p}^i \tag{13.113}$$

这样，两个非广义分量之和(式(13.113)左端)，就转换成了两个广义分量之和(式(13.113)右端)。既然 $\left.\frac{\partial \boldsymbol{p}^i}{\partial t}\right|_{x^m}$ 和 $v^m \nabla_m \boldsymbol{p}^i$ 都是广义分量，其中的指标都是自

由指标，那么，各自满足 Ricci 变换，就是完全可能的事了。

## 13.20 Euler 时空上的高阶广义协变导数

Euler 描述下，任何 Euler 广义分量（•），都可以定义广义协变导数$\nabla_t$（•）和$\nabla_m$（•）。由于$\nabla_t$（•）和$\nabla_m$（•）都是 Euler 广义分量，故可以继续定义广义协变导数$\nabla_t\nabla_t$（•），$\nabla_m\nabla_t$（•），$\nabla_t\nabla_m$（•）。总之，在协变形式不变性公设之下，很容易写出任意高阶广义协变导数的定义式。

Euler 时空上，任何高阶广义协变导数，均可有序构造。这是协变形式不变性公设的威力之所在。

Euler 时空上，高阶广义协变导数的物理意义，有待进一步探索，因此，本节暂不做深入讨论。

## 13.21 本章注释

尽管物质导数$\frac{\mathrm{d}_t(\cdot)}{\mathrm{d}t}$是张量分析以及物理学和力学中的重要概念，但作者仍然向读者建议：请尽量用广义协变导数$\nabla_t$（•）代替物质导数$\frac{\mathrm{d}_t(\cdot)}{\mathrm{d}t}$。理由很简单：$\frac{\mathrm{d}_t(\cdot)}{\mathrm{d}t}$所具有的功能，$\nabla_t$（•）都具备；$\frac{\mathrm{d}_t(\cdot)}{\mathrm{d}t}$没有的功能，$\nabla_t$（•）也具备。即$\nabla_t$（•）比$\frac{\mathrm{d}_t(\cdot)}{\mathrm{d}t}$强大得多。不仅如此，$\nabla_t$（•）比$\frac{\mathrm{d}_t(\cdot)}{\mathrm{d}t}$客观得多，漂亮得多，简洁得多。

当然，用$\nabla_t$（•）代替$\frac{\mathrm{d}_t(\cdot)}{\mathrm{d}t}$，并不是要彻底抛弃$\frac{\mathrm{d}_t(\cdot)}{\mathrm{d}t}$。实际上，$\frac{\mathrm{d}_t(\cdot)}{\mathrm{d}t}$仍然是不可或缺的概念——$\nabla_t$（•）的公理化定义式中，就有$\frac{\mathrm{d}_t(\cdot)}{\mathrm{d}t}$。换言之，$\nabla_t$（•）是通过$\frac{\mathrm{d}_t(\cdot)}{\mathrm{d}t}$定义的。作者的期待是，让$\frac{\mathrm{d}_t(\cdot)}{\mathrm{d}t}$隐居幕后，而让$\nabla_t$（•）活跃于台前。可以预料，基于$\nabla_t$（•）的力学，必然达到致精致简。

对坐标 $x^m$ 的协变形式不变性，是空间域上的不变性；对时间 $t$ 的协变形式不变性，是时间域上的不变性。把两方面的信息结合起来，我们就可以说：协变形式不变性，是(Euler)时空的本征不变性质。这个观点，将在后续的章节中进一步得到确证。

Euler 广义分量对时间的广义协变导数$\nabla_t$（•），是 Euler 时间域上的协变微分学与公理化的广义协变微分学的分水岭。

# Euler描述下的广义协变变分

Euler 空间域上,可以发展对坐标 $x^m$ 的协变微分和广义协变微分。类似地,Euler 时间域上,也可以发展对时间 $t$ 的协变微分和广义协变微分。

为了便于区分,本章将对时间 $t$ 的协变微分,简称为协变变分;将对时间 $t$ 的广义协变微分,简称为广义协变变分。

Euler 描述下,本章先引出 Euler 分量的协变变分概念,然后,再基于协变形式不变性公设,定义 Euler 广义分量的广义协变变分概念。

Euler 时间域上(广义)协变变分学的逻辑结构,与 Euler 空间域上(广义)协变微分学的逻辑结构,完全一致。二者的概念生成模式,完全类似,即具有狭义协变性的概念,通过协变形式不变性公设,被延拓为具有广义协变性的概念。

## 14.1 Euler 描述下场函数对时间的 Taylor 级数展开

定义在物质点上的张量场函数 $\boldsymbol{T}$,Euler 描述下的函数形态为

$$\boldsymbol{T}=\boldsymbol{T}\left[x^m\left(\hat{\xi}^p,t\right),t\right] \tag{14.1}$$

在 Euler 时间域上,令时间 $t$ 产生一增量 $\Delta t$,则张量场函数 $\boldsymbol{T}$ 也必然产生一增量 $\Delta\boldsymbol{T}$,亦即

$$t\rightarrow t+\Delta t,\quad \boldsymbol{T}\rightarrow\boldsymbol{T}+\Delta\boldsymbol{T} \tag{14.2}$$

且有

$$\Delta\boldsymbol{T}\triangleq\boldsymbol{T}\left[x^m\left(\hat{\xi}^p,t+\Delta t\right),t+\Delta t\right]-\boldsymbol{T}\left[x^m\left(\hat{\xi}^p,t\right),t\right] \tag{14.3}$$

将函数 $\boldsymbol{T}\left[x^m\left(\hat{\xi}^p,t+\Delta t\right),t+\Delta t\right]$ 在 $t$ 的邻域内展开为 Taylor 级数:

$$\boldsymbol{T}[x^m(\hat{\xi}^p,t+\Delta t),t+\Delta t]=\boldsymbol{T}[x^m(\hat{\xi}^p,t),t]+\left.\frac{\partial \boldsymbol{T}}{\partial t}\right|_{\hat{\xi}^p}\Delta t+\frac{1}{2!}\left.\frac{\partial^2 \boldsymbol{T}}{\partial t^2}\right|_{\hat{\xi}^p}(\Delta t)^2+\cdots \tag{14.4}$$

请读者注意，在展开过程中，紧盯给定的物质点 $\hat{\xi}^p$，或者说，保持 $\hat{\xi}^p$“不变”。将式(14.4)代入式(14.3)，可得

$$\Delta \boldsymbol{T}=\left.\frac{\partial \boldsymbol{T}}{\partial t}\right|_{\hat{\xi}^p}\Delta t+\frac{1}{2!}\left.\frac{\partial^2 \boldsymbol{T}}{\partial t^2}\right|_{\hat{\xi}^p}(\Delta t)^2+\cdots \tag{14.5}$$

在上述逻辑过程(或运动过程)中，由于物质点 $\hat{\xi}^p$ 自始至终保持不变，因此，按照第 11 章中的定义，出现在式(14.5)中对时间 $t$ 的导数，就是随体的物质导数：

$$\left.\frac{\partial \boldsymbol{T}}{\partial t}\right|_{\hat{\xi}^p}\triangleq\frac{\mathrm{d}_t \boldsymbol{T}}{\mathrm{d}t},\quad \left.\frac{\partial^2 \boldsymbol{T}}{\partial t^2}\right|_{\hat{\xi}^p}=\frac{\mathrm{d}_t^2 \boldsymbol{T}}{\mathrm{d}t^2} \tag{14.6}$$

于是式(14.5)变为

$$\Delta \boldsymbol{T}=\frac{\mathrm{d}_t \boldsymbol{T}}{\mathrm{d}t}\Delta t+\frac{1}{2!}\frac{\mathrm{d}_t^2 \boldsymbol{T}}{\mathrm{d}t^2}(\Delta t)^2+\cdots \tag{14.7}$$

当 $\Delta t$ 足够小时，式(14.7)右端起决定性的是 $\Delta t$ 的线性项，因此，我们可以从线性项中提取一阶微分形式 $\mathrm{d}_t \boldsymbol{T}$：

$$\mathrm{d}_t \boldsymbol{T}\triangleq\frac{\mathrm{d}_t \boldsymbol{T}}{\mathrm{d}t}\mathrm{d}t \tag{14.8}$$

Euler 时间域上，一阶微分形式 $\mathrm{d}_t \boldsymbol{T}$，是张量场函数 $\boldsymbol{T}$ 对时间 $t$ 的微分。由于 $\mathrm{d}_t \boldsymbol{T}$ 是定义在物质点 $\hat{\xi}^p$ 上的概念，因此是“物质微分”。很显然，物质微分 $\mathrm{d}_t \boldsymbol{T}$ 是与物质导数 $\frac{\mathrm{d}_t \boldsymbol{T}}{\mathrm{d}t}$ 对应的概念。由于 $\mathrm{d}_t \boldsymbol{T}$ 是一阶微分，故我们称之为“一阶物质微分”。

为了与力学中的经典概念保持足够的关联度，我们将一阶物质微分 $\mathrm{d}_t \boldsymbol{T}$ 称为“张量场函数 $\boldsymbol{T}$ 的一阶变分”。很显然，$\mathrm{d}_t \boldsymbol{T}$ 是局部化的变分。

以上概念的抽象过程，不仅对张量场函数 $\boldsymbol{T}$ 成立，而且对任意几何量和场函数都成立。换言之，式(14.7)可以推广到任意混态函数(•)：

$$\mathrm{d}_t(\bullet)\triangleq\frac{\mathrm{d}_t(\bullet)}{\mathrm{d}t}\mathrm{d}t \tag{14.9}$$

式(14.9)表明，普通一阶变分(或一阶物质微分)$\mathrm{d}_t(\bullet)$，与物质导数 $\frac{\mathrm{d}_t(\bullet)}{\mathrm{d}t}$ 成正比。至此，请读者建立这样的观念：定义在物质点上的场函数(•)的一阶变分 $\mathrm{d}_t(\bullet)$，是通过物质导数 $\frac{\mathrm{d}_t(\bullet)}{\mathrm{d}t}$ 定义的。另外，我们可以把 $\frac{\mathrm{d}_t(\bullet)}{\mathrm{d}t}$ 看作 $\mathrm{d}_t(\bullet)$ 和 $\mathrm{d}t$ 的比值，因此，$\frac{\mathrm{d}_t(\bullet)}{\mathrm{d}t}\mathrm{d}t=\mathrm{d}_t(\bullet)$ 就很自然了。这样，物质导数 $\frac{\mathrm{d}_t(\bullet)}{\mathrm{d}t}$ 就具有了“商”的含义，可称之为“一阶物质微商”。由于涉及变分之比，故也可称之为“一阶

变商”。正如“微商”的含义为“微分之商”,“变商”的含义为“变分之商”。

式(14.9)中的“线性”关系意味着,Euler 描述下,关于物质导数$\frac{\mathrm{d}_t(\cdot)}{\mathrm{d}t}$的所有观念,都可以“高保真”地传导给局部变分 $\mathrm{d}_t(\cdot)$。

Euler 描述下的物质导数$\frac{\mathrm{d}_t(\cdot)}{\mathrm{d}t}$已经得到了精细的研究。鉴于上述正比例关系,Euler 描述下的局部变分 $\mathrm{d}_t(\cdot)$似乎已经不需要再研究。然而,考虑到变分在力学中的重要性,作者仍然决定,放弃“局部变分附属于物质导数”的观念,将变分分离出来,单独成章。为便于读者理解“单独成章”之必要,我们做类比。我们不能说:“既然研究了导数,就不必要研究微分了”。同样,我们也不能说:“既然研究了物质导数,就不必要研究物质微分(即变分)了”。

请读者对比式(14.9)与 Euler 空间域中一阶微分的表达式:

$$\mathrm{d}(\cdot)=\frac{\partial(\cdot)}{\partial x^m}\mathrm{d}x^m \tag{14.10}$$

Euler 时间域中的变分(对时间 $t$ 的微分)$\mathrm{d}_t(\cdot)$,与 Euler 空间域中对 Euler 坐标的微分 $\mathrm{d}(\cdot)$,在解析结构上呈现出漂亮的对称性。

请读者注意:对 Euler 坐标的微分 $\mathrm{d}(\cdot)$,是“非物质的”,或者说,是“几何的”。在“凝固的”时刻 $t$,连续体在 Euler 背景坐标系下保持不动,背景坐标系下的观察者将视线从几何点 $x^m$ 移动到几何点 $x^m+\mathrm{d}x^m$,他所看到的场函数的一阶增量,就是 $\mathrm{d}(\cdot)$。在此“凝固的”时刻 $t$,占据几何点 $x^m$ 的物质点,和占据几何点 $x^m+\mathrm{d}x^m$ 的物质点,是两个不同的物质点。

物质导数$\frac{\mathrm{d}_t(\cdot)}{\mathrm{d}t}$的代数结构是环,一阶变分 $\mathrm{d}_t(\cdot)$的代数结构也是环。

注意到,本章把场函数的变分概念(而不是泛函的变分概念),置于了 Taylor 级数的基础之上。

Euler 空间域中,我们把场函数的微分概念,置于了 Taylor 级数的基础之上。本章虽然也引入了 Taylor 级数,但有差别:本章的 Taylor 级数,是对时间 $t$ 展开;而 Euler 空间域中的 Taylor 级数,则是对 Euler 坐标 $x^m$ 展开。

## 14.2 矢量分量的狭义协变变分

考查矢量场函数 $\boldsymbol{u}$。将其在 Euler 基矢量下分解如下:

$$\boldsymbol{u}=u^i\boldsymbol{g}_i=u_i\boldsymbol{g}^i \tag{14.11}$$

式(14.11)取一阶变分:

$$\mathrm{d}_t\boldsymbol{u}=\mathrm{d}_t(u^i\boldsymbol{g}_i)=\mathrm{d}_t(u_i\boldsymbol{g}^i) \tag{14.12}$$

由变分乘法的 Leibniz 法则:

$$\mathrm{d}_t\boldsymbol{u}=(\mathrm{d}_t u^i)\boldsymbol{g}_i+u^i(\mathrm{d}_t\boldsymbol{g}_i)=(\mathrm{d}_t u_i)\boldsymbol{g}^i+u_i(\mathrm{d}_t\boldsymbol{g}^i) \tag{14.13}$$

第 11 章导出了 Euler 基矢量的物质导数，结合式(14.9)可以导出 Euler 基矢量的一阶变分：

$$\mathrm{d}_t\boldsymbol{g}_i\overset{\Delta}{=}\frac{\mathrm{d}_t\boldsymbol{g}_i}{\mathrm{d}t}\mathrm{d}t=\boldsymbol{g}_j\Gamma^j_{im}v^m\,\mathrm{d}t,\quad \mathrm{d}_t\boldsymbol{g}^i\overset{\Delta}{=}\frac{\mathrm{d}_t\boldsymbol{g}^i}{\mathrm{d}t}\mathrm{d}t=-\boldsymbol{g}^j\Gamma^i_{jm}v^m\,\mathrm{d}t \tag{14.14}$$

强调一下：式(14.14)中，“$\overset{\Delta}{=}$”给出 Euler 基矢量变分的定义式，而“$=$”则给出 Euler 基矢量的变分之计算式。Euler 基矢量的变分可计算，意味着任何几何量的变分都可计算了。

式(14.14)中，指标 $i$ 是束缚指标，哑指标 $j$ 是束缚哑指标，哑指标 $m$ 是自由哑指标。

Euler 基矢量的局部变分式，是本章引出新概念的转折点。

式(14.14)代入式(14.13)：

$$\mathrm{d}_t\boldsymbol{u}=(\mathrm{D}_t u^i)\boldsymbol{g}_i=(\mathrm{D}_t u_i)\boldsymbol{g}^i \tag{14.15}$$

其中

$$\mathrm{D}_t u^i\overset{\Delta}{=}\mathrm{d}_t u^i+u^k\Gamma^i_{km}v^m\,\mathrm{d}t \tag{14.16}$$

$$\mathrm{D}_t u_i\overset{\Delta}{=}\mathrm{d}_t u_i-u_k\Gamma^k_{im}v^m\,\mathrm{d}t \tag{14.17}$$

$\mathrm{D}_t u_i$ 和 $\mathrm{D}_t u^i$ 称为矢量的 Euler 分量 $u_i$ 和 $u^i$ 对时间 $t$ 的协变微分，我们称之为“Euler 分量 $u_i$ 和 $u^i$ 的协变变分”。

式(14.15)显示，协变变分 $\mathrm{D}_t u_i$ 和 $\mathrm{D}_t u^i$ 是矢量 $\mathrm{d}_t\boldsymbol{u}$ 的分量，因而，必然满足 Ricci 变换，必然具有协变性。

式(14.16)和式(14.17)中，左端的指标 $i$ 是自由指标，右端的指标 $i$ 却是束缚指标。右端的哑指标 $k$ 是束缚哑指标，哑指标 $m$ 是自由哑指标。

式(14.16)显示，协变变分 $\mathrm{D}_t u^i$ 是经典变分 $\mathrm{d}_t u^i$ 的扩张。而经典变分 $\mathrm{d}_t u^i$ 是不协变的，这正是经典变分学的局限性。随着协变变分概念的引入，不协变的变分学，就可被延拓为协变的变分学。

请读者对比时间域中的协变变分 $\mathrm{D}_t u^i$ 与空间域中的协变微分 $\mathrm{D}u^i$，立即发现二者颇有“形似”之处，即结构模式基本一致。然而，协变变分与协变微分是两个完全不同的概念，故“形似”而“神不似”。

在结束本节时，请读者再次强化如下观念：Euler 描述下，定义在物质点上的场函数(·)对时间的微分 $\mathrm{d}_t$(·)，就是(·)的局部变分；场函数(·)对时间的协变微分 $\mathrm{D}_t$(·)，就是(·)的协变变分。

## 14.3　张量分量的狭义协变变分

设有二阶张量 $\boldsymbol{T}$ 场，在 Euler 基矢量下的分解式为

$$\boldsymbol{T}=T^{ij}\boldsymbol{g}_i\boldsymbol{g}_j=T_{ij}\boldsymbol{g}^i\boldsymbol{g}^j=T_i^{\cdot j}\boldsymbol{g}^i\boldsymbol{g}_j=T^i_{\cdot j}\boldsymbol{g}_i\boldsymbol{g}^j \tag{14.18}$$

式(14.18)取一阶变分得

$$\mathrm{d}_t\boldsymbol{T}=\mathrm{d}_t(T^{ij}\boldsymbol{g}_i\boldsymbol{g}_j)=\mathrm{d}_t(T_{ij}\boldsymbol{g}^i\boldsymbol{g}^j)=\mathrm{d}_t(T_i^{\cdot j}\boldsymbol{g}^i\boldsymbol{g}_j)=\mathrm{d}_t(T_{\cdot j}^{i}\boldsymbol{g}_i\boldsymbol{g}^j) \tag{14.19}$$

将式(14.14)代入式(14.19)得

$$\begin{aligned}\mathrm{d}_t\boldsymbol{T}&=(\mathrm{D}_tT^{ij})\boldsymbol{g}_i\boldsymbol{g}_j=(\mathrm{D}_tT_{ij})\boldsymbol{g}^i\boldsymbol{g}^j\\&=(\mathrm{D}_tT_i^{\cdot j})\boldsymbol{g}^i\boldsymbol{g}_j=(\mathrm{D}_tT_{\cdot j}^{i})\boldsymbol{g}_i\boldsymbol{g}^j\end{aligned} \tag{14.20}$$

其中

$$\mathrm{D}_tT^{ij}\triangleq\mathrm{d}_tT^{ij}+T^{kj}\Gamma_{km}^{i}v^m\mathrm{d}t+T^{ik}\Gamma_{km}^{j}v^m\mathrm{d}t \tag{14.21}$$

$$\mathrm{D}_tT_{ij}\triangleq\mathrm{d}_tT_{ij}-T_{kj}\Gamma_{im}^{k}v^m\mathrm{d}t-T_{ik}\Gamma_{jm}^{k}v^m\mathrm{d}t \tag{14.22}$$

$$\mathrm{D}_tT_i^{\cdot j}\triangleq\mathrm{d}_tT_i^{\cdot j}-T_k^{\cdot j}\Gamma_{im}^{k}v^m\mathrm{d}t+T_i^{\cdot k}\Gamma_{km}^{j}v^m\mathrm{d}t \tag{14.23}$$

$$\mathrm{D}_tT_{\cdot j}^{i}\triangleq\mathrm{d}_tT_{\cdot j}^{i}+T_{\cdot j}^{k}\Gamma_{km}^{i}v^m\mathrm{d}t-T_{\cdot k}^{i}\Gamma_{jm}^{k}v^m\mathrm{d}t \tag{14.24}$$

$\mathrm{D}_tT^{ij}$ 被称为张量分量 $T^{ij}$ 的协变变分。显然,协变变分 $\mathrm{D}_tT^{ij}$ 是普通变分 $\mathrm{d}_tT^{ij}$ 的拓展。协变变分 $\mathrm{D}_tT^{ij}$ 是张量 $\mathrm{d}_t\boldsymbol{T}$ 的分量,因而必然满足 Ricci 变换,必然具有协变性。

Euler 时间域上的协变变分 $\mathrm{D}_tT^{ij}$,与 Euler 空间域上的协变微分 $\mathrm{D}T^{ij}$,结构模式完全一致。

式(14.21)～式(14.24)右端,哑指标 $k$ 是束缚哑指标,哑指标 $m$ 是自由哑指标。

度量张量分量 $g_{ij}$ 是二阶张量分量的特殊情形,其协变变分,可借助式(14.21)～式(14.24)定义为

$$\mathrm{D}_tg^{ij}\triangleq\mathrm{d}_tg^{ij}+g^{kj}\Gamma_{km}^{i}v^m\mathrm{d}t+g^{ik}\Gamma_{km}^{j}v^m\mathrm{d}t \tag{14.25}$$

$$\mathrm{D}_tg_{ij}\triangleq\mathrm{d}_tg_{ij}-g_{kj}\Gamma_{im}^{k}v^m\mathrm{d}t-g_{ik}\Gamma_{jm}^{k}v^m\mathrm{d}t \tag{14.26}$$

$$\mathrm{D}_tg_i^j\triangleq\mathrm{d}_tg_i^j-g_k^j\Gamma_{im}^{k}v^m\mathrm{d}t+g_i^k\Gamma_{km}^{j}v^m\mathrm{d}t \tag{14.27}$$

$$\mathrm{D}_tg_j^i\triangleq\mathrm{d}_tg_j^i+g_j^k\Gamma_{km}^{i}v^m\mathrm{d}t-g_k^i\Gamma_{jm}^{k}v^m\mathrm{d}t \tag{14.28}$$

借助式(14.14),可计算度量张量分量的变分:

$$\mathrm{d}_tg^{ij}=\mathrm{d}_t(\boldsymbol{g}^i\cdot\boldsymbol{g}^j)=-g^{kj}\Gamma_{km}^{i}v^m\mathrm{d}t-g^{ik}\Gamma_{km}^{j}v^m\mathrm{d}t \tag{14.29}$$

$$\mathrm{d}_tg_{ij}=\mathrm{d}_t(\boldsymbol{g}_i\cdot\boldsymbol{g}_j)=g_{kj}\Gamma_{im}^{k}v^m\mathrm{d}t+g_{ik}\Gamma_{jm}^{k}v^m\mathrm{d}t \tag{14.30}$$

$$\mathrm{d}_tg_i^j=\mathrm{d}_t(\boldsymbol{g}_i\cdot\boldsymbol{g}^j)=g_k^j\Gamma_{im}^{k}v^m\mathrm{d}t-g_i^k\Gamma_{km}^{j}v^m\mathrm{d}t \tag{14.31}$$

$$\mathrm{d}_tg_j^i=\mathrm{d}_t(\boldsymbol{g}^i\cdot\boldsymbol{g}_j)=-g_j^k\Gamma_{km}^{i}v^m\mathrm{d}t+g_k^i\Gamma_{jm}^{k}v^m\mathrm{d}t \tag{14.32}$$

将式(14.29)～式(14.32)代入式(14.25)～式(14.28),即可得

$$\mathrm{D}_tg^{ij}=0,\quad \mathrm{D}_tg_{ij}=0,\quad \mathrm{D}_tg_i^j=0,\quad \mathrm{D}_tg_j^i=0 \tag{14.33}$$

由此我们有命题:

度量张量的 Euler 分量,$g_{ij}$,$g_{ij}$,$g_i^j$,$g_j^i$,都可以自由进出狭义协变变分 $\mathrm{D}_t(\cdot)$。

为便于比较,再分析式(14.29)和式(14.30)。可以看出,一般意义下,有

$$\mathrm{d}_t g^{ij} \neq 0, \quad \mathrm{d}_t g_{ij} \neq 0 \tag{14.34}$$

于是我们有命题：

度量张量的 Euler 协变分量和逆变分量，$g_{ij}$，$g^{ij}$，不能自由进出变分 $\mathrm{d}_t(\cdot)$。

由于度量张量分量 $g_{ij}$ 和 $g^{ij}$ 肩负指标升降变换的重任，故我们有命题：

局部变分 $\mathrm{d}_t(\cdot)$不满足指标升降变换。

Euler 描述下，相对于局部变分 $\mathrm{d}_t(\cdot)$，协变变分 $\mathrm{D}_t(\cdot)$的优势开始显现出来了。

## 14.4 张量杂交分量的狭义协变变分

将二阶张量 $\boldsymbol{T}$ 场函数表达在新老杂交坐标系下：

$$\boldsymbol{T} = T^{ij'}\boldsymbol{g}_i\boldsymbol{g}_{j'} = T_{ij'}\boldsymbol{g}^i\boldsymbol{g}^{j'} = T_i^{\cdot j'}\boldsymbol{g}^i\boldsymbol{g}_{j'} = T^i_{\cdot j'}\boldsymbol{g}_i\boldsymbol{g}^{j'} \tag{14.35}$$

其一阶变分为

$$\begin{aligned} \mathrm{d}_t\boldsymbol{T} &= \mathrm{d}_t(T^{ij'}\boldsymbol{g}_i\boldsymbol{g}_{j'}) = \mathrm{d}_t(T_{ij'}\boldsymbol{g}^i\boldsymbol{g}^{j'}) \\ &= \mathrm{d}_t(T_i^{\cdot j'}\boldsymbol{g}^i\boldsymbol{g}_{j'}) = \mathrm{d}_t(T^i_{\cdot j'}\boldsymbol{g}_i\boldsymbol{g}^{j'}) \end{aligned} \tag{14.36}$$

类似于式(14.14)，新坐标系下，Euler 基矢量的一阶变分可表示为

$$\begin{aligned} \mathrm{d}_t\boldsymbol{g}_{i'} &\triangleq \frac{\mathrm{d}_t\boldsymbol{g}_{i'}}{\mathrm{d}t}\mathrm{d}t = \boldsymbol{g}_{j'}\Gamma^{j'}_{i'm'}v^{m'}\mathrm{d}t, \\ \mathrm{d}_t\boldsymbol{g}^{i'} &\triangleq \frac{\mathrm{d}_t\boldsymbol{g}^{i'}}{\mathrm{d}t}\mathrm{d}t = -\boldsymbol{g}^{j'}\Gamma^{i'}_{j'm'}v^{m'}\mathrm{d}t \end{aligned} \tag{14.37}$$

将式(14.37)和式(14.14)代入式(14.36)，可得

$$\begin{aligned} \mathrm{d}_t\boldsymbol{T} &= (\mathrm{D}_t T^{ij'})\boldsymbol{g}_i\boldsymbol{g}_{j'} = (\mathrm{D}_t T_{ij'})\boldsymbol{g}^i\boldsymbol{g}^{j'} \\ &= (\mathrm{D}_t T_i^{\cdot j'})\boldsymbol{g}^i\boldsymbol{g}_{j'} = (\mathrm{D}_t T^i_{\cdot j'})\boldsymbol{g}_i\boldsymbol{g}^{j'} \end{aligned} \tag{14.38}$$

其中

$$\mathrm{D}_t T^{ij'} \triangleq \mathrm{d}_t T^{ij'} + T^{kj'}\Gamma^i_{km}v^m\mathrm{d}t + T^{ik'}\Gamma^{j'}_{k'm'}v^{m'}\mathrm{d}t \tag{14.39}$$

$$\mathrm{D}_t T_{ij'} \triangleq \mathrm{d}_t T_{ij'} - T_{kj'}\Gamma^k_{im}v^m\mathrm{d}t - T_{ik'}\Gamma^{k'}_{j'm'}v^{m'}\mathrm{d}t \tag{14.40}$$

$$\mathrm{D}_t T_i^{\cdot j'} \triangleq \mathrm{d}_t T_i^{\cdot j'} - T_k^{\cdot j'}\Gamma^k_{im}v^m\mathrm{d}t + T_i^{\cdot k'}\Gamma^{j'}_{k'm'}v^{m'}\mathrm{d}t \tag{14.41}$$

$$\mathrm{D}_t T^i_{\cdot j'} \triangleq \mathrm{d}_t T^i_{\cdot j'} + T^k_{\cdot j'}\Gamma^i_{km}v^m\mathrm{d}t - T^i_{\cdot k'}\Gamma^{k'}_{j'm'}v^{m'}\mathrm{d}t \tag{14.42}$$

$\mathrm{D}_t T^{ij'}$被称为张量杂交分量 $T^{ij'}$的协变变分。

式(14.38)显示，协变变分 $\mathrm{D}_t T^{ij'}$是张量 $\mathrm{d}_t\boldsymbol{T}$ 的杂交分量，因而必然满足 Ricci 变换，必然具有协变性。

式(14.39)～式(14.42)右端，哑指标 $k$ 和 $k'$是束缚哑指标，哑指标 $m$ 和 $m'$是自由哑指标。

度量张量的杂交分量 $g_{ij'}$是一般张量杂交分量 $T_{ij'}$的特例，其协变变分可借助

式(14.39)～式(14.42)定义为

$$\mathrm{D}_t g^{ij'} \triangleq \mathrm{d}_t g^{ij'} + g^{kj'} \Gamma^i_{km} v^m \mathrm{d}t + g^{ik'} \Gamma^{j'}_{k'm'} v^{m'} \mathrm{d}t \tag{14.43}$$

$$\mathrm{D}_t g_{ij'} \triangleq \mathrm{d}_t g_{ij'} - g_{kj'} \Gamma^k_{im} v^m \mathrm{d}t - g_{ik'} \Gamma^{k'}_{j'm'} v^{m'} \mathrm{d}t \tag{14.44}$$

$$\mathrm{D}_t g^{j'}_i \triangleq \mathrm{d}_t g^{j'}_i - g^{j'}_k \Gamma^k_{im} v^m \mathrm{d}t + g^{k'}_i \Gamma^{j'}_{k'm'} v^{m'} \mathrm{d}t \tag{14.45}$$

$$\mathrm{D}_t g^i_{j'} \triangleq \mathrm{d}_t g^i_{j'} + g^k_{j'} \Gamma^i_{km} v^m \mathrm{d}t - g^i_{k'} \Gamma^{k'}_{j'm'} v^{m'} \mathrm{d}t \tag{14.46}$$

借助式(14.14)和式(14.37),可计算度量张量杂交分量的变分:

$$\mathrm{d}_t g^{ij'} = \mathrm{d}_t(\boldsymbol{g}^i \cdot \boldsymbol{g}^{j'}) = -g^{kj'} \Gamma^i_{km} v^m \mathrm{d}t - g^{ik'} \Gamma^{j'}_{k'm'} v^{m'} \mathrm{d}t \tag{14.47}$$

$$\mathrm{d}_t g_{ij'} = \mathrm{d}_t(\boldsymbol{g}_i \cdot \boldsymbol{g}_{j'}) = g_{kj'} \Gamma^k_{im} v^m \mathrm{d}t + g_{ik'} \Gamma^{k'}_{j'm'} v^{m'} \mathrm{d}t \tag{14.48}$$

$$\mathrm{d}_t g^{j'}_i = \mathrm{d}_t(\boldsymbol{g}_i \cdot \boldsymbol{g}^{j'}) = g^{j'}_k \Gamma^k_{im} v^m \mathrm{d}t - g^{k'}_i \Gamma^{j'}_{k'm'} v^{m'} \mathrm{d}t \tag{14.49}$$

$$\mathrm{d}_t g^i_{j'} = \mathrm{d}_t(\boldsymbol{g}^i \cdot \boldsymbol{g}_{j'}) = -g^k_{j'} \Gamma^i_{km} v^m \mathrm{d}t + g^i_{k'} \Gamma^{k'}_{j'm'} v^{m'} \mathrm{d}t \tag{14.50}$$

式(14.47)～式(14.50)分别代入式(14.43)～式(14.46),即可得

$$\mathrm{D}_t g^{ij'} = 0, \quad \mathrm{D}_t g_{ij'} = 0, \quad \mathrm{D}_t g^{j'}_i = 0, \quad \mathrm{D}_t g^i_{j'} = 0 \tag{14.51}$$

由此我们有命题:

度量张量的杂交分量,$g_{ij'}$,$g_{ij'}$,$g^{j'}_i$,$g^i_{j'}$,都可以自由进出狭义协变变分 $\mathrm{D}_t(\cdot)$。

为便于比较,再分析式(14.49)和式(14.50)。可以看出,一般意义下,有

$$\mathrm{d}_t g^{j'}_i \neq 0, \quad \mathrm{d}_t g^i_{j'} \neq 0 \tag{14.52}$$

于是我们有命题:

度量张量分量的杂交分量 $g^{j'}_i$,$g^i_{j'}$,不能自由进出变分 $\mathrm{d}_t(\cdot)$。

由于度量张量杂交混变分量 $g^{j'}_i$ 和 $g^i_{j'}$ 肩负坐标变换的重任,故我们有命题:

局部变分 $\mathrm{d}_t(\cdot)$不满足坐标变换。

相对于局部变分 $\mathrm{d}_t(\cdot)$,协变变分 $\mathrm{D}_t(\cdot)$的优势再次显现出来了。

## 14.5 协变形式不变性公设

注意到,上述协变变分 $\mathrm{D}_t(\cdot)$作用的对象$(\cdot)$,都是张量的分量或杂交分量。换言之,以 $\mathrm{D}_t(\cdot)$为标志的狭义协变变分学,只是关于分量的协变变分学。这正是其局限性之所在。

为克服狭义协变变分学的局限性,本章提出广义协变变分概念及其协变形式不变性公设:

Euler 广义分量的广义协变变分,与 Euler 分量的狭义协变变分,在表观形式上具有完全的一致性。

这个公设,将狭义协变变分拓展为广义协变变分。在此强调一下:狭义协变变分只能作用于狭义分量,而广义协变变分则可以作用于广义分量。

本章规定,狭义协变变分和广义协变变分,共享符号 $\mathrm{D}_t(\cdot)$。

注意到,广义协变变分 $\mathrm{D}_t(\cdot)$ 的协变形式不变性公设,与广义协变导数 $\nabla_t(\cdot)$ 的协变形式不变性公设,内涵完全相同。

## 14.6 广义分量之广义协变变分的公理化定义式

依据公设,1-指标广义分量 $\boldsymbol{p}^i$(或 $\boldsymbol{p}_i$)的广义协变变分定义为

$$\mathrm{D}_t\boldsymbol{p}^i \triangleq \mathrm{d}_t\boldsymbol{p}^i + \boldsymbol{p}^k\Gamma^i_{km}v^m\mathrm{d}t \tag{14.53}$$

$$\mathrm{D}_t\boldsymbol{p}_i \triangleq \mathrm{d}_t\boldsymbol{p}_i - \boldsymbol{p}_k\Gamma^k_{im}v^m\mathrm{d}t \tag{14.54}$$

注意到,这个定义式,与矢量分量协变变分的定义式(式(14.16)、式(14.17)),表观形式完全一致。在后面的章节我们会证实,$\mathrm{D}_t\boldsymbol{p}^i$ 和 $\mathrm{D}_t\boldsymbol{p}_i$ 都是 1-指标广义分量,都满足 Ricci 变换,都具有协变性。

式(14.53)和式(14.54)右端的哑指标 $k$ 是束缚指标,哑指标 $m$ 是自由哑指标。

2-指标广义分量 $\boldsymbol{q}^{ij}$(或 $\boldsymbol{q}_{ij}$),其广义协变变分的公理化定义为

$$\mathrm{D}_t\boldsymbol{q}^{ij} \triangleq \mathrm{d}_t\boldsymbol{q}^{ij} + \boldsymbol{q}^{kj}\Gamma^i_{km}v^m\mathrm{d}t + \boldsymbol{q}^{ik}\Gamma^j_{km}v^m\mathrm{d}t \tag{14.55}$$

$$\mathrm{D}_t\boldsymbol{q}_{ij} \triangleq \mathrm{d}_t\boldsymbol{q}_{ij} - \boldsymbol{q}_{kj}\Gamma^k_{im}v^m\mathrm{d}t - \boldsymbol{q}_{ik}\Gamma^k_{jm}v^m\mathrm{d}t \tag{14.56}$$

$$\mathrm{D}_t\boldsymbol{q}_i^{\cdot j} \triangleq \mathrm{d}_t\boldsymbol{q}_i^{\cdot j} - \boldsymbol{q}_k^{\cdot j}\Gamma^k_{im}v^m\mathrm{d}t + \boldsymbol{q}_i^{\cdot k}\Gamma^j_{km}v^m\mathrm{d}t \tag{14.57}$$

$$\mathrm{D}_t\boldsymbol{q}^i_{\cdot j} \triangleq \mathrm{d}_t\boldsymbol{q}^i_{\cdot j} + \boldsymbol{q}^k_{\cdot j}\Gamma^i_{km}v^m\mathrm{d}t - \boldsymbol{q}^i_{\cdot k}\Gamma^k_{jm}v^m\mathrm{d}t \tag{14.58}$$

这个定义式,与二阶张量分量协变变分的定义式(式(14.21)~式(14.24)),形式完全一致。在后面的章节中我们会证实,$\mathrm{D}_t\boldsymbol{q}^{ij}$ 和 $\mathrm{D}_t\boldsymbol{q}_{ij}$ 等都是 2-指标广义分量,都满足 Ricci 变换,都具有协变性。

式(14.55)~式(14.58)右端的哑指标 $k$ 是束缚指标,哑指标 $m$ 是自由哑指标。

2-指标广义杂交分量 $\boldsymbol{q}^{ij'}$(或 $\boldsymbol{q}_{ij'}$),其广义协变变分的公理化定义为

$$\mathrm{D}_t\boldsymbol{q}^{ij'} \triangleq \mathrm{d}_t\boldsymbol{q}^{ij'} + \boldsymbol{q}^{kj'}\Gamma^i_{km}v^m\mathrm{d}t + \boldsymbol{q}^{ik'}\Gamma^{j'}_{k'm'}v^{m'}\mathrm{d}t \tag{14.59}$$

$$\mathrm{D}_t\boldsymbol{q}_{ij'} \triangleq \mathrm{d}_t\boldsymbol{q}_{ij'} - \boldsymbol{q}_{kj'}\Gamma^k_{im}v^m\mathrm{d}t - \boldsymbol{q}_{ik'}\Gamma^{k'}_{j'm'}v^{m'}\mathrm{d}t \tag{14.60}$$

$$\mathrm{D}_t\boldsymbol{q}_i^{\cdot j'} \triangleq \mathrm{d}_t\boldsymbol{q}_i^{\cdot j'} - \boldsymbol{q}_k^{\cdot j'}\Gamma^k_{im}v^m\mathrm{d}t + \boldsymbol{q}_i^{\cdot k'}\Gamma^{j'}_{k'm'}v^{m'}\mathrm{d}t \tag{14.61}$$

$$\mathrm{D}_t\boldsymbol{q}^i_{\cdot j'} \triangleq \mathrm{d}_t\boldsymbol{q}^i_{\cdot j'} + \boldsymbol{q}^k_{\cdot j'}\Gamma^i_{km}v^m\mathrm{d}t - \boldsymbol{q}^i_{\cdot k'}\Gamma^{k'}_{j'm'}v^{m'}\mathrm{d}t \tag{14.62}$$

这个定义式,与二阶张量杂交分量的协变变分的定义式(式(14.39)~式(14.42)),形式完全一致。在后面的章节中我们会证实,$\mathrm{D}_t\boldsymbol{q}^{ij'}$ 和 $\mathrm{D}_t\boldsymbol{q}_{ij'}$ 等都是 2-指标广义杂交分量,都满足 Ricci 变换,都具有协变性。

式(14.55)~式(14.58)右端的哑指标 $k$ 和 $k'$ 都是束缚指标,哑指标 $m$ 和 $m'$ 都是自由哑指标。

## 14.7 广义协变变分中的基本组合模式

基本组合模式的思想如下：借助经典变分 $\mathrm{d}_t(\cdot)$与经典物质导数$\dfrac{\mathrm{d}_t(\cdot)}{\mathrm{d}t}$之关系(式(14.9))，重新组合广义协变变分 $\mathrm{D}_t(\cdot)$的定义式，以揭示广义协变变分 $\mathrm{D}_t(\cdot)$与对时间的广义协变导数$\nabla_t(\cdot)$之间的内在联系。

先看 1-指标广义分量的情形。式(14.53)和式(14.54)中，经典变分可表达为

$$\mathrm{d}_t\boldsymbol{p}^i=\frac{\mathrm{d}_t\boldsymbol{p}^i}{\mathrm{d}t}\mathrm{d}t,\quad \mathrm{d}_t\boldsymbol{p}_i=\frac{\mathrm{d}_t\boldsymbol{p}_i}{\mathrm{d}t}\mathrm{d}t \tag{14.63}$$

将式(14.63)代入式(14.53)和式(14.54)，可得

$$\mathrm{D}_t\boldsymbol{p}^i=\mathrm{d}t\ \nabla_t\boldsymbol{p}^i,\quad \mathrm{D}_t\boldsymbol{p}_i=\mathrm{d}t\ \nabla_t\boldsymbol{p}_i \tag{14.64}$$

式(14.64)右端，对时间的广义协变导数$\nabla_t\boldsymbol{p}^i$ 和$\nabla_t\boldsymbol{p}_i$ 的表达式，已经在第 13 章定义过了。

再看 2-指标广义分量的情形。为简洁起见，此处只讨论 $\boldsymbol{q}^{ij}$ 和$\boldsymbol{q}_{ij}$。式(14.55)和式(14.56)右端，经典变分可表达为

$$\mathrm{d}_t\boldsymbol{q}^{ij}=\frac{\mathrm{d}_t\boldsymbol{q}^{ij}}{\mathrm{d}t}\mathrm{d}t,\quad \mathrm{d}_t\boldsymbol{q}_{ij}=\frac{\mathrm{d}_t\boldsymbol{q}_{ij}}{\mathrm{d}t}\mathrm{d}t \tag{14.65}$$

将式(14.65)代入式(14.55)和式(14.56)，可得

$$\mathrm{D}_t\boldsymbol{q}^{ij}=\mathrm{d}t\ \nabla_t\boldsymbol{q}^{ij},\quad \mathrm{D}_t\boldsymbol{q}_{ij}=\mathrm{d}t\ \nabla_t\boldsymbol{q}_{ij} \tag{14.66}$$

式(14.66)右端，对时间的广义协变导数$\nabla_t\boldsymbol{q}^{ij}$ 和$\nabla_t\boldsymbol{q}_{ij}$ 的表达式，已经在第 13 章定义过了。

最后看杂交广义分量的情形。为简洁起见，此处只讨论 $\boldsymbol{q}^{ij'}$和 $\boldsymbol{q}_{ij'}$。式(14.59)和式(14.60)中，经典变分可表达为

$$\mathrm{d}_t\boldsymbol{q}^{ij'}=\frac{\mathrm{d}_t\boldsymbol{q}^{ij'}}{\mathrm{d}t}\mathrm{d}t,\quad \mathrm{d}_t\boldsymbol{q}_{ij'}=\frac{\mathrm{d}_t\boldsymbol{q}_{ij'}}{\mathrm{d}t}\mathrm{d}t \tag{14.67}$$

将式(14.67)代入式(14.59)和式(14.60)，可得

$$\mathrm{D}_t\boldsymbol{q}^{ij'}=\mathrm{d}t\ \nabla_t\boldsymbol{q}^{ij'},\quad \mathrm{D}_t\boldsymbol{q}_{ij'}=\mathrm{d}t\ \nabla_t\boldsymbol{q}_{ij'} \tag{14.68}$$

式(14.68)右端，对时间的杂交广义协变导数$\nabla_t\boldsymbol{q}^{ij'}$和$\nabla_t\boldsymbol{q}_{ij'}$的表达式，已经在第 13 章定义过了。

归纳基本组合模式下的所有信息，可以推知，广义协变变分 $\mathrm{D}_t(\cdot)$与广义协变导数$\nabla_t(\cdot)$之间，恒有如下关系：

$$\mathrm{D}_t(\cdot)=\mathrm{d}t\ \nabla_t(\cdot) \tag{14.69}$$

式(14.69)表明：$\mathrm{d}t$ 线性地加权了广义协变导数$\nabla_t(\cdot)$。于是我们有一般性命题：

Euler 时间域上，广义分量$(\cdot)$的广义协变变分 $\mathrm{D}_t(\cdot)$，与其广义协变导数$\nabla_t(\cdot)$成正比。而比例系数就是 $\mathrm{d}t$。

回顾 Euler 空间域,广义协变微分 D( · )与广义协变导数$\nabla_m$( · )有关系式:

$$\mathrm{D}(\cdot)=\mathrm{d}x^m\ \nabla_m(\cdot) \tag{14.70}$$

即 Euler 空间域上的广义协变微分 D( · ),是广义协变导数$\nabla_m$( · )的线性组合。对比式(14.69)和式(14.70),我们看出,Euler 时间域上的广义协变变分学,与 Euler 空间域上的广义协变微分学,形式上存在赏心悦目的一致性。

从式(14.69)可以推知,广义协变导数$\nabla_t$( · )的协变形式不变性公设,必然等价于广义协变变分 $\mathrm{D}_t$( · )的协变形式不变性公设。

从代数上看,式(14.69)可以形式化地写成:

$$\nabla_t(\cdot)=\frac{\mathrm{D}_t(\cdot)}{\mathrm{d}t} \tag{14.71}$$

这个表达式,为 Euler 描述下的广义协变导数$\nabla_t$( · )提供了一个优美的解释:广义协变导数$\nabla_t$( · ),就是广义协变变分 $\mathrm{D}_t$( · )与 $\mathrm{d}t$ 的比值。或者说,广义协变导数$\nabla_t$( · ),就是单位时间内的广义协变变分 $\mathrm{D}_t$( · )。很显然,广义协变导数$\nabla_t$( · ),是广义协变变分快慢的“度量”。如果读者喜欢,可以把广义协变导数$\nabla_t$( · ),理解为广义协变变分的“速度”。

这个解释,至少在形式上回归到了 Newton 和 Leibniz 的经典思想。注意到,式(14.71)具有极好的协变性,因此,我们可以把广义协变导数$\nabla_t$( · )理解为“广义协变变商”。

形式上的回归并不奇怪。Newton 和 Leibniz 研究的是一元函数 $f(x)$。本章的场函数,例如 $\boldsymbol{T}[x^m(\hat{\xi}^p,t),t]$,可视为 $\hat{\xi}^p$ 和 $t$ 的函数。当我们紧盯某个物质点时,$\hat{\xi}^p$ 保持不变,此时 $\boldsymbol{T}$ 就可以等价地视为 $t$ 的一元函数。既然 $f(x)$和 $\boldsymbol{T}$ 都是一元函数,其导数的形式一致性,就没什么奇怪的了。

## 14.8 广义协变变分中的第一类组合模式和 Leibniz 法则

本节将证明这样的命题:

若干广义分量乘积的广义协变变分,满足 Leibniz 法则。

两个广义分量 $\boldsymbol{p}_i$ 和$\boldsymbol{q}^{jk}$ 的乘积($\boldsymbol{p}_i \otimes \boldsymbol{q}^{jk}$),可以视为“3-指标”广义分量。依据公设,其广义协变变分定义为

$$\begin{aligned}\mathrm{D}_t(\boldsymbol{p}_i\otimes\boldsymbol{q}^{jk})\triangleq&\,\mathrm{d}_t(\boldsymbol{p}_i\otimes\boldsymbol{q}^{jk})-(\boldsymbol{p}_l\otimes\boldsymbol{q}^{jk})\Gamma_{im}^{l}v^m\,\mathrm{d}t+\\&(\boldsymbol{p}_i\otimes\boldsymbol{q}^{lk})\Gamma_{lm}^{j}v^m\,\mathrm{d}t+(\boldsymbol{p}_i\otimes\boldsymbol{q}^{jl})\Gamma_{lm}^{k}v^m\,\mathrm{d}t\end{aligned} \tag{14.72}$$

式(14.72)右端,哑指标 $l$ 是束缚哑指标,哑指标 $m$ 是自由哑指标。

式(14.72)蕴含了三类组合模式。先看基本组合模式。将右端的普通变分项用物质导数刻画:

$$\mathrm{d}_t(\boldsymbol{p}_i \otimes \boldsymbol{q}^{jk}) = \frac{\mathrm{d}_t(\boldsymbol{p}_i \otimes \boldsymbol{q}^{jk})}{\mathrm{d}t}\mathrm{d}t \tag{14.73}$$

将式(14.73)代入式(14.72)，可将广义协变变分 $\mathrm{D}_t(\boldsymbol{p}_i \otimes \boldsymbol{q}^{jk})$ 表达为广义协变导数 $\nabla_t(\boldsymbol{p}_i \otimes \boldsymbol{q}^{jk})$ 的正比例形式：

$$\mathrm{D}_t(\boldsymbol{p}_i \otimes \boldsymbol{q}^{jk}) = \mathrm{d}t\ \nabla_t(\boldsymbol{p}_i \otimes \boldsymbol{q}^{jk}) \tag{14.74}$$

式(14.74)支撑了式(14.69)的正确性。

除了基本组合模式，式(14.72)中还蕴含着第1类组合模式。这类组合模式包含如下操作：先用 Leibniz 法则于式(14.72)中的普通变分：

$$\mathrm{d}_t(\boldsymbol{p}_i \otimes \boldsymbol{q}^{jk}) = \mathrm{d}_t\boldsymbol{p}_i \otimes \boldsymbol{q}^{jk} + \boldsymbol{p}_i \otimes \mathrm{d}_t\boldsymbol{q}^{jk} \tag{14.75}$$

式(14.75)代入式(14.72)，并利用公设，导出广义协变变分的乘法运算式：

$$\mathrm{D}_t(\boldsymbol{p}_i \otimes \boldsymbol{q}^{jk}) = (\mathrm{D}_t\boldsymbol{p}_i) \otimes \boldsymbol{q}^{jk} + \boldsymbol{p}_i \otimes (\mathrm{D}_t\boldsymbol{q}^{jk}) \tag{14.76}$$

式(14.76)表明，广义协变变分 $\mathrm{D}_t(\boldsymbol{p}_i \otimes \boldsymbol{q}^{jk})$ 的乘法运算，满足 Leibniz 法则。

后续的章节会证实，式(14.76)中所有的指标都是自由的。

两个杂交广义分量 $\boldsymbol{p}_i$ 和 $\boldsymbol{q}^{jk'}$ 的乘积 $(\boldsymbol{p}_i \otimes \boldsymbol{q}^{jk'})$，可以视为“3-指标”杂交广义分量。依据公设，其广义协变变分定义为

$$\mathrm{D}_t(\boldsymbol{p}_i \otimes \boldsymbol{q}^{jk'}) \triangleq \mathrm{d}_t(\boldsymbol{p}_i \otimes \boldsymbol{q}^{jk'}) - (\boldsymbol{p}_l \otimes \boldsymbol{q}^{jk'})\Gamma^l_{im}v^m\mathrm{d}t + (\boldsymbol{p}_i \otimes \boldsymbol{q}^{lk'})\Gamma^j_{lm}v^m\mathrm{d}t + (\boldsymbol{p}_i \otimes \boldsymbol{q}^{jl'})\Gamma^{k'}_{l'm'}v^{m'}\mathrm{d}t \tag{14.77}$$

式(14.77)中，哑指标 $l$ 和 $l'$ 都是束缚哑指标。哑指标 $m$ 和 $m'$ 都是自由哑指标。

由基本组合模式，式(14.77)给出如下正比例关系：

$$\mathrm{D}_t(\boldsymbol{p}_i \otimes \boldsymbol{q}^{jk'}) = \mathrm{d}t\ \nabla_t(\boldsymbol{p}_i \otimes \boldsymbol{q}^{jk'}) \tag{14.78}$$

式(14.78)再次支撑了式(14.69)的正确性。

由第一类组合模式，式(14.77)给出 Leibniz 法则：

$$\mathrm{D}_t(\boldsymbol{p}_i \otimes \boldsymbol{q}^{jk'}) = (\mathrm{D}_t\boldsymbol{p}_i) \otimes \boldsymbol{q}^{jk'} + \boldsymbol{p}_i \otimes (\mathrm{D}_t\boldsymbol{q}^{jk'}) \tag{14.79}$$

后续的章节会证实，式(14.79)中所有的指标都是自由的。

## 14.9 广义协变变分中的第二类组合模式

两个1-指标广义分量之积 $\boldsymbol{p}_i \otimes \boldsymbol{s}^j$，是2-指标广义分量。其广义协变变分 $\mathrm{D}_t(\boldsymbol{p}_i \otimes \boldsymbol{s}^j)$ 的公理化定义式为

$$\mathrm{D}_t(\boldsymbol{p}_i \otimes \boldsymbol{s}^j) \triangleq \mathrm{d}_t(\boldsymbol{p}_i \otimes \boldsymbol{s}^j) - (\boldsymbol{p}_k \otimes \boldsymbol{s}^j)\Gamma^k_{im}v^m\mathrm{d}t + (\boldsymbol{p}_i \otimes \boldsymbol{s}^k)\Gamma^j_{km}v^m\mathrm{d}t \tag{14.80}$$

式(14.80)右端，哑指标 $k$ 是束缚的，哑指标 $m$ 是自由的。

考查式(14.80)中的第二类组合模式。缩并指标 $i,j$ 可得

$$\mathrm{D}_t(\boldsymbol{p}_i \otimes \boldsymbol{s}^i) \triangleq \mathrm{d}_t(\boldsymbol{p}_i \otimes \boldsymbol{s}^i) - (\boldsymbol{p}_k \otimes \boldsymbol{s}^i)\Gamma^k_{im}v^m\mathrm{d}t + (\boldsymbol{p}_i \otimes \boldsymbol{s}^k)\Gamma^i_{km}v^m\mathrm{d}t \tag{14.81}$$

式(14.81)最后两项组合起来,发现它们正好互相抵消:

$$-(\boldsymbol{p}_k \otimes \boldsymbol{s}^i)\Gamma_{im}^k v^m \mathrm{d}t + (\boldsymbol{p}_i \otimes \boldsymbol{s}^k)\Gamma_{km}^i v^m \mathrm{d}t \equiv 0 \tag{14.82}$$

就这样,Christoffel 符号消失了。于是式(14.81)退化为

$$\mathrm{D}_t(\boldsymbol{p}_i \otimes \boldsymbol{s}^i) = \mathrm{d}_t(\boldsymbol{p}_i \otimes \boldsymbol{s}^i) \tag{14.83}$$

式(14.83)中,$\boldsymbol{p}_i \otimes \boldsymbol{s}^i$ 可以视为 0-指标广义分量。

式(14.83)可以进一步推广。例如,对于具有两对哑指标的 0-指标广义分量 $\boldsymbol{p}_i \otimes \boldsymbol{s}^i \otimes \boldsymbol{t}^j \otimes \boldsymbol{w}_j$,必然有

$$\mathrm{D}_t(\boldsymbol{p}_i \otimes \boldsymbol{s}^i \otimes \boldsymbol{t}^j \otimes \boldsymbol{w}_j) = \mathrm{d}_t(\boldsymbol{p}_i \otimes \boldsymbol{s}^i \otimes \boldsymbol{t}^j \otimes \boldsymbol{w}_j) \tag{14.84}$$

基于式(14.83)和式(14.84),我们可以抽象出命题:

0-指标广义分量的广义协变变分,等于其普通变分。

## 14.10　矢量实体的广义协变变分

矢量 $\boldsymbol{u} = u_i \boldsymbol{g}^i$ 是 0-指标广义分量 $\boldsymbol{p}_i \otimes \boldsymbol{s}^i$ 的特殊情形。于是由式(14.73)立即得

$$\mathrm{D}_t \boldsymbol{u} = \mathrm{d}_t \boldsymbol{u} \tag{14.85}$$

于是我们有命题:

矢量场函数的广义协变变分=其普通变分。

对比式(14.85)和式(14.15)可知:

$$\mathrm{D}_t \boldsymbol{u} = (\mathrm{D}_t u^i)\boldsymbol{g}_i = (\mathrm{D}_t u_i)\boldsymbol{g}^i \tag{14.86}$$

即矢量分量的协变变分 $\mathrm{D}_t u^i$ 和 $\mathrm{D}_t u_i$,是矢量广义协变变分 $\mathrm{D}_t \boldsymbol{u}$ 的分量。这个观念在逻辑上是非常自然的。

式(14.85)右端进一步写成:

$$\mathrm{d}_t \boldsymbol{u} \triangleq \frac{\mathrm{d}_t \boldsymbol{u}}{\mathrm{d}t}\mathrm{d}t \tag{14.87}$$

利用已有关系(第 13 章):

$$\nabla_t \boldsymbol{u} = \frac{\mathrm{d}_t \boldsymbol{u}}{\mathrm{d}t} \tag{14.88}$$

式(14.85)和式(14.88)给出:

$$\mathrm{D}_t \boldsymbol{u} = \mathrm{d}t\ \nabla_t \boldsymbol{u} \tag{14.89}$$

式(14.89)再次确认了式(14.69)的正确性。

我们再引入矢量 $\boldsymbol{w} = w^j \boldsymbol{g}_j$,并与矢量 $\boldsymbol{u} = u_i \boldsymbol{g}^i$ 做乘积:

$$\boldsymbol{u} \otimes \boldsymbol{w} = u_i \boldsymbol{g}^i \otimes w^j \boldsymbol{g}_j \tag{14.90}$$

由式(14.74),立即得

$$\mathrm{D}_t(\boldsymbol{u} \otimes \boldsymbol{w}) = \mathrm{d}_t(\boldsymbol{u} \otimes \boldsymbol{w}) \tag{14.91}$$

## 14.11 张量实体的广义协变变分

式(14.91)中,去掉运算符号"⊗",引入二阶张量 $\boldsymbol{T}\triangleq\boldsymbol{uw}$,则有

$$\mathrm{D}_t\boldsymbol{T}=\mathrm{d}_t\boldsymbol{T}\tag{14.92}$$

可以证实,式(14.92)对任意阶的张量都成立。于是我们有命题:

张量场函数的广义协变变分=其普通变分。

对比式(14.92)和式(14.20)可知:

$$\begin{aligned}\mathrm{D}_t\boldsymbol{T}&=(\mathrm{D}_tT^{ij})\boldsymbol{g}_i\boldsymbol{g}_j=(\mathrm{D}_tT_{ij})\boldsymbol{g}^i\boldsymbol{g}^j\\&=(\mathrm{D}_tT_i^{\cdot j})\boldsymbol{g}^i\boldsymbol{g}_j=(\mathrm{D}_tT^i_{\cdot j})\boldsymbol{g}_i\boldsymbol{g}^j\end{aligned}\tag{14.93}$$

我们再次看到逻辑上非常自然的观念:张量分量的协变变分 $\mathrm{D}_tT^{ij}$,$\mathrm{D}_tT_{ij}$,$\mathrm{D}_tT_i^{\cdot j}$,$\mathrm{D}_tT^i_{\cdot j}$,都是张量广义协变变分 $\mathrm{D}_t\boldsymbol{T}$ 的分量。

进一步可推知:

$$\mathrm{D}_t\boldsymbol{T}=\mathrm{d}t\ \nabla_t\boldsymbol{T}\tag{14.94}$$

式(14.94)只是式(14.69)的特例。

## 14.12 张量之积的广义协变变分

考查张量 $\boldsymbol{B}$,$\boldsymbol{C}$ 及其乘法式 $\boldsymbol{B}\otimes\boldsymbol{C}$。$\boldsymbol{B}\otimes\boldsymbol{C}$ 仍然是张量,故必然成立如下诸式:

$$\mathrm{D}_t(\boldsymbol{B}\otimes\boldsymbol{C})=\mathrm{d}_t(\boldsymbol{B}\otimes\boldsymbol{C})\tag{14.95}$$

$$\mathrm{D}_t(\boldsymbol{B}\otimes\boldsymbol{C})=\mathrm{d}t\ \nabla_t(\boldsymbol{B}\otimes\boldsymbol{C})\tag{14.96}$$

$$\mathrm{D}_t(\boldsymbol{B}\otimes\boldsymbol{C})=(\mathrm{D}_t\boldsymbol{B})\otimes\boldsymbol{C}+\boldsymbol{B}\otimes(\mathrm{D}_t\boldsymbol{C})\tag{14.97}$$

请读者补齐上述诸式的证明过程。

## 14.13 度量张量行列式之根式的广义协变变分

度量张量 $\boldsymbol{G}=g_{ij}\boldsymbol{g}^i\boldsymbol{g}^j$ 之分量 $g_{ij}$ 的行列式之根式为 $\sqrt{g}$,其定义式为:$\sqrt{g}\triangleq(\boldsymbol{g}_1\times\boldsymbol{g}_2)\cdot\boldsymbol{g}_3$。$\sqrt{g}$ 可视为"3-指标"广义分量。在协变形式不变性公设下,其广义协变变分 $\mathrm{D}_t\sqrt{g}$ 的定义式为

$$\begin{aligned}\mathrm{D}_t\sqrt{g}&=\mathrm{D}_t[(\boldsymbol{g}_1\times\boldsymbol{g}_2)\cdot\boldsymbol{g}_3]\\&\triangleq\mathrm{d}_t[(\boldsymbol{g}_1\times\boldsymbol{g}_2)\cdot\boldsymbol{g}_3]-[(\boldsymbol{g}_l\times\boldsymbol{g}_2)\cdot\boldsymbol{g}_3]\Gamma^l_{1m}v^m\mathrm{d}t-\\&\quad[(\boldsymbol{g}_1\times\boldsymbol{g}_l)\cdot\boldsymbol{g}_3]\Gamma^l_{2m}v^m\mathrm{d}t-[(\boldsymbol{g}_1\times\boldsymbol{g}_2)\cdot\boldsymbol{g}_l]\Gamma^l_{3m}v^m\mathrm{d}t\end{aligned}\tag{14.98}$$

式(14.98)右端,哑指标 $l$ 是束缚的,哑指标 $m$ 是自由的。

式(14.98)蕴含了三类组合模式。先看基本组合模式。将普通变分表达为普

通偏导数的线性组合：

$$\mathrm{d}_t\left[(\boldsymbol{g}_1\times\boldsymbol{g}_2)\cdot\boldsymbol{g}_3\right]=\frac{\mathrm{d}_t\left[(\boldsymbol{g}_1\times\boldsymbol{g}_2)\cdot\boldsymbol{g}_3\right]}{\mathrm{d}t}\mathrm{d}t \tag{14.99}$$

式(14.99)代入式(14.98)，利用协变形式不变性公设，便可将广义协变变分 $\mathrm{D}_t\sqrt{g}$ 表达为广义协变导数$\nabla_t\sqrt{g}$的正比例关系：

$$\mathrm{D}_t\sqrt{g}=\mathrm{d}t\ \nabla_t\sqrt{g} \tag{14.100}$$

式(14.100)只是式(14.69)的特例。

再看式(14.98)中的第一类组合模式。将 Leibniz 法则应用于式(14.98)右端的普通变分：

$$\begin{aligned}\mathrm{d}_t\left[(\boldsymbol{g}_1\times\boldsymbol{g}_2)\cdot\boldsymbol{g}_3\right]=&(\mathrm{d}_t\boldsymbol{g}_1\times\boldsymbol{g}_2)\cdot\boldsymbol{g}_3+\\&(\boldsymbol{g}_1\times\mathrm{d}_t\boldsymbol{g}_2)\cdot\boldsymbol{g}_3+(\boldsymbol{g}_1\times\boldsymbol{g}_2)\cdot\mathrm{d}_t\boldsymbol{g}_3\end{aligned} \tag{14.101}$$

式(14.101)代入式(14.98)，再利用公设，可得

$$\begin{aligned}\mathrm{D}_t\sqrt{g}&=\mathrm{D}_t\left[(\boldsymbol{g}_1\times\boldsymbol{g}_2)\cdot\boldsymbol{g}_3\right]\\&=(\mathrm{D}_t\boldsymbol{g}_1\times\boldsymbol{g}_2)\cdot\boldsymbol{g}_3+(\boldsymbol{g}_1\times\mathrm{D}_t\boldsymbol{g}_2)\cdot\boldsymbol{g}_3+(\boldsymbol{g}_1\times\boldsymbol{g}_2)\cdot\mathrm{D}_t\boldsymbol{g}_3\end{aligned} \tag{14.102}$$

式(14.102)表明，广义协变变分 $\mathrm{D}_t\left[(\boldsymbol{g}_1\times\boldsymbol{g}_2)\cdot\boldsymbol{g}_3\right]$的 Leibniz 法则成立。

最后看式(14.98)中的第二类组合模式。保持式(14.98)右端的普通变分不变，将诸代数项变形如下：

$$\left[(\boldsymbol{g}_l\times\boldsymbol{g}_2)\cdot\boldsymbol{g}_3\right]\Gamma^l_{1m}v^m\,\mathrm{d}t=\left[(\boldsymbol{g}_1\times\boldsymbol{g}_2)\cdot\boldsymbol{g}_3\right]\Gamma^1_{1m}v^m\,\mathrm{d}t=\sqrt{g}\Gamma^1_{1m}v^m\,\mathrm{d}t$$

$$\left[(\boldsymbol{g}_1\times\boldsymbol{g}_l)\cdot\boldsymbol{g}_3\right]\Gamma^l_{2m}v^m\,\mathrm{d}t=\left[(\boldsymbol{g}_1\times\boldsymbol{g}_2)\cdot\boldsymbol{g}_3\right]\Gamma^2_{2m}v^m\,\mathrm{d}t=\sqrt{g}\Gamma^2_{2m}v^m\,\mathrm{d}t$$

$$\left[(\boldsymbol{g}_1\times\boldsymbol{g}_2)\cdot\boldsymbol{g}_l\right]\Gamma^l_{3m}v^m\,\mathrm{d}t=\left[(\boldsymbol{g}_1\times\boldsymbol{g}_2)\cdot\boldsymbol{g}_3\right]\Gamma^3_{3m}v^m\,\mathrm{d}t=\sqrt{g}\Gamma^3_{3m}v^m\,\mathrm{d}t$$

将变形后的诸代数项组合起来，则式(14.98)转化为

$$\mathrm{D}_t\sqrt{g}=\mathrm{d}_t\sqrt{g}-\sqrt{g}\Gamma^j_{jm}v^m\,\mathrm{d}t \tag{14.103}$$

式(14.103)可以被视为与式(14.98)等价的广义协变变分 $\mathrm{D}_t\sqrt{g}$ 的定义式。

## 14.14 广义协变变分的代数结构

协变形式不变性公设，赋予了广义协变变分 $\mathrm{D}_t(\cdot)$代数结构。

由公设和定义式可知，广义协变变分 $\mathrm{D}_t(\cdot)$的加法运算是完备的。由第一类组合模式可知，广义协变变分 $\mathrm{D}_t(\cdot)$的乘法运算也是完备的，具体表现为成立 Leibniz 法则。

于是，广义协变变分 $\mathrm{D}_t(\cdot)$的集合，在定义了加法和乘法运算之后，便构成了“环”，因此我们说，广义协变变分 $\mathrm{D}_t(\cdot)$的代数结构，是“协变变分环”。

很显然，广义协变变分 $\mathrm{D}_t(\cdot)$与广义协变导数$\nabla_t(\cdot)$，具有完全相同的代数结构。这并不奇怪。$\mathrm{D}_t(\cdot)$与$\nabla_t(\cdot)$之间的变换关系(式(14.69))，决定了

$\mathrm{D}_t(\cdot)$与$\nabla_t(\cdot)$的代数结构必然完全相同。

至此,我们可以做出判断：广义协变变分 $\mathrm{D}_t(\cdot)$的计算途径有两条：一是间接途径,二是直接途径。

间接途径,即先计算广义协变导数$\nabla_t(\cdot)$,然后借助式(14.69)计算广义协变变分 $\mathrm{D}_t(\cdot)$。第 13 章已经彻底解决了广义协变导数$\nabla_t(\cdot)$的可计算性问题,故间接途径畅通无阻。

直接途径,即在协变变分环之内,直接计算广义协变变分 $\mathrm{D}_t(\cdot)$。这就需要解决一个基本问题：如何计算 Euler 基矢量的广义协变变分?

## 14.15 协变变分变换群

式(14.53)和式(14.54)中,令 $\boldsymbol{p}^i=\boldsymbol{g}^i$,则 Euler 基矢量的广义协变变分可定义如下：

$$\mathrm{D}_t\boldsymbol{g}_i \triangleq \mathrm{d}_t\boldsymbol{g}_i-\boldsymbol{g}_k\Gamma_{im}^k v^m\,\mathrm{d}t,\quad \mathrm{D}_t\boldsymbol{g}^i \triangleq \mathrm{d}_t\boldsymbol{g}^i+\boldsymbol{g}^k\Gamma_{km}^i v^m\,\mathrm{d}t \tag{14.104}$$

联立式(14.104)和式(14.14),可得

$$\mathrm{D}_t\boldsymbol{g}_i\equiv\boldsymbol{0},\quad \mathrm{D}_t\boldsymbol{g}^i\equiv\boldsymbol{0} \tag{14.105}$$

即 Euler 基矢量的广义协变变分恒等于零。这表明,Euler 基矢量虽然随坐标点变化,但在形式上,却可以像不变的常矢量一样,自由地进出广义协变变分 $\mathrm{D}_t(\cdot)$。

至此,Euler 基矢量的广义协变变分不仅可定义,而且可计算。

与 Euler 空间域类似,式(14.105)在 Euler 时间域上定义了一个连续的变分变换群,我们称之为“协变变分变换群”。

特别要指出的是,Euler 时间域上的协变变分变换群,与前章中 Euler 时间域上的协变微分变换群,虽然形式不同,但本质上完全等价。

同理,对于新基矢量,也必然有

$$\mathrm{D}_t\boldsymbol{g}_{i'}\equiv\boldsymbol{0},\quad \mathrm{D}_t\boldsymbol{g}^{i'}\equiv\boldsymbol{0} \tag{14.106}$$

由于新老基矢量是完全等价的,故式(14.106)与式(14.105)是完全等价的形式。

基矢量的广义协变变分可计算,是极其决定性的一步。由此,所有广义分量的广义协变变分,都可计算了。

不仅如此,由于基矢量的广义协变变分恒等于零,因此张量的协变变分计算,得到大幅度的简化。这种简化可从如下命题看出：任何由基矢量的代数运算得到的广义分量,其广义协变变分均为零。

我们对比 Euler 空间域上的协变微分变换群：

$$\mathrm{D}\boldsymbol{g}_i\equiv\boldsymbol{0},\quad \mathrm{D}\boldsymbol{g}^i\equiv\boldsymbol{0} \tag{14.107}$$

$$\mathrm{D}\boldsymbol{g}_{i'}\equiv\boldsymbol{0},\quad \mathrm{D}\boldsymbol{g}^{i'}\equiv\boldsymbol{0} \tag{14.108}$$

Euler 描述下,空间域上的协变微分变换群,和时间域上的协变变分变换群,都刻画了平坦 Euler 时空的本征性质,展示了 Euler 时空优美的对称性和内在的统一性。

式(14.107)和式(14.105),都是融入 Euler 基矢量的观察者 2 看到的运动图像。其中,式(14.107)是观察者 2 在空间域中看到的图像,式(14.105)是观察者 2 在时间域中看到的图像。

# 14.16 度量张量的协变变分之值

对于度量张量及其分量,利用式(14.105),立即得出:

$$\begin{aligned} &\mathrm{D}_t g_{ij} = \mathrm{D}_t(\boldsymbol{g}_i \cdot \boldsymbol{g}_j) = 0, \quad \mathrm{D}_t g^{ij} = \mathrm{D}_t(\boldsymbol{g}^i \cdot \boldsymbol{g}^j) = 0 \\ &\mathrm{D}_t g_i^j = \mathrm{D}_t(\boldsymbol{g}_i \cdot \boldsymbol{g}^j) = 0, \quad \mathrm{D}_t g_j^i = \mathrm{D}_t(\boldsymbol{g}^i \cdot \boldsymbol{g}_j) = 0 \end{aligned} \tag{14.109}$$

进一步可以写出:

$$\mathrm{D}_t \boldsymbol{G} = \mathrm{D}_t(g^{ij}\boldsymbol{g}_i\boldsymbol{g}_j) = \boldsymbol{0} \tag{14.110}$$

于是我们有命题:

度量张量的 Euler 协变分量和逆变分量,$g_{ij}$ 和 $g^{ij}$,都可以自由进出广义协变变分 $\mathrm{D}_t(\cdot)$。

对于度量张量的杂交分量,利用式(14.105)和式(14.106),立即得出:

$$\mathrm{D}_t g_{ij'} = \mathrm{D}_t(\boldsymbol{g}_i \cdot \boldsymbol{g}_{j'}) = 0, \quad \mathrm{D}_t g^{ij'} = \mathrm{D}_t(\boldsymbol{g}^i \cdot \boldsymbol{g}^{j'}) = 0 \tag{14.111}$$

$$\mathrm{D}_t g_i^{j'} = \mathrm{D}_t(\boldsymbol{g}_i \cdot \boldsymbol{g}^{j'}) = 0, \quad \mathrm{D}_t g_{j'}^i = \mathrm{D}_t(\boldsymbol{g}^i \cdot \boldsymbol{g}_{j'}) = 0 \tag{14.112}$$

式(14.111)和式(14.112)表明:

度量张量的杂交分量,$g_{ij'}$,$g^{ij'}$,$g_i^{j'}$,$g_{j'}^i$,都可以自由进出广义协变变分 $\mathrm{D}_t(\cdot)$。

上述自由进出的性质,保证了广义协变变分的协变性。

# 14.17 广义协变变分的协变性

由 1-指标广义分量 $\boldsymbol{p}_i$ 的 Ricci 变换:

$$\boldsymbol{p}_i = g_{ij}\boldsymbol{p}^j, \quad \boldsymbol{p}_i = g_i^{i'}\boldsymbol{p}_{i'} \tag{14.113}$$

对式(14.113)取广义协变变分 $\mathrm{D}_t(\cdot)$。由于度量张量的分量和杂交分量都可以自由进出广义协变变分 $\mathrm{D}_t(\cdot)$,故立即有

$$\begin{aligned} &\mathrm{D}_t\boldsymbol{p}_i = \mathrm{D}_t(g_{ij}\boldsymbol{p}^j) = g_{ij}(\mathrm{D}_t\boldsymbol{p}^j), \\ &\mathrm{D}_t\boldsymbol{p}_i = \mathrm{D}_t(g_i^{i'}\boldsymbol{p}_{i'}) = g_i^{i'}(\mathrm{D}_t\boldsymbol{p}_{i'}) \end{aligned} \tag{14.114}$$

式(14.114)显示,1-指标广义分量 $\boldsymbol{p}_i$ 的广义协变变分 $\mathrm{D}_t\boldsymbol{p}_i$,满足 Ricci 变换,因而,仍然是广义分量,必然具有协变性。由于 $\mathrm{D}_t\boldsymbol{p}_i$ 有 1 个自由指标,因而是 1-指标广义分量。

由 2-指标广义分量 $\boldsymbol{q}_{ij}$ 的 Ricci 变换:

$$\boldsymbol{q}_{ij} = g_{im}g_{jn}\boldsymbol{q}^{mn}, \quad \boldsymbol{q}_{ij} = g_i^{i'}g_j^{j'}\boldsymbol{q}_{i'j'} \tag{14.115}$$

对式(14.115)取广义协变变分 $\mathrm{D}_t(\cdot)$,立即有

$$\mathrm{D}_t\boldsymbol{q}_{ij}=\mathrm{D}_t(g_{im}g_{jn}\boldsymbol{q}^{mn})=g_{im}g_{jn}(\mathrm{D}_t\boldsymbol{q}^{mn})$$
$$\mathrm{D}_t\boldsymbol{q}_{ij}=\mathrm{D}_t(g_i^{i'}g_j^{j'}\boldsymbol{q}_{i'j'})=g_i^{i'}g_j^{j'}(\mathrm{D}_t\boldsymbol{q}_{i'j'}) \tag{14.116}$$

式(14.116)显示,2-指标广义分量 $\boldsymbol{q}_{ij}$ 的广义协变变分 $\mathrm{D}_t\boldsymbol{q}_{ij}$,满足 Ricci 变换,因而,仍然是广义分量,必然具有协变性。由于 $\mathrm{D}_t\boldsymbol{q}_{ij}$ 有 2 个指标,因而是 2-指标广义分量。

上述分析可以推广到任意阶广义分量。于是我们有一般性命题:

任意阶广义分量的广义协变变分,必然是同阶的广义分量。

换言之,广义协变变分,就是具有广义协变性的变分。

## 14.18 Eddington 张量的广义协变变分之值

Eddington 张量 $\boldsymbol{E}$ 的分解式为 $\boldsymbol{E}=\varepsilon_{ijk}\boldsymbol{g}^i\boldsymbol{g}^j\boldsymbol{g}^k$。利用式(14.105),可得

$$\mathrm{D}_t\varepsilon_{ijk}=\mathrm{D}_t[(\boldsymbol{g}_i\times\boldsymbol{g}_j)\cdot\boldsymbol{g}_k]=0,$$
$$\mathrm{D}_t\varepsilon^{ijk}=\mathrm{D}_t[(\boldsymbol{g}^i\times\boldsymbol{g}^j)\cdot\boldsymbol{g}^k]=0 \tag{14.117}$$
$$\mathrm{D}_t\boldsymbol{E}=\mathrm{D}_t(\varepsilon_{ijk}\boldsymbol{g}^i\boldsymbol{g}^j\boldsymbol{g}^k)=0 \tag{14.118}$$

这表明,$\varepsilon_{ijk}$,$\varepsilon^{ijk}$ 和 $\boldsymbol{E}$ 可以自由进出广义协变变分 $\mathrm{D}_t(\cdot)$。

## 14.19 度量张量行列式及其根式的广义协变变分之值

协变形式不变性公设下,$\sqrt{g}$ 的广义协变变分定义式是式(14.98)。作为定义式,它只能给出概念的内涵和外延,而不能给出概念的计算结果。计算结果只能通过协变变分变换群求得。由式(14.105)可得

$$\mathrm{D}_t\sqrt{g}=\mathrm{D}_t[(\boldsymbol{g}_1\times\boldsymbol{g}_2)\cdot\boldsymbol{g}_3]=0 \tag{14.119}$$

即$\sqrt{g}$的广义协变变分恒为零。这表明:$\sqrt{g}$也可以自由进出广义协变变分 $\mathrm{D}_t(\cdot)$。这是个极漂亮的性质。

式(14.119)与式(14.103)联立,可得

$$\mathrm{D}_t\sqrt{g}=\mathrm{d}_t\sqrt{g}-\sqrt{g}\Gamma_{jm}^j v^m\,\mathrm{d}t=0 \tag{14.120}$$

式(14.120)可以给出如下推论:

$$\Gamma_{jm}^j v^m\,\mathrm{d}t=\frac{\mathrm{d}_t\sqrt{g}}{\sqrt{g}}=\mathrm{d}_t(\ln\sqrt{g}) \tag{14.121}$$

积分式(14.121)得

$$\int_{t_0}^{t}(\Gamma_{jm}^j v^m)\,\mathrm{d}t=\ln\sqrt{g}-\ln\sqrt{g_0} \tag{14.122}$$

式(14.122)曾在第 11 章和第 13 章出现过。殊途同归,显示了逻辑系统之间内在

的相容性。

## 14.20 微分/变分运算顺序的不可交换性

微分和变分，是两种不同的运算。本节考查一个问题：两种运算是否具有可交换性？

当两种运算混合时，代数运算规则必不可少。其中，“乘法”运算规则最重要。

我们先从导数（微商和变商）的角度看。Euler 空间域上的导数，就是普通偏导数 $\frac{\partial(\cdot)}{\partial x^m}$；Euler 时间域上的导数，就是物质导数 $\frac{\mathrm{d}_t(\cdot)}{\mathrm{d}t}$。我们有如下命题：

Euler 描述下，普通偏导数 $\frac{\partial(\cdot)}{\partial x^m}$ 和物质导数 $\frac{\mathrm{d}_t(\cdot)}{\mathrm{d}t}$ 的混合运算，不具有运算顺序的可交换性。

亦即

$$\frac{\partial}{\partial x^m}\frac{\mathrm{d}_t(\cdot)}{\mathrm{d}t} \neq \frac{\mathrm{d}_t}{\mathrm{d}t}\frac{\partial(\cdot)}{\partial x^m} \tag{14.123}$$

式(14.123)的核心是“等式不可能成立”。而要说明等式不可能成立，举一个例子就够了。于是我们考查特殊情形：将求导的对象（·）取为矢径 $\boldsymbol{r}$。借助第 11 章中的结果：

$$\frac{\partial}{\partial x^m}\frac{\mathrm{d}_t\boldsymbol{r}}{\mathrm{d}t} = \frac{\partial \boldsymbol{v}}{\partial x^m} = \nabla_m \boldsymbol{v} = (\nabla_m v^j)\boldsymbol{g}_j \tag{14.124}$$

$$\frac{\mathrm{d}_t}{\mathrm{d}t}\frac{\partial \boldsymbol{r}}{\partial x^m} = \frac{\mathrm{d}_t \boldsymbol{g}_m}{\mathrm{d}t} = \boldsymbol{g}_j \Gamma^j_{mi} v^i = v^i \Gamma^j_{im}\boldsymbol{g}_j \tag{14.125}$$

显然有

$$\nabla_m v^j \neq v^i \Gamma^j_{im} \tag{14.126}$$

故必然有

$$\frac{\partial}{\partial x^m}\frac{\mathrm{d}_t\boldsymbol{r}}{\mathrm{d}t} \neq \frac{\mathrm{d}_t}{\mathrm{d}t}\frac{\partial \boldsymbol{r}}{\partial x^m} \tag{14.127}$$

式(14.127)虽然只是式(14.123)的一个特例，但对于说明偏导数和物质导数运算的不可交换性，已经足够。

上述不可交换性，根源在于 Euler 坐标 $x^m$ 与时间参数 $t$ 之间的耦合，即 $x^m = x^m(\hat{\xi}^p, t)$。第 11 章已经指出：因为坐标是时间的函数，故复合函数求导法则才会在 Euler 描述中大行其道。现在我们要指出：正因为坐标是时间的函数，决定了不可交换性在 Euler 描述中普遍存在。

与普通偏导数对应的概念是普通微分，与物质导数对应的是普通变分。我们提出如下命题：

Euler 描述下，普通微分 d(·)和普通变分 $d_t$(·)的混合运算，不具有运算顺序的可交换性。

亦即

$$dd_t(\cdot) \neq d_t d(\cdot) \tag{14.128}$$

式(14.128)很好理解。由于微分是微商的线性组合，变分与变商成正比，即

$$d(\cdot) = \frac{\partial(\cdot)}{\partial x^m}dx^m, \quad d_t(\cdot) = \frac{d_t(\cdot)}{dt}dt \tag{14.129}$$

故微商/变商运算的不可交换性，必然导致微分/变分运算的不可交换性。

普通偏导数进化成了对坐标的广义协变导数，物质导数进化成了对时间的广义协变导数。我们提出如下命题：

Euler 描述下，对坐标的广义协变导数$\nabla_m$(·)和对时间的广义协变导数$\nabla_t$(·)的混合运算，不具有运算顺序的可交换性，即：

$$\nabla_m \nabla_t(\cdot) \neq \nabla_t \nabla_m(\cdot) \tag{14.130}$$

为了说明式(14.130)的含义，我们将求导对象(·)取为张量 $\boldsymbol{T}$。则有

$$\nabla_m \nabla_t \boldsymbol{T} = \frac{\partial}{\partial x^m}\frac{d_t \boldsymbol{T}}{dt} \tag{14.131}$$

$$\nabla_t \nabla_m \boldsymbol{T} \triangleq \frac{d_t(\nabla_m \boldsymbol{T})}{dt} - (\nabla_k \boldsymbol{T})\Gamma^k_{mi}v^i = \frac{d_t}{dt}\frac{\partial \boldsymbol{T}}{\partial x^m} - \left(\frac{\partial \boldsymbol{T}}{\partial x^k}\right)\Gamma^k_{mi}v^i \tag{14.132}$$

式(14.131)与式(14.132)相减，可得

$$\nabla_m \nabla_t \boldsymbol{T} - \nabla_t \nabla_m \boldsymbol{T} = \frac{\partial}{\partial x^m}\frac{d_t \boldsymbol{T}}{dt} - \frac{d_t}{dt}\frac{\partial \boldsymbol{T}}{\partial x^m} + \left(\frac{\partial \boldsymbol{T}}{\partial x^k}\right)\Gamma^k_{mi}v^i \tag{14.133}$$

式(14.133)右端不可能是零，故左端也不可能是零：

$$\nabla_m \nabla_t \boldsymbol{T} \neq \nabla_t \nabla_m \boldsymbol{T} \tag{14.134}$$

普通微分进化到广义协变微分，普通变分进化到广义协变变分。我们提出如下命题：

Euler 描述下，广义协变微分 D(·)和广义协变变分 $D_t$(·)的混合运算，不具有运算顺序的可交换性。

亦即：

$$DD_t(\cdot) \neq D_t D(\cdot) \tag{14.135}$$

式(14.135)很容易理解。广义协变微分 D(·)是对坐标的广义协变导数$\nabla_m$(·)的线性组合，广义协变变分 $D_t$(·)与对时间的广义协变导数$\nabla_t$(·)成正比：

$$D(\cdot) = dx^m\ \nabla_m(\cdot), \quad D_t(\cdot) = dt\ \nabla_t(\cdot) \tag{14.136}$$

因此，对坐标的广义协变导数$\nabla_m$(·)和对时间的广义协变导数$\nabla_t$(·)混合运算不可交换，必然导致广义协变微分 $D_t$(·)和广义协变变分 $D_t$(·)混合运算的不可交换。

最后，请读者形成这样的观念：Euler 描述下，微分/变分的混合运算，不具有

顺序的可交换性。这显示，微分/变分混合运算的代数结构，对称性并不算好。

## 14.21 Euler 描述下的虚位移概念

虚位移是力学中极为重要的概念。力学中的虚位移，都有清晰的几何图像。本节主要从代数角度看 Euler 描述下的虚位移概念。

第 11 章给出了 Euler 描述下物质点速度分量的定义：

$$v^m \triangleq \frac{\mathrm{d}_t x^m}{\mathrm{d}t} \tag{14.137}$$

式(14.137)两端同乘以 $\mathrm{d}t$：

$$v^m \mathrm{d}t \triangleq \mathrm{d}_t x^m \tag{14.138}$$

式(14.138)中，如果 $v^m$ 是物质点真实的速度分量，那么 $\mathrm{d}_t x^m$ 就是物质点在时间间隔 $\mathrm{d}t$ 内的真实位移分量。如果 $v^m$ 是物质点许可的虚速度分量，那么 $\mathrm{d}_t x^m$ 就是物质点在时间间隔 $\mathrm{d}t$ 内的虚位移分量。

Euler 描述下物质点的虚位移分量 $\mathrm{d}_t x^m$ 一旦定义，则本章中的变分和协变变分都可以用虚位移分量 $\mathrm{d}_t x^m$ 刻画。

$$\mathrm{d}_t \boldsymbol{g}_i = \boldsymbol{g}_j \Gamma_{im}^j \mathrm{d}_t x^m, \quad \mathrm{d}_t \boldsymbol{g}^i = -\boldsymbol{g}^j \Gamma_{jm}^i \mathrm{d}_t x^m \tag{14.139}$$

我们这样解释 Euler 协变基矢量 $\boldsymbol{g}_i$ 的变分 $\mathrm{d}_t \boldsymbol{g}_i$，即它可以表达为物质点的虚位移分量 $\mathrm{d}_t x^m$ 和基矢量 $\boldsymbol{g}_j$ 的双线性组合，组合系数为 Christoffel 符号 $\Gamma_{im}^j$。

对比第 11 章的结果：

$$\frac{\mathrm{d}_t \boldsymbol{g}_i}{\mathrm{d}t} = \boldsymbol{g}_j \Gamma_{im}^j v^m, \quad \frac{\mathrm{d}_t \boldsymbol{g}^i}{\mathrm{d}t} = -\boldsymbol{g}^j \Gamma_{jm}^i v^m \tag{14.140}$$

显然，式(14.140)乘以 $\mathrm{d}t$，即可得式(14.139)；或者说，式(14.139)除以 $\mathrm{d}t$，即可得式(14.140)。

借助虚位移概念，我们就会发现，本章中的局部变分 $\mathrm{d}_t(\cdot)$，与连续介质力学中常用的变分 $\delta(\cdot)$，是十分相近的概念。但与 $\delta(\cdot)$ 相比，$\mathrm{d}_t(\cdot)$ 要更优越。理由很简单：$\mathrm{d}_t(\cdot)$ 的逻辑基础是 Taylor 级数展开和物质导数，代数结构极为清晰。

## 14.22 本章注释

从局部变分 $\mathrm{d}_t(\cdot)$ 到协变变分 $\mathrm{D}_t(\cdot)$，是协变性的第一次进展。从狭义协变变分 $\mathrm{D}_t(\cdot)$ 到广义协变变分，是协变性的第二次进展。第一次进展，不协变的变分学被发展成了协变的变分学。第二次进展，协变的变分学被发展成了广义协变的变分学。两次进展，协变性都被提升到了新高度。

第二次进展，得益于协变形式不变性公设，借助了外部力量——公理化思想。

因此可以说，广义协变变分学，是公理化的协变变分学。

Euler 时间域上的协变性，与 Euler 空间域上的协变性，形式相近，本质相同。

Euler 时间域上的协变形式不变性，与 Euler 空间域上的协变形式不变性，内涵相近，本质相同。

Euler 时间域上的（广义）协变变分学，与 Euler 空间域上的（广义）协变微分学，显示出统一性。

Euler 描述下，本章只讨论了一阶局部变分、一阶协变变分、一阶广义协变变分。更高阶的局部变分、协变变分和广义协变变分，留给后续的出版物。

请读者形成这样的观念：Euler 时间域上的局部变分 $\mathrm{d}_t(\cdot)$ 是不协变的。因此，在力学中，要慎用 $\mathrm{d}_t(\cdot)$。当然，读者可能会有疑问：在连续介质力学中，广泛使用 $\delta\sigma_{ij}$，$\delta\varepsilon_{ij}$，$\delta u_i$，不也没见有啥问题？的确如此。当背景的 Euler 坐标线是直线时，或者，当 Euler 坐标就是笛卡儿坐标时，必然有 $\Gamma^i_{jm}\equiv 0$，此时，不存在协变性问题。然而，如果坐标线是弯曲的，则 $\delta\sigma_{ij}$，$\delta\varepsilon_{ij}$，$\delta u_i$ 就不具有协变性了。

# 第15章 Lagrange描述下空间本征几何量的物质导数

描述运动的连续体，有 Euler 方法和 Lagrange 方法。第 11～14 章涉及 Euler 方法，本章开始涉及 Lagrange 方法。

如果不考虑相对论效应，则 Lagrange 时间 $\hat{t}$ 与 Euler 时间 $t$ 没有任何差别。然而，教科书中，为了区分两种不同的描述，特意在 Lagrange 几何量和物理量上，加上一顶帽子“^”。本书采用教科书中的做法，不仅在几何量和物理量上加上一顶帽子“^”，而且在 Lagrange 时间上也加上一顶帽子“^”。

Euler 描述下，背景空间的坐标 $x^m$ 是固定的、静止不动的。Lagrange 描述下，坐标 $\hat{x}^m$ 是嵌入的、随体运动的。类似于第 11 章，时间参数 $\hat{t}$ 与 Lagrange 坐标 $\hat{x}^m$ 一起构成 Lagrange 时空，用 $\hat{x}^m \sim \hat{t}$ 表示。以下说法会不时出现：Lagrange 时空 $\hat{x}^m \sim \hat{t}$，Lagrange 空间 $\hat{x}^m$，Lagrange 时间 $\hat{t}$。

第 11 章研究了 Euler 时空本征几何量的物质导数。本章研究 Lagrange 时空本征几何量的物质导数。因此，本章与第 11 章在内容上完全对应。读者在阅读本章时，可以对比第 11 章，以便甄别 Lagrange 时空与 Euler 时空的联系与差别。

## 15.1 Lagrange 描述

Lagrange 坐标 $\hat{x}^m$ 也称为随体坐标，其坐标线嵌入在连续介质内，随着介质一起运动，一起变形（伸长（缩短）和旋转）。换言之，任何一条 Lagrange 坐标线，都是由物质点排列而成的曲线。由于坐标线网与连续体一起变形，故某个物质点的坐标 $\hat{x}^m$ 是永恒不变的定值。因此，Lagrange 坐标 $\hat{x}^m$ 与时间参数 $\hat{t}$ 无关，二者是相互独立的自变量。基于 $\hat{x}^m$ 与 $\hat{t}$ 的无关性，连续体上任意物质点的矢径 $\boldsymbol{r}$，可表示为如下函数形态：

$$\boldsymbol{r}=\boldsymbol{r}(\hat{x}^m,\hat{t}) \tag{15.1}$$

即函数显含参数 $\hat{t}$ 和坐标 $\hat{x}^m$。

式(15.1)的含义是清晰的：同一个时刻 $\hat{t}$，不同的物质点 $\hat{x}^m$，具有不同的矢径；同一个物质点 $\hat{x}^m$，不同时刻 $\hat{t}$，具有不同的矢径。由于 $\hat{t}$ 和 $\hat{x}^m$ 是完全独立的自变量，故我们说，物质点的矢径 $\boldsymbol{r}(\hat{x}^m,\hat{t})$ 具有时空独立的函数形态。

第 11 章中，我们已经把显含时间参数 $\hat{t}$ 的函数，称为“显态函数”。Lagrange 描述下，所有的场函数，都是显态函数。

请读者比较式(15.1)与第 11 章相应的表达式。很显然，Euler 描述与 Lagrange 描述下，矢径 $\boldsymbol{r}$ 的函数形态有差别。这种差别具有本质性，其影响具有深刻性。实际上，Euler 描述与 Lagrange 描述在理论体系上的根本差别，即起源于此。

矢径 $\boldsymbol{r}$ 确定了，即可确定 Lagrange 基矢量。其中 Lagrange 协变基矢量 $\hat{\boldsymbol{g}}_i$ 是物理实在，其定义式为

$$\hat{\boldsymbol{g}}_i \triangleq \frac{\partial \boldsymbol{r}}{\partial \hat{x}^i}=\hat{\boldsymbol{g}}_i(\hat{x}^m,\hat{t}) \tag{15.2}$$

与空间几何点上固定的、静止不动的 Euler 基矢量不同，随物质点运动的 Lagrange 基矢量，是随体基矢量。

式(15.2)中的 Lagrange 基矢量 $\hat{\boldsymbol{g}}_i$，仍然是自然基矢量，构成 Lagrange 自然标架。Lagrange 自然标架是随体的、动态的自然标架。

很显然，在任何一个瞬间，Lagrange 自然标架与静态的自然标架相比，没有任何差别。鉴于这种“无差别性”，我们有如下定性的命题：

静态空间域中的张量代数，在动态的 Lagrange 空间域 $\hat{x}^m$ 中仍然成立。

静态空间域中的经典协变微分学，在动态的 Lagrange 空间域 $\hat{x}^m$ 中仍然成立。

静态空间域中的广义协变微分学，在动态的 Lagrange 空间域 $\hat{x}^m$ 中仍然成立。

有了上述命题，上篇中的内容，只需在符号上戴上帽子“^”，就可以直接“移植”到 Lagrange 空间域。换言之，我们默认，Lagrange 空间域上，张量的代数学、协变微分学和广义协变微分学，已经存在了。

注意到，从式(15.1)中的矢径 $\boldsymbol{r}(\hat{x}^m,\hat{t})$，到式(15.2)中的协变基矢量 $\hat{\boldsymbol{g}}_i(\hat{x}^m,\hat{t})$，函数形态得到完全的“遗传”。理由很简单：Lagrange 坐标 $\hat{x}^m$ 和时间 $\hat{t}$ 是独立自变量，故不论是对坐标的偏导数 $\dfrac{\partial(\cdot)}{\partial \hat{x}^m}$，还是对时间的偏导数 $\dfrac{\partial(\cdot)}{\partial \hat{t}}$，都不会改变函数形态。

请注意：Euler 描述下，偏导数是诱导函数形态“变异”的主要因素。但在

Lagrange 描述下,偏导数不会引起变函数形态的“变异”。

Lagrange 协变基矢量 $\hat{\boldsymbol{g}}_i$ 确定了,逆变基矢量 $\hat{\boldsymbol{g}}^i$ 便可随之定义出来。逆变基矢量是虚构的几何概念,可通过对偶关系($\hat{\boldsymbol{g}}_i \cdot \hat{\boldsymbol{g}}^j = \hat{g}_i^j = \hat{\delta}_i^j$)来确定:

$$\hat{\boldsymbol{g}}^i = \hat{\boldsymbol{g}}^i(\hat{x}^m, \hat{t}) \tag{15.3}$$

## 15.2 Lagrange 描述下物质导数的定义

与 Euler 时空中物质导数的定义类似,Lagrange 时空中物质导数的定义式为

$$\frac{\mathrm{d}_{\hat{t}}(\cdot)}{\mathrm{d}\hat{t}} \triangleq \frac{\partial(\cdot)}{\partial \hat{t}}\bigg|_{\hat{x}^m} \tag{15.4}$$

这里$(\cdot)\big|_{\hat{x}^m}$ 表示保持物质点的 Lagrange 坐标 $\hat{x}^m$ 不变。反过来也可以说,不变的 $\hat{x}^m$ 对应着一个给定的物质点。因此,$\dfrac{\partial(\cdot)}{\partial \hat{t}}\bigg|_{\hat{x}^m}$ 的含义,就是定义在给定物质点 $\hat{x}^m$ 上的几何量$(\cdot)$随时间参数 $\hat{t}$ 的变化率。

由于 Lagrange 坐标 $\hat{x}^m$ 与时间参数 $\hat{t}$ 是两个独立的自变量,故对 $\hat{t}$ 的偏导数,本身就意味着保持 $\hat{x}^m$ 不变,于是上式可以进一步简写为

$$\frac{\mathrm{d}_{\hat{t}}(\cdot)}{\mathrm{d}\hat{t}} = \frac{\partial(\cdot)}{\partial \hat{t}} \tag{15.5}$$

也就是说,Lagrange 描述下,物质导数$\dfrac{\mathrm{d}_{\hat{t}}(\cdot)}{\mathrm{d}\hat{t}}$与对时间 $\hat{t}$ 的偏导数$\dfrac{\partial(\cdot)}{\partial \hat{t}}$本质上没有任何差别。

Euler 描述下,我们需要专门引入一个符号 $\hat{\xi}^p$,来标记连续体上的物质点。Lagrange 描述下,不需要专门引入符号,因为给定物质点的坐标 $\hat{x}^m$ 不变,我们就可以直接借用 $\hat{x}^m$,来标记连续体上的物质点。

请读者注意:与 Euler 描述下的物质导数符号$\dfrac{\mathrm{d}_t(\cdot)}{\mathrm{d}t}$类似,Lagrange 描述下的物质导数符号$\dfrac{\mathrm{d}_{\hat{t}}(\cdot)}{\mathrm{d}\hat{t}}$,也将被赋予了清晰的含义——Lagrange 时间域上的微商。详细的分析见后续的章节。

## 15.3 物质点的速度与连续体上的速度场

物质导数一经定义,便可应用于连续体上物质点速度$\boldsymbol{v}$ 的定义:

$$\boldsymbol{v} \triangleq \frac{\partial \boldsymbol{r}}{\partial \hat{t}} = \frac{\mathrm{d}_{\hat{t}}\boldsymbol{r}}{\mathrm{d}\hat{t}} = \boldsymbol{v}(\hat{x}^m, \hat{t}) \tag{15.6}$$

紧盯某个物质点 $\hat{x}^m$，静止的观察者就可以观测该物质点在不同时刻的速度。任何一个瞬间 $\hat{t}$，所有物质点上的速度就构成了速度场。

注意到，从式(15.1)中的矢径 $\boldsymbol{r}(\hat{x}^m,\hat{t})$，到式(15.6)中的速度场函数 $\boldsymbol{v}(\hat{x}^m,\hat{t})$，函数形态相同，均为显态函数。理由如上所述：Lagrange 描述下，对时间参数 $\hat{t}$ 的导数，不改变函数形态。

在 Lagrange 坐标系下，可写出速度矢量 $\boldsymbol{v}$ 的分解式：

$$\boldsymbol{v} = \hat{v}^k \hat{\boldsymbol{g}}_k = \hat{v}_k \hat{\boldsymbol{g}}^k \tag{15.7}$$

其中

$$\hat{v}^k = \hat{v}^k(\hat{x}^m,\hat{t}), \quad \hat{v}_k = \hat{v}_k(\hat{x}^m,\hat{t}) \tag{15.8}$$

为便于揭示统一性，本章规定：凡涉及物质点速度 $\boldsymbol{v}$ 的 Lagrange 分量，一律取逆变分量 $\hat{v}^k$。因此，在后续的章节中，除非特殊情况，一般情况下，不再采用速度矢量 $\boldsymbol{v}$ 的协变分量 $\hat{v}_k$。

## 15.4 Lagrange 基矢量的物质导数

Lagrange 协变基矢量 $\hat{\boldsymbol{g}}_i$ 的物质导数定义为

$$\frac{\mathrm{d}_{\hat{t}}\hat{\boldsymbol{g}}_i}{\mathrm{d}\hat{t}} \triangleq \left.\frac{\partial \hat{\boldsymbol{g}}_i}{\partial \hat{t}}\right|_{\hat{x}^m} = \left.\left[\frac{\partial}{\partial \hat{t}}\left(\left.\frac{\partial \boldsymbol{r}}{\partial \hat{x}^i}\right)\right|_{\hat{t}}\right]\right|_{\hat{x}^m} \tag{15.9}$$

由于坐标 $\hat{x}^m$ 与时间 $\hat{t}$ 互相独立，故根据偏导数的含义，式(15.9)右端项中，右下角的自变量下角标可略去。于是式(15.9)可进一步简写成：

$$\frac{\mathrm{d}_{\hat{t}}\hat{\boldsymbol{g}}_i}{\mathrm{d}\hat{t}} = \frac{\partial}{\partial \hat{t}}\left(\frac{\partial \boldsymbol{r}}{\partial \hat{x}^i}\right) = \frac{\partial}{\partial \hat{x}^i}\left(\frac{\partial \boldsymbol{r}}{\partial \hat{t}}\right) = \frac{\partial \boldsymbol{v}}{\partial \hat{x}^i} \tag{15.10}$$

Lagrange 空间域中的广义协变微分学中，已经有命题：矢量实体对坐标 $\hat{x}^i$ 的普通偏导数，等于其对坐标 $\hat{x}^i$ 的广义协变导数，亦即

$$\frac{\partial \boldsymbol{v}}{\partial \hat{x}^i} = \nabla_{\hat{i}} \boldsymbol{v} \tag{15.11}$$

故式(15.10)可以等价地写成：

$$\frac{\mathrm{d}_{\hat{t}}\hat{\boldsymbol{g}}_i}{\mathrm{d}\hat{t}} = \nabla_{\hat{i}} \boldsymbol{v} \tag{15.12}$$

式(15.10)和式(15.12)显示，Lagrange 基矢量的物质导数，最终被变换成了速度场对 Lagrange 坐标的普通偏导数(见式(15.10))或广义协变导数(见式(15.12))。这一变换，具有决定性的意义。

请读者回顾一下上篇的内容：矢量场函数 $\boldsymbol{v}$ 对坐标 $\hat{x}^m$ 的广义协变导数 $\nabla_{\hat{m}}\boldsymbol{v}$，就是梯度张量 $\nabla\boldsymbol{v}$ 中的 1-指标广义分量。注意到，协变导数的符号 $\nabla_{\hat{m}}(\cdot)$ 中，我们把帽子戴在了指标上(而不是符号上)，即 $\hat{m}$。

注意到，式(15.10)的推导过程中，用到了 Lagrange 时空混合偏导数求导顺序的可交换性，即

$$\frac{\partial}{\partial \hat{t}}\left[\frac{\partial(\cdot)}{\partial \hat{x}^i}\right]=\frac{\partial}{\partial \hat{x}^i}\left[\frac{\partial(\cdot)}{\partial \hat{t}}\right] \quad 或 \quad \frac{\mathrm{d}_{\hat{t}}}{\mathrm{d}\hat{t}}\left[\frac{\partial(\cdot)}{\partial \hat{x}^i}\right]=\frac{\partial}{\partial \hat{x}^i}\left[\frac{\mathrm{d}_{\hat{t}}(\cdot)}{\mathrm{d}\hat{t}}\right] \tag{15.13}$$

这种可交换性有先决条件——函数具有时空独立的函数形态。通俗地说，即坐标 $\hat{x}^m$ 与参数 $\hat{t}$ 必须是互相独立的自变量。这样，场函数( · )求导时，可以先对时间 $\hat{t}$ 求导，后对坐标 $\hat{x}^m$ 求导；也可以颠倒次序，先对坐标 $\hat{x}^m$ 求导，后对时间 $\hat{t}$ 求导，最终结果不变。

求导顺序的无关性，是对称性的体现。在 Lagrange 描述下，这种可交换性影响深远，因而具有基本的重要性。

需要说明的是，上述求导顺序的可交换性，为 Lagrange 时空所独有，在 Euler 时空中，并不存在。对比一下，不难发现：Euler 时空中的物质导数运算，起决定性作用的，是复合函数的求导法则；Lagrange 时空中的物质导数运算，起决定性作用的，是求导顺序的可交换性。

两种不同的求导“机制”，带来的差异是非常明显的：Euler 基矢量的物质导数，不仅取决于速度的 Euler 分量，而且取决于 Christoffel 符号(见第 11 章)；而 Lagrange 基矢量的物质导数，主要取决于速度梯度，而与 Christoffel 符号无关(见式(15.12))。这些差异，是非常基础性的。

式(15.12)可以等价地写成分解式：

$$\frac{\mathrm{d}_{\hat{t}}\hat{\boldsymbol{g}}_i}{\mathrm{d}\hat{t}}=\frac{\partial(\hat{v}^k\hat{\boldsymbol{g}}_k)}{\partial \hat{x}^i}=(\nabla_{\hat{i}}\hat{v}^k)\hat{\boldsymbol{g}}_k \tag{15.14}$$

其中，$\nabla_{\hat{i}}\hat{v}^k$ 是速度分量 $\hat{v}^k$ 对 Lagrange 坐标 $\hat{x}^i$ 的协变导数。式(15.14)显示：Lagrange 基矢量 $\hat{\boldsymbol{g}}_i$ 的物质导数$\dfrac{\mathrm{d}_{\hat{t}}\hat{\boldsymbol{g}}_i}{\mathrm{d}\hat{t}}$，仍然是 Lagrange 基矢量 $\hat{\boldsymbol{g}}_k$ 的组合，而组合“系数”，是速度梯度张量$\nabla\boldsymbol{v}$ 的 Lagrange 分量$\nabla_{\hat{i}}\hat{v}^k$(也可以说，是速度分量 $\hat{v}^k$ 的协变导数$\nabla_{\hat{i}}\hat{v}^k$)。

式(15.14)右端，哑指标 $k$ 是自由哑指标。关于指标 $i$ 的“归属”，有些复杂，暂不讨论。

式(15.10)还可以写成速度梯度的实体形式：

$$\frac{\mathrm{d}_{\hat{t}}\hat{\boldsymbol{g}}_i}{\mathrm{d}\hat{t}}=\hat{\boldsymbol{g}}_i\cdot\nabla\boldsymbol{v} \tag{15.15}$$

式(15.15)更清晰地显示：Lagrange 协变基矢量的物质导数$\dfrac{\mathrm{d}_{\hat{t}}\hat{\boldsymbol{g}}_i}{\mathrm{d}\hat{t}}$，是协变基矢量 $\hat{\boldsymbol{g}}_i$ 的线性组合，而组合“系数”，取决于速度梯度张量$\nabla v$。

式(15.14)和式(15.15)中，右端的 $\hat{\boldsymbol{g}}_i$ 是 1-指标广义分量，速度梯度张量$\nabla\boldsymbol{v}$ 是

0-指标广义分量，因此，$\hat{\boldsymbol{g}}_i \cdot \nabla \boldsymbol{v}$ 必然是 1-指标广义分量，必然满足 Ricci 变换。式(15.15)既然是等式，那么直觉告诉我们，左端的$\frac{\mathrm{d}_{\hat{t}} \hat{\boldsymbol{g}}_i}{\mathrm{d}\hat{t}}$似乎也应该是 1-指标广义分量，似乎也应该满足 Ricci 变换，似乎也应该具有协变性。然而，直觉并不准确。我们将在后续章节中，细说这一观点。实际上，这里的"纠结"，仍然涉及式(15.15)中指标 $i$ 的"归属"。

基于$\frac{\mathrm{d}_{\hat{t}} \hat{\boldsymbol{g}}_i}{\mathrm{d}\hat{t}}$，便可确定$\frac{\mathrm{d}_{\hat{t}} \hat{\boldsymbol{g}}^j}{\mathrm{d}\hat{t}}$。由对偶关系：

$$\hat{\boldsymbol{g}}_i \cdot \hat{\boldsymbol{g}}^j = \hat{\delta}_i^j \tag{15.16}$$

式(15.16)两端对时间参数求导，并利用$\frac{\mathrm{d}_{\hat{t}} \hat{\delta}_i^j}{\mathrm{d}\hat{t}} \equiv 0$，可得

$$\frac{\mathrm{d}_{\hat{t}}}{\mathrm{d}\hat{t}}(\hat{\boldsymbol{g}}_i \cdot \hat{\boldsymbol{g}}^j) = 0 \tag{15.17}$$

展开式(15.17)可得

$$\hat{\boldsymbol{g}}_i \cdot \frac{\mathrm{d}_{\hat{t}} \hat{\boldsymbol{g}}^j}{\mathrm{d}\hat{t}} = -\frac{\mathrm{d}_{\hat{t}} \hat{\boldsymbol{g}}_i}{\mathrm{d}\hat{t}} \cdot \hat{\boldsymbol{g}}^j = -(\nabla_{\hat{i}} \hat{v}^k) \hat{\boldsymbol{g}}_k \cdot \hat{\boldsymbol{g}}^j = -(\nabla_{\hat{i}} \hat{v}^k) \hat{\delta}_k^j = -\nabla_{\hat{i}} \hat{v}^j \tag{15.18}$$

式(15.18)给出：

$$\frac{\mathrm{d}_{\hat{t}} \hat{\boldsymbol{g}}^j}{\mathrm{d}\hat{t}} = -\hat{\boldsymbol{g}}^i \nabla_{\hat{i}} \hat{v}^j \tag{15.19}$$

由 Lagrange 空间域上的广义协变微分学，Lagrange 基矢量可以自由进出广义协变导数$\nabla_{\hat{i}}(\cdot)$，故式(15.19)进一步给出：

$$\frac{\mathrm{d}_{\hat{t}} \hat{\boldsymbol{g}}^j}{\mathrm{d}\hat{t}} = -\hat{\boldsymbol{g}}^i (\nabla_{\hat{i}} \hat{v}^k) \hat{\boldsymbol{g}}_k \cdot \hat{\boldsymbol{g}}^j = -(\nabla \boldsymbol{v}) \cdot \hat{\boldsymbol{g}}^j \tag{15.20}$$

Lagrange 逆变基矢量的物质导数$\frac{\mathrm{d}_{\hat{t}} \hat{\boldsymbol{g}}^j}{\mathrm{d}\hat{t}}$，是逆变基矢量 $\hat{\boldsymbol{g}}^j$ 的线性组合，而组合"系数"，取决于速度梯度张量$\nabla \boldsymbol{v}$。

式(15.20)中，右端的 $\hat{\boldsymbol{g}}^j$ 是 1-指标广义分量，$\nabla \boldsymbol{v}$ 是 0-指标广义分量，因此，右端项$-(\nabla \boldsymbol{v}) \cdot \hat{\boldsymbol{g}}^j$ 必然是 1-指标广义分量，必然满足 Ricci 变换，必然具有协变性。表面上看，式(15.20)左端的$\frac{\mathrm{d}_{\hat{t}} \hat{\boldsymbol{g}}^j}{\mathrm{d}\hat{t}}$也应该是 1-指标广义分量，但后续的章节会证实，$\frac{\mathrm{d}_{\hat{t}} \hat{\boldsymbol{g}}^j}{\mathrm{d}\hat{t}}$似乎并不是真正的 1-指标广义分量。

比较式(15.15)和式(15.20)，可以发现，二者的正负号有差别。这并不奇怪。式(15.16)中的对偶关系表明，如果式(15.15)中的协变基矢量长度增大，则

式(15.20)中逆变基矢量的长度必然缩短。这正是正负号差异的根源。

比较本章和第 11 章,可以看出,Lagrange 基矢量与 Euler 基矢量有本质的差别。

式(15.15)和式(15.20)均显示,Lagrange 描述下,速度梯度起着决定性的作用。请读者形成这样的见解:Lagrange 描述下,速度梯度或速度梯度分量,必然贯穿在每一个几何量的物质导数表达式中。

式(15.15)和式(15.20)是 Lagrange 基矢量物质导数的计算式。这两个式子具有基本的重要性:没有基矢量的物质导数的可计算性,任何几何量的物质导数都不可计算。现在,Lagrange 基矢量有"值"了。这是决定性的一步:这意味着,任何几何量和物理量的物质导数,都可以计算出"值"了。

## 15.5 度量张量的 Lagrange 分量的物质导数

Lagrange 描述下,就物质导数的可计算性而言,澄清基矢量的物质导数已经足够。但为了给后续章节提供参照,本节列出度量张量分量的物质导数。Lagrange 自然标架下度量张量的分解式为

$$\boldsymbol{G}=\hat{g}^{ij}\hat{\boldsymbol{g}}_i\hat{\boldsymbol{g}}_j=\hat{g}_{ij}\hat{\boldsymbol{g}}^i\hat{\boldsymbol{g}}^j=\hat{g}^{\,j}_{i}\hat{\boldsymbol{g}}^i\hat{\boldsymbol{g}}_j=\hat{g}^{\,i}_{j}\hat{\boldsymbol{g}}_i\hat{\boldsymbol{g}}^j \tag{15.21}$$

尽管 Lagrange 空间是动态的,但定义在物质点上的实体张量在 Lagrange 自然标架下的分解式,与其在静态空间自然标架下的分解式相比,没有任何不同。分解式中的不变性质(例如,广义对偶不变性、表观形式不变性、协变性等),都完全一致。这为上述命题提供了注脚:静态空间域中发展的张量代数,在动态的 Lagrange 空间域仍然成立。

度量张量的 Lagrange 协变分量为

$$\hat{g}_{ij}=\hat{\boldsymbol{g}}_i\cdot\hat{\boldsymbol{g}}_j \tag{15.22}$$

式(15.22)两端求物质导数:

$$\frac{\mathrm{d}_{\hat{t}}\hat{g}_{ij}}{\mathrm{d}\hat{t}}=\left(\frac{\mathrm{d}_{\hat{t}}}{\mathrm{d}\hat{t}}\hat{\boldsymbol{g}}_i\right)\cdot\hat{\boldsymbol{g}}_j+\hat{\boldsymbol{g}}_i\cdot\frac{\mathrm{d}_{\hat{t}}\hat{\boldsymbol{g}}_j}{\mathrm{d}\hat{t}} \tag{15.23}$$

将式(15.14)代入式(15.23)得

$$\frac{\mathrm{d}_{\hat{t}}\hat{g}_{ij}}{\mathrm{d}\hat{t}}=(\nabla_{\hat{i}}\hat{v}^k)\hat{\boldsymbol{g}}_k\cdot\hat{\boldsymbol{g}}_j+\hat{\boldsymbol{g}}_i\cdot[(\nabla_{\hat{j}}\hat{v}^k)\hat{\boldsymbol{g}}_k] \tag{15.24}$$

式(15.24)可改进一步整理成如下形式:

$$\frac{\mathrm{d}_{\hat{t}}\hat{g}_{ij}}{\mathrm{d}\hat{t}}=\hat{g}_{kj}\nabla_{\hat{i}}\hat{v}^k+\hat{g}_{ik}\nabla_{\hat{j}}\hat{v}^k \tag{15.25}$$

式(15.25)右端,所有的(哑)指标,似乎都是自由的。但左端的指标,尚待进一步研究。

本章已经规定，要尽量避免使用 Lagrange 速度分量的协变分量 $\hat{v}_i$。但为了揭示式(15.25)的物理意义，此处破例。由 Lagrange 空间域上的协变微分学可知，度量张量分量 $\hat{g}_{kj}$ 可以自由进出广义协变导数$\nabla_{\hat{i}}(\cdot)$，故有

$$\hat{g}_{kj}\ \nabla_{\hat{i}}\hat{v}^k=\nabla_{\hat{i}}(\hat{g}_{kj}\hat{v}^k)=\nabla_{\hat{i}}\hat{v}_j,\quad \hat{g}_{ik}\ \nabla_{\hat{j}}\hat{v}^k=\nabla_{\hat{j}}(\hat{g}_{ik}\hat{v}^k)=\nabla_{\hat{j}}\hat{v}_i \tag{15.26}$$

于是式(15.25)可以等价地写成：

$$\frac{\mathrm{d}_{\hat{t}}\hat{g}_{ij}}{\mathrm{d}\hat{t}}=\nabla_{\hat{i}}\hat{v}_j+\nabla_{\hat{j}}\hat{v}_i \tag{15.27}$$

式(15.27)中，$\nabla_{\hat{i}}\hat{v}_j$ 是速度梯度张量$\nabla\boldsymbol{v}$ 的协变分量，$\nabla_{\hat{j}}\hat{v}_i$ 是张量$(\nabla\boldsymbol{v})^{\mathrm{T}}$ 的协变分量。因此，$\nabla_{\hat{i}}\hat{v}_j+\nabla_{\hat{j}}\hat{v}_i$ 就是张量$\nabla\boldsymbol{v}+(\nabla\boldsymbol{v})^{\mathrm{T}}$ 的协变分量。$\nabla\boldsymbol{v}+(\nabla\boldsymbol{v})^{\mathrm{T}}$ 是速度梯度张量的对称部分，是变形率梯度张量的主体部分。显然，Lagrange 描述下，$\dfrac{\mathrm{d}\hat{g}_{ij}}{\mathrm{d}\hat{t}}$具有清晰的运动学意义。

度量张量的 Lagrange 逆变分量为

$$\hat{g}^{ij}=\hat{\boldsymbol{g}}^i\cdot\hat{\boldsymbol{g}}^j \tag{15.28}$$

式(15.28)两端求物质导数得

$$\frac{\mathrm{d}_{\hat{t}}\hat{g}^{ij}}{\mathrm{d}\hat{t}}=\frac{\mathrm{d}_{\hat{t}}\hat{\boldsymbol{g}}^i}{\mathrm{d}\hat{t}}\cdot\hat{\boldsymbol{g}}^j+\hat{\boldsymbol{g}}^i\cdot\frac{\mathrm{d}_{\hat{t}}\hat{\boldsymbol{g}}^j}{\mathrm{d}\hat{t}} \tag{15.29}$$

式(15.19)代入式(15.29)得

$$\begin{aligned}\frac{\mathrm{d}_{\hat{t}}\hat{g}^{ij}}{\mathrm{d}\hat{t}}&=(-\hat{\boldsymbol{g}}^k\ \nabla_{\hat{k}}\hat{v}^i)\cdot\hat{\boldsymbol{g}}^j+\hat{\boldsymbol{g}}^i\cdot(-\hat{\boldsymbol{g}}^k\ \nabla_{\hat{k}}\hat{v}^j)\\&=-\hat{g}^{jk}\ \nabla_{\hat{k}}\hat{v}^i-\hat{g}^{ik}\ \nabla_{\hat{k}}\hat{v}^j\end{aligned} \tag{15.30}$$

进一步整理得

$$\frac{\mathrm{d}_{\hat{t}}\hat{g}^{ij}}{\mathrm{d}\hat{t}}=-\hat{g}^{ik}\ \nabla_{\hat{k}}\hat{v}^j-\hat{g}^{jk}\ \nabla_{\hat{k}}\hat{v}^i \tag{15.31}$$

式(15.31)右端，所有的(哑)指标，似乎都是自由的。但左端的指标，尚待进一步研究。

请读者比较式(15.31)与第 11 章中相应的表达式，看二者在结构上的异同。式(15.31)与式(15.25)显示出漂亮的对称性，但符号相反。这一现象，可解释如下。

由基本对偶关系：

$$\hat{g}_{ij}\hat{g}^{jk}=\hat{g}_i^k \tag{15.32}$$

若两个量之积为定值，则一个量增加，另一个量必然要减小。形式上，我们可以这样理解式(15.32)：$\hat{g}_{ij}$ 增加，必然有 $\hat{g}^{jk}$ 减小，这正是式(15.31)中“－”号的含义。

从式(15.25)和式(15.31)可以推断，一般情况下，有

$$\frac{\mathrm{d}_{\hat{t}}\hat{g}_{ij}}{\mathrm{d}\hat{t}} \neq 0, \quad \frac{\mathrm{d}_{\hat{t}}\hat{g}^{ij}}{\mathrm{d}\hat{t}} \neq 0 \tag{15.33}$$

式(15.33)表明：

Lagrange 描述下，度量张量的协变分量 $\hat{g}_{ij}$ 和逆变分量 $\hat{g}^{ij}$，都不能自由进出物质导数 $\frac{\mathrm{d}_{\hat{t}}(\cdot)}{\mathrm{d}\hat{t}}$。

由于协变分量 $\hat{g}_{ij}$ 和逆变分量 $\hat{g}^{ij}$ 的重要功能是指标升降变换，故上述命题意味着：

物质导数 $\frac{\mathrm{d}_{\hat{t}}(\cdot)}{\mathrm{d}\hat{t}}$ 不满足指标升降变换。

回头再看式(15.25)和式(15.31)。如上所述，二式右端的指标都是自由的，但左端的指标，似乎是束缚的——它们被物质导数 $\frac{\mathrm{d}_{\hat{t}}(\cdot)}{\mathrm{d}\hat{t}}$ 禁锢住了。后续的章节中，我们还会回到这个话题。

再看度量张量的混变分量：

$$\hat{g}_{i}^{\,j} = \hat{\boldsymbol{g}}_i \cdot \hat{\boldsymbol{g}}^j = \hat{\delta}_i^j \tag{15.34}$$

在式(15.17)中，我们已经用到 $\frac{\mathrm{d}_{\hat{t}}\hat{g}_{i}^{\,j}}{\mathrm{d}\hat{t}} = \frac{\mathrm{d}_{\hat{t}}\hat{\delta}_i^j}{\mathrm{d}\hat{t}} \equiv 0$。故即使不做计算，我们已经知道，$\frac{\mathrm{d}_{\hat{t}}\hat{g}_{i}^{\,j}}{\mathrm{d}\hat{t}}$ 的值必然为零。尽管如此，仍然有必要澄清 $\frac{\mathrm{d}_{\hat{t}}\hat{g}_{i}^{\,j}}{\mathrm{d}\hat{t}}$ 的解析表达式。式(15.34)两端求物质导数：

$$\begin{aligned}\frac{\mathrm{d}_{\hat{t}}\hat{g}_{i}^{\,j}}{\mathrm{d}\hat{t}} &= \frac{\mathrm{d}_{\hat{t}}}{\mathrm{d}\hat{t}}(\hat{\boldsymbol{g}}_i \cdot \hat{\boldsymbol{g}}^j) = \frac{\mathrm{d}_{\hat{t}}\hat{\boldsymbol{g}}_i}{\mathrm{d}\hat{t}} \cdot \hat{\boldsymbol{g}}^j + \hat{\boldsymbol{g}}_i \cdot \frac{\mathrm{d}_{\hat{t}}\hat{\boldsymbol{g}}^j}{\mathrm{d}\hat{t}} \\ &= (\nabla_{\hat{i}}\hat{v}^k)\hat{\boldsymbol{g}}_k \cdot \hat{\boldsymbol{g}}^j + \hat{\boldsymbol{g}}_i \cdot (-\hat{\boldsymbol{g}}^k \, \nabla_{\hat{k}}\hat{v}^j)\end{aligned}$$

整理可得

$$\frac{\mathrm{d}_{\hat{t}}\hat{g}_{i}^{\,j}}{\mathrm{d}\hat{t}} = \hat{g}_{k}^{\,j}\,\nabla_{\hat{i}}\hat{v}^k - \hat{g}_{i}^{\,k}\,\nabla_{\hat{k}}\hat{v}^j \tag{15.35}$$

同理，可以导出：

$$\frac{\mathrm{d}_{\hat{t}}\hat{g}_{j}^{\,i}}{\mathrm{d}\hat{t}} = -\hat{g}_{j}^{\,k}\,\nabla_{\hat{k}}\hat{v}^i + \hat{g}_{k}^{\,i}\,\nabla_{\hat{j}}\hat{v}^k \tag{15.36}$$

由于有 $\hat{g}_{k}^{\,j} = \hat{\delta}_k^j$，$\hat{g}_{j}^{\,k} = \hat{\delta}_j^k$，故式(15.35)、式(15.36)确实给出：

$$\frac{\mathrm{d}_{\hat{t}}\hat{g}_{i}^{\,j}}{\mathrm{d}\hat{t}} = \hat{\delta}_k^j\,\nabla_{\hat{i}}\hat{v}^k - \hat{\delta}_i^k\,\nabla_{\hat{k}}\hat{v}^j \equiv 0,$$

$$\frac{\mathrm{d}_{\hat{t}}\hat{g}^{i}_{\ j}}{\mathrm{d}\hat{t}}=-\hat{\delta}^{k}_{j}\ \nabla_{\hat{k}}\hat{v}^{i}+\hat{\delta}^{i}_{k}\ \nabla_{\hat{j}}\hat{v}^{k}\equiv 0 \tag{15.37}$$

注意到,度量张量的混变分量的物质导数恒为零,但其协变分量和逆变分量的物质导数却不为零。这表明,同样是度量张量分量,但其在时间域上的运动学行为,却大不相同。

## 15.6 度量张量的 Lagrange 杂交分量的物质导数

Lagrange 描述下,度量张量在新老杂交坐标系下的分解式为

$$\boldsymbol{G}=\hat{g}^{ij'}\hat{\boldsymbol{g}}_{i}\hat{\boldsymbol{g}}_{j'}=\hat{g}_{ij'}\hat{\boldsymbol{g}}^{i}\hat{\boldsymbol{g}}^{j'}=\hat{g}^{\ j'}_{i}\hat{\boldsymbol{g}}^{i}\hat{\boldsymbol{g}}_{j'}=\hat{g}^{\ i}_{j'}\hat{\boldsymbol{g}}_{i}\hat{\boldsymbol{g}}^{j'} \tag{15.38}$$

度量张量的杂交协变分量可用基矢量表达为

$$\hat{g}_{ij'}=\hat{\boldsymbol{g}}_{i}\cdot\hat{\boldsymbol{g}}_{j'} \tag{15.39}$$

老基矢量的物质导数表达式见式(15.14)和式(15.19)。类似地,可以写出新基矢量的物质导数表达式:

$$\frac{\mathrm{d}_{\hat{t}}\hat{\boldsymbol{g}}_{i'}}{\mathrm{d}\hat{t}}=(\nabla_{\hat{i}'}\hat{v}^{k'})\hat{\boldsymbol{g}}_{k'},\qquad \frac{\mathrm{d}_{\hat{t}}\hat{\boldsymbol{g}}^{j'}}{\mathrm{d}\hat{t}}=-\hat{\boldsymbol{g}}^{i'}\ \nabla_{\hat{i}'}\hat{v}^{j'} \tag{15.40}$$

式(15.39)两端求物质导数,借助式(15.14)和式(15.40):

$$\begin{aligned}\frac{\mathrm{d}_{\hat{t}}\hat{g}_{ij'}}{\mathrm{d}\hat{t}}&=\frac{\mathrm{d}_{\hat{t}}\hat{\boldsymbol{g}}_{i}}{\mathrm{d}\hat{t}}\cdot\hat{\boldsymbol{g}}_{j'}+\hat{\boldsymbol{g}}_{i}\cdot\frac{\mathrm{d}_{\hat{t}}\hat{\boldsymbol{g}}_{j'}}{\mathrm{d}\hat{t}}\\&=(\nabla_{\hat{i}}\hat{v}^{k})\hat{\boldsymbol{g}}_{k}\cdot\hat{\boldsymbol{g}}_{j'}+\hat{\boldsymbol{g}}_{i}\cdot(\nabla_{\hat{j}'}\hat{v}^{k'})\hat{\boldsymbol{g}}_{k'}\end{aligned}$$

上式可进一步简化为

$$\frac{\mathrm{d}_{\hat{t}}\hat{g}_{ij'}}{\mathrm{d}\hat{t}}=\hat{g}_{kj'}\ \nabla_{\hat{i}}\hat{v}^{k}+\hat{g}_{ik'}\ \nabla_{\hat{j}'}\hat{v}^{k'} \tag{15.41}$$

对比式(15.41)和式(15.25),可以看出二者在结构形式上的一致性。式(15.41)右端的指标都是自由的,但左端的指标却是束缚的。

由 Lagrange 空间域上的协变微分学可知,度量张量的杂交分量 $\hat{g}_{kj'}$ 可以自由进出广义协变导数$\nabla_{\hat{i}}(\cdot)$,故有

$$\begin{aligned}&\hat{g}_{kj'}\ \nabla_{\hat{i}}\hat{v}^{k}=\nabla_{\hat{i}}(\hat{g}_{kj'}\hat{v}^{k})=\nabla_{\hat{i}}\hat{v}_{j'},\\&\hat{g}_{ik'}\ \nabla_{\hat{j}'}\hat{v}^{k'}=\nabla_{\hat{j}}(\hat{g}_{ik'}\hat{v}^{k'})=\nabla_{\hat{j}'}\hat{v}_{i}\end{aligned} \tag{15.42}$$

于是式(15.41)可以等价地写成:

$$\frac{\mathrm{d}_{\hat{t}}\hat{g}_{ij'}}{\mathrm{d}\hat{t}}=\nabla_{\hat{i}}\hat{v}_{j'}+\nabla_{\hat{j}'}\hat{v}_{i} \tag{15.43}$$

式(15.43)中,$\nabla_{\hat{i}}\hat{v}_{j'}$ 是速度梯度张量$\nabla\boldsymbol{v}$ 的杂交协变分量,$\nabla_{\hat{j}'}\hat{v}_{i}$ 是张量$(\nabla\boldsymbol{v})^{\mathrm{T}}$ 的杂交协变分量。因此,$\nabla_{\hat{i}}\hat{v}_{j'}+\nabla_{\hat{j}'}\hat{v}_{i}$ 就是张量$\nabla\boldsymbol{v}+(\nabla\boldsymbol{v})^{\mathrm{T}}$ 的杂交协变分量。

同理,可导出:

$$\frac{\mathrm{d}_{\hat{t}}\hat{g}^{ij'}}{\mathrm{d}\hat{t}}=-\hat{g}^{kj'}\nabla_{k}\hat{v}^{i}-\hat{g}^{ik'}\nabla_{\hat{k}'}\hat{v}^{j'} \tag{15.44}$$

$$\frac{\mathrm{d}_{\hat{t}}\hat{g}^{j'}_{i}}{\mathrm{d}\hat{t}}=\hat{g}^{j'}_{k}\nabla_{\hat{i}}\hat{v}^{k}-\hat{g}^{k'}_{i}\nabla_{\hat{k}'}\hat{v}^{j'} \tag{15.45}$$

$$\frac{\mathrm{d}_{\hat{t}}\hat{g}^{i}_{j'}}{\mathrm{d}\hat{t}}=-\hat{g}^{k}_{j'}\nabla_{\hat{k}}\hat{v}^{i}+\hat{g}^{i}_{k'}\nabla_{\hat{j}'}\hat{v}^{k'} \tag{15.46}$$

观察式(15.41)和式(15.44),可以推知,一般情况下,有

$$\frac{\mathrm{d}_{\hat{t}}\hat{g}_{ij'}}{\mathrm{d}\hat{t}}\neq 0,\quad \frac{\mathrm{d}_{\hat{t}}\hat{g}^{ij'}}{\mathrm{d}\hat{t}}\neq 0 \tag{15.47}$$

式(15.47)表明:

度量张量的杂交协变分量和杂交逆变分量,$\hat{g}_{ij'}$ 和 $\hat{g}^{ij'}$,都不能自由进出物质导数 $\dfrac{\mathrm{d}_{\hat{t}}(\cdot)}{\mathrm{d}\hat{t}}$。

再看式(15.45)和式(15.46)。注意到,度量张量的杂交分量可以自由进出空间域上的协变导数 $\nabla_{\hat{i}}(\cdot)$,或者说,协变导数 $\nabla_{\hat{i}}(\cdot)$ 满足 Ricci 变换。于是式(15.45)和式(15.46)右端项可变换如下:

$$\hat{g}^{j'}_{k}\nabla_{\hat{i}}\hat{v}^{k}=\nabla_{\hat{i}}\hat{v}^{j'},\quad \hat{g}^{k'}_{i}\nabla_{\hat{k}'}\hat{v}^{j'}=\nabla_{\hat{i}}\hat{v}^{j'} \tag{15.48}$$

$$\hat{g}^{k}_{j'}\nabla_{\hat{k}}\hat{v}^{i}=\nabla_{\hat{j}'}\hat{v}^{i},\quad \hat{g}^{i}_{k'}\nabla_{\hat{j}'}\hat{v}^{k'}=\nabla_{\hat{j}'}\hat{v}^{i} \tag{15.49}$$

式(15.48)代入式(15.45),式(15.49)代入式(15.46),立即给出:

$$\frac{\mathrm{d}_{\hat{t}}\hat{g}^{j'}_{i}}{\mathrm{d}\hat{t}}\equiv 0,\quad \frac{\mathrm{d}_{\hat{t}}\hat{g}^{i}_{j'}}{\mathrm{d}\hat{t}}\equiv 0 \tag{15.50}$$

从式(15.50)可以抽象出如下命题:

度量张量的 Lagrange 杂交混变分量,$\hat{g}^{j'}_{i}$ 和 $\hat{g}^{i}_{j'}$,都可以自由进出物质导数 $\dfrac{\mathrm{d}_{\hat{t}}(\cdot)}{\mathrm{d}\hat{t}}$。

度量张量的杂交混变分量 $\hat{g}^{j'}_{i}$ 和 $\hat{g}^{i}_{j'}$ 的重要功能是坐标变换。故上述命题意味着,尽管存在物质导数 $\dfrac{\mathrm{d}_{\hat{t}}(\cdot)}{\mathrm{d}\hat{t}}$ 这堵墙,但杂交混变分量 $\hat{g}^{j'}_{i}$ 和 $\hat{g}^{i}_{j'}$ 仍然能够“穿墙而过”,对隔绝在墙后的场函数 $(\cdot)$ 进行坐标变换:

$$\hat{g}^{j'}_{i}\frac{\mathrm{d}_{\hat{t}}(\cdot)}{\mathrm{d}\hat{t}}=\frac{\mathrm{d}_{\hat{t}}(\hat{g}^{j'}_{i}\cdot)}{\mathrm{d}\hat{t}},\quad \hat{g}^{i}_{j'}\frac{\mathrm{d}_{\hat{t}}(\cdot)}{\mathrm{d}\hat{t}}=\frac{\mathrm{d}_{\hat{t}}(\hat{g}^{i}_{j'}\cdot)}{\mathrm{d}\hat{t}} \tag{15.51}$$

由此我们形成观念:

物质导数$\frac{\mathrm{d}_{\hat{t}}(\cdot)}{\mathrm{d}\hat{t}}$满足坐标变换。

这是非常有趣的“现象”。$\hat{g}_{ij'}$，$\hat{g}^{ij'}$，$\hat{g}_{i}^{j'}$，$\hat{g}_{j'}^{i}$，虽然都是度量张量的杂交分量，但其物质导数，性质上却有微妙的差别。然而，微妙的差别，却深刻地影响了物质导数$\frac{\mathrm{d}_{\hat{t}}(\cdot)}{\mathrm{d}\hat{t}}$的行为：$\frac{\mathrm{d}_{\hat{t}}(\cdot)}{\mathrm{d}\hat{t}}$不满足指标升降变换，却满足坐标变换。

后续的所有“奇特现象”，都源自物质导数的“怪异行为”。

## 15.7 度量张量行列式及其根式的物质导数

度量张量行列式的根式$\sqrt{\hat{g}}$，可以用 Lagrange 协变基矢量的混合积表达为

$$\sqrt{\hat{g}}=(\hat{\boldsymbol{g}}_1\times\hat{\boldsymbol{g}}_2)\cdot\hat{\boldsymbol{g}}_3 \tag{15.52}$$

式(15.52)两端求物质导数：

$$\frac{\mathrm{d}_{\hat{t}}\sqrt{\hat{g}}}{\mathrm{d}\hat{t}}=\left(\frac{\mathrm{d}_{\hat{t}}\hat{\boldsymbol{g}}_1}{\mathrm{d}\hat{t}}\times\hat{\boldsymbol{g}}_2\right)\cdot\hat{\boldsymbol{g}}_3+\left(\hat{\boldsymbol{g}}_1\times\frac{\mathrm{d}_{\hat{t}}\hat{\boldsymbol{g}}_2}{\mathrm{d}\hat{t}}\right)\cdot\hat{\boldsymbol{g}}_3+(\hat{\boldsymbol{g}}_1\times\hat{\boldsymbol{g}}_2)\cdot\frac{\mathrm{d}_{\hat{t}}\hat{\boldsymbol{g}}_3}{\mathrm{d}\hat{t}} \tag{15.53}$$

借助式(15.14)，逐一研究式(15.53)右端的三项：

$$\begin{aligned}\left(\frac{\mathrm{d}_{\hat{t}}\hat{\boldsymbol{g}}_1}{\mathrm{d}\hat{t}}\times\hat{\boldsymbol{g}}_2\right)\cdot\hat{\boldsymbol{g}}_3&=[(\nabla_{\hat{1}}\hat{v}^k)\hat{\boldsymbol{g}}_k\times\hat{\boldsymbol{g}}_2]\cdot\hat{\boldsymbol{g}}_3\\&=(\nabla_{\hat{1}}\hat{v}^1)(\hat{\boldsymbol{g}}_1\times\hat{\boldsymbol{g}}_2)\cdot\hat{\boldsymbol{g}}_3=\sqrt{\hat{g}}\ \nabla_{\hat{1}}\hat{v}^1\end{aligned} \tag{15.54}$$

同理可得

$$\left(\hat{\boldsymbol{g}}_1\times\frac{\mathrm{d}_{\hat{t}}\hat{\boldsymbol{g}}_2}{\mathrm{d}\hat{t}}\right)\cdot\hat{\boldsymbol{g}}_3=\sqrt{\hat{g}}\ \nabla_{\hat{2}}\hat{v}^2 \tag{15.55}$$

$$(\hat{\boldsymbol{g}}_1\times\hat{\boldsymbol{g}}_2)\cdot\frac{\mathrm{d}_{\hat{t}}\hat{\boldsymbol{g}}_3}{\mathrm{d}\hat{t}}=\sqrt{\hat{g}}\ \nabla_{\hat{3}}\hat{v}^3 \tag{15.56}$$

将式(15.54)～式(15.56)代入式(15.53)，可得

$$\frac{\mathrm{d}_{\hat{t}}\sqrt{\hat{g}}}{\mathrm{d}\hat{t}}=\sqrt{\hat{g}}\ \nabla_{\hat{i}}\hat{v}^i=\sqrt{\hat{g}}\ \nabla\cdot\boldsymbol{v} \tag{15.57}$$

式(15.57)右端，$\sqrt{\hat{g}}$是 3-指标广义分量，$\nabla\cdot\boldsymbol{v}$是标量，故$\sqrt{\hat{g}}\ \nabla\cdot\boldsymbol{v}$仍然是 3-指标广义分量。直观判断，式(15.57)左端的$\frac{\mathrm{d}_{\hat{t}}\sqrt{\hat{g}}}{\mathrm{d}\hat{t}}$，似乎也应该是 3-指标广义分量。然而，后续的分析表明，事情似乎没那么简单。

进一步写出：

$$\frac{\mathrm{d}_{\hat{t}}\hat{g}}{\mathrm{d}\hat{t}}=2\sqrt{\hat{g}}\ \frac{\mathrm{d}_{\hat{t}}\sqrt{\hat{g}}}{\mathrm{d}\hat{t}}=2\hat{g}\ \nabla\cdot\boldsymbol{v} \tag{15.58}$$

式(15.57)给出：

$$\nabla\cdot\boldsymbol{v}=\frac{1}{\sqrt{\hat{g}}}\ \frac{\mathrm{d}_{\hat{t}}\sqrt{\hat{g}}}{\mathrm{d}\hat{t}}=\frac{\mathrm{d}_{\hat{t}}(\ln\sqrt{\hat{g}})}{\mathrm{d}\hat{t}} \tag{15.59}$$

这些结果，都是“运算”出来的。式(15.59)中，左端是标量场函数，即速度场的散度 $\nabla\cdot\boldsymbol{v}$；右端的 $\ln\sqrt{\hat{g}}$ 不是标量，但物质导数 $\frac{\mathrm{d}_{\hat{t}}(\ln\sqrt{\hat{g}})}{\mathrm{d}\hat{t}}$，却等于一个标量场函数。这是个出乎预料的结果。

如果把 $\nabla\cdot\boldsymbol{v}$ 视为Lagrange时间域上的导函数，则其原函数，就是 $\ln\sqrt{\hat{g}}$。这表明，虽然原函数 $\ln\sqrt{\hat{g}}$ 不是标量函数，但导函数 $\nabla\cdot\boldsymbol{v}$ 却可以是标量函数。紧盯物质点，在时间域上积分式(15.59)，就可以写出原函数：

$$\int_{\hat{t}_0}^{\hat{t}}\nabla\cdot\boldsymbol{v}\mathrm{d}\hat{t}=\int_{\hat{t}_0}^{\hat{t}}\mathrm{d}_{\hat{t}}(\ln\sqrt{\hat{g}})=\ln\sqrt{\hat{g}}-\ln\sqrt{\hat{g}_0} \tag{15.60}$$

注意到，式(15.60)左端是标量，右端的 $\ln\sqrt{\hat{g}}$ 和 $\ln\sqrt{\hat{g}_0}$ 虽然都不是标量，但二者的差，却是等于标量。这是个有趣的结果。

## 15.8 Christoffel符号的物质导数

Lagrange描述下，Christoffel符号的定义式为

$$\hat{\Gamma}_{ij}^{k}=\frac{\partial\hat{\boldsymbol{g}}_i}{\partial\hat{x}^j}\cdot\hat{\boldsymbol{g}}^k \tag{15.61}$$

式(15.61)两端求物质导数：

$$\frac{\mathrm{d}_{\hat{t}}\hat{\Gamma}_{ij}^{k}}{\mathrm{d}\hat{t}}=\frac{\mathrm{d}_{\hat{t}}}{\mathrm{d}\hat{t}}\left(\frac{\partial\hat{\boldsymbol{g}}_i}{\partial\hat{x}^j}\cdot\hat{\boldsymbol{g}}^k\right)=\left[\frac{\mathrm{d}_{\hat{t}}}{\mathrm{d}\hat{t}}\left(\frac{\partial\hat{\boldsymbol{g}}_i}{\partial\hat{x}^j}\right)\right]\cdot\hat{\boldsymbol{g}}^k+\frac{\partial\hat{\boldsymbol{g}}_i}{\partial\hat{x}^j}\cdot\left(\frac{\mathrm{d}_{\hat{t}}\hat{\boldsymbol{g}}^k}{\mathrm{d}\hat{t}}\right) \tag{15.62}$$

式(15.62)右端两项分别考查如下。先看 $\left[\frac{\mathrm{d}_{\hat{t}}}{\mathrm{d}\hat{t}}\left(\frac{\partial\hat{\boldsymbol{g}}_i}{\partial\hat{x}^j}\right)\right]\cdot\hat{\boldsymbol{g}}^k$ 项。由求导顺序的可交换性：

$$\frac{\mathrm{d}_{\hat{t}}}{\mathrm{d}\hat{t}}\left(\frac{\partial\hat{\boldsymbol{g}}_i}{\partial\hat{x}^j}\right)=\frac{\partial}{\partial\hat{x}^j}\left(\frac{\mathrm{d}_{\hat{t}}\hat{\boldsymbol{g}}_i}{\mathrm{d}\hat{t}}\right) \tag{15.63}$$

将式(15.14)代入式(15.63)得

$$\frac{\mathrm{d}_{\hat{t}}}{\mathrm{d}\hat{t}}\left(\frac{\partial\hat{\boldsymbol{g}}_i}{\partial\hat{x}^j}\right)=\frac{\partial}{\partial\hat{x}^j}\left[(\nabla_{\hat{i}}\hat{v}^m)\hat{\boldsymbol{g}}_m\right]=\frac{\partial(\nabla_{\hat{i}}\hat{v}^m)}{\partial\hat{x}^j}\hat{\boldsymbol{g}}_m+(\nabla_{\hat{i}}\hat{v}^m)\hat{\Gamma}_{mj}^{n}\hat{\boldsymbol{g}}_n \tag{15.64}$$

于是有

$$\left[\frac{\mathrm{d}_{\hat{t}}}{\mathrm{d}\hat{t}}\left(\frac{\partial\hat{\boldsymbol{g}}_i}{\partial\hat{x}^j}\right)\right]\cdot\hat{\boldsymbol{g}}^k=\frac{\partial(\nabla_{\hat{i}}\hat{v}^k)}{\partial\hat{x}^j}+(\nabla_{\hat{i}}\hat{v}^m)\hat{\Gamma}^k_{mj} \tag{15.65}$$

再看式(15.62)右端的$\frac{\partial\hat{\boldsymbol{g}}_i}{\partial\hat{x}^j}\cdot\left(\frac{\mathrm{d}_{\hat{t}}\hat{\boldsymbol{g}}^k}{\mathrm{d}\hat{t}}\right)$项。由 Christoffel 公式和式(15.19)：

$$\frac{\partial\hat{\boldsymbol{g}}_i}{\partial\hat{x}^j}\cdot\left(\frac{\mathrm{d}_{\hat{t}}\hat{\boldsymbol{g}}^k}{\mathrm{d}\hat{t}}\right)=\hat{\Gamma}^m_{ij}\hat{\boldsymbol{g}}_m\cdot(-\hat{\boldsymbol{g}}^n\ \nabla_{\hat{n}}\hat{v}^k)=-(\nabla_{\hat{m}}\hat{v}^k)\hat{\Gamma}^m_{ij} \tag{15.66}$$

式(15.65)、式(15.66)代入式(15.62)得

$$\frac{\mathrm{d}_{\hat{t}}\hat{\Gamma}^k_{ij}}{\mathrm{d}\hat{t}}=\frac{\partial(\nabla_{\hat{i}}\hat{v}^k)}{\partial\hat{x}^j}+(\nabla_{\hat{i}}\hat{v}^m)\hat{\Gamma}^k_{mj}-(\nabla_{\hat{m}}\hat{v}^k)\hat{\Gamma}^m_{ij}\triangleq\nabla_{\hat{j}}(\nabla_{\hat{i}}\hat{v}^k) \tag{15.67}$$

注意到，$\nabla_{\hat{i}}\hat{v}^k$ 是二阶张量分量，式(15.67)的最后一个等式，用到了二阶分量$\nabla_{\hat{i}}\hat{v}^k$的协变导数的定义式。

平坦空间中，由 Lagrange 空间域上的协变微分学可知，对坐标的二阶协变导数具有求导顺序的可交换性：

$$\nabla_{\hat{j}}(\nabla_{\hat{i}}\hat{v}^k)=\nabla_{\hat{i}}(\nabla_{\hat{j}}\hat{v}^k) \tag{15.68}$$

于是式(15.67)可以重写为

$$\frac{\mathrm{d}_{\hat{t}}\hat{\Gamma}^k_{ij}}{\mathrm{d}\hat{t}}=\nabla_{\hat{i}}(\nabla_{\hat{j}}\hat{v}^k) \tag{15.69}$$

式(15.69)表明，Lagrange 描述下，Christoffel 符号的物质导数$\frac{\mathrm{d}_{\hat{t}}\hat{\Gamma}^k_{ij}}{\mathrm{d}\hat{t}}$，等于速度分量的二阶协变导数$\nabla_{\hat{i}}(\nabla_{\hat{j}}\hat{v}^k)$。这是个非常优美的结果，也是非常出人预料的结果。

如上所述，式(15.69)的右端项，$\nabla_{\hat{i}}(\nabla_{\hat{j}}\hat{v}^k)$，是速度分量的二阶协变导数，因而必然是三阶张量分量。如果把$\nabla_{\hat{i}}(\nabla_{\hat{j}}\hat{v}^k)$视为时间域上的导函数，则其原函数，就是 $\hat{\Gamma}^k_{ij}$。于是我们看到，导函数$\nabla_{\hat{i}}(\nabla_{\hat{j}}\hat{v}^k)$是张量分量，但原函数 $\hat{\Gamma}^k_{ij}$ 却不是张量分量。

从指标的角度看，式(15.69)右端，所有的指标都是自由的，而左端的 Christoffel 符号 $\hat{\Gamma}^k_{ij}$ 中，就有两个指标，即指标 $i$，$k$，是束缚指标。

式(15.69)左端 $\hat{\Gamma}^k_{ij}$ 的两个下指标 $i$、$j$ 具有对称性；右端$\nabla_{\hat{i}}(\nabla_{\hat{j}}\hat{v}^k)$的两个下指标 $i$，$j$ 也具有对称性。

将式(15.69)两端都配上基矢量：

$$\frac{\mathrm{d}_{\hat{t}}\hat{\Gamma}^k_{ij}}{\mathrm{d}\hat{t}}\hat{\boldsymbol{g}}^i\hat{\boldsymbol{g}}^j\hat{\boldsymbol{g}}_k=\nabla_{\hat{i}}(\nabla_{\hat{j}}\hat{v}^k)\hat{\boldsymbol{g}}^i\hat{\boldsymbol{g}}^j\hat{\boldsymbol{g}}_k \tag{15.70}$$

注意到张量$\nabla\nabla\boldsymbol{v}$的表达式：

$$\nabla\nabla\boldsymbol{v}=\nabla_{\hat{i}}(\nabla_{\hat{j}}\hat{v}^k)\hat{\boldsymbol{g}}^i\hat{\boldsymbol{g}}^j\hat{\boldsymbol{g}}_k \tag{15.71}$$

于是式(15.70)重写为

$$\frac{\mathrm{d}_{\hat{t}}\hat{\Gamma}^k_{ij}}{\mathrm{d}\hat{t}}\hat{\boldsymbol{g}}^i\hat{\boldsymbol{g}}^j\hat{\boldsymbol{g}}_k=\nabla\nabla\boldsymbol{v} \tag{15.72}$$

式(15.71)和式(15.72)表明，$\nabla_{\hat{i}}(\nabla_{\hat{j}}\hat{v}^k)$是张量$\nabla\nabla\boldsymbol{v}$的分量，直观判断，$\dfrac{\mathrm{d}_{\hat{t}}\hat{\Gamma}^k_{ij}}{\mathrm{d}\hat{t}}$也应该是张量$\nabla\nabla\boldsymbol{v}$的分量。然而，$\dfrac{\mathrm{d}_{\hat{t}}\hat{\Gamma}^k_{ij}}{\mathrm{d}\hat{t}}$并不是常规意义上的三阶张量分量。在后续的章节中，我们会有更进一步的分析。

如果把速度场的二阶梯度张量$\nabla\nabla\boldsymbol{v}$视为时间域上的导函数，则式(15.72)表明，很可能不存在原函数。即不存在三阶张量$\boldsymbol{T}$，使其对 Lagrange 时间的导数，等于二阶梯度张量$\nabla\nabla\boldsymbol{v}$。

## 15.9　奇特的“现象”

我们再仔细考查式(15.69)中的$\dfrac{\mathrm{d}_{\hat{t}}\hat{\Gamma}^k_{ij}}{\mathrm{d}\hat{t}}$。我们尝试降指标$k$：

$$\hat{g}_{nk}\frac{\mathrm{d}_{\hat{t}}\hat{\Gamma}^k_{ij}}{\mathrm{d}\hat{t}}=\hat{g}_{nk}\left[\nabla_{\hat{i}}(\nabla_{\hat{j}}\hat{v}^k)\right] \tag{15.73}$$

我们从式(15.73)看到“奇特的现象”。由 Lagrange 空间域中的协变微分学可知：

$$\nabla_{\hat{i}}\hat{g}_{nk}=0 \tag{15.74}$$

即$\hat{g}_{nk}$可自由进出$\nabla_{\hat{i}}(\cdot)$，故式(15.74)右端满足指标变换：

$$\nabla_{\hat{i}}\left[\hat{g}_{nk}(\nabla_{\hat{j}}\hat{v}^k)\right]=\nabla_{\hat{i}}\left[\nabla_{\hat{j}}(\hat{g}_{nk}\hat{v}^k)\right]=\nabla_{\hat{i}}(\nabla_{\hat{j}}\hat{v}_n) \tag{15.75}$$

我们已经指出，一般情况下，有

$$\frac{\mathrm{d}_{\hat{t}}\hat{g}_{nk}}{\mathrm{d}\hat{t}}\neq 0 \tag{15.76}$$

即$\hat{g}_{nk}$不能自由进出$\dfrac{\mathrm{d}_{\hat{t}}(\cdot)}{\mathrm{d}\hat{t}}$，因而，至少在表观形式上，有

$$\hat{g}_{nk}\frac{\mathrm{d}_{\hat{t}}\hat{\Gamma}^k_{ij}}{\mathrm{d}\hat{t}}\neq\frac{\mathrm{d}_{\hat{t}}(\hat{g}_{nk}\hat{\Gamma}^k_{ij})}{\mathrm{d}\hat{t}}=\frac{\mathrm{d}_{\hat{t}}\hat{\Gamma}_{ij,n}}{\mathrm{d}\hat{t}} \tag{15.77}$$

综合式(15.76)和式(15.77)可知：式(15.73)右端满足指标升降变换，但左端却在形式上不满足指标升降变换。于是，结合式(15.75)、式(15.77)和式(15.73)，我

们有

$$\frac{\mathrm{d}_{\hat{t}}\hat{\Gamma}_{ij,k}}{\mathrm{d}\hat{t}} \neq \nabla_{\hat{i}}\left[\nabla_{\hat{j}}(\hat{v}_k)\right] \tag{15.78}$$

对比式(15.78)和式(15.69)，我们看到“现象”之奇特。

为了强化这种奇特的感觉，我们考查两个三阶张量 $\hat{A}_{ij}^{\cdot\cdot k}$ 和 $\hat{B}_{ij}^{\cdot\cdot k}$，如果有 $\hat{A}_{ij}^{\cdot\cdot k}=\hat{B}_{ij}^{\cdot\cdot k}$，则必然有 $\hat{A}_{ijk}=\hat{B}_{ijk}$。这是正常三阶张量的指标变换行为。然而，$\dfrac{\mathrm{d}_{\hat{t}}\hat{\Gamma}_{ij}^{k}}{\mathrm{d}\hat{t}}$显然不具备三阶张量分量的“正常行为”。

这样奇特的“现象”并非孤立的个案。式(15.15)和式(15.20)是另外的案例。重点考查式(15.15)。我们尝试将式(15.15)升指标：

$$g^{ji}\frac{\mathrm{d}_{\hat{t}}\hat{\boldsymbol{g}}_i}{\mathrm{d}\hat{t}}=g^{ji}\hat{\boldsymbol{g}}_i\cdot\nabla\boldsymbol{v} \tag{15.79}$$

式(15.79)右端满足指标变换：

$$g^{ji}\hat{\boldsymbol{g}}_i\cdot\nabla\boldsymbol{v}=\hat{\boldsymbol{g}}^j\cdot\nabla\boldsymbol{v} \tag{15.80}$$

但式(15.79)左端在表观形式上不满足指标变换：

$$g^{ji}\frac{\mathrm{d}_{\hat{t}}\hat{\boldsymbol{g}}_i}{\mathrm{d}\hat{t}}\neq\frac{\mathrm{d}_{\hat{t}}(g^{ji}\hat{\boldsymbol{g}}_i)}{\mathrm{d}\hat{t}}=\frac{\mathrm{d}_{\hat{t}}\hat{\boldsymbol{g}}^j}{\mathrm{d}\hat{t}} \tag{15.81}$$

式(15.79)～式(15.81)表明：

$$\frac{\mathrm{d}_{\hat{t}}\hat{\boldsymbol{g}}^j}{\mathrm{d}\hat{t}}\neq\hat{\boldsymbol{g}}^j\cdot\nabla\boldsymbol{v} \tag{15.82}$$

对比式(15.82)和式(15.15)可知，$\dfrac{\mathrm{d}_{\hat{t}}\hat{\boldsymbol{g}}_i}{\mathrm{d}\hat{t}}$并不合乎 1-指标广义分量的“行为规范”。

我们对比 $\hat{\Gamma}_{ij}^{k}$ 和$\dfrac{\mathrm{d}_{\hat{t}}\hat{\Gamma}_{ij}^{k}}{\mathrm{d}\hat{t}}$的协变性。根据 Lagrange 空间域上的协变微分学，$\hat{\Gamma}_{ij}^{k}$的三个指标中，只有一个指标(例如来自于 $\hat{x}^j$ 的指标 $j$)，可以被视为自由指标，满足坐标变换。另外两个指标(指标 $i$、$k$)都是束缚指标。整体上，$\hat{\Gamma}_{ij}^{k}$ 不具有协变性。至于$\dfrac{\mathrm{d}_{\hat{t}}\hat{\Gamma}_{ij}^{k}}{\mathrm{d}\hat{t}}$，指标 $i$，$k$ 仍然是束缚指标，指标 $j$ 仍然满足坐标变换，但不满足升降变换了。因此我们说，相对于 $\hat{\Gamma}_{ij}^{k}$ 中的自由指标 $j$，$\dfrac{\mathrm{d}_{\hat{t}}\hat{\Gamma}_{ij}^{k}}{\mathrm{d}\hat{t}}$中的指标 $j$ “自由度”下降了。换言之，$\dfrac{\mathrm{d}_{\hat{t}}\hat{\Gamma}_{ij}^{k}}{\mathrm{d}\hat{t}}$的协变性没有提升，甚至稍有下降。

然而，换一个角度看。根据式(15.67)，如果我们把$\nabla_{\hat{i}}(\nabla_{\hat{j}}\hat{v}^k)$视为$\dfrac{\mathrm{d}_{\hat{t}}\hat{\Gamma}^k_{ij}}{\mathrm{d}\hat{t}}$之值，那么我们可以说，$\nabla_{\hat{i}}(\nabla_{\hat{j}}\hat{v}^k)$的协变性，似乎使得$\dfrac{\mathrm{d}_{\hat{t}}\hat{\Gamma}^k_{ij}}{\mathrm{d}\hat{t}}$具备了一定的协变性。从$\hat{\Gamma}^k_{ij}$的“非协变性”，到$\dfrac{\mathrm{d}_{\hat{t}}\hat{\Gamma}^k_{ij}}{\mathrm{d}\hat{t}}$一定的协变性，物质导数$\dfrac{\mathrm{d}_{\hat{t}}(\cdot)}{\mathrm{d}\hat{t}}$“功不可没”。从这个意义上讲，$\dfrac{\mathrm{d}_{\hat{t}}\hat{\Gamma}^k_{ij}}{\mathrm{d}\hat{t}}$提升了协变性。作者觉得，这是一种“虚幻的”协变性，是一种不完美的协变性。

我们再对比$\hat{\boldsymbol{g}}_i$和$\dfrac{\mathrm{d}_{\hat{t}}\hat{\boldsymbol{g}}_i}{\mathrm{d}\hat{t}}$的协变性。$\hat{\boldsymbol{g}}_i$作为 1-指标广义分量，具有完美的协变性。然而，根据式(15.15)，$\dfrac{\mathrm{d}_{\hat{t}}\hat{\boldsymbol{g}}_i}{\mathrm{d}\hat{t}}$只拥有不完美的协变性。从$\hat{\boldsymbol{g}}_i$完美的协变性到$\dfrac{\mathrm{d}_{\hat{t}}\hat{\boldsymbol{g}}_i}{\mathrm{d}\hat{t}}$不完美的协变性，物质导数$\dfrac{\mathrm{d}_{\hat{t}}(\cdot)}{\mathrm{d}\hat{t}}$乃“罪魁祸首”。从这个意义上讲，Lagrange 描述下，物质导数$\dfrac{\mathrm{d}_{\hat{t}}(\cdot)}{\mathrm{d}\hat{t}}$弱化了协变性。

很明显，就其对协变性的影响而言，物质导数$\dfrac{\mathrm{d}_{\hat{t}}(\cdot)}{\mathrm{d}\hat{t}}$“遇弱变强，遇强变弱”：若$(\cdot)$具有协变性，则$\dfrac{\mathrm{d}_{\hat{t}}(\cdot)}{\mathrm{d}\hat{t}}$的协变性减弱。若$(\cdot)$不具有协变性，则$\dfrac{\mathrm{d}_{\hat{t}}(\cdot)}{\mathrm{d}\hat{t}}$的协变性增强。这又是非常奇特的“现象”。

本节的理解靠谱吗？作者没把握。作者唯一有把握的是，本章揭示出的“现象”客观存在。至于如何诠释这些“现象”，则是见仁见智的事情。

下一章，我们会继续关注这类奇特的“现象”，进而说明，只要采用物质导数$\dfrac{\mathrm{d}_{\hat{t}}(\cdot)}{\mathrm{d}\hat{t}}$，这类奇特的“现象”就会普遍存在。

## 15.10　本章注释

我们看到 Euler 描述与 Lagrange 描述的差别：Euler 描述下，函数形态一般为隐态函数或混态函数，此时复合函数求导法则起着决定性的作用；Lagrange 描述下，函数形态一般为显态函数，此时求导顺序的可交换性起着决定性的作用。于是我们看到：函数形态的差别决定了求导规则的差别，而求导规则的差别则决定了理论体系的差别。

请注意差别：Euler 基矢量的物质导数不具有协变性；而 Lagrange 基矢量的物质导数具有不完美的协变性。因此，可以说，Euler 描述下，物质导数是“不好的概念”，但 Lagrange 描述下，物质导数是“较好的概念”。

要特别注意奇妙的现象：Lagrange 描述下，物质导数对协变性的提升效应——它将“非分量”$(\cdot)$，转化成了“准分量”$\dfrac{\mathrm{d}_{\hat{t}}(\cdot)}{\mathrm{d}\hat{t}}$。最典型的例子是$\dfrac{\mathrm{d}_{\hat{t}}\hat{\Gamma}_{ij}^{k}}{\mathrm{d}\hat{t}}$。$\hat{\Gamma}_{ij}^{k}$ 不是分量集合中的元素，但$\dfrac{\mathrm{d}_{\hat{t}}\hat{\Gamma}_{ij}^{k}}{\mathrm{d}\hat{t}}$却好像“挤进”了分量集合。

然而，令人纠结的是，在表观形式上，$\dfrac{\mathrm{d}_{\hat{t}}(\cdot)}{\mathrm{d}\hat{t}}$不完全满足 Ricci 变换，不具有完美的协变性。

# Lagrange描述下分量对时间的狭义协变导数

本章开启这样的进程：追逐 Lagrange 时空 $\hat{x}^m \sim \hat{t}$ 的协变性。

第 15 章分析了物质空间本征几何量的物质导数。本章则更进一步：分析定义在物质空间上的场函数的物质导数，并以此为基础，引入 Lagrange 分量对时间 $\hat{t}$ 的狭义协变导数概念。

第 15 章提及了 Lagrange 时空 $\hat{x}^m \sim \hat{t}$。它是 Lagrange 空间 $\hat{x}^m$ 与 Lagrange 时间 $\hat{t}$ 的合称。因此，Lagrange 时空 $\hat{x}^m \sim \hat{t}$ 的协变性，也是两类协变性的合称，一类是 Lagrange 空间域的协变性，另一类是 Lagrange 时间域的协变性。

第 15 章已经阐述了如下观念：任意固定的时刻 $\hat{t}$，Lagrange 动态空间域与静态空间域相比，没有任何差别；Lagrange 自然标架与静态的自然标架相比，也没有任何差别。鉴于这样的“无差别”，我们在第 15 章已经提出如下命题：

静态空间域的所有协变性性质，在 Lagrange 动态空间域上都成立。

有了上述命题，我们就可以将静态空间域上的协变性分析（见上篇），放心地推广至动态的 Lagrange 空间域。

当然，上述命题是在定性分析的基础上提出来的。进一步的定量分析，见本书的第 19 章。

Lagrange 空间域的协变性并非本章的重点，因为 Lagrange 空间域上的协变微分学已经存在。本章的重点，是 Lagrange 时间域的协变性，展示 Lagrange 时间域上的协变微分学。

第 15 章显示，Lagrange 描述下，物质导数 $\dfrac{\mathrm{d}_{\hat{t}}(\cdot)}{\mathrm{d}\hat{t}}$ 协变性“行为”十分复杂。协变性不完美的物质导数 $\dfrac{\mathrm{d}_{\hat{t}}(\cdot)}{\mathrm{d}\hat{t}}$，对物理和力学而言，是具有潜在

危险性的概念：稍有不慎，物理和力学规律的客观性，就会因$\dfrac{\mathrm{d}_{\hat{t}}(\cdot)}{\mathrm{d}\hat{t}}$概念的存在或不当运用而受到弱化。因此，定义具有完美协变性的时间导数概念，十分必要。

## 16.1 矢量的 Lagrange 分量对时间 $\hat{t}$ 的狭义协变导数

现在研究定义在连续体上的矢量场函数 $\boldsymbol{u}$。注意到，由于实体量与坐标无关，故 Lagrange 描述下的矢量场，与 Euler 描述下的矢量场，没有任何差别，我们都用同样的符号 $\boldsymbol{u}$。

Lagrange 描述下，矢量场函数 $\boldsymbol{u}$ 具有如下函数形态：

$$\boldsymbol{u}=\boldsymbol{u}(\hat{x}^m,\hat{t}) \tag{16.1}$$

在 Lagrange 坐标系下，写出矢量 $\boldsymbol{u}$ 的分解式：

$$\boldsymbol{u}=\hat{u}^i\hat{\boldsymbol{g}}_i=\hat{u}_i\hat{\boldsymbol{g}}^i \tag{16.2}$$

矢量 $\boldsymbol{u}$ 的 Lagrange 分量具有如下函数形态：

$$\hat{u}^i=\hat{u}^i(\hat{x}^m,\hat{t}),\quad \hat{u}_i=\hat{u}_i(\hat{x}^m,\hat{t}) \tag{16.3}$$

Lagrange 基矢量和矢量 $\boldsymbol{u}$ 的 Lagrange 分量都随时间 $\hat{t}$ 不断地变化，但在任意时刻 $\hat{t}$，式(16.2)中的广义对偶不变性和表观形式不变性都成立。

我们求矢量场函数 $\boldsymbol{u}$ 的物质导数：

$$\frac{\mathrm{d}_{\hat{t}}\boldsymbol{u}}{\mathrm{d}\hat{t}}=\frac{\mathrm{d}_{\hat{t}}}{\mathrm{d}\hat{t}}(\hat{u}^i\hat{\boldsymbol{g}}_i)=\frac{\mathrm{d}_{\hat{t}}}{\mathrm{d}\hat{t}}(\hat{u}_i\hat{\boldsymbol{g}}^i) \tag{16.4}$$

先看式(16.4)的第一个等式：

$$\frac{\mathrm{d}_{\hat{t}}\boldsymbol{u}}{\mathrm{d}\hat{t}}=\frac{\mathrm{d}_{\hat{t}}}{\mathrm{d}\hat{t}}(\hat{u}^i\hat{\boldsymbol{g}}_i)=\frac{\mathrm{d}_{\hat{t}}\hat{u}^i}{\mathrm{d}\hat{t}}\hat{\boldsymbol{g}}_i+\hat{u}^i\,\frac{\mathrm{d}_{\hat{t}}\hat{\boldsymbol{g}}_i}{\mathrm{d}\hat{t}} \tag{16.5}$$

由第 15 章的结果：

$$\frac{\mathrm{d}_{\hat{t}}\hat{\boldsymbol{g}}_i}{\mathrm{d}\hat{t}}=(\nabla_{\hat{i}}\hat{v}^k)\hat{\boldsymbol{g}}_k,\quad \frac{\mathrm{d}_{\hat{t}}\hat{\boldsymbol{g}}^j}{\mathrm{d}\hat{t}}=-\hat{\boldsymbol{g}}^i\,\nabla_{\hat{i}}\hat{v}^j \tag{16.6}$$

将式(16.6)代入式(16.5)，可得

$$\frac{\mathrm{d}_{\hat{t}}\boldsymbol{u}}{\mathrm{d}\hat{t}}=\frac{\mathrm{d}_{\hat{t}}\hat{u}^i}{\mathrm{d}\hat{t}}\hat{\boldsymbol{g}}_i+\hat{u}^i(\nabla_{\hat{i}}\hat{v}^k)\hat{\boldsymbol{g}}_k=\left(\frac{\mathrm{d}_{\hat{t}}\hat{u}^i}{\mathrm{d}\hat{t}}+\hat{u}^m\,\nabla_{\hat{m}}\hat{v}^i\right)\hat{\boldsymbol{g}}_i \tag{16.7}$$

式(16.7)进一步简写成：

$$\frac{\mathrm{d}_{\hat{t}}\boldsymbol{u}}{\mathrm{d}\hat{t}}=(\nabla_{\hat{t}}\hat{u}^i)\hat{\boldsymbol{g}}_i \tag{16.8}$$

其中

$$\nabla_{\hat{t}}\hat{u}^i\triangleq\frac{\mathrm{d}_{\hat{t}}\hat{u}^i}{\mathrm{d}\hat{t}}+\hat{u}^m\,\nabla_{\hat{m}}\hat{v}^i \tag{16.9}$$

$\nabla_{\hat{t}}\hat{u}^i$ 就是矢量的 Lagrange 逆变分量 $\hat{u}^i$ 对时间参数 $\hat{t}$ 的狭义协变导数。

再看式(16.4)的第二个等式。同理可得

$$\frac{\mathrm{d}_{\hat{t}}\boldsymbol{u}}{\mathrm{d}\hat{t}} = (\nabla_{\hat{t}}\hat{u}_i)\hat{\boldsymbol{g}}^i \tag{16.10}$$

其中

$$\nabla_{\hat{t}}\hat{u}_i \triangleq \frac{\mathrm{d}_{\hat{t}}\hat{u}_i}{\mathrm{d}\hat{t}} - \hat{u}_m \nabla_{\hat{i}}\hat{v}^m \tag{16.11}$$

$\nabla_{\hat{t}}\hat{u}_i$ 就是矢量的 Lagrange 协变分量 $\hat{u}_i$ 对时间参数 $\hat{t}$ 的狭义协变导数[14]。

自此,矢量的 Lagrange 分量对时间参数的协变导数有定义了。

注意到,式(16.8)和式(16.10)显示,Lagrange 描述下,狭义协变导数$\nabla_{\hat{t}}\hat{u}^i$ 和$\nabla_{\hat{t}}\hat{u}_i$,都是矢量$\dfrac{\mathrm{d}_{\hat{t}}\boldsymbol{u}}{\mathrm{d}\hat{t}}$的分量。换言之,$\nabla_{\hat{t}}\hat{u}^i$ 和$\nabla_{\hat{t}}\hat{u}_i$ 都满足 Ricci 变换,都具有协变性。

式(16.9)和式(16.11)右端,哑指标 $m$ 是自由哑指标。

特别要说明的是,$\nabla_{\hat{t}}\hat{u}^i$ 和$\nabla_{\hat{t}}\hat{u}_i$ 虽然被称为"Lagrange 分量对时间参数 $\hat{t}$ 的狭义协变导数",但却是个新概念。经典协变微分学中,没有这样的概念。

注意到,Euler 描述下,有全导数概念。但 Lagrange 描述下,没有类似的概念。

第 11 章定义了矢量的 Euler 分量对时间参数的狭义协变导数$\nabla_t u^i$ 和$\nabla_t u_i$。本章定义了矢量的 Lagrange 分量对事间参数 $\hat{t}$ 的狭义协变导数$\nabla_{\hat{t}}\hat{u}^i$ 和$\nabla_{\hat{t}}\hat{u}_i$。请读者比较$\nabla_{\hat{t}}\hat{u}^i$、$\nabla_{\hat{t}}\hat{u}_i$ 与$\nabla_t u^i$、$\nabla_t u_i$ 的定义式,以便澄清两类基本概念的联系和差别。可以发现,$\nabla_{\hat{t}}\hat{u}^i$、$\nabla_{\hat{t}}\hat{u}_i$ 和$\nabla_t u^i$、$\nabla_t u_i$ 定义式的解析结构有相似之处:矢量分量对时间的狭义协变导数,都由分量的物质导数和修正项组成;二者也有差异之处:Euler 描述下,修正项取决于 Christoffel 符号和速度的 Euler 分量 $v^m$,而 Lagrange 描述下,修正项(见式(16.11))取决于速度梯度张量$\nabla\boldsymbol{v}$ 的 Lagrange 分量$\nabla_{\hat{i}}\hat{v}^m$。

我们可以借鉴几何学家的观念,将$\nabla_{\hat{t}}(\cdot)$视为 Lagrange 时间域上的"联络",将$\nabla_{\hat{i}}\hat{v}^m$ 视为 Lagrange 时间域上的"联络系数"。

请读者回顾一下:Euler 时间域上,我们将 $\Gamma_{jm}^k v^m$ 视为"联络系数"。同一个概念,在不同的时空中,表现形式是不同的。当然,这应该是正常现象。正如物质导数概念,在不同的时空中,表现形式也是有差异的。

## 16.2　张量的 Lagrange 分量对时间参数 $\hat{t}$ 的狭义协变导数

上述协变性思想可以扩展到张量场函数。Lagrange 描述下,二阶张量场函数 $\boldsymbol{T}$ 一般有如下函数形态:

$$\boldsymbol{T}=\boldsymbol{T}(\hat{x}^m,\hat{t}) \tag{16.12}$$

其在 Lagrange 坐标系下的分解式为

$$\boldsymbol{T}=\hat{T}^{ij}\hat{\boldsymbol{g}}_i\hat{\boldsymbol{g}}_j=\hat{T}_{ij}\hat{\boldsymbol{g}}^i\hat{\boldsymbol{g}}^j=\hat{T}_i^{\cdot j}\hat{\boldsymbol{g}}^i\hat{\boldsymbol{g}}_j=\hat{T}^i_{\cdot j}\hat{\boldsymbol{g}}_i\hat{\boldsymbol{g}}^j \tag{16.13}$$

张量分量是显态函数：

$$\hat{T}^{ij}=\hat{T}^{ij}(\hat{x}^m,\hat{t}),\quad \hat{T}_{ij}=\hat{T}_{ij}(\hat{x}^m,\hat{t}) \tag{16.14}$$

式(16.13)中，尽管 Lagrange 分量和 Lagrange 基矢量都随时间变化，但广义对偶不变性和表观形式不变性在任意时刻都成立。

我们可以求张量场 $\boldsymbol{T}$ 对时间参数 $\hat{t}$ 的物质导数：

$$\frac{\mathrm{d}_{\hat{t}}\boldsymbol{T}}{\mathrm{d}\hat{t}}=\frac{\mathrm{d}_{\hat{t}}}{\mathrm{d}\hat{t}}(\hat{T}^{ij}\hat{\boldsymbol{g}}_i\hat{\boldsymbol{g}}_j)=\frac{\mathrm{d}_{\hat{t}}}{\mathrm{d}\hat{t}}(\hat{T}_{ij}\hat{\boldsymbol{g}}^i\hat{\boldsymbol{g}}^j) \tag{16.15}$$

先看式(16.15)的第一个等式：

$$\frac{\mathrm{d}_{\hat{t}}\boldsymbol{T}}{\mathrm{d}\hat{t}}=\frac{\mathrm{d}_{\hat{t}}}{\mathrm{d}\hat{t}}(\hat{T}^{ij}\hat{\boldsymbol{g}}_i\hat{\boldsymbol{g}}_j)=\frac{\mathrm{d}_{\hat{t}}\hat{T}^{ij}}{\mathrm{d}\hat{t}}\hat{\boldsymbol{g}}_i\hat{\boldsymbol{g}}_j+\hat{T}^{ij}\frac{\mathrm{d}_{\hat{t}}\hat{\boldsymbol{g}}_i}{\mathrm{d}\hat{t}}\hat{\boldsymbol{g}}_j+\hat{T}^{ij}\hat{\boldsymbol{g}}_i\frac{\mathrm{d}_{\hat{t}}\hat{\boldsymbol{g}}_j}{\mathrm{d}\hat{t}} \tag{16.16}$$

将式(16.6)代入式(16.16)，可得

$$\begin{aligned}\frac{\mathrm{d}_{\hat{t}}\boldsymbol{T}}{\mathrm{d}\hat{t}}&=\frac{\mathrm{d}_{\hat{t}}\hat{T}^{ij}}{\mathrm{d}\hat{t}}\hat{\boldsymbol{g}}_i\hat{\boldsymbol{g}}_j+\hat{T}^{ij}(\hat{\nabla}_i\hat{v}^k)\hat{\boldsymbol{g}}_k\hat{\boldsymbol{g}}_j+\hat{T}^{ij}(\hat{\nabla}_j\hat{v}^k)\hat{\boldsymbol{g}}_i\hat{\boldsymbol{g}}_k\\&=\left[\frac{\mathrm{d}_{\hat{t}}\hat{T}^{ij}}{\mathrm{d}\hat{t}}+\hat{T}^{mj}(\nabla_{\hat{m}}\hat{v}^i)+\hat{T}^{im}(\nabla_{\hat{m}}\hat{v}^j)\right]\hat{\boldsymbol{g}}_i\hat{\boldsymbol{g}}_j\end{aligned} \tag{16.17}$$

式(16.17)进一步简写成：

$$\frac{\mathrm{d}_{\hat{t}}\boldsymbol{T}}{\mathrm{d}\hat{t}}=(\nabla_{\hat{t}}\hat{T}^{ij})\hat{\boldsymbol{g}}_i\hat{\boldsymbol{g}}_j \tag{16.18}$$

其中

$$\nabla_{\hat{t}}\hat{T}^{ij}\triangleq\frac{\mathrm{d}_{\hat{t}}\hat{T}^{ij}}{\mathrm{d}\hat{t}}+\hat{T}^{mj}(\hat{\nabla}_m\hat{v}^i)+\hat{T}^{im}(\hat{\nabla}_m\hat{v}^j) \tag{16.19}$$

$\nabla_{\hat{t}}\hat{T}^{ij}$ 就是张量的 Lagrange 逆变分量 $\hat{T}^{ij}$ 对时间参数 $\hat{t}$ 的狭义协变导数[14]。式(16.18)表明：狭义协变导数$\nabla_{\hat{t}}\hat{T}^{ij}$ 是张量$\dfrac{\mathrm{d}_{\hat{t}}T}{\mathrm{d}\hat{t}}$的逆变分量，$\nabla_{\hat{t}}\hat{T}^{ij}$ 与 $\hat{\boldsymbol{g}}_i\hat{\boldsymbol{g}}_j$ 广义对偶不变地生成了张量$\dfrac{\mathrm{d}_{\hat{t}}\boldsymbol{T}}{\mathrm{d}\hat{t}}$，因而，$\nabla_{\hat{t}}\hat{T}^{ij}$ 必然满足 Ricci 变换，必然具有协变性。

再看式(16.15)的第二个等式。同理可得

$$\frac{\mathrm{d}_{\hat{t}}\boldsymbol{T}}{\mathrm{d}\hat{t}}=(\nabla_{\hat{t}}\hat{T}_{ij})\hat{\boldsymbol{g}}^i\hat{\boldsymbol{g}}^j \tag{16.20}$$

其中

$$\nabla_{\hat{t}} \hat{T}_{ij} \triangleq \frac{\mathrm{d}_{\hat{t}} \hat{T}_{ij}}{\mathrm{d}\hat{t}} - \hat{T}_{mj} \nabla_{\hat{i}} \hat{v}^{m} - \hat{T}_{im} \nabla_{\hat{j}} \hat{v}^{m} \tag{16.21}$$

$\nabla_{\hat{t}} \hat{T}_{ij}$ 就是二阶张量的 Lagrangc 协变分量 $\hat{T}_{ij}$ 对时间参数 $\hat{t}$ 的狭义协变导数。式(16.20)和式(16.18)表明：狭义协变导数$\nabla_{\hat{t}} \hat{T}_{ij}$ 是张量$\frac{\mathrm{d}_{\hat{t}} \boldsymbol{T}}{\mathrm{d}\hat{t}}$的协变分量，$\nabla_{\hat{t}} \hat{T}_{ij}$ 与 $\hat{\boldsymbol{g}}^{i} \hat{\boldsymbol{g}}^{j}$ 广义对偶不变地生成了张量$\frac{\mathrm{d}_{\hat{t}} \boldsymbol{T}}{\mathrm{d}\hat{t}}$，因而，$\nabla_{\hat{t}} \hat{T}_{ij}$ 必然满足 Ricci 变换，必然具有协变性。

同理，可以写出狭义协变导数$\nabla_{\hat{t}} \hat{T}_{i}^{\cdot j}$ 和$\nabla_{\hat{t}} \hat{T}^{i}_{\cdot j}$ 的定义式：

$$\nabla_{\hat{t}} \hat{T}_{i}^{\cdot j} \triangleq \frac{\mathrm{d}_{\hat{t}} \hat{T}_{i}^{\cdot j}}{\mathrm{d}\hat{t}} - \hat{T}_{m}^{\cdot j} \nabla_{\hat{i}} \hat{v}^{m} + \hat{T}_{i}^{\cdot m} \nabla_{\hat{m}} \hat{v}^{j} \tag{16.22}$$

$$\nabla_{\hat{t}} \hat{T}^{i}_{\cdot j} \triangleq \frac{\mathrm{d}_{\hat{t}} \hat{T}^{i}_{\cdot j}}{\mathrm{d}\hat{t}} + \hat{T}^{m}_{\cdot j} \nabla_{\hat{m}} \hat{v}^{i} - \hat{T}^{i}_{\cdot m} \nabla_{\hat{j}} \hat{v}^{m} \tag{16.23}$$

$\nabla_{\hat{t}} \hat{T}_{i}^{\cdot j}$ 和$\nabla_{\hat{t}} \hat{T}^{i}_{\cdot j}$ 都是张量$\frac{\mathrm{d}_{\hat{t}} \boldsymbol{T}}{\mathrm{d}\hat{t}}$的混变分量：

$$\frac{\mathrm{d}_{\hat{t}} \boldsymbol{T}}{\mathrm{d}\hat{t}} = (\nabla_{\hat{t}} \hat{T}_{i}^{\cdot j}) \hat{\boldsymbol{g}}^{i} \hat{\boldsymbol{g}}_{j} = (\nabla_{\hat{t}} \hat{T}^{i}_{\cdot j}) \hat{\boldsymbol{g}}_{i} \hat{\boldsymbol{g}}^{j} \tag{16.24}$$

$\nabla_{\hat{t}} \hat{T}_{i}^{\cdot j}$ 和$\nabla_{\hat{t}} \hat{T}^{i}_{\cdot j}$ 必然满足 Ricci 变换，必然具有协变性。

式(16.19)、式(16.21)、式(16.22)、式(16.23)右端项中，哑指标 $m$ 是自由哑指标。

自此，二阶张量的 Lagrange 分量对时间参数的协变导数有定义了。

式(16.9)和式(16.19)显示：分量对时间的狭义协变导数，包含两大组成部分：一部分是分量的物质导数，另一部分是修正项。修正项的核心"组分"，都是速度梯度张量$\nabla \boldsymbol{v}$ 的 Lagrange 分量$\nabla_{\hat{m}} \hat{v}^{j}$；修正项的符号、正负号和指标分布，都有规律性(即结构律或结构模式)。请读者总结其中的规律性。

第 12 章定义了张量的 Euler 分量对时间参数的狭义协变导数$\nabla_{t} T^{ij}$ 和$\nabla_{t} T_{ij}$。请读者比较$\nabla_{\hat{t}} \hat{T}^{ij}$、$\nabla_{\hat{t}} \hat{T}_{ij}$ 与$\nabla_{t} T^{ij}$、$\nabla_{t} T_{ij}$ 的定义式，以便澄清两类概念的联系和差别。

## 16.3　度量张量的 Lagrange 分量对时间参数 $\hat{t}$ 的狭义协变导数

度量张量在 Lagrange 坐标系下的分解式为

$$\boldsymbol{G} = \hat{g}^{ij} \hat{\boldsymbol{g}}_{i} \hat{\boldsymbol{g}}_{j} = \hat{g}_{ij} \hat{\boldsymbol{g}}^{i} \hat{\boldsymbol{g}}^{j} = \hat{g}^{j}_{i} \hat{\boldsymbol{g}}^{i} \hat{\boldsymbol{g}}_{j} = \hat{g}^{i}_{j} \hat{\boldsymbol{g}}_{i} \hat{\boldsymbol{g}}^{j} \tag{16.25}$$

作为刻画空间本征性质的二阶张量，度量张量分量 $\hat{g}^{ij}$ 和 $\hat{g}_{ij}$ 等对参数 $\hat{t}$ 的协变导数由式(16.19)、式(16.21)、式(16.22)和式(16.23)给出：

$$\nabla_{\hat{t}}\hat{g}^{ij} \triangleq \frac{\mathrm{d}_{\hat{t}}\hat{g}^{ij}}{\mathrm{d}\hat{t}} + \hat{g}^{mj}\hat{\nabla}_m\hat{v}^i + \hat{g}^{im}\hat{\nabla}_m\hat{v}^j, \quad \nabla_{\hat{t}}\hat{g}_{ij} \triangleq \frac{\mathrm{d}_{\hat{t}}\hat{g}_{ij}}{\mathrm{d}\hat{t}} - \hat{g}_{mj}\nabla_{\hat{i}}\hat{v}^m - \hat{g}_{im}\nabla_{\hat{j}}\hat{v}^m$$

$$\nabla_{\hat{t}}\hat{g}_i^j \triangleq \frac{\mathrm{d}_{\hat{t}}\hat{g}_i^j}{\mathrm{d}\hat{t}} - \hat{g}_m^j\nabla_{\hat{i}}\hat{v}^m + \hat{g}_i^m\nabla_{\hat{m}}\hat{v}^j, \quad \nabla_{\hat{t}}\hat{g}_j^i \triangleq \frac{\mathrm{d}_{\hat{t}}\hat{g}_j^i}{\mathrm{d}\hat{t}} + \hat{g}_j^m\nabla_{\hat{m}}\hat{v}^i - \hat{g}_m^i\nabla_{\hat{j}}\hat{v}^m$$

(16.26)

第 15 章已经导出度量张量分量物质导数 $\frac{\mathrm{d}_{\hat{t}}\hat{g}^{ij}}{\mathrm{d}\hat{t}}$ 等的计算式。将计算式与式(16.26)相结合，立即得

$$\nabla_{\hat{t}}\hat{g}^{ij} = 0, \quad \nabla_{\hat{t}}\hat{g}_{ij} = 0, \quad \nabla_{\hat{t}}\hat{g}_i^j = 0, \quad \nabla_{\hat{t}}\hat{g}_j^i = 0 \tag{16.27}$$

式(16.27)与第 12 章中相应的表达式，形式完全一致。

由此我们抽象出一般性命题：

度量张量的 Lagrange 分量，$\hat{g}_{ij}$，$\hat{g}^{ij}$，$\hat{g}_i^j$，$\hat{g}_j^i$，都可以自由进出狭义协变导数 $\nabla_{\hat{t}}(\cdot)$。

这个命题，与第 12 章中相应的命题，含义完全一致。

度量张量的协变分量 $\hat{g}_{ij}$ 和逆变分量 $\hat{g}^{ij}$，具有升降指标的重要功能。因此，上述命题意味着：

狭义协变导数 $\nabla_{\hat{t}}(\cdot)$ 满足指标升降变换。

请读者回顾第 15 章中的命题：物质导数 $\frac{\mathrm{d}_{\hat{t}}(\cdot)}{\mathrm{d}\hat{t}}$ 不满足指标升降变换。狭义协变导数 $\nabla_{\hat{t}}(\cdot)$ 相对于物质导数 $\frac{\mathrm{d}_{\hat{t}}(\cdot)}{\mathrm{d}\hat{t}}$ 的优势，开始显现。

## 16.4 张量的 Lagrange 杂交分量对时间 $\hat{t}$ 的狭义协变导数

在新老 Lagrange 坐标系下，我们将二阶张量的分解式表达成杂交形式：

$$\boldsymbol{T} = \hat{T}^{ij'}\hat{\boldsymbol{g}}_i\hat{\boldsymbol{g}}_{j'} = \hat{T}_{ij'}\hat{\boldsymbol{g}}^i\hat{\boldsymbol{g}}^{j'} = \hat{T}_i^{\cdot j'}\hat{\boldsymbol{g}}^i\hat{\boldsymbol{g}}_{j'} = \hat{T}^i_{\cdot j'}\hat{\boldsymbol{g}}_i\hat{\boldsymbol{g}}^{j'} \tag{16.28}$$

杂交分量作为显态函数，具有如下函数形态：

$$\hat{T}^{ij'} = \hat{T}^{ij'}(\hat{x}^m, \hat{t}), \quad \hat{T}_{ij'} = \hat{T}_{ij'}(\hat{x}^m, \hat{t}) \tag{16.29}$$

或者

$$\hat{T}^{ij'} = \hat{T}^{ij'}(\hat{x}^{m'}, \hat{t}), \quad \hat{T}_{ij'} = \hat{T}_{ij'}(\hat{x}^{m'}, \hat{t}) \tag{16.30}$$

式(16.29)和式(16.30)没有任何差别。理由很简单：杂交分量定义在物质点上，

而给定物质点的 Lagrange 坐标，可以是老坐标 $\hat{x}^m$，也可以是新坐标 $\hat{x}^{m'}$。

新老坐标下，Lagrange 基矢量的物质导数表达式，具有相同的表观形式。因此，类似于老基矢量的物质导数表达式(式(16.6))，我们可以写出新基矢量的物质导数表达式(见第 15 章)：

$$\frac{\mathrm{d}_{\hat{t}}\hat{\boldsymbol{g}}_{i'}}{\mathrm{d}\hat{t}}=\hat{\boldsymbol{g}}_{k'}\ \nabla_{\hat{i}'}\hat{v}^{k'},\quad \frac{\mathrm{d}_{\hat{t}}\hat{\boldsymbol{g}}^{i'}}{\mathrm{d}\hat{t}}=-\hat{\boldsymbol{g}}^{k'}\ \nabla_{\hat{k}'}\hat{v}^{i'} \tag{16.31}$$

基于式(16.6)和式(16.31)，我们可以对式(16.28)求物质导数：

$$\frac{\mathrm{d}_{\hat{t}}\boldsymbol{T}}{\mathrm{d}\hat{t}}=\frac{\mathrm{d}_{\hat{t}}(\hat{T}^{ij'}\hat{\boldsymbol{g}}_i\hat{\boldsymbol{g}}_{j'})}{\mathrm{d}\hat{t}}=(\nabla_{\hat{t}}\hat{T}^{ij'})\hat{\boldsymbol{g}}_i\hat{\boldsymbol{g}}_{j'} \tag{16.32}$$

其中

$$\nabla_{\hat{t}}\hat{T}^{ij'}\triangleq\frac{\mathrm{d}_{\hat{t}}\hat{T}^{ij'}}{\mathrm{d}\hat{t}}+\hat{T}^{kj'}\ \nabla_{\hat{k}}\hat{v}^i+\hat{T}^{ik'}\ \nabla_{\hat{k}'}\hat{v}^{j'} \tag{16.33}$$

$\nabla_{\hat{t}}\hat{T}^{ij'}$ 就是张量的 Lagrange 杂交逆变分量 $\hat{T}^{ij'}$ 对时间参数 $\hat{t}$ 的狭义协变导数。式(16.32)表明：狭义协变导数 $\nabla_{\hat{t}}\hat{T}^{ij'}$ 是张量 $\frac{\mathrm{d}_{\hat{t}}\boldsymbol{T}}{\mathrm{d}\hat{t}}$ 的杂交逆变分量。$\nabla_{\hat{t}}\hat{T}^{ij'}$ 与 $\hat{\boldsymbol{g}}_i\hat{\boldsymbol{g}}_{j'}$ 广义对偶不变地生成了张量 $\frac{\mathrm{d}_{\hat{t}}\boldsymbol{T}}{\mathrm{d}\hat{t}}$，因而，$\nabla_{\hat{t}}\hat{T}^{ij'}$ 必然满足 Ricci 变换，必然具有协变性。

比较式(16.33)和式(16.19)可知，$\nabla_{\hat{t}}\hat{T}^{ij'}$ 的定义式与 $\nabla_{\hat{t}}\hat{T}^{ij}$ 的定义式，在表观形式和解析结构上完全一致。

同理，由式(16.28)的第二、第三和第四个等式，可导出：

$$\frac{\mathrm{d}_{\hat{t}}\boldsymbol{T}}{\mathrm{d}\hat{t}}=(\nabla_{\hat{t}}\hat{T}_{ij'})\hat{\boldsymbol{g}}^i\hat{\boldsymbol{g}}^{j'}=(\nabla_{\hat{t}}\hat{T}_i^{\cdot j'})\hat{\boldsymbol{g}}^i\hat{\boldsymbol{g}}_{j'}=(\nabla_{\hat{t}}\hat{T}^i_{\cdot j'})\hat{\boldsymbol{g}}_i\hat{\boldsymbol{g}}^{j'} \tag{16.34}$$

其中

$$\nabla_{\hat{t}}\hat{T}_{ij'}\triangleq\frac{\mathrm{d}_{\hat{t}}\hat{T}_{ij'}}{\mathrm{d}\hat{t}}-\hat{T}_{kj'}\ \nabla_{\hat{i}}\hat{v}^k-\hat{T}_{ik'}\ \nabla_{\hat{j}'}\hat{v}^{k'} \tag{16.35}$$

$$\nabla_{\hat{t}}\hat{T}^i_{\cdot j'}\triangleq\frac{\mathrm{d}_{\hat{t}}\hat{T}^i_{\cdot j'}}{\mathrm{d}\hat{t}}+\hat{T}^k_{\cdot j'}\ \nabla_{\hat{k}}\hat{v}^i-\hat{T}^i_{\cdot \hat{k}'}\ \nabla_{\hat{j}'}\hat{v}^{k'} \tag{16.36}$$

$$\nabla_{\hat{t}}\hat{T}_i^{\cdot j'}\triangleq\frac{\mathrm{d}_{\hat{t}}\hat{T}_i^{\cdot j'}}{\mathrm{d}\hat{t}}-\hat{T}_k^{\cdot j'}\ \nabla_{\hat{i}}\hat{v}^k+\hat{T}_i^{\cdot k'}\ \nabla_{\hat{k}'}\hat{v}^{j'} \tag{16.37}$$

比较式(16.33)、式(16.35)、式(16.36)、式(16.37)，可以看出，杂交分量协变导数定义式的解析结构，仍然保持着结构律或结构模式。$\nabla_{\hat{t}}\hat{T}_{ij'}$、$\nabla\hat{T}^i_{\cdot j'}$、$\nabla_{\hat{t}}\hat{T}_i^{\cdot j'}$ 都是

张量$\dfrac{\mathrm{d}_{\hat{t}}\boldsymbol{T}}{\mathrm{d}\hat{t}}$的杂交分量，必然满足 Ricci 变换，必然具有协变性。

式(16.33)、式(16.35)、式(16.36)、式(16.37)右端项中，哑指标 $k$ 和 $k'$ 都是自由哑指标。

## 16.5 度量张量的 Lagrange 杂交分量对时间 $\hat{t}$ 的狭义协变导数

在新老 Lagrange 坐标系下，度量张量的分解式为

$$\boldsymbol{G}=\hat{g}^{ij'}\hat{\boldsymbol{g}}_i\hat{\boldsymbol{g}}_{j'}=\hat{g}_{ij'}\hat{\boldsymbol{g}}^i\hat{\boldsymbol{g}}^{j'}=\hat{g}^{j'}_{i}\hat{\boldsymbol{g}}^i\hat{\boldsymbol{g}}_{j'}=\hat{g}^{i}_{j'}\hat{\boldsymbol{g}}_i\hat{\boldsymbol{g}}^{j'} \tag{16.38}$$

度量张量的 Lagrange 杂交分量，其对时间参数 $\hat{t}$ 的协变导数定义式，由式(16.33)、式(16.35)、式(16.36)和式(16.37)给出：

$$\begin{aligned}
&\nabla_{\hat{t}}\hat{g}^{ij'}\triangleq\frac{\mathrm{d}_{\hat{t}}\hat{g}^{ij'}}{\mathrm{d}\hat{t}}+\hat{g}^{kj'}\nabla_{\hat{k}}\hat{v}^i+\hat{g}^{ik'}\nabla_{\hat{k}'}\hat{v}^{j'},\quad \nabla_{\hat{t}}\hat{g}_{ij'}\triangleq\frac{\mathrm{d}_{\hat{t}}\hat{g}_{ij'}}{\mathrm{d}\hat{t}}-\hat{g}_{kj'}\nabla_{\hat{i}}\hat{v}^k-\hat{g}_{ik'}\nabla_{\hat{j}'}\hat{v}^{k'}\\
&\nabla_{\hat{t}}\hat{g}^{j'}_{i}\triangleq\frac{\mathrm{d}_{t}\hat{g}^{j'}_{i}}{\mathrm{d}\hat{t}}-\hat{g}^{j'}_{k}\nabla_{\hat{i}}\hat{v}^k+\hat{g}^{k'}_{i}\nabla_{\hat{k}'}\hat{v}^{j'},\quad \nabla_{\hat{t}}\hat{g}^{i}_{j'}\triangleq\frac{\mathrm{d}_{\hat{t}}\hat{g}^{i}_{j'}}{\mathrm{d}\hat{t}}+\hat{g}^{k}_{j'}\nabla_{\hat{k}}\hat{v}^i-\hat{g}^{i}_{\hat{k}'}\nabla_{\hat{j}'}\hat{v}^{k'}
\end{aligned} \tag{16.39}$$

第 15 章已经导出度量张量 Lagrange 杂交分量物质导数$\dfrac{\mathrm{d}_{\hat{t}}\hat{g}^{ij'}}{\mathrm{d}\hat{t}}$等的计算式。将计算式与式(16.39)相结合，立即得

$$\nabla_{\hat{t}}\hat{g}^{ij'}=0,\quad \nabla_{\hat{t}}\hat{g}_{ij'}=0,\quad \nabla_{\hat{t}}\hat{g}^{j'}_{i}=0,\quad \nabla_{\hat{t}}\hat{g}^{i}_{j'}=0 \tag{16.40}$$

式(16.40)与第 12 章中相应的表达式，完全一致。另外，式(16.40)与式(16.27)，在表观形式上也完全一致。内在的统一性，一览无余。

由此我们有命题：

度量张量的 Lagrange 杂交分量，$\hat{g}_{ij'}$，$\hat{g}^{ij'}$，$\hat{g}^{j'}_{i}$，$\hat{g}^{i}_{j'}$，都可以自由进出狭义协变导数$\nabla_{\hat{t}}(\cdot)$。

这个命题与第 12 章中相应的命题，含义完全一致。

度量张量的杂交协变分量 $\hat{g}_{ij'}$ 和杂交逆变分量 $\hat{g}^{ij'}$，具有坐标变换的重要功能。因此上述命题意味着：

狭义协变导数$\nabla_{\hat{t}}(\cdot)$满足坐标变换。

请读者回顾第 15 章中的命题：物质导数$\dfrac{\mathrm{d}_{\hat{t}}(\cdot)}{\mathrm{d}\hat{t}}$满足坐标变换。仅就坐标变换而言，狭义协变导数$\nabla_{\hat{t}}(\cdot)$与物质导数$\dfrac{\mathrm{d}_{\hat{t}}(\cdot)}{\mathrm{d}\hat{t}}$势均力敌。

然而，整体上，狭义协变导数$\nabla_{\hat{t}}(\cdot)$比物质导数$\frac{\mathrm{d}_{\hat{t}}(\cdot)}{\mathrm{d}\hat{t}}$更具优势。前者既满足指标变换，又满足坐标变换，因而有命题：

任何张量分量（·）的狭义协变导数$\nabla_{\hat{t}}(\cdot)$，都满足 Ricci 变换。

# 16.6 赝分量

第 15 章谈及物质导数$\frac{\mathrm{d}_{\hat{t}}(\cdot)}{\mathrm{d}\hat{t}}$诱发的奇特现象。本章将继续揭示这类奇特现象。

第 1 节中，式(16.7)的功能是引出狭义协变导数概念。现在，我们换一个角度看式(16.7)：

$$\frac{\mathrm{d}_{\hat{t}}\boldsymbol{u}}{\mathrm{d}\hat{t}}=\left(\frac{\mathrm{d}_{\hat{t}}\hat{u}^{i}}{\mathrm{d}\hat{t}}+\hat{u}^{m}\ \nabla_{\hat{m}}\hat{v}^{i}\right)\hat{\boldsymbol{g}}_{i}=\frac{\mathrm{d}_{\hat{t}}\hat{u}^{i}}{\mathrm{d}\hat{t}}\hat{\boldsymbol{g}}_{i}+(\hat{u}^{m}\ \nabla_{\hat{m}}\hat{v}^{i})\hat{\boldsymbol{g}}_{i} \tag{16.41}$$

由于 Lagrange 基矢量 $\hat{\boldsymbol{g}}_{i}$ 可以自由进出空间域上的广义协变导数$\nabla_{\hat{m}}(\cdot)$，故式(16.41)最后一项可写成：

$$(\hat{u}^{m}\ \nabla_{\hat{m}}\hat{v}^{i})\hat{\boldsymbol{g}}_{i}=\hat{u}^{m}\ \nabla_{\hat{m}}(\hat{v}^{i}\hat{\boldsymbol{g}}_{i})=\boldsymbol{u}\cdot\nabla\boldsymbol{v} \tag{16.42}$$

于是式(16.40)改写为

$$\frac{\mathrm{d}_{\hat{t}}\boldsymbol{u}}{\mathrm{d}\hat{t}}=\frac{\mathrm{d}_{\hat{t}}\hat{u}^{i}}{\mathrm{d}\hat{t}}\hat{\boldsymbol{g}}_{i}+\boldsymbol{u}\cdot\nabla\boldsymbol{v} \tag{16.43}$$

注意式(16.43)的左端项。$\frac{\mathrm{d}_{\hat{t}}\boldsymbol{u}}{\mathrm{d}\hat{t}}$仍然是矢量。再看式(16.43)的右端项。$\boldsymbol{u}\cdot\nabla\boldsymbol{v}$ 是实体矢量。很显然，$\frac{\mathrm{d}_{\hat{t}}\hat{u}^{i}}{\mathrm{d}\hat{t}}\hat{\boldsymbol{g}}_{i}$ 必然也是实体矢量。表观形式上，$\frac{\mathrm{d}_{\hat{t}}\hat{u}^{i}}{\mathrm{d}\hat{t}}$应该是实体矢量 $\frac{\mathrm{d}_{\hat{t}}\hat{u}^{i}}{\mathrm{d}\hat{t}}\hat{\boldsymbol{g}}_{i}$ 的分量。

然而，$\frac{\mathrm{d}_{\hat{t}}\hat{u}^{i}}{\mathrm{d}\hat{t}}$并不能完美地满足 Ricci 变换。具体表现在，$\frac{\mathrm{d}_{\hat{t}}\hat{u}^{i}}{\mathrm{d}\hat{t}}$在表观形式上并不满足指标变换：

$$\frac{\mathrm{d}_{\hat{t}}\hat{u}_{j}}{\mathrm{d}\hat{t}}=\frac{\mathrm{d}_{\hat{t}}(\hat{g}_{ji}\hat{u}^{i})}{\mathrm{d}\hat{t}}\neq\hat{g}_{ji}\ \frac{\mathrm{d}_{\hat{t}}\hat{u}^{i}}{\mathrm{d}\hat{t}} \tag{16.44}$$

原因在于度量张量分量 $\hat{g}_{ji}$ 不能自由进出物质导数$\frac{\mathrm{d}_{\hat{t}}(\cdot)}{\mathrm{d}\hat{t}}$。式(16.44)并不奇怪，第 15 章已经分析过类似的现象了。

基于第 15 章中的命题可知，$\frac{\mathrm{d}_{\hat{t}}\hat{u}^i}{\mathrm{d}\hat{t}}$在表观形式上满足坐标变换：

$$\frac{\mathrm{d}_{\hat{t}}\hat{u}^{j'}}{\mathrm{d}\hat{t}}=\frac{\mathrm{d}_{\hat{t}}(\hat{g}^{j'}_i\hat{u}^i)}{\mathrm{d}\hat{t}}=\hat{g}^{j'}_i\frac{\mathrm{d}_{\hat{t}}\hat{u}^i}{\mathrm{d}\hat{t}} \tag{16.45}$$

理由是度量张量的 Lagrange 杂交分量 $\hat{g}^{j'}_i$ 能够自由进出物质导数$\frac{\mathrm{d}_{\hat{t}}(\cdot)}{\mathrm{d}\hat{t}}$。

根据上篇(见第 2 章、第 3 章)的分析可知，指标变换是广义对偶不变性的产物，坐标变换是表观形式不变性的产物。$\frac{\mathrm{d}_{\hat{t}}\hat{u}^i}{\mathrm{d}\hat{t}}$不满足指标变换，意味着实体矢量$\frac{\mathrm{d}_{\hat{t}}\hat{u}^i}{\mathrm{d}\hat{t}}\hat{\boldsymbol{g}}_i$ 丧失了广义对偶不变性：

$$\frac{\mathrm{d}_{\hat{t}}\hat{u}^i}{\mathrm{d}\hat{t}}\hat{\boldsymbol{g}}_i\neq\frac{\mathrm{d}_{\hat{t}}\hat{u}_i}{\mathrm{d}\hat{t}}\hat{\boldsymbol{g}}^i \tag{16.46}$$

$\frac{\mathrm{d}_{\hat{t}}\hat{u}^i}{\mathrm{d}\hat{t}}$满足坐标变换，则意味着表观形式不变性仍然存在：

$$\frac{\mathrm{d}_{\hat{t}}\hat{u}^i}{\mathrm{d}\hat{t}}\hat{\boldsymbol{g}}_i=\frac{\mathrm{d}_{\hat{t}}\hat{u}^{i'}}{\mathrm{d}\hat{t}}\hat{\boldsymbol{g}}_{i'} \tag{16.47}$$

类似的分析可以拓展到张量。式(16.17)化为

$$\begin{aligned}\frac{\mathrm{d}_{\hat{t}}\boldsymbol{T}}{\mathrm{d}\hat{t}}&=\left[\frac{\mathrm{d}_{\hat{t}}\hat{T}^{ij}}{\mathrm{d}\hat{t}}+\hat{T}^{mj}(\nabla_{\hat{m}}\hat{v}^i)+\hat{T}^{im}(\nabla_{\hat{m}}\hat{v}^j)\right]\hat{\boldsymbol{g}}_i\hat{\boldsymbol{g}}_j\\&=\frac{\mathrm{d}_{\hat{t}}\hat{T}^{ij}}{\mathrm{d}\hat{t}}\hat{\boldsymbol{g}}_i\hat{\boldsymbol{g}}_j+[\nabla_{\hat{m}}(\hat{v}^i\hat{\boldsymbol{g}}_i)]\hat{T}^{mj}\hat{\boldsymbol{g}}_j+\hat{\boldsymbol{g}}_i\hat{T}^{im}\nabla_{\hat{m}}(\hat{v}^j\hat{\boldsymbol{g}}_j)\end{aligned} \tag{16.48}$$

亦即

$$\frac{\mathrm{d}_{\hat{t}}\boldsymbol{T}}{\mathrm{d}\hat{t}}=\frac{\mathrm{d}_{\hat{t}}\hat{T}^{ij}}{\mathrm{d}\hat{t}}\hat{\boldsymbol{g}}_i\hat{\boldsymbol{g}}_j+(\nabla\boldsymbol{v})^{\mathrm{T}}\cdot\boldsymbol{T}+\boldsymbol{T}\cdot\nabla\boldsymbol{v} \tag{16.49}$$

可以看出，$\frac{\mathrm{d}_{\hat{t}}\hat{T}^{ij}}{\mathrm{d}\hat{t}}\hat{\boldsymbol{g}}_i\hat{\boldsymbol{g}}_j$ 整体上应该是实体张量。表观形式上，$\frac{\mathrm{d}_{\hat{t}}\hat{T}^{ij}}{\mathrm{d}\hat{t}}$应该是二阶的张量分量。然而$\frac{\mathrm{d}_{\hat{t}}\hat{T}^{ij}}{\mathrm{d}\hat{t}}$并不能完美地满足 Ricci 变换。具体地讲，$\frac{\mathrm{d}_{\hat{t}}\hat{T}^{ij}}{\mathrm{d}\hat{t}}$不能完美地满足指标变换，由此导致广义对偶不变性的丧失：

$$\frac{\mathrm{d}_{\hat{t}}\hat{T}^{ij}}{\mathrm{d}\hat{t}}\hat{\boldsymbol{g}}_i\hat{\boldsymbol{g}}_j\neq\frac{\mathrm{d}_{\hat{t}}\hat{T}_{ij}}{\mathrm{d}\hat{t}}\hat{\boldsymbol{g}}^i\hat{\boldsymbol{g}}^j \tag{16.50}$$

然而，$\dfrac{\mathrm{d}_{\hat{t}}\hat{T}^{ij}}{\mathrm{d}\hat{t}}$能够满足坐标变换，由此留存了表观形式不变性：

$$\frac{\mathrm{d}_{\hat{t}}\hat{T}^{ij}}{\mathrm{d}\hat{t}}\hat{\boldsymbol{g}}_i\hat{\boldsymbol{g}}_j=\frac{\mathrm{d}_{\hat{t}}\hat{T}^{i'j'}}{\mathrm{d}\hat{t}}\hat{\boldsymbol{g}}_{i'}\hat{\boldsymbol{g}}_{j'} \tag{16.51}$$

至此，可综合第 15 章和本章的奇特现象，引入一个概念——赝分量。我们发现，存在一类像$\dfrac{\mathrm{d}_{\hat{t}}\hat{u}^i}{\mathrm{d}\hat{t}}$和$\dfrac{\mathrm{d}_{\hat{t}}\hat{T}^{ij}}{\mathrm{d}\hat{t}}$那样独特的几何量，如果给它们配上基矢量，例如，$\dfrac{\mathrm{d}_{\hat{t}}\hat{u}^i}{\mathrm{d}\hat{t}}\hat{\boldsymbol{g}}_i$ 和 $\dfrac{\mathrm{d}_{\hat{t}}\hat{T}^{ij}}{\mathrm{d}\hat{t}}\hat{\boldsymbol{g}}_i\hat{\boldsymbol{g}}_j$，整体上，就得到实体的矢量或张量。它们具有分量的潜质，但在表观形式上，却只能满足坐标变换，不能完美地满足指标变换。于是我们引入定义：

具有分量潜质，但只满足坐标变换，不满足指标变换的几何量，称为赝分量。

按照这样的定义，$\dfrac{\mathrm{d}_{\hat{t}}\hat{u}^i}{\mathrm{d}\hat{t}}$就是矢量的赝分量，$\dfrac{\mathrm{d}_{\hat{t}}\hat{T}^{ij}}{\mathrm{d}\hat{t}}$则是张量的赝分量。

以下命题显然成立：Lagrange 分量的物质导数，必然是赝分量。

注意到，第 15 章中的$\dfrac{\mathrm{d}_{\hat{t}}\hat{\Gamma}_{ij}^k}{\mathrm{d}\hat{t}}$，并不能包含在这个命题中，因为 $\hat{\Gamma}_{ij}^k$ 并不是 Lagrange 分量。回顾第 15 章中的结果：

$$\frac{\mathrm{d}_{\hat{t}}\hat{\Gamma}_{ij}^k}{\mathrm{d}\hat{t}}\hat{\boldsymbol{g}}^i\hat{\boldsymbol{g}}^j\hat{\boldsymbol{g}}_k=\nabla\nabla\boldsymbol{v}=\nabla_{\hat{i}}(\nabla_{\hat{j}}\hat{v}^k)\hat{\boldsymbol{g}}^i\hat{\boldsymbol{g}}^j\hat{\boldsymbol{g}}_k \tag{16.52}$$

我们不难得到论断：由于$\dfrac{\mathrm{d}_{\hat{t}}\hat{\Gamma}_{ij}^k}{\mathrm{d}\hat{t}}$不满足指标变换，故广义对偶不变性丧失了：

$$\frac{\mathrm{d}_{\hat{t}}\hat{\Gamma}_{ij}^k}{\mathrm{d}\hat{t}}\hat{\boldsymbol{g}}^i\hat{\boldsymbol{g}}^j\hat{\boldsymbol{g}}_k\neq\frac{\mathrm{d}_{\hat{t}}\hat{\Gamma}_{ij,k}}{\mathrm{d}\hat{t}}\hat{\boldsymbol{g}}^i\hat{\boldsymbol{g}}^j\hat{\boldsymbol{g}}^k \tag{16.53}$$

由此我们看出“错配”：$\nabla_{\hat{i}}(\nabla_{\hat{j}}\hat{v}^k)$是$\nabla\nabla\boldsymbol{v}$ 的分量，降指标后，$\nabla_{\hat{i}}(\nabla_{\hat{j}}\hat{v}_k)$仍然是$\nabla\nabla\boldsymbol{v}$ 的分量；然而，$\dfrac{\mathrm{d}_{\hat{t}}\hat{\Gamma}_{ij}^k}{\mathrm{d}\hat{t}}$似乎是$\nabla\nabla\boldsymbol{v}$ 的分量，降指标后，$\dfrac{\mathrm{d}_{\hat{t}}\hat{\Gamma}_{ij,k}}{\mathrm{d}\hat{t}}$却不是$\nabla\nabla\boldsymbol{v}$ 的分量了。

$\dfrac{\mathrm{d}_{\hat{t}}\hat{\Gamma}_{ij}^k}{\mathrm{d}\hat{t}}$也不满足坐标变换，故表观形式不变性丧失了：

$$\frac{\mathrm{d}_{\hat{t}}\hat{\Gamma}_{ij}^k}{\mathrm{d}\hat{t}}\hat{\boldsymbol{g}}^i\hat{\boldsymbol{g}}^j\hat{\boldsymbol{g}}_k\neq\frac{\mathrm{d}_{\hat{t}}\hat{\Gamma}_{i'j'}^{k'}}{\mathrm{d}\hat{t}}\hat{\boldsymbol{g}}^{i'}\hat{\boldsymbol{g}}^{j'}\hat{\boldsymbol{g}}_{k'} \tag{16.54}$$

很显然，$\dfrac{\mathrm{d}_{\hat{t}}\hat{\Gamma}_{ij}^{k}}{\mathrm{d}\hat{t}}$与$\dfrac{\mathrm{d}_{\hat{t}}\hat{T}_{ij}^{\cdot\cdot k}}{\mathrm{d}\hat{t}}$的运动学行为完全不同。因此，$\dfrac{\mathrm{d}_{\hat{t}}\hat{\Gamma}_{ij}^{k}}{\mathrm{d}\hat{t}}$不能被视为三阶张量的赝分量。

作者认为，在量系的分类系统中，应该单独给 $\hat{\Gamma}_{ij}^{k}$ 和$\dfrac{\mathrm{d}_{\hat{t}}\hat{\Gamma}_{ij}^{k}}{\mathrm{d}\hat{t}}$留出位置。$\hat{\Gamma}_{ij}^{k}$ 是一类量，$\dfrac{\mathrm{d}_{\hat{t}}\hat{\Gamma}_{ij}^{k}}{\mathrm{d}\hat{t}}$是另一类量。作者很想定义两个概念，来刻画这两类量。无奈因功力浅薄，费尽心力，仍把握不住这两类量的本质特征，只好半途而废。

## 16.7 赝广义分量

尽管 Lagrange 广义分量概念的正式定义在下一章才出现，但考虑到读者在上篇中已经熟悉了广义分量概念，作者直接在这里定义赝广义分量概念。

正如分量可以扩展到广义分量，赝分量也可以扩张到赝广义分量。

对比式(16.5)和式(16.43)的最后一项，可知：

$$\hat{u}^{i}\ \frac{\mathrm{d}_{\hat{t}}\hat{\boldsymbol{g}}_{i}}{\mathrm{d}\hat{t}}=\boldsymbol{u}\cdot\nabla\boldsymbol{v}\tag{16.55}$$

式(16.55)右端的 $\boldsymbol{u}\cdot\nabla\boldsymbol{v}$ 是矢量，我们似乎可以认为，右端的 $\hat{u}^{i}\ \dfrac{\mathrm{d}_{\hat{t}}\hat{\boldsymbol{g}}_{i}}{\mathrm{d}\hat{t}}$也是矢量。但由于$\dfrac{\mathrm{d}_{\hat{t}}\hat{\boldsymbol{g}}_{i}}{\mathrm{d}\hat{t}}$形式上不满足指标变换，广义对偶不变性丧失了：

$$\hat{u}^{i}\ \frac{\mathrm{d}_{\hat{t}}\hat{\boldsymbol{g}}_{i}}{\mathrm{d}\hat{t}}\neq\hat{u}_{i}\ \frac{\mathrm{d}_{\hat{t}}\hat{\boldsymbol{g}}^{i}}{\mathrm{d}\hat{t}}\tag{16.56}$$

由于$\dfrac{\mathrm{d}_{\hat{t}}\hat{\boldsymbol{g}}_{i}}{\mathrm{d}\hat{t}}$形式上满足坐标变换，故表观形式不变性仍然保持：

$$\hat{u}^{i}\ \frac{\mathrm{d}_{\hat{t}}\hat{\boldsymbol{g}}_{i}}{\mathrm{d}\hat{t}}=\hat{u}^{i'}\ \frac{\mathrm{d}_{\hat{t}}\hat{\boldsymbol{g}}_{i'}}{\mathrm{d}\hat{t}}\tag{16.57}$$

很显然，$\dfrac{\mathrm{d}_{\hat{t}}\hat{\boldsymbol{g}}_{i}}{\mathrm{d}\hat{t}}$与$\dfrac{\mathrm{d}_{\hat{t}}\hat{u}^{i}}{\mathrm{d}\hat{t}}$的行为完全相同。于是我们引入定义：

具有广义分量潜质，但只满足坐标变换，不满足指标变换的几何量，称为赝广义分量。

以下命题显然成立：Lagrange 广义分量的物质导数，必然是赝广义分量。

显然，时间域上的协变微分学的量系，被划分得更精细了。

## 16.8 本章注释

物质导数$\frac{\mathrm{d}_t(\cdot)}{\mathrm{d}t}$,是物理和力学中的重要概念。在运动学和动力学问题中,物质导数几乎无处不在。

Euler 描述下(第 11 章～第 14 章),物质导数$\frac{\mathrm{d}_t(\cdot)}{\mathrm{d}t}$基本上不具备协变性;Lagrange 描述下,物质导数$\frac{\mathrm{d}_{\hat{t}}(\cdot)}{\mathrm{d}\hat{t}}$具有了不完美的协变性。因此可以说,Euler 描述下,物质导数$\frac{\mathrm{d}_t(\cdot)}{\mathrm{d}t}$是个"不好的概念";Lagrange 描述下,物质导数$\frac{\mathrm{d}_{\hat{t}}(\cdot)}{\mathrm{d}\hat{t}}$是个"较好的概念"。

尽管$\frac{\mathrm{d}_{\hat{t}}(\cdot)}{\mathrm{d}\hat{t}}$是个"较好的概念",但其不完美性仍然是"先天缺陷"。因此,我们在发展物理学和力学理论时,要慎用$\frac{\mathrm{d}_{\hat{t}}(\cdot)}{\mathrm{d}\hat{t}}$,谨防其对客观性的弱化效应。

由此我们也看到这样的必要性:要弥补物质导数$\frac{\mathrm{d}_{\hat{t}}(\cdot)}{\mathrm{d}\hat{t}}$的缺陷,可大力发展对时间的协变导数$\nabla_{\hat{t}}(\cdot)$。

本章中的部分结果是"算出来"的。例如,式(16.27)和式(16.40)等都是计算结果。尽管如此,其正确性和普遍性是保证的。当然,考虑到式(16.27)和式(16.40)的基本性,仅有计算是不能令人满意的。下一章,我们将从最基本的公设出发,"用观念代替计算",再现上述结果。

"赝分量"和"赝广义分量",是与物质导数概念相关联的概念,源自 Lagrange 描述下独有的"奇特现象"。换言之,"赝分量"和"赝广义分量"并非杜撰的名词,而是对客观实在的抽象。既然是客观实在,就有探索的必要,就不能对其存在视而不见。

基于"赝分量"和"赝广义分量",可以发展"赝协变性观念"。物理和力学中,协变性是我们追求的目标,而赝协变性却是我们要避免的陷阱。从这个意义上讲,研究赝协变性,不是因为其"有用性",而是因为其潜在的"破坏性"。

分量和广义分量是完美的数学结构,它们自身拥有完美的代数结构,完美地满足 Ricci 变换。对应地,赝分量和赝广义分量是有缺陷的数学结构,其代数结构也是有缺陷的。

连续介质力学中,尤其在本构理论中,要尽量避免使用赝分量。不论是率敏感材料，还是高速冲击下的材料响应，都不宜引入赝分量。

“赝分量”和“赝广义分量”概念，扩张了量系，深化了我们对量系的认识。

Lagrange 分量对时间的狭义协变导数$\nabla_{\hat{t}}(\cdot)$，是 Lagrange 描述下时间域上的微分学与协变微分学的分水岭。对时间的狭义协变导数，为广义协变导数的定义，提供了参照的模板。

# 第17章 Lagrange描述下广义分量对时间的广义协变导数

本章致力于将 Lagrange 时空 $\hat{x}^m \sim \hat{t}$ 的协变性推向更高阶段，揭示 Lagrange 时空的广义协变性。

与第 16 章中 Lagrange 时空 $\hat{x}^m \sim \hat{t}$ 的协变性类似，Lagrange 时空的广义协变性，也是两类广义协变性的合称，一类是 Lagrange 空间域的广义协变性，另一类是 Lagrange 时间域的广义协变性。

类似于第 16 章，本章的重点并非 Lagrange 空间域的广义协变性，因为 Lagrange 空间域上的广义协变微分学已经存在。本章的重点，是 Lagrange 时间域的广义协变性；本章的目标，是发展 Lagrange 时间域上的广义协变微分学。

第 13 章报导了平坦空间 Euler 描述下的新导数——Euler 广义分量对时间 $t$ 的广义协变导数$\nabla_t(\cdot)$。本章将第 13 章中的思想拓展至 Lagrange 描述：基于时间域中的协变形式不变性公设，定义 Lagrange 描述下的新导数——Lagrange 广义分量对时间 $\hat{t}$ 的广义协变导数$\nabla_{\hat{t}}(\cdot)$，建立 Lagrange 描述下时间域上的协变微分变换群，确证 Lagrange 时空的协变形式不变性，进一步强化时间域上的协变微分学的公理化进程。

第 13 章已经显示：Euler 描述下，一旦用对时间 $t$ 的广义协变导数$\nabla_t(\cdot)$替代物质导数$\dfrac{\mathrm{d}_t(\cdot)}{\mathrm{d}t}$，协变微分学内在的结构性和统一性便一览无余，协变微分学的运算便达到了致精致简。现在，我们提出问题：Lagrange 描述下，是否有同样优美的故事？答案是肯定的。

第 13 章已经显示：Euler 描述下，张量分析可以置于时间域上的协变形式不变性公设基础之上。本章将进一步证实：Lagrange 描述下，时间域上的协变形式不变性公设，依旧是张量分析的逻辑基础。

章节之间，在内容上都要尽量减小重合度。然而，本章则反其道而行之：要尽可能保持与第 13 章表述方式的一致性和逻辑结构的一致性，以最大限度地展现张量分析内在的统一性和出人预料的相互联系。当然,本章不是简单地"重复"第13章,因为二者涉及的内容完全不同。

## 17.1 对称性的破缺

本节内容与第13章中相应的内容,几乎完全一致。

与Euler描述类似,Lagrange描述下,Lagrange分量$\hat{u}^i$与Lagrange基矢量$\hat{\boldsymbol{g}}_i$对偶不变地生成了矢量场函数$\boldsymbol{u}$;同样,$\hat{u}_i$,$\hat{\boldsymbol{g}}^i$对偶不变地生成了矢量场函数$\boldsymbol{u}$,由此展现出如下表观形式上的对称性:

$$\hat{u}^i \sim \hat{\boldsymbol{g}}^i, \quad \hat{u}_i \sim \hat{\boldsymbol{g}}_i \tag{17.1}$$

除了上述表观形式上的对称性,还有代数变换上的对称性。这里的代数变换,就是Lagrange空间域上的Ricci变换。其中,有指标升降变换对称性:

$$\hat{\boldsymbol{g}}_i = \hat{g}_{ij}\hat{\boldsymbol{g}}^j, \quad \hat{\boldsymbol{g}}^j = \hat{g}^{ji}\hat{\boldsymbol{g}}_i \tag{17.2}$$

$$\hat{u}_i = \hat{g}_{ij}\hat{u}^j, \quad \hat{u}^j = \hat{g}^{ji}\hat{u}_i \tag{17.3}$$

还有坐标变换的对称性:

$$\hat{\boldsymbol{g}}_i = \hat{g}_i^{i'}\hat{\boldsymbol{g}}_{i'}, \quad \hat{\boldsymbol{g}}^j = \hat{g}_{j'}^{j}\hat{\boldsymbol{g}}^{j'} \tag{17.4}$$

$$\hat{u}_i = \hat{g}_i^{i'}\hat{u}_{i'}, \quad \hat{u}^j = \hat{g}_{j'}^{j}\hat{u}^{j'} \tag{17.5}$$

这里,$\hat{g}_i^{i'}$是度量张量的Lagrange杂交分量。

Lagrange时间域上的狭义协变导数$\nabla_{\hat{t}}\hat{u}^i$和$\nabla_{\hat{t}}\hat{u}_i$的引入,打破了对称性:

$$\nabla_{\hat{t}}\hat{u}^i \sim ?, \quad \nabla_{\hat{t}}\hat{u}_i \sim ? \tag{17.6}$$

我们期待,通过引入新概念,恢复对称性:

$$\nabla_{\hat{t}}\hat{u}^i \sim \nabla_{\hat{t}}\hat{\boldsymbol{g}}^i, \quad \nabla_{\hat{t}}\hat{u}_i \sim \nabla_{\hat{t}}\hat{\boldsymbol{g}}_i \tag{17.7}$$

也就是说,有必要引入Lagrange基矢量对时间参数$\hat{t}$的协变导数$\nabla_{\hat{t}}\hat{\boldsymbol{g}}^i$和$\nabla_{\hat{t}}\hat{\boldsymbol{g}}_i$。然而,在Lagrange时间域上的狭义协变微分学体系之内,不可能定义$\nabla_{\hat{t}}\hat{\boldsymbol{g}}^i$和$\nabla_{\hat{t}}\hat{\boldsymbol{g}}_i$。因此,必须引入外部力量,即公理化思想。

## 17.2 Lagrange时间域上的协变形式不变性公设

第13章借助Euler时间域上的协变形式不变性公设,将Euler分量对时间$t$的狭义协变导数,延拓为Euler广义分量对时间$t$的广义协变导数。类似地,本章将借助Lagrange时间域上的协变形式不变性公设,将Lagrange分量对时间$\hat{t}$的狭义协变导数,延拓为Lagrange广义分量对时间$\hat{t}$的广义协变导数。

Lagrange广义分量,就是Lagrange坐标系下,满足Ricci变换的几何量或物理量。

Lagrange时间域上的协变形式不变性公设[14],含义如下:

任何 Lagrange 广义分量对时间参数 $\hat{t}$ 的广义协变导数，与 Lagrange 分量对时间参数 $\hat{t}$ 的狭义协变导数，在表观形式上都完全一致。

本章的协变形式不变性公设，与第 13 章中的协变形式不变性公设，本质完全相同，都是表观形式的不变性。

与第 13 章类似，本章中，对时间 $\hat{t}$ 的广义协变导数与狭义协变导数，共享符号 $\nabla_{\hat{t}}(\cdot)$。

## 17.3 1-指标广义分量对时间的广义协变导数定义式

先将公设运用于 1-指标广义分量。1-指标 Lagrange 广义分量 $\hat{\boldsymbol{p}}^i$ 和 $\hat{\boldsymbol{p}}_i$，一般有如下函数形态：

$$\hat{\boldsymbol{p}}^i = \hat{\boldsymbol{p}}^i(\hat{x}^m, \hat{t}), \quad \hat{\boldsymbol{p}}_i = \hat{\boldsymbol{p}}_i(\hat{x}^m, \hat{t}) \tag{17.8}$$

其对时间 $\hat{t}$ 的广义协变导数的公理化定义式，可比照前章 $\nabla_{\hat{t}}\hat{u}^i$ 和 $\nabla_{\hat{t}}\hat{u}_i$ 的定义式，写成如下形式：

$$\nabla_{\hat{t}}\hat{\boldsymbol{p}}^i \triangleq \frac{\mathrm{d}_{\hat{t}}\hat{\boldsymbol{p}}^i}{\mathrm{d}\hat{t}} + \hat{\boldsymbol{p}}^m \nabla_{\hat{m}}\hat{v}^i, \quad \nabla_{\hat{t}}\hat{\boldsymbol{p}}_i \triangleq \frac{\mathrm{d}_{\hat{t}}\hat{\boldsymbol{p}}_i}{\mathrm{d}\hat{t}} - \hat{\boldsymbol{p}}_m \nabla_{\hat{i}}\hat{v}^m \tag{17.9}$$

Lagrange 基矢量是最具代表性的 1-指标广义分量。按照式(17.9)，其对时间参数 $\hat{t}$ 的广义协变导数，可定义为

$$\nabla_{\hat{t}}\hat{\boldsymbol{g}}^i \triangleq \frac{\mathrm{d}_{\hat{t}}\hat{\boldsymbol{g}}^i}{\mathrm{d}\hat{t}} + \hat{\boldsymbol{g}}^m \nabla_{\hat{m}}\hat{v}^i, \quad \nabla_{\hat{t}}\hat{\boldsymbol{g}}_i \triangleq \frac{\mathrm{d}_{\hat{t}}\hat{\boldsymbol{g}}_i}{\mathrm{d}\hat{t}} - \hat{\boldsymbol{g}}_m \nabla_{\hat{i}}\hat{v}^m \tag{17.10}$$

比较式(17.10)和前章中矢量分量的协变导数 $\nabla_{\hat{t}}\hat{u}^i$ 和 $\nabla_{\hat{t}}\hat{u}_i$ 的定义式可知，式(17.7)所期待的对称性，初步得以建立。

后续章节会证实：$\nabla_{\hat{t}}\hat{\boldsymbol{p}}^i$ 和 $\nabla_{\hat{t}}\hat{\boldsymbol{g}}^i$ 都是 1-指标广义分量，必然满足 Ricci 变换，必然具有协变性。

式(17.9)和式(17.10)右端，哑指标 $m$ 是自由哑指标。

## 17.4 2-指标广义分量对时间的广义协变导数定义式

再将公设运用于 2-指标广义分量。2-指标 Lagrange 广义分量 $\hat{\boldsymbol{q}}^{ij}$ 和 $\hat{\boldsymbol{q}}_{ij}$，一般有如下函数形态：

$$\hat{\boldsymbol{q}}^{ij} = \hat{\boldsymbol{q}}^{ij}(\hat{x}^m, \hat{t}), \quad \hat{\boldsymbol{q}}_{ij} = \hat{\boldsymbol{q}}_{ij}(\hat{x}^m, \hat{t}) \tag{17.11}$$

其对时间参数 $\hat{t}$ 的广义协变导数的公理化定义式，可比照前章 $\nabla_{\hat{t}}\hat{T}^{ij}$ 和 $\nabla_{\hat{t}}\hat{T}_{ij}$ 的定义式，写成如下形式：

$$\nabla_{\hat{t}}\hat{\boldsymbol{q}}^{ij} \triangleq \frac{\mathrm{d}_{\hat{t}}\hat{\boldsymbol{q}}^{ij}}{\mathrm{d}\hat{t}} + \hat{\boldsymbol{q}}^{mj}\,\nabla_{\hat{m}}\hat{v}^{i} + \hat{\boldsymbol{q}}^{im}\,\nabla_{\hat{m}}\hat{v}^{j}, \quad \nabla_{\hat{t}}\hat{\boldsymbol{q}}_{ij} \triangleq \frac{\mathrm{d}_{\hat{t}}\hat{\boldsymbol{q}}_{ij}}{\mathrm{d}\hat{t}} - \hat{\boldsymbol{q}}_{mj}\,\nabla_{\hat{i}}\hat{v}^{m} - \hat{\boldsymbol{q}}_{im}\,\nabla_{\hat{j}}\hat{v}^{m}$$

$$\nabla_{\hat{t}}\hat{\boldsymbol{q}}_{i}^{\cdot j} \triangleq \frac{\mathrm{d}_{\hat{t}}\hat{\boldsymbol{q}}_{i}^{\cdot j}}{\mathrm{d}\hat{t}} - \hat{\boldsymbol{q}}_{m}^{\cdot j}\,\nabla_{\hat{i}}\hat{v}^{m} + \hat{\boldsymbol{q}}_{i}^{\cdot m}\,\nabla_{\hat{m}}\hat{v}^{j}, \quad \nabla_{\hat{t}}\hat{\boldsymbol{q}}^{i}_{\cdot j} \triangleq \frac{\mathrm{d}_{\hat{t}}\hat{\boldsymbol{q}}^{i}_{\cdot j}}{\mathrm{d}\hat{t}} + \hat{\boldsymbol{q}}^{m}_{\cdot j}\,\nabla_{\hat{m}}\hat{v}^{i} - \hat{\boldsymbol{q}}^{i}_{\cdot m}\,\nabla_{\hat{j}}\hat{v}^{m}$$

(17.12)

很显然，本节内容与第13章中相应的内容，有很好的相似度。

后续的章节会证实：$\nabla_{\hat{t}}\hat{\boldsymbol{q}}^{ij}$ 等都是2-指标广义分量，必然满足 Ricci 变换，必然具有协变性。

式(17.12)右端，哑指标 $m$ 是自由哑指标。

## 17.5 杂交广义分量对时间的广义协变导数定义式

对于 Lagrange 杂交广义分量 $\hat{\boldsymbol{q}}^{ij'}$ 和 $\hat{\boldsymbol{q}}_{ij'}$，其对时间参数的广义协变导数 $\nabla_{\hat{t}}\hat{\boldsymbol{q}}^{ij'}$ 和 $\nabla_{\hat{t}}\hat{\boldsymbol{q}}_{ij'}$ 的公理化定义式，可比照前章的 $\nabla_{\hat{t}}\hat{T}^{ij'}$ 和 $\nabla_{\hat{t}}\hat{T}_{ij'}$，表达为如下形式：

$$\nabla_{\hat{t}}\hat{\boldsymbol{q}}^{ij'} \triangleq \frac{\mathrm{d}_{\hat{t}}\hat{\boldsymbol{q}}^{ij'}}{\mathrm{d}\hat{t}} + \hat{\boldsymbol{q}}^{mj'}\,\nabla_{\hat{m}}\hat{v}^{i} + \hat{\boldsymbol{q}}^{im'}\,\nabla_{\hat{m}'}\hat{v}^{j'}, \quad \nabla_{\hat{t}}\hat{\boldsymbol{q}}_{ij'} \triangleq \frac{\mathrm{d}_{\hat{t}}\hat{\boldsymbol{q}}_{ij'}}{\mathrm{d}\hat{t}} - \hat{\boldsymbol{q}}_{mj'}\,\nabla_{\hat{i}}\hat{v}^{m} - \hat{\boldsymbol{q}}_{im'}\,\nabla_{\hat{j}'}\hat{v}^{m'}$$

$$\nabla_{\hat{t}}\hat{\boldsymbol{q}}_{i}^{\cdot j'} \triangleq \frac{\mathrm{d}_{\hat{t}}\hat{\boldsymbol{q}}_{i}^{\cdot j'}}{\mathrm{d}\hat{t}} - \hat{\boldsymbol{q}}_{m}^{\cdot j'}\,\nabla_{\hat{i}}\hat{v}^{m} + \hat{\boldsymbol{q}}_{i}^{\cdot m'}\,\nabla_{\hat{m}'}\hat{v}^{j'}, \quad \nabla_{\hat{t}}\hat{\boldsymbol{q}}^{i}_{\cdot j'} \triangleq \frac{\mathrm{d}_{\hat{t}}\hat{\boldsymbol{q}}^{i}_{\cdot j'}}{\mathrm{d}\hat{t}} + \hat{\boldsymbol{q}}^{m}_{\cdot j'}\,\nabla_{\hat{m}}\hat{v}^{i} - \hat{\boldsymbol{q}}^{i}_{\cdot m'}\,\nabla_{\hat{j}'}\hat{v}^{m'}$$

(17.13)

后续的章节会证实：$\nabla_{\hat{t}}\hat{\boldsymbol{q}}^{ij'}$ 等都是2-指标的杂交广义分量，必然满足 Ricci 变换，必然具有协变性。

式(17.13)右端，哑指标 $m$ 和 $m'$ 都是自由哑指标。

## 17.6 广义协变导数 $\nabla_{\hat{t}}(\cdot)$ 中的第一类组合模式与代数结构

第13章中，Euler 描述下，广义协变导数 $\nabla_{t}(\cdot)$ 的定义式中，含有基本组合模式。本章中，Lagrange 描述下，广义协变导数 $\nabla_{\hat{t}}(\cdot)$ 的定义式中，却没有基本组合模式。这是一个引人注目的差别。差别的原因在于，Euler 描述和 Lagrange 描述下，场函数的函数形态完全不同，函数的求导规则差异很大：Euler 描述下，复合函数求导规则是决定性的；Lagrange 描述下，时空混合求导顺序的无关性是决定性的。求导规则的差异，最终导致组合模式的差别。

由于不存在基本组合模式，故我们直接讨论第一类组合模式。

两个 Lagrange 广义分量 $\hat{\boldsymbol{p}}_{i}$ 和 $\hat{\boldsymbol{q}}^{jk}$ 的乘积 $(\hat{\boldsymbol{p}}_{i}\otimes\hat{\boldsymbol{q}}^{jk})$，可以视为3-指标

Lagrange 广义分量。其中,“$\otimes$”可以是内积“$\cdot$”、外积“$\times$”和并积。考查其对时间参数 $\hat{t}$ 的广义协变导数$\nabla_{\hat{t}}(\hat{\boldsymbol{p}}_i \otimes \hat{\boldsymbol{q}}^{jk})$。由公理化定义:

$$\nabla_{\hat{t}}(\hat{\boldsymbol{p}}_i \otimes \hat{\boldsymbol{q}}^{jk}) \triangleq \frac{\mathrm{d}_{\hat{t}}(\hat{\boldsymbol{p}}_i \otimes \hat{\boldsymbol{q}}^{jk})}{\mathrm{d}\hat{t}} - (\hat{\boldsymbol{p}}_m \otimes \hat{\boldsymbol{q}}^{jk})\nabla_{\hat{i}}\hat{v}^m + (\hat{\boldsymbol{p}}_i \otimes \hat{\boldsymbol{q}}^{mk})\nabla_{\hat{m}}\hat{v}^j + (\hat{\boldsymbol{p}}_i \otimes \hat{\boldsymbol{q}}^{jm})\nabla_{\hat{m}}\hat{v}^k \tag{17.14}$$

式(17.14)右端,哑指标 $m$ 是自由哑指标。

考查式(17.14)中蕴含的第一类组合模式:先用 Leibniz 法则,将式(17.14)右端的物质导数$\dfrac{\mathrm{d}_{\hat{t}}(\hat{\boldsymbol{p}}_i \otimes \hat{\boldsymbol{q}}^{jk})}{\mathrm{d}\hat{t}}$展开如下:

$$\frac{\mathrm{d}_{\hat{t}}(\hat{\boldsymbol{p}}_i \otimes \hat{\boldsymbol{q}}^{jk})}{\mathrm{d}\hat{t}} = \frac{\mathrm{d}_{\hat{t}}\hat{\boldsymbol{p}}_i}{\mathrm{d}\hat{t}} \otimes \hat{\boldsymbol{q}}^{jk} + \hat{\boldsymbol{p}}_i \otimes \frac{\mathrm{d}_{\hat{t}}\hat{\boldsymbol{q}}^{jk}}{\mathrm{d}\hat{t}} \tag{17.15}$$

将式(17.15)代入式(17.14),可组合出下式:

$$\nabla_{\hat{t}}(\hat{\boldsymbol{p}}_i \otimes \hat{\boldsymbol{q}}^{jk}) = \left(\frac{\mathrm{d}_{\hat{t}}\hat{\boldsymbol{p}}_i}{\mathrm{d}\hat{t}} - \hat{\boldsymbol{p}}_m \nabla_{\hat{i}}\hat{v}^m\right) \otimes \hat{\boldsymbol{q}}^{jk} + \hat{\boldsymbol{p}}_i \otimes \left(\frac{\mathrm{d}_{\hat{t}}\hat{\boldsymbol{q}}^{jk}}{\mathrm{d}\hat{t}} + \hat{\boldsymbol{q}}^{mk}\nabla_{\hat{m}}\hat{v}^j + \hat{\boldsymbol{q}}^{jm}\nabla_{\hat{m}}\hat{v}^k\right) \tag{17.16}$$

借助公理化定义式(式(17.9)、式(17.12)),式(17.16)可进一步写成:

$$\nabla_{\hat{t}}(\hat{\boldsymbol{p}}_i \otimes \hat{\boldsymbol{q}}^{jk}) = (\nabla_{\hat{t}}\hat{\boldsymbol{p}}_i) \otimes \hat{\boldsymbol{q}}^{jk} + \hat{\boldsymbol{p}}_i \otimes (\nabla_{\hat{t}}\hat{\boldsymbol{q}}^{jk}) \tag{17.17}$$

即对时间参数 $\hat{t}$ 的广义协变导数$\nabla_{\hat{t}}(\cdot)$的乘法运算,满足 Leibniz 法则。

上述思想还可以进一步推广。Lagrange 广义分量 $\hat{\boldsymbol{p}}_i$ 和杂交广义分量 $\hat{\boldsymbol{q}}^{jk'}$ 的乘积($\hat{\boldsymbol{p}}_i \otimes \hat{\boldsymbol{q}}^{jk'}$),可以视为 3-指标杂交广义分量。考查其对时间参数 $\hat{t}$ 的广义协变导数$\nabla_{\hat{t}}(\hat{\boldsymbol{p}}_i \otimes \hat{\boldsymbol{q}}^{jk'})$。由公理化定义得

$$\nabla_{\hat{t}}(\hat{\boldsymbol{p}}_i \otimes \hat{\boldsymbol{q}}^{jk}) \triangleq \frac{\mathrm{d}_{\hat{t}}(\hat{\boldsymbol{p}}_i \otimes \hat{\boldsymbol{q}}^{jk'})}{\mathrm{d}\hat{t}} - (\hat{\boldsymbol{p}}_m \otimes \hat{\boldsymbol{q}}^{jk'})\nabla_{\hat{i}}v^m + (\boldsymbol{p}_i \otimes \boldsymbol{q}^{mk'})\nabla_{\hat{m}}v^j + (\boldsymbol{p}_i \otimes \boldsymbol{q}^{jm'})\nabla_{\hat{m}'}v^{k'} \tag{17.18}$$

式(17.18)右端,哑指标 $m$ 和 $m'$都是自由哑指标。

不难证实:式(17.18)中的第一类组合模式,给出 Leibniz 法则:

$$\nabla_{\hat{t}}(\hat{\boldsymbol{p}}_i \otimes \hat{\boldsymbol{q}}^{jk'}) = (\nabla_{\hat{t}}\hat{\boldsymbol{p}}_i) \otimes \hat{\boldsymbol{q}}^{jk'} + \hat{\boldsymbol{p}}_i \otimes (\nabla_{\hat{t}}\hat{\boldsymbol{q}}^{jk'}) \tag{17.19}$$

鉴于广义协变导数$\nabla_{\hat{t}}(\cdot)$的乘法运算恒满足 Leibniz 法则,因此我们说,广义协变导数$\nabla_{\hat{t}}(\cdot)$的代数结构,是“协变微分环”。

很显然,Euler 时间域上的广义协变导数$\nabla_t(\cdot)$,与 Lagrange 时间域上的广义协变导数$\nabla_{\hat{t}}(\cdot)$,具有完全相同的第一类组合模式,以及完全相同的代数结构。

## 17.7 第二类组合模式

两个1-指标 Lagrange 广义分量 $\hat{\boldsymbol{p}}_i$ 和 $\hat{\boldsymbol{s}}^j$，其一般形式的乘积为（$\hat{\boldsymbol{p}}_i \otimes \hat{\boldsymbol{s}}^j$）。（$\hat{\boldsymbol{p}}_i \otimes \hat{\boldsymbol{s}}^j$）可以视为2-指标 Lagrange 广义分量。其对时间参数 $\hat{t}$ 的广义协变导数的公理化定义为

$$\nabla_{\hat{t}}(\hat{\boldsymbol{p}}_i \otimes \hat{\boldsymbol{s}}^j) \triangleq \frac{\mathrm{d}_{\hat{t}}(\hat{\boldsymbol{p}}_i \otimes \hat{\boldsymbol{s}}^j)}{\mathrm{d}\hat{t}} - (\hat{\boldsymbol{p}}_m \otimes \hat{\boldsymbol{s}}^j)\nabla_{\hat{i}}\hat{v}^m + (\hat{\boldsymbol{p}}_i \otimes \hat{\boldsymbol{s}}^m)\nabla_{\hat{m}}\hat{v}^j \tag{17.20}$$

式(17.20)右端，哑指标 $m$ 是自由哑指标。

式(17.20)中，缩并 $i$，$j$ 指标得

$$\nabla_{\hat{t}}(\hat{\boldsymbol{p}}_i \otimes \hat{\boldsymbol{s}}^i) \triangleq \frac{\mathrm{d}_{\hat{t}}(\hat{\boldsymbol{p}}_i \otimes \hat{\boldsymbol{s}}^i)}{\mathrm{d}\hat{t}} - (\hat{\boldsymbol{p}}_m \otimes \hat{\boldsymbol{s}}^i)\nabla_{\hat{i}}\hat{v}^m + (\hat{\boldsymbol{p}}_i \otimes \hat{\boldsymbol{s}}^m)\nabla_{\hat{m}}\hat{v}^i \tag{17.21}$$

式(17.21)右端，保持物质导数项 $\dfrac{\mathrm{d}_{\hat{t}}(\hat{\boldsymbol{p}}_i \otimes \hat{\boldsymbol{s}}^i)}{\mathrm{d}\hat{t}}$ 不变，将最后两项组合起来，可以看出，二者正好互相抵消：

$$-(\hat{\boldsymbol{p}}_m \otimes \hat{\boldsymbol{s}}^i)\nabla_{\hat{i}}\hat{v}^m + (\hat{\boldsymbol{p}}_i \otimes \hat{\boldsymbol{s}}^m)\nabla_{\hat{m}}\hat{v}^i = \boldsymbol{0} \tag{17.22}$$

于是，式(17.21)退化为

$$\nabla_{\hat{t}}(\hat{\boldsymbol{p}}_i \otimes \hat{\boldsymbol{s}}^i) = \frac{\mathrm{d}_{\hat{t}}(\hat{\boldsymbol{p}}_i \otimes \hat{\boldsymbol{s}}^i)}{\mathrm{d}\hat{t}} \tag{17.23}$$

注意到，($\hat{\boldsymbol{p}}_i \otimes \hat{\boldsymbol{s}}^i$)是0-指标广义分量。

式(17.23)可以进一步推广。对于多对哑指标的0-指标广义分量，例如，对于两对哑指标的0-指标广义分量，($\hat{\boldsymbol{p}}_i \otimes \hat{\boldsymbol{s}}^i \otimes \hat{\boldsymbol{t}}^j \otimes \hat{\boldsymbol{w}}_j$)，必然有

$$\nabla_{\hat{t}}(\hat{\boldsymbol{p}}_i \otimes \hat{\boldsymbol{s}}^i \otimes \hat{\boldsymbol{t}}^j \otimes \hat{\boldsymbol{w}}_j) = \frac{\mathrm{d}_{\hat{t}}(\hat{\boldsymbol{p}}_i \otimes \hat{\boldsymbol{s}}^i \otimes \hat{\boldsymbol{t}}^j \otimes \hat{\boldsymbol{w}}_j)}{\mathrm{d}\hat{t}} \tag{17.24}$$

于是我们有命题：

当求导对象为0-指标 Lagrange 广义分量时，其对时间 $\hat{t}$ 的广义协变导数，等于其物质导数。

## 17.8 实体量对时间的广义协变导数

0-指标广义分量（$\hat{\boldsymbol{p}}_i \otimes \hat{\boldsymbol{s}}^i$）的特例之一，就是矢量 $\boldsymbol{u} = \hat{u}_i \hat{\boldsymbol{g}}^i$。因此，实体矢量 $\boldsymbol{u}$ 必然满足式(17.23)：

$$\nabla_{\hat{t}}\boldsymbol{u}=\frac{\mathrm{d}_{\hat{t}}\boldsymbol{u}}{\mathrm{d}\hat{t}} \tag{17.25}$$

对于实体矢量,第 16 章已经导出如下表达式:

$$\frac{\mathrm{d}_{\hat{t}}\boldsymbol{u}}{\mathrm{d}\hat{t}}=(\nabla_{\hat{t}}\hat{u}^{i})\hat{\boldsymbol{g}}_{i}=(\nabla_{\hat{t}}\hat{u}_{i})\hat{\boldsymbol{g}}^{i} \tag{17.26}$$

对比式(17.25)和式(17.26),可得

$$\nabla_{\hat{t}}\boldsymbol{u}=(\nabla_{\hat{t}}\hat{u}^{i})\hat{\boldsymbol{g}}_{i}=(\nabla_{\hat{t}}\hat{u}_{i})\hat{\boldsymbol{g}}^{i} \tag{17.27}$$

式(17.27)显示,矢量的广义协变导数$\nabla_{\hat{t}}\boldsymbol{u}$ 的分量,就是矢量分量的狭义协变导数$\nabla_{\hat{t}}\hat{u}^{i}$ 和$\nabla_{\hat{t}}\hat{u}_{i}$。更简洁的观念是,$\nabla_{\hat{t}}\hat{u}^{i}$ 和$\nabla_{\hat{t}}\hat{u}_{i}$ 都是矢量$\nabla_{\hat{t}}\boldsymbol{u}$ 的分量。请读者对比第 16 章的说法: $\nabla_{\hat{t}}\hat{u}^{i}$ 和$\nabla_{\hat{t}}\hat{u}_{i}$ 都是矢量$\dfrac{\mathrm{d}_{\hat{t}}\boldsymbol{u}}{\mathrm{d}\hat{t}}$的分量(见式(17.26))。比较而言,本节的说法,逻辑上要自然得多。

式(17.25)可以推广到任意实体量。例如,对于任意阶的张量 $\boldsymbol{T}$,恒有

$$\nabla_{\hat{t}}\boldsymbol{T}=\frac{\mathrm{d}_{\hat{t}}\boldsymbol{T}}{\mathrm{d}\hat{t}} \tag{17.28}$$

对于实体张量,第 16 章已经导出如下表达式:

$$\begin{aligned}\frac{\mathrm{d}_{\hat{t}}\boldsymbol{T}}{\mathrm{d}\hat{t}}&=(\nabla_{\hat{t}}\hat{T}^{ij})\hat{\boldsymbol{g}}_{i}\hat{\boldsymbol{g}}_{j}=(\nabla_{\hat{t}}\hat{T}_{ij})\hat{\boldsymbol{g}}^{i}\hat{\boldsymbol{g}}^{j}\\&=(\nabla_{\hat{t}}\hat{T}_{i}^{\cdot j})\hat{\boldsymbol{g}}^{i}\hat{\boldsymbol{g}}_{j}=(\nabla_{\hat{t}}\hat{T}^{i}_{\cdot j})\hat{\boldsymbol{g}}_{i}\hat{\boldsymbol{g}}^{j}\end{aligned} \tag{17.29}$$

对比式(17.28)和式(17.29),可得

$$\begin{aligned}\nabla_{\hat{t}}\boldsymbol{T}&=(\nabla_{\hat{t}}\hat{T}^{ij})\hat{\boldsymbol{g}}_{i}\hat{\boldsymbol{g}}_{j}=(\nabla_{\hat{t}}\hat{T}_{ij})\hat{\boldsymbol{g}}^{i}\hat{\boldsymbol{g}}^{j}\\&=(\nabla_{\hat{t}}\hat{T}_{i}^{\cdot j})\hat{\boldsymbol{g}}^{i}\hat{\boldsymbol{g}}_{j}=(\nabla_{\hat{t}}\hat{T}^{i}_{\cdot j})\hat{\boldsymbol{g}}_{i}\hat{\boldsymbol{g}}^{j}\end{aligned} \tag{17.30}$$

式(17.30)显示,张量的广义协变导数$\nabla_{\hat{t}}\boldsymbol{T}$ 的分量,就是张量分量的狭义协变导数$\nabla_{\hat{t}}\hat{T}^{ij}$ 和$\nabla_{\hat{t}}\hat{T}_{ij}$ 等。更简洁的观念是,$\nabla_{\hat{t}}\hat{T}^{ij}$ 和$\nabla_{\hat{t}}\hat{T}_{ij}$ 等都是张量$\nabla_{\hat{t}}\boldsymbol{T}$ 的分量。请读者对比第 16 章的说法: $\nabla_{\hat{t}}\hat{T}^{ij}$ 和$\nabla_{\hat{t}}\hat{T}_{ij}$ 等都是张量$\dfrac{\mathrm{d}_{\hat{t}}\boldsymbol{T}}{\mathrm{d}\hat{t}}$的分量(见式(17.29))。很显然,与第 16 章的说法相比,本章的观念,逻辑上要顺畅得多。

综合式(17.25)和式(17.28),我们有命题:

当求导对象为实体量(即标量、矢量和张量)时,其对时间 $\hat{t}$ 的广义协变导数,等于其物质导数。

这个命题与第 13 章相应的命题完全一致。Euler 描述下,第 13 章已经导出:

$$\nabla_{t}\boldsymbol{T}=\frac{\mathrm{d}_{t}\boldsymbol{T}}{\mathrm{d}t} \tag{17.31}$$

由于 Lagrange 时间与 Euler 时间完全相同,即 $\hat{t}=t$,故结合式(17.28)和式(17.31),

必然有

$$\nabla_{\hat{t}} \boldsymbol{T} = \frac{\mathrm{d}_{\hat{t}} \boldsymbol{T}}{\mathrm{d}\hat{t}} = \nabla_t \boldsymbol{T} = \frac{\mathrm{d}_t \boldsymbol{T}}{\mathrm{d}t} \tag{17.32}$$

Lagrange 描述和 Euler 描述虽然差异很大,但二者之间却有如此朴素的内在联系,令人印象深刻。

式(17.32)的逻辑正确性不容质疑。

注意到,物质导数,都是相对于静止坐标系的绝对导数。由此我们有判断:$\nabla_{\hat{t}}(\cdot)$和$\nabla_t(\cdot)$都是相对于静止坐标系的绝对导数。

## 17.9 度量张量行列式及其根式对时间的狭义协变导数

度量张量 $\boldsymbol{G}=\hat{g}_{ij}\hat{\boldsymbol{g}}^i\hat{\boldsymbol{g}}^j$,其 Lagrange 分量 $\hat{g}_{ij}$ 的行列式之根式为$\sqrt{\hat{g}}$。$\sqrt{\hat{g}}$ 可用 Lagrange 基矢量的混合积表达为

$$\sqrt{\hat{g}} \triangleq (\hat{\boldsymbol{g}}_1 \times \hat{\boldsymbol{g}}_2) \cdot \hat{\boldsymbol{g}}_3 \tag{17.33}$$

$\sqrt{\hat{g}}$ 可视为 3-指标广义分量。在协变形式不变性公设之下,$\sqrt{\hat{g}}$ 对参数 $\hat{t}$ 的广义协变导数$\nabla_{\hat{t}}\sqrt{\hat{g}}$ 的定义式为

$$\begin{aligned}\nabla_{\hat{t}}\sqrt{\hat{g}} \triangleq & \frac{\mathrm{d}_{\hat{t}}[(\hat{\boldsymbol{g}}_1 \times \hat{\boldsymbol{g}}_2)\cdot\hat{\boldsymbol{g}}_3]}{\mathrm{d}\hat{t}} - [(\hat{\boldsymbol{g}}_l \times \hat{\boldsymbol{g}}_2)\cdot\hat{\boldsymbol{g}}_3]\nabla_{\hat{1}}\hat{v}^l - \\ & [(\hat{\boldsymbol{g}}_1 \times \hat{\boldsymbol{g}}_l)\cdot\hat{\boldsymbol{g}}_3]\nabla_{\hat{2}}\hat{v}^l - [(\hat{\boldsymbol{g}}_1 \times \hat{\boldsymbol{g}}_2)\cdot\hat{\boldsymbol{g}}_l]\nabla_{\hat{3}}\hat{v}^l\end{aligned} \tag{17.34}$$

式(17.34)右端,哑指标 $l$ 是自由哑指标。

注意式(17.34)中第二类组合模式。保持式(17.34)右端的物质导数$\dfrac{\mathrm{d}_{\hat{t}}[(\hat{\boldsymbol{g}}_1 \times \hat{\boldsymbol{g}}_2)\cdot\hat{\boldsymbol{g}}_3]}{\mathrm{d}\hat{t}}$不变,将右端最后三项代数项变换如下:

$$[(\hat{\boldsymbol{g}}_l \times \hat{\boldsymbol{g}}_2)\cdot\hat{\boldsymbol{g}}_3]\nabla_{\hat{1}}\hat{v}^l = [(\hat{\boldsymbol{g}}_1 \times \hat{\boldsymbol{g}}_2)\cdot\hat{\boldsymbol{g}}_3]\nabla_{\hat{1}}\hat{v}^1 = \sqrt{\hat{g}}\ \nabla_{\hat{1}}\hat{v}^1 \tag{17.35}$$

$$[(\hat{\boldsymbol{g}}_1 \times \hat{\boldsymbol{g}}_l)\cdot\hat{\boldsymbol{g}}_3]\nabla_{\hat{2}}\hat{v}^l = [(\hat{\boldsymbol{g}}_1 \times \hat{\boldsymbol{g}}_2)\cdot\hat{\boldsymbol{g}}_3]\nabla_{\hat{2}}\hat{v}^2 = \sqrt{\hat{g}}\ \nabla_{\hat{2}}\hat{v}^2 \tag{17.36}$$

$$[(\hat{\boldsymbol{g}}_1 \times \hat{\boldsymbol{g}}_2)\cdot\hat{\boldsymbol{g}}_l]\nabla_{\hat{3}}\hat{v}^l = [(\hat{\boldsymbol{g}}_1 \times \hat{\boldsymbol{g}}_2)\cdot\hat{\boldsymbol{g}}_3]\nabla_{\hat{3}}\hat{v}^3 = \sqrt{\hat{g}}\ \nabla_{\hat{3}}\hat{v}^3 \tag{17.37}$$

将变换后的诸代数项组合起来,则式(17.34)转化为

$$\nabla_{\hat{t}}\sqrt{\hat{g}} = \frac{\mathrm{d}_{\hat{t}}\sqrt{\hat{g}}}{\mathrm{d}\hat{t}} - \sqrt{\hat{g}}\ \nabla_{\hat{m}}\hat{v}^m \tag{17.38}$$

利用矢量场散度的表达式(见上篇):

$$\nabla\cdot\boldsymbol{v} = \nabla_{\hat{m}}\hat{v}^m \tag{17.39}$$

于是式(17.38)可以进一步写成:

$$\nabla_{\hat{t}}\sqrt{\hat{g}} = \frac{\mathrm{d}_{\hat{t}}\sqrt{\hat{g}}}{\mathrm{d}\hat{t}} - \sqrt{\hat{g}}\ \nabla\cdot\boldsymbol{v} \tag{17.40}$$

一旦$\nabla_{\hat{t}}\sqrt{\hat{g}}$有定义，则$\nabla_{\hat{t}}\hat{g}$也必然有定义：

$$\nabla_{\hat{t}}\hat{g} = \nabla_{\hat{t}}(\sqrt{\hat{g}})^2 = \nabla_{\hat{t}}(\sqrt{\hat{g}}\cdot\sqrt{\hat{g}}) = 2\sqrt{\hat{g}}\cdot(\nabla_{\hat{t}}\sqrt{\hat{g}}) \tag{17.41}$$

本节与第 13 章相应的章节，大部分内容都具有较好的相似度。

## 17.10 动态 Lagrange 空间域上的广义协变导数$\nabla_{\hat{m}}(\cdot)$

这本来不是个问题。第 16 章我们已经给出命题：**静态空间域中的广义协变微分学，在动态 Lagrange 空间域仍然成立**。然而，命题毕竟只是抽象的陈述，本节将为抽象的陈述提供稍微具体的注释。

注意到，Lagrange 描述下，速度分量对坐标的协变导数$\nabla_{\hat{m}}\hat{v}^i$贯穿始终。不论是教科书，还是本书，都默认$\nabla_{\hat{m}}\hat{v}^i$的定义式与静态空间中$\nabla_m u^i$的定义式，形式相同。我们还默认：Lagrange 描述下，空间域上的协变形式不变性公设仍然成立；Lagrange 广义分量$\hat{\boldsymbol{p}}^i$的广义协变导数$\nabla_{\hat{m}}\hat{\boldsymbol{p}}^i$，与静态空间域中广义分量$\boldsymbol{p}^i$的广义协变导数$\nabla_m\boldsymbol{p}^i$，定义式的形式完全相同，亦即

$$\nabla_{\hat{m}}\hat{\boldsymbol{p}}^i \triangleq \frac{\partial\hat{\boldsymbol{p}}^i}{\partial\hat{x}^m} + \hat{\boldsymbol{p}}^k\hat{\Gamma}^i_{km} \tag{17.42}$$

注意到，静态空间域，有$\boldsymbol{p}^i = \boldsymbol{p}^i(x^m)$。动态 Lagrange 空间域，有$\hat{\boldsymbol{p}}^i = \hat{\boldsymbol{p}}^i(\hat{x}^m,\hat{t})$。$\hat{\boldsymbol{p}}^i$和$\boldsymbol{p}^i$的自变量不同。既然如此，为什么协变形式不变性公设可以在两个空间域同时成立？为什么$\nabla_{\hat{m}}\hat{\boldsymbol{p}}^i$与$\nabla_m\boldsymbol{p}^i$定义式可以完全相同？

$\dfrac{\partial\hat{\boldsymbol{p}}^i}{\partial\hat{x}^m}$的含义是$\left.\dfrac{\partial\hat{\boldsymbol{p}}^i(\hat{x}^m,\hat{t})}{\partial\hat{x}^m}\right|_{\hat{t}}$，此时意味着，时刻$\hat{t}$是“固定”(或“冻结”)的。由于$\nabla_{\hat{m}}\hat{\boldsymbol{p}}^i$是$\dfrac{\partial\hat{\boldsymbol{p}}^i}{\partial\hat{x}^m}$的延拓，故计算$\nabla_{\hat{m}}\hat{\boldsymbol{p}}^i$时，时刻$\hat{t}$也是“固定”的。时刻$\hat{t}$一旦“固定”，Lagrange 空间域与静态空间域的差别就完全消失了。换言之，在固定的时刻$\hat{t}$计算$\nabla_{\hat{m}}\hat{\boldsymbol{p}}^i$，与静态空间中计算$\nabla_m\boldsymbol{p}_i$，形式上没有任何差别。

既然动态 Lagrange 空间域中广义$\nabla_{\hat{m}}(\cdot)$的定义式与静态空间域中广义$\nabla_m(\cdot)$的定义式完全一致，我们就有下述命题成立：

动态 Lagrange 空间域中广义$\nabla_{\hat{m}}(\cdot)$的性质，与静态空间域中广义$\nabla_m(\cdot)$的性质，完全相同。

命题的等价提法如下：

动态 Lagrange 空间域中的广义协变微分学，与静态空间域中的广义协变微分学，完全一致。

## 17.11 时间域上的协变微分变换群

本节与第13章中相应的内容几乎完全一致。

Lagrange 描述下，时间域上的协变微分变换群，其出发点，是 Lagrange 基矢量对时间的广义协变导数的公理化定义式，即式(17.10)。前一章已经给出 Lagrange 基矢量的物质导数 $\frac{\mathrm{d}_{\hat{t}}\hat{\boldsymbol{g}}^i}{\mathrm{d}\hat{t}}$ 和 $\frac{\mathrm{d}_{\hat{t}}\hat{\boldsymbol{g}}_i}{\mathrm{d}\hat{t}}$ 的计算式。将 $\frac{\mathrm{d}_{\hat{t}}\hat{\boldsymbol{g}}^i}{\mathrm{d}\hat{t}}$ 和 $\frac{\mathrm{d}_{\hat{t}}\hat{\boldsymbol{g}}_i}{\mathrm{d}\hat{t}}$ 的计算式与式(17.10)相结合，可得

$$\nabla_{\hat{t}}\hat{\boldsymbol{g}}^i=\boldsymbol{0},\quad \nabla_{\hat{t}}\hat{\boldsymbol{g}}_i=\boldsymbol{0} \tag{17.43}$$

即 Lagrange 基矢量对时间 $\hat{t}$ 的广义协变导数恒等于零。

式(17.43)表明，Lagrange 基矢量虽然随坐标点变化和随时间变化，但在形式上，却可以像不变的常矢量一样，自由地进出对时间 $\hat{t}$ 的广义协变导数 $\nabla_{\hat{t}}(\cdot)$！

式(17.43)定义了一个连续的微分变换群，我们称之为 Lagrange 时间域上的“协变微分变换群”。

由于新、老 Lagrange 基矢量具有同等的地位，式(17.43)可以从老坐标系推广到新坐标系，得到新基矢量在 Lagrange 时间域上的协变微分变换群：

$$\nabla_{\hat{t}}\hat{\boldsymbol{g}}^{i'}=0,\quad \nabla_{\hat{t}}\hat{\boldsymbol{g}}_{i'}=\boldsymbol{0} \tag{17.44}$$

为便于对比，我们列出 Lagrange 空间域上的协变微分变换群：

$$\nabla_{\hat{m}}\hat{\boldsymbol{g}}^i=\boldsymbol{0},\quad \nabla_{\hat{m}}\hat{\boldsymbol{g}}_i=\boldsymbol{0} \tag{17.45}$$

$$\nabla_{\hat{m}'}\hat{\boldsymbol{g}}^{i'}=\boldsymbol{0},\quad \nabla_{\hat{m}'}\hat{\boldsymbol{g}}_{i'}=\boldsymbol{0} \tag{17.46}$$

$$\nabla_{\hat{m}}\hat{\boldsymbol{g}}^{i'}=\boldsymbol{0},\quad \nabla_{\hat{m}}\hat{\boldsymbol{g}}_{i'}=\boldsymbol{0} \tag{17.47}$$

$$\nabla_{\hat{m}'}\hat{\boldsymbol{g}}^{i}=\boldsymbol{0},\quad \nabla_{\hat{m}'}\hat{\boldsymbol{g}}_{i}=\boldsymbol{0} \tag{17.48}$$

Lagrange 时间域和 Lagrange 空间域，差异很大，但其上的协变微分变换群，却显示出高度一致的不变性质。

Lagrange 基矢量与 Euler 基矢量，虽然是差别很大的概念，但其对时间和空间的广义协变导数，却显示出高度的一致性。

## 17.12 协变微分变换群应用于度量张量

度量张量的 Lagrange 分量 $\hat{g}^{ij}$ 和 $\hat{g}_{ij}$，其对时间 $\hat{t}$ 的广义协变导数 $\nabla_{\hat{t}}\hat{g}^{ij}$ 和 $\nabla_{\hat{t}}\hat{g}_{ij}$ 的计算式，可由变换群给出：

$$\begin{aligned}&\nabla_{\hat{t}}\hat{g}^{ij}=\nabla_{\hat{t}}(\hat{\boldsymbol{g}}^i\cdot\hat{\boldsymbol{g}}^j)=0,\quad \nabla_{\hat{t}}\hat{g}_{ij}=\nabla_{\hat{t}}(\hat{\boldsymbol{g}}_i\cdot\hat{\boldsymbol{g}}_j)=0\\&\nabla_{\hat{t}}\hat{g}_i^{j}=\nabla_{\hat{t}}(\hat{\boldsymbol{g}}_i\cdot\hat{\boldsymbol{g}}^j)=0,\quad \nabla_{\hat{t}}\hat{g}^i_{j}=\nabla_{\hat{t}}(\hat{\boldsymbol{g}}^i\cdot\hat{\boldsymbol{g}}_j)=0\end{aligned} \tag{17.49}$$

式(17.49)可导致如下命题：

度量张量的 Lagrange 协变分量 $\hat{g}_{ij}$，逆变分量 $\hat{g}^{ij}$，混变分量 $\hat{g}_i^j$ 和 $\hat{g}_j^i$，都可以自由进出广义协变导数$\nabla_{\hat{t}}(\cdot)$。

注意到，同样的命题也存在于 Euler 描述之中。很显然，基于对时间的广义协变导数$\nabla_{\hat{t}}(\cdot)$，我们看到的是 Euler 描述与 Lagrange 描述的统一性。

命题可以用表达式刻画如下：

$$\nabla_{\hat{t}}(\hat{g}^{ij}\ \cdot)=\hat{g}^{ij}\ \nabla_{\hat{t}}(\cdot),\quad \nabla_{\hat{t}}(\hat{g}_{ij}\ \cdot)=\hat{g}_{ij}\ \nabla_{\hat{t}}(\cdot) \tag{17.50}$$

式(17.50)显示：

广义协变导数$\nabla_{\hat{t}}(\cdot)$满足指标升降变换。

对于度量张量 $\boldsymbol{G}$，其实体形式满足下式：

$$\nabla_{\hat{t}}\boldsymbol{G}=\nabla_{\hat{t}}(\hat{g}^{ij}\hat{\boldsymbol{g}}_i\hat{\boldsymbol{g}}_j)=\boldsymbol{0} \tag{17.51}$$

## 17.13 协变微分变换群应用于度量张量的杂交分量

第 16 章中，我们定义了度量张量的 Lagrange 杂交分量对时间 $\hat{t}$ 的广义协变导数。下面，我们计算度量张量的 Lagrange 杂交分量对时间 $\hat{t}$ 的广义协变导数。由式(17.43)和式(17.44)中的协变微分变换群，立即可得

$$\nabla_{\hat{t}}\hat{g}^{ij'}=\nabla_{\hat{t}}(\hat{\boldsymbol{g}}^i\cdot\hat{\boldsymbol{g}}^{j'})=0,\quad \nabla_{\hat{t}}\hat{g}_{ij'}=\nabla_{\hat{t}}(\hat{\boldsymbol{g}}_i\cdot\hat{\boldsymbol{g}}_{j'})=0 \tag{17.52}$$

$$\nabla_{\hat{t}}\hat{g}_i^{j'}=\nabla_{\hat{t}}(\hat{\boldsymbol{g}}_i\cdot\hat{\boldsymbol{g}}^{j'})=0,\quad \nabla_{\hat{t}}\hat{g}_{j'}^{i}=\nabla_{\hat{t}}(\hat{\boldsymbol{g}}_{j'}\cdot\hat{\boldsymbol{g}}^{i})=0 \tag{17.53}$$

式(17.52)和式(17.53)导致如下命题：

度量张量的 Lagrange 杂交分量 $\hat{g}_{ij'}$，$\hat{g}^{ij'}$，$\hat{g}_i^{j'}$，$\hat{g}_{j'}^i$ 都可以自由进出广义协变导数$\nabla_{\hat{t}}(\cdot)$。

命题可以用表达式刻画如下：

$$\nabla_{\hat{t}}(\hat{g}^{ij'}\ \cdot)=\hat{g}^{ij'}\ \nabla_{\hat{t}}(\cdot),\quad \nabla_{\hat{t}}(\hat{g}_{ij'}\ \cdot)=\hat{g}_{ij'}\ \nabla_{\hat{t}}(\cdot) \tag{17.54}$$

$$\nabla_{\hat{t}}(\hat{g}_i^{j'}\ \cdot)=\hat{g}_i^{j'}\ \nabla_{\hat{t}}(\cdot),\quad \nabla_{\hat{t}}(\hat{g}_{j'}^{i}\ \cdot)=\hat{g}_{j'}^{i}\ \nabla_{\hat{t}}(\cdot) \tag{17.55}$$

式(17.55)意味着：

广义协变导数$\nabla_{\hat{t}}(\cdot)$满足坐标变换。

## 17.14 协变微分变换群应用于 Eddington 张量

对于 Eddington 张量 $\boldsymbol{E}$ 的 Lagrange 分量，有

$$\nabla_{\hat{t}}\hat{\varepsilon}^{ijk}=\nabla_{\hat{t}}[(\hat{\boldsymbol{g}}^i\times\hat{\boldsymbol{g}}^j)\cdot\hat{\boldsymbol{g}}^k]=0,$$

$$\nabla_{\hat{t}}\hat{\varepsilon}_{ijk}=\nabla_{\hat{t}}[(\hat{\boldsymbol{g}}_i\times\hat{\boldsymbol{g}}_j)\cdot\hat{\boldsymbol{g}}_k]=0 \tag{17.56}$$

对于 Eddington 张量 $\boldsymbol{E}$ 实体形式，有

$$\nabla_{\hat{t}} \boldsymbol{E} = \nabla_{\hat{t}} (\hat{\varepsilon}^{ijk} \hat{\boldsymbol{g}}_i \hat{\boldsymbol{g}}_j \hat{\boldsymbol{g}}_k) = \boldsymbol{0} \tag{17.57}$$

于是我们有命题：

Eddington 张量 $E$ 及其 Lagrange 分量，都可以自由进出广义协变导数$\nabla_{\hat{t}}(\cdot)$。

# 17.15 协变微分变换群应用于$\sqrt{\hat{g}}$

对于度量张量分量行列式之根式$\sqrt{\hat{g}}$（式(17.33)），有

$$\nabla_{\hat{t}} \sqrt{\hat{g}} = \nabla_{\hat{t}} [(\hat{\boldsymbol{g}}_1 \times \hat{\boldsymbol{g}}_2) \cdot \hat{\boldsymbol{g}}_3] = 0 \tag{17.58}$$

于是我们有命题：

度量张量分量行列式之根式$\sqrt{\hat{g}}$，可以自由进出广义协变导数$\nabla_{\hat{t}}(\cdot)$。

上述计算式中包含大量的零元素，我们由此判断：Lagrange 描述下，对时间的广义协变导数$\nabla_{\hat{t}}(\cdot)$，使得 Lagrange 时空中的张量分析的运算达到了致精致简。

与第 13 章中相应的章节比较，我们再次看到，$\nabla_{\hat{t}}(\cdot)$与$\nabla_t(\cdot)$之间存在高度的统一性。

将(17-58)与式(17.40)结合，可得

$$\frac{\mathrm{d}_{\hat{t}} \sqrt{\hat{g}}}{\mathrm{d}\hat{t}} - \sqrt{\hat{g}}\ \nabla \cdot \boldsymbol{v} = 0 \tag{17.59}$$

亦即

$$\nabla \cdot \boldsymbol{v} = \frac{1}{\sqrt{\hat{g}}} \frac{\mathrm{d}_{\hat{t}} \sqrt{\hat{g}}}{\mathrm{d}\hat{t}} \tag{17.60}$$

请读者注意，式(17.60)在第 15 章中已经出现过。结果相同，但过程不同：第 15 章的结果，完全依赖计算，而本章则通过观念（或概念）之间的相互联系，“导”出了式(17.60)。确切地说，此处的式(17.60)，是协变形式不变性公设和协变微分变换群的产物。

请读者比较式(17.60)与 Euler 描述下相应的表达式（第 13 章）：

$$\Gamma^j_{jm} v^m = \frac{1}{\sqrt{g}} \frac{\mathrm{d}\sqrt{g}}{\mathrm{d}t} \tag{17.61}$$

式(17.60)左端，$\nabla \cdot \boldsymbol{v}$ 是标量；式(17.60)右端，$\sqrt{\hat{g}}$ 是 3-指标广义分量，$\dfrac{\mathrm{d}_{\hat{t}} \sqrt{\hat{g}}}{\mathrm{d}\hat{t}}$是 3-指标赝广义分量。式(17.61)左端，$\Gamma^j_{jm} v^m$ 不是广义分量；式(17.61)右端，$\sqrt{g}$ 是 3-指标广义分量，$\dfrac{\mathrm{d}\sqrt{g}}{\mathrm{d}t}$不是广义分量。式(17.60)与式(17.61)之间，相似度很高，差别也很大。

## 17.16 与 Lagrange 基矢量相关的一般性命题

时间域上的协变微分变换群，导致如下一般性命题：

由 Lagrange 基矢量的乘法运算生成的任何广义分量 $\hat{s}^{i}_{\cdot jk}$，对时间 $\hat{t}$ 的广义协变导数都恒为零，即

$$\nabla_{\hat{t}}\hat{\boldsymbol{s}}^{i}_{\cdot jk}=\boldsymbol{0} \tag{17.62}$$

Lagrange 基矢量有新老之分。因此，我们有进一步的一般性命题：

**由新、老 Lagrange 基矢量的乘法运算生成的任何杂交广义分量** $\hat{s}^{i}_{\cdot j'k'}$，对时间 $\hat{t}$ 的广义协变导数 $\nabla_{\hat{t}}\hat{s}^{i}_{\cdot j'k'}$ 恒为零，即

$$\nabla_{\hat{t}}\hat{\boldsymbol{s}}^{i}_{\cdot j'k'}=\boldsymbol{0} \tag{17.63}$$

## 17.17 广义协变导数 $\nabla_{\hat{t}}(\cdot)$ 的协变性

与第 13 章对应章节类似，本节将证实：Lagrange 广义分量 $(\cdot)$ 对时间的广义协变导数 $\nabla_{\hat{t}}(\cdot)$，具有协变性。

将 $(\cdot)$ 取为 1-指标广义分量 $\hat{\boldsymbol{p}}^{i}$ 和 $\hat{\boldsymbol{p}}_{j}$，根据 17.12 和 17.13 节的命题可得

$$\begin{aligned}&\nabla_{\hat{t}}\hat{\boldsymbol{p}}^{i}=\nabla_{\hat{t}}(\hat{g}^{ij}\hat{\boldsymbol{p}}_{j})=\hat{g}^{ij}(\nabla_{\hat{t}}\hat{\boldsymbol{p}}_{j}), \quad \nabla_{\hat{t}}\hat{\boldsymbol{p}}_{j}=\nabla_{\hat{t}}(\hat{g}_{ji}\hat{\boldsymbol{p}}^{i})=\hat{g}_{ji}(\nabla_{\hat{t}}\hat{\boldsymbol{p}}^{i})\\&\nabla_{\hat{t}}\hat{\boldsymbol{p}}^{i}=\nabla_{\hat{t}}(\hat{g}^{i}_{j'}\hat{\boldsymbol{p}}^{j'})=\hat{g}^{i}_{j'}(\nabla_{\hat{t}}\hat{\boldsymbol{p}}^{j'}), \quad \nabla_{\hat{t}}\hat{\boldsymbol{p}}^{j'}=\nabla_{\hat{t}}(\hat{g}^{j'}_{i}\hat{\boldsymbol{p}}^{i})=\hat{g}^{j'}_{i}(\nabla_{\hat{t}}\hat{\boldsymbol{p}}^{i})\end{aligned} \tag{17.64}$$

式(17.64)就是关于 $\nabla_{\hat{t}}\hat{\boldsymbol{p}}^{i}$ 的 Ricci 变换。

式(17.64)可以向更高阶的广义分量推广。于是我们有命题：

对于任意的 $n$-指标 Lagrange 广义分量 $(\cdot)$，$\nabla_{\hat{t}}(\cdot)$ 必然满足 Ricci 变换。

进一步有命题：

$n$-指标 Lagrange 广义分量 $(\cdot)$ 对时间 $\hat{t}$ 的广义协变导数 $\nabla_{\hat{t}}(\cdot)$，仍然是 $n$-指标 Lagrange 广义分量，必然具有协变性。

Lagrange 描述下，协变微分学研究的对象集，由此大大扩充了。

## 17.18 对称性的修复

对时间 $\hat{t}$ 的广义协变导数 $\nabla_{\hat{t}}(\cdot)$，修复了破缺的对称性。这可从 $\nabla_{\hat{t}}(\cdot)$ 的 Ricci 变换的对称性中看出。先看指标升降变换的对称性：

$$\begin{aligned}&\nabla_{\hat{t}}\hat{u}^{i}=\hat{g}^{ij}(\nabla_{\hat{t}}\hat{u}_{j}), \quad \nabla_{\hat{t}}\hat{u}_{j}=\hat{g}_{ji}(\nabla_{\hat{t}}\hat{u}^{i})\\&\nabla_{\hat{t}}\hat{\boldsymbol{g}}^{i}=\hat{g}^{ij}(\nabla_{\hat{t}}\hat{\boldsymbol{g}}_{j}), \quad \nabla_{\hat{t}}\hat{\boldsymbol{g}}_{j}=\hat{g}_{ji}(\nabla_{\hat{t}}\hat{\boldsymbol{g}}^{i})\end{aligned} \tag{17.65}$$

再看坐标变换的对称性：

$$\nabla_{\hat{t}}\hat{u}^{i}=\hat{g}^{i}_{j'}(\nabla_{\hat{t}}\hat{u}^{j'}),\quad \nabla_{\hat{t}}\hat{u}^{j'}=\hat{g}^{j'}_{i}(\nabla_{\hat{t}}\hat{u}^{i})$$
$$\nabla_{\hat{t}}\hat{\boldsymbol{g}}^{i}=\hat{g}^{i}_{j'}(\nabla_{\hat{t}}\hat{\boldsymbol{g}}^{j'}),\quad \nabla_{\hat{t}}\hat{\boldsymbol{g}}^{j'}=\hat{g}^{j'}_{i}(\nabla_{\hat{t}}\hat{\boldsymbol{g}}^{i}) \tag{17.66}$$

至此,我们可以说:式(17.7)所期待的对称性,不仅从表观形式上,而且从代数变换上都得到了满足。对称性破缺得到了全面修复。协变微分学的对称性,由此可以被进行到底了。

时间域上的协变形式不变性公设,是确保协变微分学结构对称性的逻辑基础。

## 17.19 有趣的现象

时间域上的协变形式不变性公理,将 Lagrange 描述与 Euler 描述的共性展现得淋漓尽致。二者的共性是如此之多,以至于我们产生了错觉:似乎二者的共性是永恒的。然而,事实并非如此。

本节关注的问题,与第 13 章考查的问题,几乎一模一样:Lagrange 描述下,广义协变导数$\nabla_{\hat{t}}(\cdot)$的整体性质,能否传递给其局部组成部分?问题虽然与前面章节一致,但答案大相径庭。

我们从公理化定义式(17.9)的角度考查$\nabla_{\hat{t}}(\cdot)$。整体上,$\nabla_{\hat{t}}\hat{\boldsymbol{p}}^{i}$ 和$\nabla_{\hat{t}}\hat{\boldsymbol{p}}_{j}$ 之间满足指标变换:

$$\frac{\mathrm{d}_{\hat{t}}\hat{\boldsymbol{p}}^{i}}{\mathrm{d}\hat{t}}+\hat{\boldsymbol{p}}^{m}\ \nabla_{\hat{m}}\hat{v}^{i}=\hat{g}^{ij}\left(\frac{\mathrm{d}_{\hat{t}}\hat{\boldsymbol{p}}_{j}}{\mathrm{d}\hat{t}}-\hat{\boldsymbol{p}}_{m}\ \nabla_{\hat{j}}\hat{v}^{m}\right) \tag{17.67}$$

$\nabla_{\hat{t}}\hat{\boldsymbol{p}}^{i}$ 和$\nabla_{\hat{t}}\hat{\boldsymbol{p}}^{j'}$之间满足坐标变换:

$$\frac{\mathrm{d}_{\hat{t}}\hat{\boldsymbol{p}}^{i}}{\mathrm{d}\hat{t}}+\hat{\boldsymbol{p}}^{m}\ \nabla_{\hat{m}}\hat{v}^{i}=\hat{g}^{i}_{j'}\left(\frac{\mathrm{d}_{\hat{t}}\hat{\boldsymbol{p}}^{j'}}{\mathrm{d}\hat{t}}+\hat{\boldsymbol{p}}^{m'}\ \nabla_{\hat{m}'}\hat{v}^{j'}\right) \tag{17.68}$$

先看式(17.67)。比较式(17.67)两端诸项,立即看出:

$$\hat{\boldsymbol{p}}^{m}\ \nabla_{\hat{m}}\hat{v}^{i}\neq\hat{g}^{ij}(-\hat{\boldsymbol{p}}_{m}\ \nabla_{\hat{j}}\hat{v}^{m}) \tag{17.69}$$

$$\frac{\mathrm{d}_{\hat{t}}\hat{\boldsymbol{p}}^{i}}{\mathrm{d}t}\neq\hat{g}^{ij}\ \frac{\mathrm{d}_{\hat{t}}\hat{\boldsymbol{p}}_{j}}{\mathrm{d}t} \tag{17.70}$$

式(17.67)、式(17.69)、式(17.70)表明:指标变换虽然整体成立,但局部并不成立。

$\frac{\mathrm{d}_{\hat{t}}\hat{\boldsymbol{p}}^{i}}{\mathrm{d}t}$和$\frac{\mathrm{d}_{\hat{t}}\hat{\boldsymbol{p}}_{j}}{\mathrm{d}t}$都是 1-指标的赝广义分量,二者之间没有指标变换关系。$\hat{\boldsymbol{p}}^{m}\ \nabla_{\hat{m}}\hat{v}^{i}$和$-\hat{\boldsymbol{p}}_{m}\ \nabla_{\hat{j}}\hat{v}^{m}$ 都是 1-指标广义分量,但二者之间也没有指标变换关系。

广义协变导数$\nabla_{\hat{t}}(\cdot)$的指标变换性质,不能从整体传递给其局部。请读者将这个结果,与第 13 章相应的结果,进行比较。请读者注意,不同于 Lagrange 时间域上的广义协变导数$\nabla_{\hat{t}}(\cdot)$,Euler 时间域上的广义协变导数$\nabla_{t}(\cdot)$,存在基本组合模式。因此,$\nabla_{t}(\cdot)$的表达形式有两种,一是原始定义式,二是基本组合模式。

换言之,“第 13 章相应的结果”,不是一种结果,而是两种结果。请读者全面比较。

再看式(17.68)。比较式(17.68)两端,很容易看出:

$$\hat{\boldsymbol{p}}^{m}\nabla_{\hat{m}}\hat{v}^{i}=\hat{g}^{i}_{j'}(\hat{\boldsymbol{p}}^{m'}\nabla_{\hat{m}'}\hat{v}^{j'}) \tag{17.71}$$

$$\frac{\mathrm{d}_{\hat{t}}\hat{\boldsymbol{p}}^{i}}{\mathrm{d}\hat{t}}=\hat{g}^{i}_{j'}\left(\frac{\mathrm{d}_{\hat{t}}\hat{\boldsymbol{p}}^{j'}}{\mathrm{d}\hat{t}}\right) \tag{17.72}$$

请读者注意:式(17.71)用到了两个基本观念,一是度量张量的杂交分量 $\hat{g}^{i}_{j'}$ 可以自由进出对坐标的广义协变导数$\nabla_{\hat{m}'}(\cdot)$:

$$\nabla_{\hat{m}'}(\hat{g}^{i}_{j'}\ \cdot)=\hat{g}^{i}_{j'}\nabla_{\hat{m}'}(\cdot) \tag{17.73}$$

二是自由哑指标 $m$ 的表观形式不变性:

$$\hat{\boldsymbol{p}}^{m}\nabla_{\hat{m}}(\cdot)=\hat{\boldsymbol{p}}^{m'}\nabla_{\hat{m}'}(\cdot) \tag{17.74}$$

式(17.72)则涉及到这样的基本观念:$\hat{g}^{i}_{j'}$ 可以自由进出物质导数$\dfrac{\mathrm{d}_{\hat{t}}(\cdot)}{\mathrm{d}\hat{t}}$,亦即$\dfrac{\mathrm{d}_{\hat{t}}(\cdot)}{\mathrm{d}\hat{t}}$满足坐标变换。

式(17.68)、式(17.71)、式(17.72)表明:坐标变换整体成立,局部也成立。

广义协变导数$\nabla_{\hat{t}}(\cdot)$的坐标变换性质,能够从整体传递给其局部。请读者将这个结果,与第 13 章相应的结果,进行比较。重复一下上面的提醒:“第 13 章相应的结果”,不是一种结果,而是两种结果。请读者全面比较。

## 17.20　Lagrange 时空上的高阶广义协变导数

对于任何 Lagrange 广义分量$(\cdot)$,都可以定义广义协变导数$\nabla_{\hat{m}}(\cdot)$和$\nabla_{\hat{t}}(\cdot)$。$\nabla_{\hat{m}}(\cdot)$和$\nabla_{\hat{t}}(\cdot)$仍然是 Lagrange 广义分量,基于协变形式不变性公设,可定义更高一阶的广义协变导数。以二阶广义协变导数而言,共有四种形式,即 Lagrange 空间域上的二阶广义协变导数$\nabla_{\hat{m}}\nabla_{\hat{m}}(\cdot)$,Lagrange 时间域上的二阶广义协变导数$\nabla_{\hat{t}}\nabla_{\hat{t}}(\cdot)$,Lagrange 时空上的二阶混合广义协变导数$\nabla_{\hat{t}}\nabla_{\hat{m}}(\cdot)$和$\nabla_{\hat{m}}\nabla_{\hat{t}}(\cdot)$。

协变形式不变性公设,为构造 Lagrange 时空上各种形式的高阶广义协变导数,开辟了道路。目前,尚未发现这类高阶广义协变导数的用途,故本章暂不做更多的讨论。

## 17.21　本章注释

经典张量分析中,Euler 描述与 Lagrange 描述是完全不同的内容,相互之间没有共性。然而,本章与第 16 章改变了这一局面。

Euler 描述与 Lagrange 描述之差别，根源在于刻画运动的方式。如果采用经典的基本概念——物质导数——则原始差别便被急剧放大，最终我们看到这样的结局：Euler 描述与 Lagrange 描述被演绎成了两个完全不同的逻辑系统，二者互相独立，没有任何关联。不仅如此，二者都相当复杂。

然而，一旦用新的基本概念替代经典的基本概念，则局面大变。这个新的基本概念，就是“对时间的广义协变导数” $\nabla_t(\cdot)$ 和 $\nabla_{\hat{t}}(\cdot)$。用 $\nabla_t(\cdot)$ 代替 $\dfrac{d_t(\cdot)}{dt}$，Euler 描述的逻辑系统达成了致精致简。用 $\nabla_{\hat{t}}(\cdot)$ 代替 $\dfrac{d_{\hat{t}}(\cdot)}{d\hat{t}}$，Lagrange 描述的逻辑系统达成了致精致简。更重要的是，两个致精致简的逻辑系统，结构性、对称性和统一性清晰可见，展现出深刻的内在联系。

扭转局面的关键在于 $\nabla_t(\cdot)$ 和 $\nabla_{\hat{t}}(\cdot)$，秘密在于时间域上的协变形式不变性。$\nabla_t(\cdot)$ 和 $\nabla_{\hat{t}}(\cdot)$ 的定义式，遵循共同的公设——时间域上的协变形式不变性公设。一旦将 $\nabla_t(\cdot)$ 和 $\nabla_{\hat{t}}(\cdot)$ 置于共同的公设基础之上，则 Euler 描述与 Lagrange 描述就有了共同的逻辑基础。从共同的逻辑基础出发，必然演绎出对称的逻辑结构。

协变形式不变性主宰着时空，刻画的是时空的不变性。从第 12 章到本章，总共涉及了四种广义协变导数，其中，两种对空间的广义协变导数，$\nabla_{\hat{m}}(\cdot)$ 和 $\nabla_m(\cdot)$；还有两种对时间的广义协变导数，$\nabla_t(\cdot)$ 和 $\nabla_{\hat{t}}(\cdot)$。$\nabla_{\hat{m}}(\cdot)$、$\nabla_m(\cdot)$、$\nabla_t(\cdot)$ 和 $\nabla_{\hat{t}}(\cdot)$，都是协变形式不变性的产物。从这个意义上讲，协变形式不变性，是一种极为普遍存在的不变性。

联想到伟人的名言：历史常常有惊人的相似之处，但决不是简单的重复。Euler 描述与 Lagrange 描述的逻辑体系之差异，也是客观存在。因此，我们不论怎样强调统一性，也不可能完全彻底地被消除二者之间的差异性。实际上，有的差异性就存在于统一性之中。

不论是 Lagrange 描述，还是 Euler 描述，都有时间域上的协变形式不变性，也都有空间域上的协变形式不变性。因此我们统称为“时空的协变形式不变性”。

时空的协变形式不变性，是一种隐藏得很深的不变性。从静态的协变微分学，到动态的协变微分学，协变形式不变性一脉相承。下一本著作中，我们会证实，从平坦空间到卷曲空间，协变形式不变性，如出一辙。然而，一百多年来，人们从没有意识到它的存在。表面上看，它是“人定”的“法则”，但实际上，它体现的不是研究者的个人意志，而是时空自身的本征性质，是大自然的客观存在。

再次强调一下：协变形式不变性，只有在自然时空中，才能被精致地刻画出来。

# Lagrange描述下的广义协变变分

本章内容与第 14 章内容完全对应。二者涉及的研究对象，都是协变变分，但不同的是物质空间运动的描述方式：第 14 章涉及 Euler 描述下的协变变分，本章涉及 Lagrange 描述下的协变变分。

与第 14 章类似，本章首先引出 Lagrange 分量的协变变分概念，引出狭义的协变变分学；然后，再基于协变形式不变性公设，定义 Lagrange 广义分量的广义协变变分概念，发展广义的协变变分学。

为了便于对比，本章力求在结构上与第 14 章保持一致性，尽量给读者留下这样的印象：本章似乎是第 14 章的翻版。当然，读者绝对不要认为，本章就是第 14 章的简单重复。

本章的概念生成模式，与第 14 章的概念生成模式，完全类似：即通过公设，将具有狭义协变性的变分概念，延拓为具有广义协变性的变分概念。

## 18.1 Lagrange 描述下场函数对时间的 Taylor 级数展开

定义在物质点上的张量场函数 $\boldsymbol{T}$，Lagrange 描述下的函数形态为

$$\boldsymbol{T}=\boldsymbol{T}(\hat{x}^m,\hat{t}) \tag{18.1}$$

Lagrange 描述下，坐标线与连续体一起运动和变形，因此给定物质点的 Lagrange 坐标 $\hat{x}^m$ 保持不变。换言之，对于给定的质点 $\hat{x}^m$，式(18.1)中可以变化的自变量只有时间参数 $\hat{t}$。令时间 $\hat{t}$ 产生增量 $\Delta\hat{t}$，则场函数 $\boldsymbol{T}$ 也必然产生增量 $\Delta\boldsymbol{T}$，亦即

$$\hat{t}\to\hat{t}+\Delta\hat{t},\quad \boldsymbol{T}\to\boldsymbol{T}+\Delta\boldsymbol{T} \tag{18.2}$$

场函数 $\boldsymbol{T}$ 的增量 $\Delta\boldsymbol{T}$ 可表示为

$$\Delta\boldsymbol{T}\triangleq\boldsymbol{T}(\hat{x}^m,\hat{t}+\Delta\hat{t})-\boldsymbol{T}(\hat{x}^m,\hat{t}) \tag{18.3}$$

将场函数 $\boldsymbol{T}(\hat{x}^m,\hat{t}+\Delta\hat{t})$ 在 $\hat{t}$ 的邻域内展开为 Taylor 级数：

$$\boldsymbol{T}(\hat{x}^m,\hat{t}+\Delta\hat{t})=\boldsymbol{T}(\hat{x}^m,\hat{t})+\left.\frac{\partial\boldsymbol{T}}{\partial\hat{t}}\right|_{\hat{x}^m}\Delta\hat{t}+\frac{1}{2!}\left.\frac{\partial^2\boldsymbol{T}}{\partial\hat{t}^2}\right|_{\hat{x}^m}(\Delta\hat{t})^2+\cdots \tag{18.4}$$

请注意，在 Taylor 级数展开过程中，要求物质点的 Lagrange 坐标 $\hat{x}^m$ 保持不变。换言之，这里的级数展开，是时间域上的展开。更具体的物理意义如下：连续体运动时，我们紧盯着坐标符号为 $\hat{x}^m$ 的物质点，考查该物质点上的场函数 $\boldsymbol{T}$ 随时间的变化。

将式(18.4)代入式(18.3)，可得

$$\Delta\boldsymbol{T}=\left.\frac{\partial\boldsymbol{T}}{\partial\hat{t}}\right|_{\hat{x}^m}\Delta\hat{t}+\frac{1}{2!}\left.\frac{\partial^2\boldsymbol{T}}{\partial\hat{t}^2}\right|_{\hat{x}^m}(\Delta\hat{t})^2+\cdots \tag{18.5}$$

在上述逻辑（或运动）过程中，由于物质点的 Lagrange 坐标 $\hat{x}^m$ 自始至终保持不变，因此，按照第 15 章的定义，式(18.5)中对时间参数 $\hat{t}$ 的导数，必然是随体的物质导数，即

$$\left.\frac{\partial\boldsymbol{T}}{\partial\hat{t}}\right|_{\hat{x}^m}\triangleq\frac{\mathrm{d}_{\hat{t}}\boldsymbol{T}}{\mathrm{d}\hat{t}},\quad \left.\frac{\partial^2\boldsymbol{T}}{\partial\hat{t}^2}\right|_{\hat{x}^m}=\frac{\mathrm{d}_{\hat{t}}^2\boldsymbol{T}}{\mathrm{d}\hat{t}^2} \tag{18.6}$$

于是式(18.5)化为

$$\Delta\boldsymbol{T}=\frac{\mathrm{d}_{\hat{t}}\boldsymbol{T}}{\mathrm{d}\hat{t}}\Delta\hat{t}+\frac{1}{2!}\frac{\mathrm{d}_{\hat{t}}^2\boldsymbol{T}}{\mathrm{d}\hat{t}^2}(\Delta\hat{t})^2+\cdots \tag{18.7}$$

当 $\Delta\hat{t}$ 足够小时，式(18.7)右端起决定性作用的是 $\Delta\hat{t}$ 的线性项，因此，我们可以从线性项中提取一阶微分形式 $\mathrm{d}_{\hat{t}}\boldsymbol{T}$：

$$\mathrm{d}_{\hat{t}}\boldsymbol{T}\triangleq\frac{\mathrm{d}_{\hat{t}}\boldsymbol{T}}{\mathrm{d}\hat{t}}\mathrm{d}\hat{t} \tag{18.8}$$

场函数的一阶微分形式 $\mathrm{d}_{\hat{t}}\boldsymbol{T}$，是场函数 $\boldsymbol{T}$ 对时间 $\hat{t}$ 的微分。由于 $\mathrm{d}_{\hat{t}}\boldsymbol{T}$ 是定义在物质点 $\hat{x}^m$ 上的随体的概念，因此是“物质微分”。式(18.8)显示，物质微分 $\mathrm{d}_{\hat{t}}\boldsymbol{T}$ 是与物质导数 $\frac{\mathrm{d}_t\boldsymbol{T}}{\mathrm{d}t}$ 对应的概念，二者成正比例关系。类似于第 14 章，我们将场函数 $\boldsymbol{T}$ 的一阶物质微分 $\mathrm{d}_{\hat{t}}\boldsymbol{T}$，称为“场函数 $\boldsymbol{T}$ 的一阶变分”。显然，这里的一阶变分 $\mathrm{d}_{\hat{t}}\boldsymbol{T}$ 是局部化的变分。

以上概念的抽象过程，不仅对张量场函数 $\boldsymbol{T}$ 成立，而且对任何几何量和物理量的场函数都成立。换言之，式(18.8)可以推广到随体的任何显态函数（•）：

$$\mathrm{d}_{\hat{t}}(\bullet)\triangleq\frac{\mathrm{d}_{\hat{t}}(\bullet)}{\mathrm{d}\hat{t}}\mathrm{d}\hat{t} \tag{18.9}$$

式(18.9)表明，Lagrange 时间域上，任何随体几何量（•）的局部化一阶变分（或物质微分）$\mathrm{d}_{\hat{t}}(\bullet)$ 与物质导数 $\frac{\mathrm{d}_{\hat{t}}(\bullet)}{\mathrm{d}\hat{t}}$ 成正比。

类似于第 14 章中的见解：Lagrange 时间域上，物质导数$\frac{\mathrm{d}_{\hat{t}}(\cdot)}{\mathrm{d}\hat{t}}$可视为一阶变分（或物质微分）$\mathrm{d}_{\hat{t}}(\cdot)$与 $\mathrm{d}\hat{t}$ 的比值，因此，$\frac{\mathrm{d}_{\hat{t}}(\cdot)}{\mathrm{d}\hat{t}}\mathrm{d}\hat{t}=\mathrm{d}_{\hat{t}}(\cdot)$就顺理成章了。这样，物质导数$\frac{\mathrm{d}_{\hat{t}}(\cdot)}{\mathrm{d}\hat{t}}$就具有了“商”的含义，可称之为“物质微商”。更简单地，可称之为“变商”，有“变分之商”的含义。

类似于第 14 章中的说法：Lagrange 描述下的物质导数$\frac{\mathrm{d}_{\hat{t}}(\cdot)}{\mathrm{d}\hat{t}}$已经得到了精细的研究。鉴于上述正比例关系，Lagrange 描述下的变分 $\mathrm{d}_{\hat{t}}(\cdot)$似乎已经不需要再研究。然而，考虑到变分在力学中的重要性，作者仍然决定，放弃“局部变分附属于物质导数”的观念，将局部变分分离出来，单独成章。为便于读者理解“单独成章”之必要，我们做类比。我们不能说：“既然研究了导数，就不必要研究微分了”。同样，我们也不能说：“既然研究了物质导数，就不必要研究物质微分(即变分)了”。

物质导数$\frac{\mathrm{d}_{\hat{t}}(\cdot)}{\mathrm{d}\hat{t}}$的代数结构是环，一阶变分 $\mathrm{d}_{\hat{t}}(\cdot)$的代数结构也是环。

类似于第 14 章，本章仍然把随体场函数的变分概念(而不是泛函的变分概念)，置于了 Taylor 级数的基础之上。

请读者注意：本章的 Taylor 级数，与第 14 章的 Taylor 级数，虽然都是对时间参数展开的级数，但二者有差别，即时间参数在场函数中的形态不同：第 14 章中的场函数，是混态函数，既有隐含的时间，又有显含的时间；而本章中的场函数，是显态函数，只有显含的时间，没有隐含的时间。Lagrange 时空和 Euler 时空中场函数形态的差异，导致了协变变分学在形式、结构和内涵上的差别。

## 18.2　矢量的 Lagrange 分量的狭义协变变分

考查定义在连续体上的矢量场函数 $\boldsymbol{u}$。将其在 Lagrange 基矢量下分解如下：

$$\boldsymbol{u}=\hat{u}^{i}\hat{\boldsymbol{g}}_{i}=\hat{u}_{i}\hat{\boldsymbol{g}}^{i} \tag{18.10}$$

式(18.9)取一阶变分：

$$\mathrm{d}_{\hat{t}}\boldsymbol{u}=\mathrm{d}_{\hat{t}}(\hat{u}^{i}\hat{\boldsymbol{g}}_{i})=\mathrm{d}_{\hat{t}}(\hat{u}_{i}\hat{\boldsymbol{g}}^{i}) \tag{18.11}$$

由变分乘法的 Leibniz 法则：

$$\mathrm{d}_{\hat{t}}\boldsymbol{u}=(\mathrm{d}_{\hat{t}}\hat{u}^{i})\hat{\boldsymbol{g}}_{i}+\hat{u}^{i}(\mathrm{d}_{\hat{t}}\hat{\boldsymbol{g}}_{i})=(\mathrm{d}_{\hat{t}}\hat{u}_{i})\hat{\boldsymbol{g}}^{i}+\hat{u}_{i}(\mathrm{d}_{\hat{t}}\hat{\boldsymbol{g}}^{i}) \tag{18.12}$$

第 15 章导出了 Lagrange 基矢量的物质导数$\frac{\mathrm{d}_{\hat{t}}\hat{\boldsymbol{g}}_{i}}{\mathrm{d}\hat{t}}$和$\frac{\mathrm{d}_{\hat{t}}\hat{\boldsymbol{g}}^{i}}{\mathrm{d}\hat{t}}$，结合式(18.9)中变分的定义，可以导出 Lagrange 基矢量的局部化一阶变分 $\mathrm{d}_{\hat{t}}\hat{\boldsymbol{g}}_{i}$ 和 $\mathrm{d}_{\hat{t}}\hat{\boldsymbol{g}}^{i}$：

$$\mathrm{d}_{\hat{t}}\hat{\boldsymbol{g}}_i \triangleq \frac{\mathrm{d}_{\hat{t}}\hat{\boldsymbol{g}}_i}{\mathrm{d}\hat{t}}\mathrm{d}\hat{t} = (\nabla_{\hat{i}}\hat{v}^k)\hat{\boldsymbol{g}}_k\mathrm{d}\hat{t}, \quad \mathrm{d}_{\hat{t}}\hat{\boldsymbol{g}}^i \triangleq \frac{\mathrm{d}_{\hat{t}}\hat{\boldsymbol{g}}^i}{\mathrm{d}\hat{t}}\mathrm{d}\hat{t} = -\hat{\boldsymbol{g}}^k(\nabla_{\hat{k}}\hat{v}^i)\mathrm{d}\hat{t} \tag{18.13}$$

Lagrange 基矢量的局部变分可计算，则任何几何量的局部变分，都可以计算了。

式(18.13)右端，哑指标 $k$ 是自由哑指标。

式(18.13)中，Lagrange 基矢量的变分，是本章引出新概念的起始点。式(18.13)代入式(18.12)得

$$\mathrm{d}_{\hat{t}}\boldsymbol{u} = (\mathrm{D}_{\hat{t}}\hat{u}^i)\hat{\boldsymbol{g}}_i = (\mathrm{D}_{\hat{t}}\hat{u}_i)\hat{\boldsymbol{g}}^i \tag{18.14}$$

其中

$$\mathrm{D}_{\hat{t}}\hat{u}^i \triangleq \mathrm{d}_{\hat{t}}\hat{u}^i + \hat{u}^k(\nabla_{\hat{k}}\hat{v}^i)\mathrm{d}\hat{t} \tag{18.15}$$

$$\mathrm{D}_{\hat{t}}\hat{u}_i \triangleq \mathrm{d}_{\hat{t}}\hat{u}_i - \hat{u}_k(\nabla_{\hat{i}}\hat{v}^k)\mathrm{d}\hat{t} \tag{18.16}$$

$\mathrm{D}_{\hat{t}}\hat{u}_i$ 和 $\mathrm{D}_{\hat{t}}\hat{u}^i$ 是矢量的 Lagrange 分量 $\hat{u}_i$ 和 $\hat{u}^i$ 对时间参数 $\hat{t}$ 的协变微分，我们称之为“Lagrange 分量 $\hat{u}_i$ 和 $\hat{u}^i$ 的协变变分”。

$\mathrm{D}_{\hat{t}}\hat{u}_i$ 和 $\mathrm{D}_{\hat{t}}\hat{u}^i$ 的定义式，是精致有序的解析结构。请读者归纳 $\mathrm{D}_{\hat{t}}\hat{u}_i$ 和 $\mathrm{D}_{\hat{t}}\hat{u}^i$ 定义式中的结构模式。

式(18.14)显示，协变变分 $\mathrm{D}_{\hat{t}}\hat{u}^i$ 与 Lagrange 基矢量 $\hat{\boldsymbol{g}}_i$ 对偶不变地生成了矢量 $\mathrm{d}_{\hat{t}}\boldsymbol{u}$。作为矢量 $\mathrm{d}_{\hat{t}}\boldsymbol{u}$ 的分量，$\mathrm{D}_{\hat{t}}\hat{u}^i$ 必然满足 Ricci 变换，必然具有协变性。

式(18.15)和式(18.16)右端，哑指标 $k$ 是自由哑指标。

类似于第 14 章，我们形成如下观念：Lagrange 描述下，定义在物质点上的几何量（•）对时间的微分 $\mathrm{d}_{\hat{t}}$（•），就是（•）的变分；分量（•）对时间的协变微分 $\mathrm{D}_{\hat{t}}$（•），就是分量（•）的协变变分。

## 18.3 张量的 Lagrange 分量的狭义协变变分

定义在连续体上的二阶张量场函数 $\boldsymbol{T}$，其在 Lagrange 基矢量下的分解式为

$$\boldsymbol{T} = \hat{T}^{ij}\hat{\boldsymbol{g}}_i\hat{\boldsymbol{g}}_j = \hat{T}_{ij}\hat{\boldsymbol{g}}^i\hat{\boldsymbol{g}}^j = \hat{T}_i^{\cdot j}\hat{\boldsymbol{g}}^i\hat{\boldsymbol{g}}_j = \hat{T}^i_{\cdot j}\hat{\boldsymbol{g}}_i\hat{\boldsymbol{g}}^j \tag{18.17}$$

其一阶变分为

$$\mathrm{d}_{\hat{t}}\boldsymbol{T} = \mathrm{d}_{\hat{t}}(\hat{T}^{ij}\hat{\boldsymbol{g}}_i\hat{\boldsymbol{g}}_j) = \mathrm{d}_{\hat{t}}(\hat{T}_{ij}\hat{\boldsymbol{g}}^i\hat{\boldsymbol{g}}^j) = \mathrm{d}_{\hat{t}}(\hat{T}_i^{\cdot j}\hat{\boldsymbol{g}}^i\hat{\boldsymbol{g}}_j) = \mathrm{d}_{\hat{t}}(\hat{T}^i_{\cdot j}\hat{\boldsymbol{g}}_i\hat{\boldsymbol{g}}^j) \tag{18.18}$$

式(18.13)代入式(18.18)：

$$\mathrm{d}_{\hat{t}}\boldsymbol{T} = (\mathrm{D}_{\hat{t}}\hat{T}^{ij})\hat{\boldsymbol{g}}_i\hat{\boldsymbol{g}}_j = (\mathrm{D}_{\hat{t}}\hat{T}_{ij})\hat{\boldsymbol{g}}^i\hat{\boldsymbol{g}}^j = (\mathrm{D}_{\hat{t}}\hat{T}_i^{\cdot j})\hat{\boldsymbol{g}}^i\hat{\boldsymbol{g}}_j = (\mathrm{D}_{\hat{t}}\hat{T}^i_{\cdot j})\hat{\boldsymbol{g}}_i\hat{\boldsymbol{g}}^j \tag{18.19}$$

其中

$$\mathrm{D}_{\hat{t}}\hat{T}^{ij} \triangleq \mathrm{d}_{\hat{t}}\hat{T}^{ij} + \hat{T}^{mj}(\hat{\nabla}_m\hat{v}^i)\mathrm{d}\hat{t} + \hat{T}^{im}(\hat{\nabla}_m\hat{v}^j)\mathrm{d}\hat{t} \tag{18.20}$$

$$\mathrm{D}_{\hat{t}}\hat{T}_{ij} \triangleq \mathrm{d}_{\hat{t}}\hat{T}_{ij} - \hat{T}_{mj}(\nabla_{\hat{i}}\hat{v}^m)\mathrm{d}\hat{t} - \hat{T}_{im}(\nabla_{\hat{j}}\hat{v}^m)\mathrm{d}\hat{t} \tag{18.21}$$

$$\mathrm{D}_{\hat{t}}\hat{T}_i^{\cdot j} \triangleq \mathrm{d}_{\hat{t}}\hat{T}_i^{\cdot j} - \hat{T}_m^{\cdot j}(\nabla_{\hat{i}}\hat{v}^m)\mathrm{d}\hat{t} + \hat{T}_i^{\cdot m}(\nabla_{\hat{m}}\hat{v}^j)\mathrm{d}\hat{t} \tag{18.22}$$

$$\mathrm{D}_{\hat{t}}\hat{T}^{i}_{\cdot j} \triangleq \mathrm{d}_{\hat{t}}\hat{T}^{i}_{\cdot j} + \hat{T}^{m}_{\cdot j}(\nabla_{\hat{m}}\hat{v}^{i})\,\mathrm{d}\hat{t} - \hat{T}^{i}_{\cdot m}(\nabla_{\hat{j}}\hat{v}^{m})\,\mathrm{d}\hat{t} \tag{18.23}$$

$\mathrm{D}_{\hat{t}}\hat{T}^{ij}$ 被称为张量 Lagrange 分量 $\hat{T}^{ij}$ 的协变变分。显然，协变变分 $\mathrm{D}_{\hat{t}}\hat{T}^{ij}$，是经典变分 $\mathrm{d}_{\hat{t}}\hat{T}^{ij}$ 的拓展。$\mathrm{D}_{\hat{t}}\hat{T}^{ij}$ 是张量 $\mathrm{d}_{\hat{t}}\boldsymbol{T}$ 的分量。$\mathrm{D}_{\hat{t}}\hat{T}^{ij}$ 与 $\boldsymbol{g}_i\boldsymbol{g}_j$ 广义对偶不变地生成了张量 $\mathrm{d}_{\hat{t}}\boldsymbol{T}$。协变变分 $\mathrm{D}_{\hat{t}}\hat{T}^{ij}$ 必然满足 Ricci 变换，必然具有协变性。

式(18.20)～式(18.23)右端，哑指标 $m$ 是自由哑指标。

请读者归纳 $\mathrm{D}_{\hat{t}}\hat{T}^{ij}$ 等定义式中的结构模式。

度量张量的 Lagrange 分量 $\hat{g}_{ij}$ 是二阶张量分量的特例，故其协变变分可借助式(18.20)～式(18.23)定义为

$$\mathrm{D}_{\hat{t}}\hat{g}^{ij} \triangleq \mathrm{d}_{\hat{t}}\hat{g}^{ij} + \hat{g}^{mj}(\hat{\nabla}_{m}\hat{v}^{i})\,\mathrm{d}\hat{t} + \hat{g}^{im}(\hat{\nabla}_{m}\hat{v}^{j})\,\mathrm{d}\hat{t} \tag{18.24}$$

$$\mathrm{D}_{\hat{t}}\hat{g}_{ij} \triangleq \mathrm{d}_{\hat{t}}\hat{g}_{ij} - \hat{g}_{mj}(\nabla_{\hat{i}}\hat{v}^{m})\,\mathrm{d}\hat{t} - \hat{g}_{im}(\nabla_{\hat{j}}\hat{v}^{m})\,\mathrm{d}\hat{t} \tag{18.25}$$

$$\mathrm{D}_{\hat{t}}\hat{g}_{i}^{j} \triangleq \mathrm{d}_{\hat{t}}\hat{g}_{i}^{j} - \hat{g}_{m}^{j}(\nabla_{\hat{i}}\hat{v}^{m})\,\mathrm{d}\hat{t} + \hat{g}_{i}^{m}(\nabla_{\hat{m}}\hat{v}^{j})\,\mathrm{d}\hat{t} \tag{18.26}$$

$$\mathrm{D}_{\hat{t}}\hat{g}_{j}^{i} \triangleq \mathrm{d}_{\hat{t}}\hat{g}_{j}^{i} + \hat{g}_{j}^{m}(\nabla_{\hat{m}}\hat{v}^{i})\,\mathrm{d}\hat{t} - \hat{g}_{m}^{i}(\nabla_{\hat{j}}\hat{v}^{m})\,\mathrm{d}\hat{t} \tag{18.27}$$

度量张量的 Lagrange 分量的局部变分计算如下。借助式(18.13)，可得

$$\mathrm{d}_{\hat{t}}\hat{g}^{ij} = \mathrm{d}_{\hat{t}}(\hat{\boldsymbol{g}}^{i}\cdot\hat{\boldsymbol{g}}^{j}) = -\hat{g}^{mj}(\hat{\nabla}_{m}\hat{v}^{i})\,\mathrm{d}\hat{t} - \hat{g}^{im}(\hat{\nabla}_{m}\hat{v}^{j})\,\mathrm{d}\hat{t} \tag{18.28}$$

$$\mathrm{d}_{\hat{t}}\hat{g}_{ij} = \mathrm{d}_{\hat{t}}(\hat{\boldsymbol{g}}_{i}\cdot\hat{\boldsymbol{g}}_{j}) = \hat{g}_{mj}(\nabla_{\hat{i}}\hat{v}^{m})\,\mathrm{d}\hat{t} + \hat{g}_{im}(\nabla_{\hat{j}}\hat{v}^{m})\,\mathrm{d}\hat{t} \tag{18.29}$$

$$\mathrm{d}_{\hat{t}}\hat{g}_{i}^{j} = \mathrm{d}_{\hat{t}}(\hat{\boldsymbol{g}}_{i}\cdot\hat{\boldsymbol{g}}^{j}) = \hat{g}_{m}^{j}(\nabla_{\hat{i}}\hat{v}^{m})\,\mathrm{d}\hat{t} - \hat{g}_{i}^{m}(\nabla_{\hat{m}}\hat{v}^{j})\,\mathrm{d}\hat{t} \tag{18.30}$$

$$\mathrm{d}_{\hat{t}}\hat{g}_{j}^{i} = \mathrm{d}_{\hat{t}}(\hat{\boldsymbol{g}}^{i}\cdot\hat{\boldsymbol{g}}_{j}) = -\hat{g}_{j}^{m}(\nabla_{\hat{m}}\hat{v}^{i})\,\mathrm{d}\hat{t} + \hat{g}_{m}^{i}(\nabla_{\hat{j}}\hat{v}^{m})\,\mathrm{d}\hat{t} \tag{18.31}$$

式(18.28)～式(18.31)依次代入式(18.24)～式(18.27)，可导出：

$$\mathrm{D}_{\hat{t}}\hat{g}^{ij} = 0,\quad \mathrm{D}_{\hat{t}}\hat{g}_{ij} = 0,\quad \mathrm{D}_{\hat{t}}\hat{g}_{i}^{j} = 0,\quad \mathrm{D}_{\hat{t}}\hat{g}_{j}^{i} = 0 \tag{18.32}$$

由此我们抽象出命题：

度量张量的 Lagrange 分量，$\hat{g}_{ij}$，$\hat{g}^{ij}$，$\hat{g}_{i}^{j}$，$\hat{g}_{j}^{i}$，都可以自由进出狭义协变变分 $\mathrm{D}_{\hat{t}}(\cdot)$。

请读者注意，这个命题，是“算出来”的。

为便于比较，我们再考查一下度量张量分量的变分。由式(18.28)和式(18.29)可知，一般意义下，有

$$\mathrm{d}_{\hat{t}}\hat{g}^{ij} \neq 0,\quad \mathrm{d}_{\hat{t}}\hat{g}_{ij} \neq 0 \tag{18.33}$$

于是我们有命题：

度量张量的 Lagrange 协变分量和逆变分量，$\hat{g}_{ij}$，$\hat{g}^{ij}$，不能自由进出变分 $\mathrm{d}_{\hat{t}}(\cdot)$。

由于度量张量分量 $\hat{g}_{ij}$ 和 $\hat{g}^{ij}$ 肩负指标升降变换的重任，故我们有命题：

变分 $\mathrm{d}_{\hat{t}}(\cdot)$不满足指标升降变换。

相对于变分 $\mathrm{d}_{\hat{t}}(\cdot)$，协变变分 $\mathrm{D}_{\hat{t}}(\cdot)$显示出优势了。

## 18.4 张量的 Lagrange 杂交分量的狭义协变变分

将二阶张量场函数 $\boldsymbol{T}$ 表达在新老杂交的 Lagrange 坐标系下：

$$\boldsymbol{T}=\hat{T}^{ij'}\hat{\boldsymbol{g}}_i\hat{\boldsymbol{g}}_{j'}=\hat{T}_{ij'}\hat{\boldsymbol{g}}^i\hat{\boldsymbol{g}}^{j'}=\hat{T}_i^{\cdot j'}\hat{\boldsymbol{g}}^i\hat{\boldsymbol{g}}_{j'}=\hat{T}^i_{\cdot j'}\hat{\boldsymbol{g}}_i\hat{\boldsymbol{g}}^{j'} \tag{18.34}$$

其一阶变分为

$$\begin{aligned}\mathrm{d}_{\hat{t}}\boldsymbol{T}&=\mathrm{d}_{\hat{t}}(\hat{T}^{ij'}\hat{\boldsymbol{g}}_i\hat{\boldsymbol{g}}_{j'})=\mathrm{d}_{\hat{t}}(\hat{T}_{ij'}\hat{\boldsymbol{g}}^i\hat{\boldsymbol{g}}^{j'})\\&=\mathrm{d}_{\hat{t}}(\hat{T}_i^{\cdot j'}\hat{\boldsymbol{g}}^i\hat{\boldsymbol{g}}_{j'})=\mathrm{d}_{\hat{t}}(\hat{T}^i_{\cdot j'}\hat{\boldsymbol{g}}_i\hat{\boldsymbol{g}}^{j'})\end{aligned} \tag{18.35}$$

类似于式(18.13)，新 Lagrange 基矢量的一阶变分可表示为

$$\begin{aligned}\mathrm{d}_{\hat{t}}\hat{\boldsymbol{g}}_{i'}&=\frac{\mathrm{d}_{\hat{t}}\hat{\boldsymbol{g}}_{i'}}{\mathrm{d}\hat{t}}\mathrm{d}\hat{t}=(\nabla_{\hat{i}'}\hat{v}^{k'})\hat{\boldsymbol{g}}_{k'}\mathrm{d}\hat{t},\\ \mathrm{d}_{\hat{t}}\hat{\boldsymbol{g}}^{i'}&=\frac{\mathrm{d}_{\hat{t}}\hat{\boldsymbol{g}}^{i'}}{\mathrm{d}\hat{t}}\mathrm{d}\hat{t}=-\hat{\boldsymbol{g}}^{k'}(\nabla_{\hat{k}'}\hat{v}^{i'})\mathrm{d}\hat{t}\end{aligned} \tag{18.36}$$

式(18.36)和式(18.13)代入式(18.35)：

$$\begin{aligned}\mathrm{d}_t\boldsymbol{T}&=(D_{\hat{t}}\hat{T}^{ij'})\hat{\boldsymbol{g}}_i\hat{\boldsymbol{g}}_{j'}=(D_{\hat{t}}\hat{T}_{ij'})\hat{\boldsymbol{g}}^i\hat{\boldsymbol{g}}^{j'}\\&=(D_{\hat{t}}\hat{T}_i^{\cdot j'})\hat{\boldsymbol{g}}^i\hat{\boldsymbol{g}}_{j'}=(D_{\hat{t}}\hat{T}^i_{\cdot j'})\hat{\boldsymbol{g}}_i\hat{\boldsymbol{g}}^{j'}\end{aligned} \tag{18.37}$$

其中

$$\mathrm{D}_{\hat{t}}\hat{T}^{ij'}\triangleq\mathrm{d}_{\hat{t}}\hat{T}^{ij'}+\hat{T}^{kj'}(\nabla_{\hat{k}}\hat{v}^i)\mathrm{d}\hat{t}+\hat{T}^{ik'}(\nabla_{\hat{k}'}\hat{v}^{j'})\mathrm{d}\hat{t} \tag{18.38}$$

$$\mathrm{D}_{\hat{t}}\hat{T}_{ij'}\triangleq\mathrm{d}_{\hat{t}}\hat{T}_{ij'}-\hat{T}_{kj'}(\nabla_{\hat{i}}\hat{v}^k)\mathrm{d}\hat{t}-\hat{T}_{ik'}(\nabla_{\hat{j}'}\hat{v}^{k'})\mathrm{d}\hat{t} \tag{18.39}$$

$$\mathrm{D}_{\hat{t}}\hat{T}_i^{\cdot j'}\triangleq\mathrm{d}_{\hat{t}}\hat{T}_i^{\cdot j'}-\hat{T}_k^{\cdot j'}(\nabla_{\hat{i}}\hat{v}^k)\mathrm{d}\hat{t}+\hat{T}_i^{\cdot k'}(\nabla_{\hat{k}'}\hat{v}^{j'})\mathrm{d}\hat{t} \tag{18.40}$$

$$\mathrm{D}_{\hat{t}}\hat{T}^i_{\cdot j'}\triangleq\mathrm{d}_{\hat{t}}\hat{T}^i_{\cdot j'}+\hat{T}^k_{\cdot j'}(\nabla_{\hat{k}}\hat{v}^i)\mathrm{d}\hat{t}-\hat{T}^i_{\cdot k'}(\nabla_{\hat{j}'}\hat{v}^{k'})\mathrm{d}\hat{t} \tag{18.41}$$

$\mathrm{D}_{\hat{t}}\hat{T}^{ij'}$ 被称为张量杂交 Lagrange 分量 $\hat{T}^{ij'}$ 的协变变分。$\mathrm{D}_{\hat{t}}\hat{T}^{ij'}$ 是张量 $\mathrm{d}_{\hat{t}}\boldsymbol{T}$ 的杂交分量，必然满足 Ricci 变换，必然具有协变性。

式(18.38)～式(18.41)右端，哑指标 $k$ 和 $k'$ 是自由哑指标。

请读者归纳 $\mathrm{D}_{\hat{t}}\hat{T}^{ij'}$ 等定义式中的结构模式。

度量张量的 Lagrange 杂交分量 $\hat{g}_{ij'}$ 等，是二阶张量杂交分量的特例。其协变变分可借助式(18.38)～式(18.41)定义为

$$\mathrm{D}_{\hat{t}}\hat{g}^{ij'}\triangleq\mathrm{d}_{\hat{t}}\hat{g}^{ij'}+\hat{g}^{kj'}(\nabla_{\hat{k}}\hat{v}^i)\mathrm{d}\hat{t}+\hat{g}^{ik'}(\nabla_{\hat{k}'}\hat{v}^{j'})\mathrm{d}\hat{t} \tag{18.42}$$

$$\mathrm{D}_{\hat{t}}\hat{g}_{ij'}\triangleq\mathrm{d}_{\hat{t}}\hat{g}_{ij'}-\hat{g}_{kj'}(\nabla_{\hat{i}}\hat{v}^k)\mathrm{d}\hat{t}-\hat{g}_{ik'}(\nabla_{\hat{j}'}\hat{v}^{k'})\mathrm{d}\hat{t} \tag{18.43}$$

$$\mathrm{D}_{\hat{t}}\hat{g}_i^{j'}\triangleq\mathrm{d}_{\hat{t}}\hat{g}_i^{j'}-\hat{g}_k^{j'}(\nabla_{\hat{i}}\hat{v}^k)\mathrm{d}\hat{t}+\hat{g}_i^{k'}(\nabla_{\hat{k}'}\hat{v}^{j'})\mathrm{d}\hat{t} \tag{18.44}$$

$$D_{\hat{t}}\hat{g}^{i}_{j'} \triangleq d_{\hat{t}}\hat{g}^{i}_{j'} + \hat{g}^{k}_{j'}(\nabla_{\hat{k}}\hat{v}^{i})\,d\hat{t} - \hat{g}^{i}_{k'}(\nabla_{\hat{j}'}\hat{v}^{k'})\,d\hat{t} \tag{18.45}$$

借助式(18.13)和式(18.36),可计算度量张量杂交分量的局部变分:

$$d_{\hat{t}}\hat{g}^{ij'} = d_{\hat{t}}(\hat{\boldsymbol{g}}^{i}\cdot\hat{\boldsymbol{g}}^{j'}) = -\hat{g}^{kj'}(\nabla_{\hat{k}}\hat{v}^{i})\,d\hat{t} - \hat{g}^{ik'}(\nabla_{\hat{k}'}\hat{v}^{j'})\,d\hat{t} \tag{18.46}$$

$$d_{\hat{t}}\hat{g}_{ij'} = d_{\hat{t}}(\hat{\boldsymbol{g}}_{i}\cdot\hat{\boldsymbol{g}}_{j'}) = \hat{g}_{kj'}(\nabla_{\hat{i}}\hat{v}^{k})\,d\hat{t} + \hat{g}_{ik'}(\nabla_{\hat{j}'}\hat{v}^{k'})\,d\hat{t} \tag{18.47}$$

$$d_{\hat{t}}\hat{g}^{j'}_{i} = d_{\hat{t}}(\hat{\boldsymbol{g}}_{i}\cdot\hat{\boldsymbol{g}}^{j'}) = \hat{g}^{j'}_{k}(\nabla_{\hat{i}}\hat{v}^{k})\,d\hat{t} - \hat{g}^{k'}_{i}(\nabla_{\hat{k}'}\hat{v}^{j'})\,d\hat{t} \tag{18.48}$$

$$d_{\hat{t}}\hat{g}^{i}_{j'} = d_{\hat{t}}(\hat{\boldsymbol{g}}^{i}\cdot\hat{\boldsymbol{g}}_{j'}) = -\hat{g}^{k}_{j'}(\nabla_{\hat{k}}\hat{v}^{i})\,d\hat{t} + \hat{g}^{i}_{k'}(\nabla_{\hat{j}'}\hat{v}^{k'})\,d\hat{t} \tag{18.49}$$

式(18.46)～式(18.49)分别代入式(18.42)～式(18.45),即可得

$$D_{\hat{t}}\hat{g}^{ij'} = 0,\quad D_{\hat{t}}\hat{g}_{ij'} = 0,\quad D_{\hat{t}}\hat{g}^{j'}_{i} = 0,\quad D_{\hat{t}}\hat{g}^{i}_{j'} = 0 \tag{18.50}$$

由此我们有命题:

度量张量的 Lagrange 杂交分量,$\hat{g}_{ij'}$,$\hat{g}_{ij'}$,$\hat{g}^{j'}_{i}$,$\hat{g}^{i}_{j'}$,都可以自由进出狭义协变变分 $D_{\hat{t}}(\cdot)$。

请读者注意,这个命题,也是“算出来”的。

为便于比较,我们分析一下式(18.46)和式(18.47),可以推知,一般情况下,有

$$d_{\hat{t}}\hat{g}_{ij'} \neq 0,\quad d_{\hat{t}}\hat{g}^{ij'} \neq 0 \tag{18.51}$$

式(18.51)表明:

度量张量的杂交协变分量和杂交逆变分量,$\hat{g}_{ij'}$ 和 $\hat{g}^{ij'}$,都不能自由进出局部变分 $d_{\hat{t}}(\cdot)$。

再分析式(18.48)和式(18.49)。诸式的右端项可以变换如下:

$$\hat{g}^{j'}_{k}(\nabla_{\hat{i}}\hat{v}^{k})\,d\hat{t} = (\nabla_{\hat{i}}\hat{v}^{j'})\,d\hat{t},\quad \hat{g}^{k'}_{i}(\nabla_{\hat{k}'}\hat{v}^{j'})\,d\hat{t} = (\nabla_{\hat{i}}\hat{v}^{j'})\,d\hat{t} \tag{18.52}$$

$$\hat{g}^{k}_{j'}(\nabla_{\hat{k}}\hat{v}^{i})\,d\hat{t} = (\nabla_{\hat{j}'}\hat{v}^{i})\,d\hat{t},\quad \hat{g}^{i}_{k'}(\nabla_{\hat{j}'}\hat{v}^{k'})\,d\hat{t} = (\nabla_{\hat{j}'}\hat{v}^{i})\,d\hat{t} \tag{18.53}$$

式(18.52)代入式(18.48),式(18.53)代入式(18.49),立即给出:

$$d_{\hat{t}}\hat{g}^{j'}_{i} \equiv 0,\quad d_{\hat{t}}\hat{g}^{i}_{j'} \equiv 0 \tag{18.54}$$

于是我们有命题:

度量张量的 Lagrange 杂交混变分量,$\hat{g}^{j'}_{i}$,$\hat{g}^{i}_{j'}$,都可以自由进出局部变分 $d_{\hat{t}}(\cdot)$。

由于度量张量杂交混变分量 $\hat{g}^{j'}_{i}$ 和 $\hat{g}^{i}_{j'}$ 肩负坐标变换的重任,故我们有进一步的命题:

局部变分 $d_{\hat{t}}(\cdot)$满足坐标变换。

这个命题,已经不奇怪了。第15章,我们已经知道,物质导数$\dfrac{d_{\hat{t}}(\cdot)}{d\hat{t}}$满足坐标变换。局部变分 $d_{\hat{t}}(\cdot)$与物质导数$\dfrac{d_{\hat{t}}(\cdot)}{d\hat{t}}$成正比,故满足坐标变换,顺理成章。

# 18.5 协变形式不变性公设

注意到，上述协变变分作用的对象，都是张量的 Lagrange 分量。换言之，上述的协变变分，是狭义的；相应的协变变分学，也是狭义的。这正是其局限性所在。

为克服狭义协变变分的局限性，本节提出广义协变变分概念及其协变形式不变性公设：

Lagrange 广义分量的广义协变变分，与 Lagrange 分量的狭义协变变分，在表观形式上具有完全的一致性。

这个公设，将协变变分拓展为广义协变变分。如上所述，狭义协变变分只能作用于狭义分量，而广义协变变分可以作用于广义分量。由此开启 Lagrange 时间域上的广义协变变分学。

本章规定，广义协变变分和狭义协变变分共享符号 $\mathrm{D}_{\hat{t}}(\cdot)$。

注意到，Lagrange 时间域上的广义协变变分和协变形式不变性公设，与 Lagrange 空间域上的广义协变微分和协变形式不变性公设，内涵相同。

我们还注意到，Lagrange 时间域上的广义协变变分和协变形式不变性公设，与 Euler 时间域上的广义协变变分和协变形式不变性公设，内涵也相同。

# 18.6 Lagrange 广义分量的广义协变变分及其公理化定义式

依据协变形式不变性公设，1-指标 Lagrange 广义分量 $\hat{\boldsymbol{p}}^i$（或 $\hat{\boldsymbol{p}}_i$）的广义协变变分可定义为

$$\mathrm{D}_{\hat{t}}\hat{\boldsymbol{p}}^i \triangleq \mathrm{d}_{\hat{t}}\hat{\boldsymbol{p}}^i + \hat{\boldsymbol{p}}^k (\nabla_{\hat{k}}\hat{v}^i)\,\mathrm{d}\hat{t} \tag{18.55}$$

$$\mathrm{D}_{\hat{t}}\hat{\boldsymbol{p}}_i \triangleq \mathrm{d}_{\hat{t}}\hat{\boldsymbol{p}}_i - \hat{\boldsymbol{p}}_k (\nabla_{\hat{i}}\hat{v}^k)\,\mathrm{d}\hat{t} \tag{18.56}$$

按照公设的要求，这个定义式，与矢量分量协变变分 $\mathrm{D}_{\hat{t}}\hat{u}^i$ 和 $\mathrm{D}_{\hat{t}}\hat{u}_i$ 的定义式（式(18.15)，式(18.16)），表观形式完全一致。在后面的章节我们会证实，$\mathrm{D}_{\hat{t}}\hat{\boldsymbol{p}}^i$ 和 $\mathrm{D}_{\hat{t}}\hat{\boldsymbol{p}}_i$ 都是 1-指标广义分量，都满足 Ricci 变换，都具有协变性。

式(18.55)和式(18.56)右端，哑指标 $k$ 是自由哑指标。

2-指标 Lagrange 广义分量 $\hat{\boldsymbol{q}}^{ij}$（或 $\hat{\boldsymbol{q}}_{ij}$），其广义协变变分的公理化定义为

$$\mathrm{D}_{\hat{t}}\hat{\boldsymbol{q}}^{ij} \triangleq \mathrm{d}_{\hat{t}}\hat{\boldsymbol{q}}^{ij} + \hat{\boldsymbol{q}}^{mj}(\hat{\nabla}_m\hat{v}^i)\,\mathrm{d}\hat{t} + \hat{\boldsymbol{q}}^{im}(\hat{\nabla}_m\hat{v}^j)\,\mathrm{d}\hat{t} \tag{18.57}$$

$$\mathrm{D}_{\hat{t}}\hat{\boldsymbol{q}}_{ij} \triangleq \mathrm{d}_{\hat{t}}\hat{\boldsymbol{q}}_{ij} - \hat{\boldsymbol{q}}_{mj}(\nabla_{\hat{i}}\hat{v}^m)\,\mathrm{d}\hat{t} - \hat{\boldsymbol{q}}_{im}(\nabla_{\hat{j}}\hat{v}^m)\,\mathrm{d}\hat{t} \tag{18.58}$$

$$\mathrm{D}_{\hat{t}}\hat{\boldsymbol{q}}_i^{\cdot j} \triangleq \mathrm{d}_{\hat{t}}\hat{\boldsymbol{q}}_i^{\cdot j} - \hat{\boldsymbol{q}}_m^{j}(\nabla_{\hat{i}}\hat{v}^m)\,\mathrm{d}\hat{t} + \hat{\boldsymbol{q}}_i^{\cdot m}(\nabla_{\hat{m}}\hat{v}^j)\,\mathrm{d}\hat{t} \tag{18.59}$$

$$\mathrm{D}_{\hat{t}}\hat{\boldsymbol{q}}^{i}_{\cdot j} \triangleq \mathrm{d}_{\hat{t}}\hat{\boldsymbol{q}}^{i}_{\cdot j} + \hat{\boldsymbol{q}}^{k}_{\cdot j}(\nabla_{\hat{k}}\hat{v}^{i})\,\mathrm{d}\hat{t} - \hat{\boldsymbol{q}}^{i}_{\cdot \hat{k}}(\nabla_{\hat{j}}\hat{v}^{k})\,\mathrm{d}\hat{t} \tag{18.60}$$

按照公设的要求,这个定义式,与二阶张量分量协变变分 $\mathrm{D}_{\hat{t}}\hat{T}^{ij}$ 等的定义式(式(18.20)等),形式完全一致。后续章节会证实: $\mathrm{D}_{\hat{t}}\hat{\boldsymbol{q}}^{ij}$ 等都是 2-指标广义分量,都满足 Ricci 变换,都具有协变性。

式(18.57)~式(18.60)右端,哑指标 $m$ 是自由哑指标。

2-指标广义杂交分量 $\hat{\boldsymbol{q}}^{ij'}$(或 $\hat{\boldsymbol{q}}_{ij'}$),其广义协变变分的公理化定义为

$$\mathrm{D}_{\hat{t}}\hat{\boldsymbol{q}}^{ij'} \triangleq \mathrm{d}_{\hat{t}}\hat{\boldsymbol{q}}^{ij'} + \hat{\boldsymbol{q}}^{kj'}(\nabla_{\hat{k}}\hat{v}^{i})\,\mathrm{d}\hat{t} + \hat{\boldsymbol{q}}^{ik'}(\nabla_{\hat{k}'}\hat{v}^{j'})\,\mathrm{d}\hat{t} \tag{18.61}$$

$$\mathrm{D}_{\hat{t}}\hat{\boldsymbol{q}}_{ij'} \triangleq \mathrm{d}_{\hat{t}}\hat{\boldsymbol{q}}_{ij'} - \hat{\boldsymbol{q}}_{kj'}(\nabla_{\hat{i}}\hat{v}^{k})\,\mathrm{d}\hat{t} - \hat{\boldsymbol{q}}_{ik'}(\nabla_{\hat{j}'}\hat{v}^{k'})\,\mathrm{d}\hat{t} \tag{18.62}$$

$$\mathrm{D}_{\hat{t}}\hat{\boldsymbol{q}}_{i}^{\cdot j'} \triangleq \mathrm{d}_{\hat{t}}\hat{\boldsymbol{q}}_{i}^{\cdot j'} - \hat{\boldsymbol{q}}_{k}^{\cdot j'}(\nabla_{\hat{i}}\hat{v}^{k})\,\mathrm{d}\hat{t} + \hat{\boldsymbol{q}}_{i}^{\cdot k'}(\nabla_{\hat{k}'}\hat{v}^{j'})\,\mathrm{d}\hat{t} \tag{18.63}$$

$$\mathrm{D}_{\hat{t}}\hat{\boldsymbol{q}}^{i}_{\cdot j'} \triangleq \mathrm{d}_{\hat{t}}\hat{\boldsymbol{q}}^{i}_{\cdot j'} + \hat{\boldsymbol{q}}^{k}_{\cdot j'}(\nabla_{\hat{k}}\hat{v}^{i})\,\mathrm{d}\hat{t} - \hat{\boldsymbol{q}}^{i}_{\cdot k'}(\nabla_{\hat{j}'}\hat{v}^{k'})\,\mathrm{d}\hat{t} \tag{18.64}$$

按照公设的要求,这类定义式,与二阶张量杂交分量协变变分的定义式(式(18.38)等),形式完全一致。后续章节会证实: $\mathrm{D}_{\hat{t}}\hat{\boldsymbol{q}}^{ij'}$ 等都是 2-指标杂交广义分量,都满足 Ricci 变换,都具有协变性。

式(18.61)~式(18.64)右端,哑指标 $k$ 和 $k'$ 都是自由哑指标。

## 18.7 广义协变变分中的基本组合模式

基本组合模式的思想如下:借助经典变分与物质导数之关系(式(18.9)),可重新组合广义协变变分的定义式,进而揭示广义协变变分与对时间的广义协变导数之间的内在联系。

式(18.55)和式(18.56)中,经典变分 $\mathrm{d}_{\hat{t}}\hat{\boldsymbol{p}}^{i}$ 和 $\mathrm{d}_{\hat{t}}\hat{\boldsymbol{p}}_{i}$ 可表达为

$$\mathrm{d}_{\hat{t}}\hat{\boldsymbol{p}}^{i} \triangleq \frac{\mathrm{d}_{\hat{t}}\hat{\boldsymbol{p}}^{i}}{\mathrm{d}\hat{t}}\mathrm{d}\hat{t}, \quad \mathrm{d}_{\hat{t}}\hat{\boldsymbol{p}}_{i} \triangleq \frac{\mathrm{d}_{\hat{t}}\hat{\boldsymbol{p}}_{i}}{\mathrm{d}\hat{t}}\mathrm{d}\hat{t} \tag{18.65}$$

式(18.65)代入式(18.55)和式(18.56),可得

$$\mathrm{D}_{t}\hat{\boldsymbol{p}}^{i} = \mathrm{d}\hat{t}\ \nabla_{\hat{t}}\hat{\boldsymbol{p}}^{i}, \quad \mathrm{D}_{\hat{t}}\hat{\boldsymbol{p}}_{i} = \mathrm{d}\hat{t}\ \nabla_{\hat{t}}\hat{\boldsymbol{p}}_{i} \tag{18.66}$$

其中,广义协变导数 $\nabla_{\hat{t}}\hat{\boldsymbol{p}}^{i}$ 和 $\nabla_{\hat{t}}\hat{\boldsymbol{p}}_{i}$ 的定义式见前章。

式(18.57)和式(18.58)中(为简洁起见,只列出广义协变分量和逆变分量),局部变分可表达为

$$\mathrm{d}_{\hat{t}}\hat{\boldsymbol{q}}^{ij} = \frac{\mathrm{d}_{\hat{t}}\hat{\boldsymbol{q}}^{ij}}{\mathrm{d}\hat{t}}\mathrm{d}\hat{t}, \quad \mathrm{d}_{\hat{t}}\hat{\boldsymbol{q}}_{ij} = \frac{\mathrm{d}_{\hat{t}}\hat{\boldsymbol{q}}_{ij}}{\mathrm{d}\hat{t}}\mathrm{d}\hat{t} \tag{18.67}$$

式(18.67)代入式(18.57)和式(18.58),可得

$$\mathrm{D}_{\hat{t}}\hat{\boldsymbol{q}}^{ij} = \mathrm{d}\hat{t}\ \nabla_{\hat{t}}\hat{\boldsymbol{q}}^{ij}, \quad \mathrm{D}_{\hat{t}}\hat{\boldsymbol{q}}_{ij} = \mathrm{d}\hat{t}\ \nabla_{\hat{t}}\hat{\boldsymbol{q}}_{ij} \tag{18.68}$$

其中,广义协变导数 $\nabla_{\hat{t}}\hat{\boldsymbol{q}}^{ij}$ 和 $\nabla_{\hat{t}}\hat{\boldsymbol{q}}_{ij}$ 的定义式见第 17 章。

再看杂交广义分量的广义协变变分。我们以式(18.61)和式(18.62)为例，局部变分$\mathrm{d}_{\hat{t}}\hat{\boldsymbol{q}}^{ij'}$和$\mathrm{d}_{\hat{t}}\hat{\boldsymbol{q}}_{ij'}$可以表达为

$$\mathrm{d}_{\hat{t}}\hat{\boldsymbol{q}}^{ij'}=\frac{\mathrm{d}_{\hat{t}}\hat{\boldsymbol{q}}^{ij'}}{\mathrm{d}\hat{t}}\mathrm{d}\hat{t},\quad \mathrm{d}_{\hat{t}}\hat{\boldsymbol{q}}_{ij'}=\frac{\mathrm{d}_{\hat{t}}\hat{\boldsymbol{q}}_{ij'}}{\mathrm{d}\hat{t}}\mathrm{d}\hat{t} \tag{18.69}$$

式(18.69)代入式(18.61)和式(18.62)，可得

$$\mathrm{D}_{\hat{t}}\hat{\boldsymbol{q}}^{ij'}=\mathrm{d}\hat{t}\ \nabla_{\hat{t}}\hat{\boldsymbol{q}}^{ij'},\quad \mathrm{D}_{\hat{t}}\hat{\boldsymbol{q}}_{ij'}=\mathrm{d}\hat{t}\ \nabla_{\hat{t}}\hat{\boldsymbol{q}}_{ij'} \tag{18.70}$$

其中，广义协变导数$\nabla_{\hat{t}}\hat{\boldsymbol{q}}^{ij'}$和$\nabla_{\hat{t}}\hat{\boldsymbol{q}}_{ij'}$的定义式见前章。

基本组合模式表明，Lagrange 时间域上，广义分量（•）的广义协变变分$\mathrm{D}_{\hat{t}}(\cdot)$与广义协变导数$\nabla_{\hat{t}}(\cdot)$，恒有如下关系：

$$\mathrm{D}_{\hat{t}}(\cdot)=\mathrm{d}\hat{t}\ \nabla_{\hat{t}}(\cdot) \tag{18.71}$$

式(18.71)表明，$\mathrm{d}\hat{t}$ 线性地加权了$\nabla_{\hat{t}}(\cdot)$。或者说，Lagrange 描述下，广义协变变分 $\mathrm{D}_{\hat{t}}(\cdot)$与广义协变导数$\nabla_{\hat{t}}(\cdot)$成正比，比例系数为 $\mathrm{d}\hat{t}$。

对比第 14 章可知，Lagrange 时间域上的 $\mathrm{D}_{\hat{t}}(\cdot)\sim\nabla_{\hat{t}}(\cdot)$正比例关系，与 Euler 时间域上的 $\mathrm{D}_{t}(\cdot)\sim\nabla_{t}(\cdot)$正比例关系，如出一辙。Lagrange 描述与 Euler 描述下，广义协变变分学的统一性和对称性，一览无余。

由 $\mathrm{D}_{\hat{t}}(\cdot)\sim\nabla_{\hat{t}}(\cdot)$的正比例特性可知，广义协变导数$\nabla_{\hat{t}}(\cdot)$的协变形式不变性公设，完全等价于广义协变变分 $\mathrm{D}_{\hat{t}}(\cdot)$的协变形式不变性公设。

根据第 17 章的命题，广义分量（•）的广义协变导数$\nabla_{\hat{t}}(\cdot)$，仍然是广义分量。既然 $\mathrm{D}_{\hat{t}}(\cdot)$与$\nabla_{\hat{t}}(\cdot)$成正比，那么，$\mathrm{D}_{\hat{t}}(\cdot)$也必然是广义分量。我们在后续的章节中，会继续深化这个观念。

从代数上看，式(18.71)可以形式化地写成：

$$\nabla_{\hat{t}}(\cdot)=\frac{\mathrm{D}_{\hat{t}}(\cdot)}{\mathrm{d}\hat{t}} \tag{18.72}$$

这个表达式，为 Lagrange 时间域上的广义协变导数$\nabla_{\hat{t}}(\cdot)$提供了一个优美的解释：$\nabla_{\hat{t}}(\cdot)$是 $\mathrm{D}_{\hat{t}}(\cdot)$与 $\mathrm{d}\hat{t}$ 的比值；广义协变导数$\nabla_{\hat{t}}(\cdot)$，就是单位时间内的广义协变变分 $\mathrm{D}_{\hat{t}}(\cdot)$。类似于第 14 章，这个解释，仍然是对 Newton 和 Leibniz 经典思想的回归。作为协变变分之比，对时间的广义协变导数$\nabla_{\hat{t}}(\cdot)$，可以被理解为“广义协变变商”。

形式上的回归是自然的。类似于第 14 章的解说，Newton 和 Leibniz 研究的是一元函数 $f(x)$。本章的场函数，例如 $\boldsymbol{T}=\boldsymbol{T}(\hat{x}^m,\hat{t})$，可视为 $\hat{x}^m$ 和 $\hat{t}$ 的多元函数。当我们紧盯某个物质点时，$\hat{x}^m$ 保持不变，此时 $\boldsymbol{T}$ 就可以等价地视为 $\hat{t}$ 的一元函数。既然 $f(x)$和 $\boldsymbol{T}$ 都是一元函数，其导数的形式一致性，就可以理解了。

## 18.8 广义协变变分中的第一类组合模式和 Leibniz 法则

本节将证实：若干 Lagrange 广义分量乘积的广义协变变分，满足 Leibniz 法则。

两个 Lagrange 广义分量 $\hat{\boldsymbol{p}}_i$ 和 $\hat{\boldsymbol{q}}^{jk}$ 的乘积 $(\hat{\boldsymbol{p}}_i \otimes \hat{\boldsymbol{q}}^{jk})$，可以视为“3-指标”Lagrange 广义分量。依据公设，其广义协变变分定义为

$$\mathrm{D}_{\hat{t}}(\hat{\boldsymbol{p}}_i \otimes \hat{\boldsymbol{q}}^{jk}) \triangleq \mathrm{d}_{\hat{t}}(\hat{\boldsymbol{p}}_i \otimes \hat{\boldsymbol{q}}^{jk}) - (\hat{\boldsymbol{p}}_l \otimes \hat{\boldsymbol{q}}^{jk})(\nabla_{\hat{i}} \hat{v}^l)\,\mathrm{d}\hat{t} + (\hat{\boldsymbol{p}}_i \otimes \hat{\boldsymbol{q}}^{lk})(\nabla_{\hat{l}} \hat{v}^j)\,\mathrm{d}\hat{t} + (\hat{\boldsymbol{p}}_i \otimes \hat{\boldsymbol{q}}^{jl})(\nabla_{\hat{l}} \hat{v}^k)\,\mathrm{d}\hat{t} \tag{18.73}$$

式(18.73)右端，哑指标 $l$ 是自由哑指标。

式(18.73)蕴含了三类组合模式。先看基本组合模式。将普通变分项表达为偏导数的线性组合：

$$\mathrm{d}_{\hat{t}}(\hat{\boldsymbol{p}}_i \otimes \hat{\boldsymbol{q}}^{jk}) = \frac{\mathrm{d}_{\hat{t}}(\hat{\boldsymbol{p}}_i \otimes \hat{\boldsymbol{q}}^{jk})}{\mathrm{d}\hat{t}}\mathrm{d}\hat{t} \tag{18.74}$$

式(18.74)代入式(18.73)，可将广义协变变分表达为广义协变导数的正比例关系：

$$\mathrm{D}_{\hat{t}}(\hat{\boldsymbol{p}}_i \otimes \hat{\boldsymbol{q}}^{jk}) = \mathrm{d}\hat{t}\ \nabla_{\hat{t}}(\hat{\boldsymbol{p}}_i \otimes \hat{\boldsymbol{q}}^{jk}) \tag{18.75}$$

除了基本组合模式，式(18.73)中还蕴含着第一类组合模式。这类组合模式包含如下操作：先用 Leibniz 法则于式(18.73)中的普通变分：

$$\mathrm{d}_{\hat{t}}(\hat{\boldsymbol{p}}_i \otimes \hat{\boldsymbol{q}}^{jk}) = \mathrm{d}_{\hat{t}}\hat{\boldsymbol{p}}_i \otimes \hat{\boldsymbol{q}}^{jk} + \hat{\boldsymbol{p}}_i \otimes \mathrm{d}_{\hat{t}}\hat{\boldsymbol{q}}^{jk} \tag{18.76}$$

式(18.76)代入式(18.73)，并利用公设，导出广义协变变分的乘法运算式：

$$\mathrm{D}_{\hat{t}}(\hat{\boldsymbol{p}}_i \otimes \hat{\boldsymbol{q}}^{jk}) = (\mathrm{D}_{\hat{t}}\hat{\boldsymbol{p}}_i) \otimes \hat{\boldsymbol{q}}^{jk} + \hat{\boldsymbol{p}}_i \otimes (\mathrm{D}_{\hat{t}}\hat{\boldsymbol{q}}^{jk}) \tag{18.77}$$

式(18.77)表明，广义协变变分的乘法运算，满足 Leibniz 法则。

两个广义分量 $\hat{\boldsymbol{p}}_i$ 和 $\hat{\boldsymbol{q}}^{jk'}$ 的乘积 $(\hat{\boldsymbol{p}}_i \otimes \hat{\boldsymbol{q}}^{jk'})$，可以视为“3-指标”杂交广义分量。依据公设，其广义协变变分定义为

$$\mathrm{D}_{\hat{t}}(\hat{\boldsymbol{p}}_i \otimes \hat{\boldsymbol{q}}^{jk'}) \triangleq \mathrm{d}_{\hat{t}}(\hat{\boldsymbol{p}}_i \otimes \hat{\boldsymbol{q}}^{jk'}) - (\hat{\boldsymbol{p}}_l \otimes \hat{\boldsymbol{q}}^{jk'})(\nabla_{\hat{i}} v^l)\,\mathrm{d}\hat{t} + (\hat{\boldsymbol{p}}_i \otimes \hat{\boldsymbol{q}}^{lk'})(\nabla_{\hat{l}} v^j)\,\mathrm{d}\hat{t} + (\hat{\boldsymbol{p}}_i \otimes \hat{\boldsymbol{q}}^{jl'})(\nabla_{\hat{l}'} v^{k'})\,\mathrm{d}\hat{t} \tag{18.78}$$

式(18.78)右端，哑指标 $l$ 和 $l'$ 都是自由哑指标。

由基本组合模式，式(18.78)给出：

$$\mathrm{D}_{\hat{t}}(\hat{\boldsymbol{p}}_i \otimes \hat{\boldsymbol{q}}^{jk'}) = \mathrm{d}\hat{t}\ \nabla_{\hat{t}}(\hat{\boldsymbol{p}}_i \otimes \hat{\boldsymbol{q}}^{jk'}) \tag{18.79}$$

式(18.79)再次确证了广义协变变分与广义协变导数的正比例关系。

由第一类组合模式，式(18.78)给出：

$$\mathrm{D}_{\hat{t}}(\hat{\boldsymbol{p}}_i \otimes \hat{\boldsymbol{q}}^{jk'}) = (\mathrm{D}_{\hat{t}}\hat{\boldsymbol{p}}_i) \otimes \hat{\boldsymbol{q}}^{jk'} + \hat{\boldsymbol{p}}_i \otimes (\mathrm{D}_{\hat{t}}\hat{\boldsymbol{q}}^{jk'}) \tag{18.80}$$

式(18.80)再次确证了广义协变变分的 Leibniz 法则。

## 18.9 广义协变变分中的第二类组合模式

两个1-指标 Lagrange 广义分量之积 $\hat{\boldsymbol{p}}_i \otimes \hat{\boldsymbol{s}}^j$，是2-指标 Lagrange 广义分量。其广义协变变分的公理化定义式为

$$\mathrm{D}_{\hat{t}}(\hat{\boldsymbol{p}}_i \otimes \hat{\boldsymbol{s}}^j) \triangleq \mathrm{d}_{\hat{t}}(\hat{\boldsymbol{p}}_i \otimes \hat{\boldsymbol{s}}^j) - (\hat{\boldsymbol{p}}_k \otimes \hat{\boldsymbol{s}}^j)(\nabla_{\hat{i}}\hat{v}^k)\,\mathrm{d}\hat{t} + (\hat{\boldsymbol{p}}_i \otimes \hat{\boldsymbol{s}}^k)(\nabla_{\hat{k}}\hat{v}^j)\,\mathrm{d}\hat{t} \tag{18.81}$$

式(18.81)右端，哑指标 $k$ 是自由哑指标。缩并指标 $i,j$ 可得

$$\mathrm{D}_{\hat{t}}(\hat{\boldsymbol{p}}_i \otimes \hat{\boldsymbol{s}}^i) \triangleq \mathrm{d}_{\hat{t}}(\hat{\boldsymbol{p}}_i \otimes \hat{\boldsymbol{s}}^i) - (\hat{\boldsymbol{p}}_k \otimes \hat{\boldsymbol{s}}^i)(\nabla_{\hat{i}}\hat{v}^k)\,\mathrm{d}\hat{t} + (\hat{\boldsymbol{p}}_i \otimes \hat{\boldsymbol{s}}^k)(\nabla_{\hat{k}}\hat{v}^i)\,\mathrm{d}\hat{t} \tag{18.82}$$

注意到，式(18.82)的最后两项正好互相抵消：

$$-(\hat{\boldsymbol{p}}_k \otimes \hat{\boldsymbol{s}}^i)(\nabla_{\hat{i}}\hat{v}^k)\,\mathrm{d}\hat{t} + (\hat{\boldsymbol{p}}_i \otimes \hat{\boldsymbol{s}}^k)(\nabla_{\hat{k}}\hat{v}^i)\,\mathrm{d}\hat{t} \equiv 0 \tag{18.83}$$

于是式(18.82)退化为

$$\mathrm{D}_{\hat{t}}(\hat{\boldsymbol{p}}_i \otimes \hat{\boldsymbol{s}}^i) = \mathrm{d}_{\hat{t}}(\hat{\boldsymbol{p}}_i \otimes \hat{\boldsymbol{s}}^i) \tag{18.84}$$

式(18.84)中，$\hat{\boldsymbol{p}}_i \otimes \hat{\boldsymbol{s}}^i$ 可以视为0-指标广义分量。

式(18.84)可以进一步推广。例如，对于具有两对哑指标的0-指标广义分量 $\hat{\boldsymbol{p}}_i \otimes \hat{\boldsymbol{s}}^i \otimes \hat{\boldsymbol{t}}^j \otimes \hat{\boldsymbol{w}}_j$，必然有

$$\mathrm{D}_{\hat{t}}(\hat{\boldsymbol{p}}_i \otimes \hat{\boldsymbol{s}}^i \otimes \hat{\boldsymbol{t}}^j \otimes \hat{\boldsymbol{w}}_j) = \mathrm{d}_{\hat{t}}(\hat{\boldsymbol{p}}_i \otimes \hat{\boldsymbol{s}}^i \otimes \hat{\boldsymbol{t}}^j \otimes \hat{\boldsymbol{w}}_j) \tag{18.85}$$

由此抽象出命题：

0-指标 Lagrange 广义分量的广义协变变分，等于其局部变分。

## 18.10 矢量实体的广义协变变分

矢量 $\boldsymbol{u} = \hat{u}_i \hat{\boldsymbol{g}}^i$ 是 $\hat{\boldsymbol{p}}_i \otimes \hat{\boldsymbol{s}}^i$ 的特殊情形。于是由式(18.83)立即得

$$\mathrm{D}_{\hat{t}}\boldsymbol{u} = \mathrm{d}_{\hat{t}}\boldsymbol{u} \tag{18.86}$$

于是我们有命题：

矢量场函数的广义协变变分=其普通变分。

对比式(18.86)和式(18.14)，可知：

$$\mathrm{D}_{\hat{t}}\boldsymbol{u} = (\mathrm{D}_{\hat{t}}\hat{u}^i)\hat{\boldsymbol{g}}_i = (\mathrm{D}_{\hat{t}}\hat{u}_i)\hat{\boldsymbol{g}}^i \tag{18.87}$$

式(18.87)表明，矢量 Lagrange 分量的狭义协变变分 $\mathrm{D}_{\hat{t}}\hat{u}^i$ 和 $\mathrm{D}_{\hat{t}}\hat{u}_i$，是矢量的广义协变变分 $\mathrm{D}_{\hat{t}}\boldsymbol{u}$ 的 Lagrange 分量。这在形式上和逻辑上，都是非常自然的观念。

式(18.86)右端进一步写成：

$$\mathrm{d}_{\hat{t}}\boldsymbol{u} = \frac{\mathrm{d}_{\hat{t}}\boldsymbol{u}}{\mathrm{d}\hat{t}}\mathrm{d}\hat{t} \tag{18.88}$$

利用第 17 章中证实的命题，矢量实体的物质导数等于其对时间的广义协变导数：

$$\nabla_{\hat{t}} \boldsymbol{u} = \frac{\mathrm{d}_{\hat{t}} \boldsymbol{u}}{\mathrm{d}\hat{t}} \tag{18.89}$$

式(18.86)、式(18.88)和式(18.89)给出：

$$\mathrm{D}_{\hat{t}} \boldsymbol{u} = \mathrm{d}\hat{t} \ \nabla_{\hat{t}} \boldsymbol{u} \tag{18.90}$$

式(18.90)只是式(18.71)的特例。

我们再引入矢量 $\boldsymbol{w} = \hat{w}^j \hat{\boldsymbol{g}}_j$，并与矢量 $\boldsymbol{u} = \hat{u}_i \hat{\boldsymbol{g}}^i$ 做乘积：

$$\boldsymbol{u} \otimes \boldsymbol{w} = \hat{u}_i \hat{\boldsymbol{g}}^i \otimes \hat{w}^j \hat{\boldsymbol{g}}_j \tag{18.91}$$

由式(18.85)，立即得

$$\mathrm{D}_{\hat{t}} (\boldsymbol{u} \otimes \boldsymbol{w}) = \mathrm{d}_{\hat{t}} (\boldsymbol{u} \otimes \boldsymbol{w}) \tag{18.92}$$

# 18.11 张量实体的广义协变变分

式(18.92)中，去掉运算符号“⊗”，引入二阶张量 $\boldsymbol{T} \triangleq \boldsymbol{uw}$，则有

$$\mathrm{D}_{\hat{t}} \boldsymbol{T} = \mathrm{d}_{\hat{t}} \boldsymbol{T} \tag{18.93}$$

可以证实，式(18.93)对任意阶的张量都成立。于是我们有命题：

张量场函数的广义协变变分＝其普通变分。

对比式(18.93)和式(18.19)可知：

$$\begin{aligned} \mathrm{D}_{\hat{t}} \boldsymbol{T} &= (\mathrm{D}_{\hat{t}} \hat{T}^{ij}) \hat{\boldsymbol{g}}_i \hat{\boldsymbol{g}}_j = (\mathrm{D}_{\hat{t}} \hat{T}_{ij}) \hat{\boldsymbol{g}}^i \hat{\boldsymbol{g}}^j \\ &= (\mathrm{D}_{\hat{t}} \hat{T}_i^{\cdot j}) \hat{\boldsymbol{g}}^i \hat{\boldsymbol{g}}_j = (\mathrm{D}_{\hat{t}} \hat{T}^i_{\cdot j}) \hat{\boldsymbol{g}}_i \hat{\boldsymbol{g}}^j \end{aligned} \tag{18.94}$$

我们再次看到逻辑上非常自然的观念：张量 Lagrange 分量的狭义协变变分 $\mathrm{D}_{\hat{t}} \hat{T}^{ij}$，$\mathrm{D}_{\hat{t}j} \hat{T}$，$\mathrm{D}_{\hat{t}} \hat{T}_i^{\cdot j}$，$\mathrm{D}_{\hat{t}} \hat{T}^i_{\cdot j}$，是张量广义协变变分 $\mathrm{D}_{\hat{t}} \boldsymbol{T}$ 的 Lagrange 分量。

进一步有：

$$\mathrm{D}_{\hat{t}} \boldsymbol{T} = \mathrm{d}\hat{t} \ \nabla_{\hat{t}} \boldsymbol{T} \tag{18.95}$$

式(18.95)只是式(18.71)的特例。

由于 $\hat{t} \equiv t$，$\mathrm{d}\hat{t} \equiv \mathrm{d}t$，故式(18.95)可与第 14 章中相应的表达式合写成如下形式：

$$\mathrm{D}_{\hat{t}} \boldsymbol{T} = \mathrm{d}\hat{t} \ \nabla_{\hat{t}} \boldsymbol{T} = \mathrm{D}_t \boldsymbol{T} = \mathrm{d}t \ \nabla_t \boldsymbol{T} \tag{18.96}$$

式(18.96)同除以 $\mathrm{d}\hat{t}$ 或 $\mathrm{d}t$：

$$\frac{\mathrm{D}_{\hat{t}} \boldsymbol{T}}{\mathrm{d}\hat{t}} = \nabla_{\hat{t}} \boldsymbol{T} = \frac{\mathrm{D}_t \boldsymbol{T}}{\mathrm{d}t} = \nabla_t \boldsymbol{T} \tag{18.97}$$

Euler 描述和 Lagrange 描述下，广义协变变分学的统一性，一目了然。

## 18.12 张量之积的广义协变变分

考查张量 $\boldsymbol{B}$,$\boldsymbol{C}$ 及其乘法式 $\boldsymbol{B}\otimes\boldsymbol{C}$。$\boldsymbol{B}\otimes\boldsymbol{C}$ 仍然是张量,故必然有

$$\mathrm{D}_{\hat{t}}(\boldsymbol{B}\otimes\boldsymbol{C})=\mathrm{d}_{\hat{t}}(\boldsymbol{B}\otimes\boldsymbol{C}) \tag{18.98}$$

$$\mathrm{D}_{\hat{t}}(\boldsymbol{B}\otimes\boldsymbol{C})=\mathrm{d}\hat{t}\ \nabla_{\hat{t}}(\boldsymbol{B}\otimes\boldsymbol{C}) \tag{18.99}$$

$$\mathrm{D}_{\hat{t}}(\boldsymbol{B}\otimes\boldsymbol{C})=(\mathrm{D}_{\hat{t}}\boldsymbol{B})\otimes\boldsymbol{C}+\boldsymbol{B}\otimes(\mathrm{D}_{\hat{t}}\boldsymbol{C}) \tag{18.100}$$

请读者补齐上述诸式的证明过程。

## 18.13 度量张量行列式之根式的广义协变变分

度量张量 $\boldsymbol{G}=\hat{g}_{ij}\hat{\boldsymbol{g}}^{i}\hat{\boldsymbol{g}}^{j}$,其 Lagrange 分量 $\hat{g}_{ij}$ 的行列式之根式为$\sqrt{\hat{g}}$,其定义式为

$$\sqrt{\hat{g}}\triangleq(\hat{\boldsymbol{g}}_1\times\hat{\boldsymbol{g}}_2)\cdot\hat{\boldsymbol{g}}_3 \tag{18.101}$$

$\sqrt{\hat{g}}$ 可视为“3-指标”Lagrange 广义分量。在公设下,其广义协变变分的定义式为

$$\begin{aligned}\mathrm{D}_{\hat{t}}\sqrt{\hat{g}}&=\mathrm{D}_{\hat{t}}[(\hat{\boldsymbol{g}}_1\times\hat{\boldsymbol{g}}_2)\cdot\hat{\boldsymbol{g}}_3]\\&\triangleq\mathrm{d}_{\hat{t}}[(\hat{\boldsymbol{g}}_1\times\hat{\boldsymbol{g}}_2)\cdot\hat{\boldsymbol{g}}_3]-[(\hat{\boldsymbol{g}}_l\times\hat{\boldsymbol{g}}_2)\cdot\hat{\boldsymbol{g}}_3]\nabla_{\hat{1}}\hat{v}^{l}\,\mathrm{d}\hat{t}-\\&\quad[(\hat{\boldsymbol{g}}_1\times\hat{\boldsymbol{g}}_l)\cdot\hat{\boldsymbol{g}}_3]\nabla_{\hat{2}}\hat{v}^{l}\,\mathrm{d}\hat{t}-[(\hat{\boldsymbol{g}}_1\times\hat{\boldsymbol{g}}_2)\cdot\hat{\boldsymbol{g}}_l]\nabla_{\hat{3}}\hat{v}^{l}\,\mathrm{d}\hat{t}\end{aligned} \tag{18.102}$$

式(18.102)右端,哑指标 $l$ 是自由哑指标。

式(18.102)蕴含了三类组合模式。先看基本组合模式。将局部变分表达为普通偏导数的线性组合:

$$\mathrm{d}_{\hat{t}}[(\hat{\boldsymbol{g}}_1\times\hat{\boldsymbol{g}}_2)\cdot\hat{\boldsymbol{g}}_3]=\frac{\mathrm{d}_{\hat{t}}[(\hat{\boldsymbol{g}}_1\times\hat{\boldsymbol{g}}_2)\cdot\hat{\boldsymbol{g}}_3]}{\mathrm{d}\hat{t}}\mathrm{d}\hat{t} \tag{18.103}$$

式(18.103)代入式(18.102),利用公设,将广义协变变分表达为广义协变导数的线性组合:

$$\mathrm{D}_{\hat{t}}\sqrt{\hat{g}}=\mathrm{d}\hat{t}\ \nabla_{\hat{t}}\sqrt{\hat{g}} \tag{18.104}$$

再看第一类组合模式。将 Leibniz 法则应用于式(18.102)中的局部变分:

$$\begin{aligned}\mathrm{d}_{\hat{t}}[(\hat{\boldsymbol{g}}_1\times\hat{\boldsymbol{g}}_2)\cdot\hat{\boldsymbol{g}}_3]&=(\mathrm{d}_{\hat{t}}\hat{\boldsymbol{g}}_1\times\hat{\boldsymbol{g}}_2)\cdot\hat{\boldsymbol{g}}_3+(\hat{\boldsymbol{g}}_1\times\mathrm{d}_{\hat{t}}\hat{\boldsymbol{g}}_2)\cdot\hat{\boldsymbol{g}}_3+\\&\quad(\hat{\boldsymbol{g}}_1\times\hat{\boldsymbol{g}}_2)\cdot\mathrm{d}_{\hat{t}}\hat{\boldsymbol{g}}_3\end{aligned} \tag{18.105}$$

式(18.105)代入式(18.102),利用公设,可得

$$\begin{aligned}\mathrm{D}_{\hat{t}}\sqrt{\hat{g}}&=\mathrm{D}_{\hat{t}}[(\hat{\boldsymbol{g}}_1\times\hat{\boldsymbol{g}}_2)\cdot\hat{\boldsymbol{g}}_3]\\&=(\mathrm{D}_{\hat{t}}\hat{\boldsymbol{g}}_1\times\hat{\boldsymbol{g}}_2)\cdot\hat{\boldsymbol{g}}_3+(\hat{\boldsymbol{g}}_1\times\mathrm{D}_{\hat{t}}\hat{\boldsymbol{g}}_2)\cdot\hat{\boldsymbol{g}}_3+(\hat{\boldsymbol{g}}_1\times\hat{\boldsymbol{g}}_2)\cdot\mathrm{D}_{\hat{t}}\hat{\boldsymbol{g}}_3\end{aligned} \tag{18.106}$$

式(18.106)表明,广义协变变分 $\mathrm{D}_{\hat{t}}\,[(\hat{\boldsymbol{g}}_1\times\hat{\boldsymbol{g}}_2)\cdot\hat{\boldsymbol{g}}_3]$ 的 Leibniz 法则成立。

最后看第二类组合模式。保持式(18.102)中的局部变分 $\mathrm{d}_{\hat{t}}\,[(\hat{\boldsymbol{g}}_1\times\hat{\boldsymbol{g}}_2)\cdot\hat{\boldsymbol{g}}_3]$ 不变,其后面的诸代数项变形如下:

$$[(\hat{\boldsymbol{g}}_l\times\hat{\boldsymbol{g}}_2)\cdot\hat{\boldsymbol{g}}_3]\,\nabla_{\hat{1}}\hat{v}^l\,\mathrm{d}\hat{t}=[(\hat{\boldsymbol{g}}_1\times\hat{\boldsymbol{g}}_2)\cdot\hat{\boldsymbol{g}}_3]\,\nabla_{\hat{1}}\hat{v}^1\,\mathrm{d}t=\sqrt{\hat{g}}\;\nabla_{\hat{1}}\hat{v}^1\,\mathrm{d}\hat{t}\tag{18.107}$$

$$[(\hat{\boldsymbol{g}}_1\times\hat{\boldsymbol{g}}_l)\cdot\hat{\boldsymbol{g}}_3]\,\nabla_{\hat{2}}\hat{v}^l\,\mathrm{d}\hat{t}=[(\hat{\boldsymbol{g}}_1\times\hat{\boldsymbol{g}}_2)\cdot\hat{\boldsymbol{g}}_3]\,\nabla_{\hat{2}}\hat{v}^2\,\mathrm{d}\hat{t}=\sqrt{\hat{g}}\;\nabla_{\hat{2}}\hat{v}^2\,\mathrm{d}\hat{t}\tag{18.108}$$

$$[(\hat{\boldsymbol{g}}_1\times\hat{\boldsymbol{g}}_2)\cdot\hat{\boldsymbol{g}}_l]\,\nabla_{\hat{3}}\hat{v}^l\,\mathrm{d}\hat{t}=[(\hat{\boldsymbol{g}}_1\times\hat{\boldsymbol{g}}_2)\cdot\hat{\boldsymbol{g}}_3]\,\nabla_{\hat{3}}\hat{v}^3\,\mathrm{d}\hat{t}=\sqrt{\hat{g}}\;\nabla_{\hat{3}}\hat{v}^3\,\mathrm{d}\hat{t}\tag{18.109}$$

将变形后的诸代数项组合起来,则式(18.102)转化为

$$\mathrm{D}_{\hat{t}}\sqrt{\hat{g}}=\mathrm{d}_{\hat{t}}\sqrt{\hat{g}}-\sqrt{\hat{g}}\;\nabla_{\hat{m}}\hat{v}^m\,\mathrm{d}\hat{t}\tag{18.110}$$

式(18.110)可以视为与式(18.102)等价的 $\mathrm{D}_{\hat{t}}\sqrt{\hat{g}}$ 的定义式。

## 18.14　广义协变变分的代数结构

Lagrange 时间域上的协变形式不变性公设,赋予了广义协变变分 $\mathrm{D}_{\hat{t}}(\cdot)$ 的代数结构。

由公设和定义式可知,广义协变变分 $\mathrm{D}_{\hat{t}}(\cdot)$ 的加法运算是完备的。由第一类组合模式可知,广义协变变分 $\mathrm{D}_{\hat{t}}(\cdot)$ 的乘法运算也是完备的,具体表现为成立 Leibniz 法则。

于是,广义协变变分 $\mathrm{D}_{\hat{t}}(\cdot)$ 的集合,在定义了加法和乘法运算之后,便构成了“环”,因此我们说,广义协变变分 $\mathrm{D}_{\hat{t}}(\cdot)$ 的代数结构,是“协变变分环”。

很显然,广义协变变分 $\mathrm{D}_{\hat{t}}(\cdot)$ 与广义协变导数 $\nabla_{\hat{t}}(\cdot)$,具有完全相同的代数结构。这并不奇怪。$\mathrm{D}_{\hat{t}}(\cdot)$ 与 $\nabla_{\hat{t}}(\cdot)$ 之间的正比例变换关系(式(18.70)),决定了 $\mathrm{D}_{\hat{t}}(\cdot)$ 与 $\nabla_{\hat{t}}(\cdot)$ 的代数结构必然完全相同。

至此,我们可以做出判断:与 Euler 描述类似,Lagrange 描述下,广义协变变分 $\mathrm{D}_{\hat{t}}(\cdot)$ 的计算,也有两条途径:间接途径和直接途径。

间接途径,即先计算广义协变导数 $\nabla_{\hat{t}}(\cdot)$,然后借助式(18.71)计算广义协变变分 $\mathrm{D}_{\hat{t}}(\cdot)$。第 17 章已经彻底解决了广义协变导数 $\nabla_{\hat{t}}(\cdot)$ 的可计算性问题,故间接途径畅通无阻。

直接途径,即在协变变分环之内,直接计算广义协变变分 $\mathrm{D}_{\hat{t}}(\cdot)$。这就需要解决一个基本问题:如何计算 Lagrange 基矢量的广义协变变分?

## 18.15　协变变分变换群

式(18.55)和式(18.56)中,将 1-指标广义分量取为 Lagrange 基矢量,即令 $\hat{\boldsymbol{p}}^i=\hat{\boldsymbol{g}}^i$,$\hat{\boldsymbol{p}}_i=\hat{\boldsymbol{g}}_i$,则可定义 Lagrange 基矢量的广义协变变分如下:

$$\mathrm{D}_{\hat{t}}\hat{\boldsymbol{g}}_i\triangleq\mathrm{d}_{\hat{t}}\hat{\boldsymbol{g}}_i-\hat{\boldsymbol{g}}_k(\nabla_{\hat{i}}\hat{v}^k)\,\mathrm{d}\hat{t},\quad \mathrm{D}_{\hat{t}}\hat{\boldsymbol{g}}^i\triangleq\mathrm{d}_{\hat{t}}\hat{\boldsymbol{g}}^i+\hat{\boldsymbol{g}}^k(\nabla_{\hat{k}}\hat{v}^i)\,\mathrm{d}\hat{t}\tag{18.111}$$

联立式(18.111)和式(18.13),可得

$$\mathrm{D}_{\hat{t}}\hat{\boldsymbol{g}}_i \equiv \mathbf{0}, \quad \mathrm{D}_{\hat{t}}\hat{\boldsymbol{g}}^i \equiv \mathbf{0} \tag{18.112}$$

即 Lagrange 基矢量的广义协变变分恒等于零。这表明,Lagrange 基矢量虽然随坐标点变化,但在形式上,却可以像不变的常矢量一样,自由地进出广义协变变分 $\mathrm{D}_{\hat{t}}(\cdot)$!

至此,Lagrange 基矢量的广义协变变分不仅可定义,而且可计算。

与第 14 章类似,式(18.112)在 Lagrange 时间域上定义了一个连续的变分变换群,我们也称之为"协变变分变换群"。

同理,对于新基矢量,也必然有

$$\mathrm{D}_{\hat{t}}\hat{\boldsymbol{g}}_{i'} \equiv \mathbf{0}, \quad \mathrm{D}_{\hat{t}}\hat{\boldsymbol{g}}^{i'} \equiv \mathbf{0} \tag{18.113}$$

式(18.113)与式(18.112)是完全等价的形式。

上篇中,我们在解释静态空间域上的协变微分变换群时,曾引入了观察者 1 和观察者 2。现在,我们可以用类似的方法,解释 Lagrange 时间域上的协变变分变换群:观察者 2 融入 Lagrange 基矢量。尽管基矢量在 Lagrange 时间域上不断地运动和变化,但观察者 2 却看不到任何运动和变化。换言之,Lagrange 时间域上的协变变分变换群,就是观察者 2 在 Lagrange 时间域上看到的几何图像。观察者 1 站在静止的参考系中,他看到的 Lagrange 基矢量的运动图像,则被表达在式(18.13)中了。

特别要指出的是,此处 Lagrange 时间域上的协变变分变换群,与第 14 章 Euler 时间域上的协变变分变换群,表观形式完全相同,深层内涵也完全相同。

Lagrange 基矢量的广义协变变分可计算,是极具决定性的一步。由此,所有 Lagrange 广义分量的广义协变变分,都可计算了。

不仅如此,由于 Lagrange 基矢量的广义协变变分恒等于零,因此,广义协变变分学中,Lagrange 时间域上的协变变分计算,得到大幅度的简化。这种简化可从如下命题看出:

任何由 Lagrange 基矢量的代数运算得到的广义分量,其广义协变变分均为零。

为便于对比,我们再列出 Lagrange 空间域上的协变微分变换群:

$$\mathrm{D}\hat{\boldsymbol{g}}_i \equiv \mathbf{0}, \quad \mathrm{D}\hat{\boldsymbol{g}}^i \equiv \mathbf{0} \tag{18.114}$$

$$\mathrm{D}\hat{\boldsymbol{g}}_{i'} \equiv \mathbf{0}, \quad \mathrm{D}\hat{\boldsymbol{g}}^{i'} \equiv \mathbf{0} \tag{18.115}$$

Lagrange 描述下,空间域上的协变微分变换群和时间域上的协变变分变换群,都刻画了平坦 Lagrange 时空的本征性质,都展示了 Lagrange 时空内在的统一性。

当 Lagrange 基矢量在空间域上运动和变化时,观察者 2 同样感受不到任何运动和变化。因此,Lagrange 空间域上的协变微分变换群,也是观察者 2 在 Lagrange 空间域上看到的几何图像。

## 18.16 度量张量的广义协变变分之值

对于度量张量及其 Lagrange 分量，利用式(18.112)中的协变变分变换群，立即得出：

$$\mathrm{D}_{\hat{t}}\hat{g}_{ij}=\mathrm{D}_{\hat{t}}(\hat{\boldsymbol{g}}_i\cdot\hat{\boldsymbol{g}}_j)=0,\quad \mathrm{D}_{\hat{t}}\hat{g}^{ij}=\mathrm{D}_{\hat{t}}(\hat{\boldsymbol{g}}^i\cdot\hat{\boldsymbol{g}}^j)=0 \tag{18.116}$$

$$\mathrm{D}_{\hat{t}}\boldsymbol{G}=\mathrm{D}_{\hat{t}}(\hat{g}^{ij}\hat{\boldsymbol{g}}_i\hat{\boldsymbol{g}}_j)=\boldsymbol{0} \tag{18.117}$$

这表明：

度量张量 $G$ 及其 Lagrange 分量 $\hat{g}_{ij}$，$\hat{g}^{ij}$，都可以自由进出广义协变变分 $\mathrm{D}_{\hat{t}}(\cdot)$。

这个命题，与 Euler 描述下相应的命题(见第 14 章)，完全一致。

类似地，我们可以分析度量张量的杂交分量。利用式(18.112)和式(18.113)，立即得出：

$$\mathrm{D}_{\hat{t}}\hat{g}_{ij'}=\mathrm{D}_{\hat{t}}(\hat{\boldsymbol{g}}_i\cdot\hat{\boldsymbol{g}}_{j'})=0,\quad \mathrm{D}_{\hat{t}}\hat{g}^{ij'}=\mathrm{D}_{\hat{t}}(\hat{\boldsymbol{g}}^i\cdot\hat{\boldsymbol{g}}^{j'})=0 \tag{18.118}$$

$$\mathrm{D}_{\hat{t}}\hat{g}_i^{j'}=\mathrm{D}_{\hat{t}}(\hat{\boldsymbol{g}}_i\cdot\hat{\boldsymbol{g}}^{j'})=0,\quad \mathrm{D}_{\hat{t}}\hat{g}_{j'}^{i}=\mathrm{D}_{\hat{t}}(\hat{\boldsymbol{g}}^i\cdot\hat{\boldsymbol{g}}_{j'})=0 \tag{18.119}$$

式(18.118)和式(18.119)表明：

度量张量的 Lagrange 杂交分量，$\hat{g}_{ij'}$，$\hat{g}^{ij'}$，$\hat{g}_i^{j'}$，$\hat{g}_{j'}^{i}$，都可以自由进出广义协变变分 $\mathrm{D}_{\hat{t}}(\cdot)$。

这个命题，与 Euler 描述下相应的命题(见第 14 章)，完全一致。

## 18.17 广义协变变分的协变性

由 1-指标 Lagrange 广义分量 $\hat{\boldsymbol{p}}_i$ 的 Ricci 变换：

$$\hat{\boldsymbol{p}}_i=\hat{g}_{ij}\hat{\boldsymbol{p}}^j,\quad \hat{\boldsymbol{p}}_i=\hat{g}_i^{i'}\hat{\boldsymbol{p}}_{i'} \tag{18.120}$$

对式(18.120)取广义协变变分 $\mathrm{D}_{\hat{t}}(\cdot)$。由于度量张量的 Lagrange 分量和杂交分量都可以自由进出广义协变变分 $\mathrm{D}_{\hat{t}}(\cdot)$，故立即有

$$\mathrm{D}_{\hat{t}}\hat{\boldsymbol{p}}_i=\mathrm{D}_{\hat{t}}(\hat{g}_{ij}\hat{\boldsymbol{p}}^j)=\hat{g}_{ij}(\mathrm{D}_{\hat{t}}\hat{\boldsymbol{p}}^j),$$

$$\mathrm{D}_{\hat{t}}\hat{\boldsymbol{p}}_i=\mathrm{D}_{\hat{t}}(\hat{g}_i^{i'}\hat{\boldsymbol{p}}_{i'})=\hat{g}_i^{i'}(\mathrm{D}_{\hat{t}}\hat{\boldsymbol{p}}_{i'}) \tag{18.121}$$

式(18.121)显示，1-指标 Lagrange 广义分量 $\hat{\boldsymbol{p}}_i$ 的广义协变变分 $\mathrm{D}_{\hat{t}}\hat{\boldsymbol{p}}_i$，既满足指标变换，又满足坐标变换。亦即 $\mathrm{D}_{\hat{t}}\hat{\boldsymbol{p}}_i$ 满足 Ricci 变换，因而，仍然是广义分量，必然具有协变性。由于 $\mathrm{D}_{\hat{t}}\hat{\boldsymbol{p}}_i$ 有 1 个自由指标，因而是 1-指标广义分量。

由 2-指标 Lagrange 广义分量 $\hat{\boldsymbol{q}}_{ij}$ 的 Ricci 变换：

$$\hat{\boldsymbol{q}}_{ij}=\hat{g}_{im}\hat{g}_{jn}\hat{\boldsymbol{q}}^{mn},\quad \hat{\boldsymbol{q}}_{ij}=\hat{g}_i^{i'}\hat{g}_j^{j'}\hat{\boldsymbol{q}}_{i'j'} \tag{18.122}$$

对式(18.122)取广义协变变分 $\mathrm{D}_{\hat{t}}(\cdot)$，立即有

$$
\begin{aligned}
\mathrm{D}_{\hat{t}}\hat{\boldsymbol{q}}_{ij} &= \mathrm{D}_{\hat{t}}(\hat{g}_{im}\hat{g}_{jn}\hat{\boldsymbol{q}}^{mn}) = \hat{g}_{im}\hat{g}_{jn}(\mathrm{D}_{\hat{t}}\hat{\boldsymbol{q}}^{mn}) \\
\mathrm{D}_{\hat{t}}\hat{\boldsymbol{q}}_{ij} &= \mathrm{D}_{\hat{t}}(\hat{g}_{i}^{i'}\hat{g}_{j}^{j'}\hat{\boldsymbol{q}}_{i'j'}) = \hat{g}_{i}^{i'}\hat{g}_{j}^{j'}(D_{\hat{t}}\hat{\boldsymbol{q}}_{i'j'})
\end{aligned}
\tag{18.123}
$$

式(18.123)显示，2-指标 Lagrange 广义分量 $\hat{\boldsymbol{q}}_{ij}$ 的广义协变变分 $\mathrm{D}_{\hat{t}}\hat{\boldsymbol{q}}_{ij}$，既满足指标变换，又满足坐标变换。亦即满足 Ricci 变换，因而，仍然是广义分量，必然具有协变性。由于 $\mathrm{D}_{\hat{t}}\hat{\boldsymbol{q}}_{ij}$ 有 2 个自由指标，因而是 2-指标广义分量。

上述分析可以推广到任意阶广义分量。于是我们有一般性命题：

任意阶 Lagrange 广义分量（•）的广义协变变分 $\mathrm{D}_{\hat{t}}$（•），必然是同阶的 Lagrange 广义分量。

这个命题，与 Euler 描述下相应的命题(见第 14 章)，完全一致。

## 18.18 Eddington 张量的广义协变变分之值

Eddington 张量 $\boldsymbol{E}$ 的分解式为 $\boldsymbol{E}=\hat{\varepsilon}_{ijk}\hat{\boldsymbol{g}}^{i}\hat{\boldsymbol{g}}^{j}\hat{\boldsymbol{g}}^{k}$。利用式(18.112)，可得

$$
\mathrm{D}_{\hat{t}}\hat{\varepsilon}_{ijk} = \mathrm{D}_{\hat{t}}[(\hat{\boldsymbol{g}}_{i}\times\hat{\boldsymbol{g}}_{j})\cdot\hat{\boldsymbol{g}}_{k}] = 0,\quad \mathrm{D}_{\hat{t}}\hat{\varepsilon}^{ijk} = \mathrm{D}_{\hat{t}}[(\hat{\boldsymbol{g}}^{i}\times\hat{\boldsymbol{g}}^{j})\cdot\hat{\boldsymbol{g}}^{k}] = 0 \tag{18.124}
$$

$$
\mathrm{D}_{\hat{t}}\boldsymbol{E} = \mathrm{D}_{\hat{t}}(\hat{\varepsilon}_{ijk}\hat{\boldsymbol{g}}^{i}\hat{\boldsymbol{g}}^{j}\hat{\boldsymbol{g}}^{k}) = \boldsymbol{0} \tag{18.125}
$$

这表明，$\hat{\varepsilon}_{ijk}$、$\hat{\varepsilon}^{ijk}$ 和 $\boldsymbol{E}$ 可以自由进出广义协变变分 $\mathrm{D}_{\hat{t}}$（•）。

很显然，有了广义协变变分 $\mathrm{D}_{\hat{t}}$（•）和协变变分变换群，上述表达式的正确性都一目了然。

## 18.19 度量张量行列式及其根式的广义协变变分之值

协变形式不变性公设下，$\sqrt{g}$ 的广义协变变分 $\mathrm{D}_{\hat{t}}\sqrt{\hat{g}}$ 的定义式是式(18.102)。作为定义式，它只能给出概念 $\mathrm{D}_{\hat{t}}\sqrt{\hat{g}}$ 的内涵和外延，而不能给出概念 $\mathrm{D}_{\hat{t}}\sqrt{\hat{g}}$ 的计算值。计算值可通过协变变分变换群求得。由式(18.112)可得

$$
\mathrm{D}_{\hat{t}}\sqrt{\hat{g}} = \mathrm{D}_{\hat{t}}[(\hat{\boldsymbol{g}}_{1}\times\hat{\boldsymbol{g}}_{2})\cdot\hat{\boldsymbol{g}}_{3}] = 0 \tag{18.126}
$$

即$\sqrt{\hat{g}}$ 的广义协变变分恒为零。这表明：$\sqrt{\hat{g}}$ 可以自由进出广义协变变分 $\mathrm{D}_{\hat{t}}$（•）。这是个极漂亮的性质。

式(18.126)与式(18.110)联立，可得

$$
\mathrm{D}_{\hat{t}}\sqrt{\hat{g}} = \mathrm{d}_{\hat{t}}\sqrt{\hat{g}} - \sqrt{\hat{g}}(\nabla_{\hat{m}}\hat{v}^{m})\,\mathrm{d}\hat{t} = 0 \tag{18.127}
$$

式(18.127)可以给出如下推论：

$$
(\nabla\cdot\boldsymbol{v})\,\mathrm{d}\hat{t} = \frac{\mathrm{d}_{\hat{t}}\sqrt{\hat{g}}}{\sqrt{\hat{g}}} = \mathrm{d}_{\hat{t}}(\ln\sqrt{\hat{g}}) \tag{18.128}
$$

积分式(18.128)可得

$$\int_{\hat{t}_0}^{\hat{t}} (\nabla \cdot \boldsymbol{v}) \mathrm{d}\hat{t} = \ln\sqrt{\hat{g}} - \ln\sqrt{\hat{g}_0} \tag{18.129}$$

式(18.129)曾在第 15 章和第 17 章出现过。殊途同归,显示了逻辑系统内在的相容性。

## 18.20 Lagrange 描述下微分/变分运算顺序的可交换性分析

与 Euler 描述相比,Lagrange 描述下,微分/变分运算顺序的可交换性,是个更为复杂的问题。

第 16 章中已经提及,Lagrange 描述下,普通偏导数$\dfrac{\partial(\cdot)}{\partial\hat{x}^m}$和物质导数$\dfrac{\mathrm{d}_{\hat{t}}(\cdot)}{\mathrm{d}\hat{t}}$的混合运算,具有求导顺序的可交换性,即

$$\frac{\partial}{\partial\hat{x}^m}\frac{\mathrm{d}_{\hat{t}}(\cdot)}{\mathrm{d}\hat{t}} = \frac{\mathrm{d}_{\hat{t}}}{\mathrm{d}\hat{t}}\frac{\partial(\cdot)}{\partial\hat{x}^m} \tag{18.130}$$

第 16 章已经显示:式(18.130)中求导顺序的可交换性,在 Lagrange 描述中具有基本的重要性。而可交换性的基础,正是 Lagrange 坐标 $\hat{x}^m$ 和时间参数 $\hat{t}$ 之间的独立性。

式(18.130)中的可交换性,产生的后续影响之一,体现在如下命题中:Lagrange 描述下,普通微分 $\mathrm{d}(\cdot)$和普通变分 $\mathrm{d}_{\hat{t}}(\cdot)$的混合运算,具有运算顺序的可交换性,即

$$\mathrm{d}\mathrm{d}_{\hat{t}}(\cdot) = \mathrm{d}_{\hat{t}}\mathrm{d}(\cdot) \tag{18.131}$$

式(18.131)可以这样理解。先看式(18.130)左端:

$$\mathrm{d}\mathrm{d}_{\hat{t}}(\cdot) = \mathrm{d}\hat{x}^m \frac{\partial}{\partial\hat{x}^m}\left[\frac{\mathrm{d}_{\hat{t}}(\cdot)}{\mathrm{d}\hat{t}}\mathrm{d}\hat{t}\right] = \mathrm{d}\hat{t}\mathrm{d}\hat{x}^m \frac{\partial}{\partial\hat{x}^m}\frac{\mathrm{d}_{\hat{t}}(\cdot)}{\mathrm{d}\hat{t}} \tag{18.132}$$

由于坐标 $\hat{x}^m$ 和时间参数 $\hat{t}$ 互相独立,故式(18.132)中的 $\mathrm{d}\hat{t}$ 可以自由进出普通偏导数$\dfrac{\partial(\cdot)}{\partial\hat{x}^m}$。

再看式(18.114)右端:

$$\mathrm{d}_{\hat{t}}\mathrm{d}(\cdot) = \mathrm{d}\hat{t}\frac{\mathrm{d}_{\hat{t}}}{\mathrm{d}\hat{t}}\left[\mathrm{d}\hat{x}^m\frac{\partial(\cdot)}{\partial\hat{x}^m}\right] = \mathrm{d}\hat{x}^m\mathrm{d}\hat{t}\frac{\mathrm{d}_{\hat{t}}}{\mathrm{d}\hat{t}}\frac{\partial(\cdot)}{\partial\hat{x}^m} \tag{18.133}$$

由于坐标 $\hat{x}^m$ 和时间参数 $\hat{t}$ 互相独立,或者说,由于物质点的 Lagrange 坐标 $\hat{x}^m$ 不随时间 $\hat{t}$ 变化,故 $\mathrm{d}\hat{x}^m$ 也不随时间 $\hat{t}$ 变化,式(18.133)中的 $\mathrm{d}\hat{x}^m$ 可以自由进出物质导数$\dfrac{\mathrm{d}_{\hat{t}}(\cdot)}{\mathrm{d}\hat{t}}$。

由式(18.130)可知,式(18.132)和式(18.133)右端相等,故左端必然相等,亦即式(18.131)必然成立。

遗憾的是,上述优美的可交换性不能无休止地"遗传"下去。我们有如下命题：

Lagrange 描述下,对坐标的广义协变导数$\nabla_{\hat{m}}(\cdot)$和对时间的广义协变导数$\nabla_{\hat{t}}(\cdot)$,其混合运算不具有运算顺序的可交换性,即

$$\nabla_{\hat{m}} \nabla_{\hat{t}}(\cdot) \neq \nabla_{\hat{t}} \nabla_{\hat{m}}(\cdot) \tag{18.134}$$

我们将求导对象$(\cdot)$取为张量$\boldsymbol{T}$,以说明式(18.134)中运算顺序的不可交换性。

$$\nabla_{\hat{m}} \nabla_{\hat{t}} \boldsymbol{T} = \frac{\partial}{\partial \hat{x}^m} \frac{\mathrm{d}_{\hat{t}} \boldsymbol{T}}{\mathrm{d}\hat{t}} \tag{18.135}$$

$$\nabla_{\hat{t}} \nabla_{\hat{m}} \boldsymbol{T} \triangleq \frac{\mathrm{d}_{\hat{t}}(\nabla_{\hat{m}} \boldsymbol{T})}{\mathrm{d}\hat{t}} - (\nabla_{\hat{k}} T) \nabla_{\hat{m}} \hat{v}^k = \frac{\mathrm{d}_{\hat{t}}}{\mathrm{d}\hat{t}} \frac{\partial \boldsymbol{T}}{\partial \hat{x}^m} - \left(\frac{\partial \boldsymbol{T}}{\partial \hat{x}^k}\right) \nabla_{\hat{m}} \hat{v}^k \tag{18.136}$$

对比式(18.135)和式(18.136)可知：

$$\nabla_{\hat{t}} \nabla_{\hat{m}} \boldsymbol{T} = \nabla_{\hat{m}} \nabla_{\hat{t}} \boldsymbol{T} - \left(\frac{\partial \boldsymbol{T}}{\partial \hat{x}^k}\right) \nabla_{\hat{m}} \hat{v}^k \tag{18.137}$$

一般情况下,有

$$\left(\frac{\partial \boldsymbol{T}}{\partial \hat{x}^k}\right) \nabla_{\hat{m}} \hat{v}^k \neq \mathbf{0} \tag{18.138}$$

故必然有

$$\nabla_{\hat{t}} \nabla_{\hat{m}} \boldsymbol{T} \neq \nabla_{\hat{m}} \nabla_{\hat{t}} \boldsymbol{T} \tag{18.139}$$

式(18.134)中的不可交换性得到了"遗传"。这可从如下命题看出：

广义协变微分$\mathrm{D}(\cdot)$和广义协变变分$\mathrm{D}_{\hat{t}}(\cdot)$的混合运算,不具有运算顺序的可交换性,即

$$\mathrm{D}\mathrm{D}_{\hat{t}}(\cdot) \neq \mathrm{D}_{\hat{t}}\mathrm{D}(\cdot) \tag{18.140}$$

式(18.140)可以从如下角度理解。由线性变换关系：

$$\mathrm{D}(\cdot) = \mathrm{d}\hat{x}^m \ \nabla_{\hat{m}}(\cdot), \quad \mathrm{D}_{\hat{t}}(\cdot) = \mathrm{d}\hat{t} \ \nabla_{\hat{t}}(\cdot) \tag{18.141}$$

结合式(18.139)和式(18.141)可知,$\nabla_{\hat{m}}(\cdot)$和$\nabla_{\hat{t}}(\cdot)$混合运算的不可交换性,必然导致式(18.140)中$\mathrm{D}(\cdot)$和$\mathrm{D}_{\hat{t}}(\cdot)$混合运算的不可交换性。

基于上述分析,我们有如下断言：Lagrange 描述下,经典微分/经典变分的混合运算,满足可交换性；而协变微分/协变变分的混合运算,不满足可交换性。于是我们看到有趣现象：协变性提高了,可交换性却下降了。换言之,一种对称性的提高,却以另一种对称性的下降为代价。

## 18.21 Lagrange 描述下的虚位移概念

本节引入 Lagrange 描述下的虚位移分量概念。与第 14 章类似,本章引入虚位移,并不借助几何图像,而是借助代数关系。

Lagrange 描述下,若 $\hat{v}^m$ 是物质点的虚速度分量,则时间间隔 $\mathrm{d}\hat{t}$ 内,物质点的虚位移分量可定义为

$$\hat{v}^m \mathrm{d}\hat{t} \triangleq \hat{\varphi}^m \tag{18.142}$$

请注意,式(18.142)中,虚位移的符号取为 $\hat{\varphi}^m$,而不是 $\mathrm{d}_{\hat{t}}\hat{\varphi}^m$。理由很简单:$\mathrm{d}_{\hat{t}}\hat{\varphi}^m$ 不具有完美的协变性。

物质点的虚位移分量一旦定义,则本章中的变分和协变变分都可以用虚位移分量刻画。为此引入命题:

Lagrange 描述下,$\mathrm{d}\hat{t}$ 可以进出对坐标的广义协变导数 $\nabla_{\hat{m}}(\cdot)$。

注意到,本章的变分和协变变分定义式中,都有 $(\nabla_{\hat{i}}\hat{v}^k)\mathrm{d}\hat{t}$ 项。该项可根据命题重写为

$$(\nabla_{\hat{i}}\hat{v}^k)\mathrm{d}\hat{t} = \nabla_{\hat{i}}(\hat{v}^k \mathrm{d}\hat{t}) = \nabla_{\hat{i}}\hat{\varphi}^k \tag{18.143}$$

于是,式(18.13)中,Lagrange 基矢量的变分可用虚位移表达为

$$\mathrm{d}_{\hat{t}}\hat{\boldsymbol{g}}_i = (\nabla_{\hat{i}}\hat{v}^k)\hat{\boldsymbol{g}}_k \mathrm{d}\hat{t} = (\nabla_{\hat{i}}\hat{\varphi}^k)\hat{\boldsymbol{g}}_k = \hat{\boldsymbol{g}}_i \cdot \nabla\hat{\boldsymbol{\varphi}} \tag{18.144}$$

$$\mathrm{d}_{\hat{t}}\hat{\boldsymbol{g}}^i = -\hat{\boldsymbol{g}}^k(\nabla_{\hat{k}}\hat{v}^i)\mathrm{d}\hat{t} = -\hat{\boldsymbol{g}}^k \nabla_{\hat{k}}\hat{\varphi}^i = -(\nabla\hat{\boldsymbol{\varphi}}) \cdot \hat{\boldsymbol{g}}^i \tag{18.145}$$

式(18.144)和式(18.145)中,$\nabla\hat{\boldsymbol{\varphi}}$ 是物质点上虚位移矢量 $\hat{\boldsymbol{\varphi}}$ 的梯度。式(18.145)给出优美的解释:Lagrange 协变基矢量 $\hat{\boldsymbol{g}}_i$ 的变分 $\mathrm{d}_{\hat{t}}\hat{\boldsymbol{g}}_i$,就是物质点虚位移矢量 $\hat{\boldsymbol{\varphi}}$ 的梯度张量 $\nabla\hat{\boldsymbol{\varphi}}$ 在基矢量 $\hat{\boldsymbol{g}}_i$ 上的投影 $\hat{\boldsymbol{g}}_i \cdot \nabla\hat{\varphi}$。

对比第 15 章中的结果:

$$\frac{\mathrm{d}_{\hat{t}}\hat{\boldsymbol{g}}_i}{\mathrm{d}\hat{t}} = \hat{\boldsymbol{g}}_i \cdot \nabla\boldsymbol{v} \tag{18.146}$$

$$\frac{\mathrm{d}_{\hat{t}}\hat{\boldsymbol{g}}^j}{\mathrm{d}\hat{t}} = -(\nabla\boldsymbol{v}) \cdot \hat{\boldsymbol{g}}^j \tag{18.147}$$

我们有解释:Lagrange 协变基矢量 $\hat{\boldsymbol{g}}_i$ 的变分 $\dfrac{\mathrm{d}_{\hat{t}}\hat{\boldsymbol{g}}^j}{\mathrm{d}\hat{t}}$,就是物质点虚速度矢量 $\hat{v}$ 的梯度张量 $\nabla\hat{\boldsymbol{v}}$ 在基矢量 $\hat{\boldsymbol{g}}_i$ 上的投影 $\hat{\boldsymbol{g}}_i \cdot \nabla\hat{\boldsymbol{v}}$。实际上,将式(18.146)和式(18.147)两端同乘以 $\mathrm{d}\hat{t}$,即可得到式(18.144)和式(18.145)。或者说,将式(18.144)和式(18.145)两端同除以 $\mathrm{d}\hat{t}$,即可得到式(18.146)和式(18.147)。

## 18.22 本章注释

Lagrange 时间域上,我们看到了变分概念的两次发展,一是从经典变分 $\mathrm{d}_{\hat{t}}(\cdot)$ 到协变变分 $\mathrm{D}_{\hat{t}}(\cdot)$ 的发展,二是从协变变分 $\mathrm{D}_{\hat{t}}(\cdot)$ 到广义协变变分 $\mathrm{D}_{\hat{t}}(\cdot)$ 的发展。

变分概念的两次发展,对应着变分学的两次发展:第一次是从经典变分学到

协变变分学的发展，第二次是从协变变分学到广义协变变分学的发展。每一次的发展，都对应着协变性的提升。其中，第二次发展的动力，来自协变形式不变性公设。

Lagrange 时间域上的协变性，与 Lagrange 空间域上的协变性，形式相近，本质相同。

Lagrange 时间域上的协变形式不变性，与 Lagrange 空间域上的协变形式不变性，内涵相近，本质相同。

Lagrange 时间域上的(广义)协变变分学，与 Lagrange 空间域上的(广义)协变微分学，显示出统一性。

与第 14 章类似，Lagrange 描述下，本章只讨论了一阶变分，一阶协变变分，和一阶广义协变变分。更高阶的变分，协变变分和广义协变变分，将在后续的出版物中讨论。

# 第19章 协变变分学的结构

至此，下篇结束了。现在，我们简要回顾下篇的内容，再展望后续的发展。

本章的标题是"协变变分学的结构"，这是因为，第 11 章～第 18 章的重点内容，都可归结到"协变变分学"的框架之内。

动态时空上，协变的张量分析学，是一个对称的逻辑结构，对称结构的一半，是"时间域上协变微分学"（亦即协变变分学）。对称结构的另一半，是"动态空间域上的协变微分学"。

本章的内容，与第 10 章的内容，完全对应。

## 19.1 Euler 空间域上的协变微分学图式

Euler 空间域上的协变微分学，与静态空间中的协变微分学（见第 10 章的分析），逻辑结构完全相同。因此，其结构图式也完全相同。

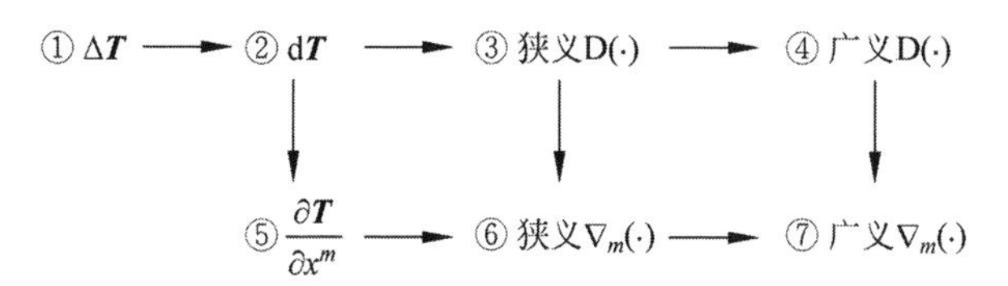


图 19-1 Euler 空间域上的协变微分学图式

图 19-1 虽然与静态空间中的协变微分学图完全相同，但张量场函数的函数形态有别。静态空间中的张量场函数，只是坐标的函数（见第 10 章），而 Euler 描述下的张量场函数 $\boldsymbol{T}$，则是混态函数：

$$\boldsymbol{T}=\boldsymbol{T}\left[x^{m}\left(\hat{\xi}^{p}, t\right), t\right] \tag{19.1}$$

需要说明的是，图 19-1 是在某个固定的时刻 $t$，物质点 $\hat{\xi}^{p}$ 的邻域内，显示出的张量的（协变）微分学图像。

Euler 空间域上，张量场函数的微分概念，始于张量场函数的增量 $\Delta \boldsymbol{T}$：

$$\Delta \boldsymbol{T} \triangleq \boldsymbol{T}\left[x^m(\hat{\xi}^p + \Delta\hat{\xi}^p, t), t\right] - \boldsymbol{T}\left[x^m(\hat{\xi}^p, t), t\right] \tag{19.2}$$

式(19.2)的含义如下：在固定的时刻 $t$，在两个相距很近的物质点（即 $(\hat{\xi}^p + \Delta\hat{\xi}^p)$ 和 $\hat{\xi}^p$）上，张量场之值的差。

为便于简化，令

$$x^m(\hat{\xi}^p + \Delta\hat{\xi}^p, t) = x^m + \Delta x^m \tag{19.3}$$

式(18.3)的含义如下：在固定时刻 $t$，物质点 $\hat{\xi}^p$ 的 Euler 坐标为 $x^m$，物质点 $(\hat{\xi}^p + \Delta\hat{\xi}^p)$ 的 Euler 坐标为 $x^m(\hat{\xi}^p + \Delta\hat{\xi}^p, t)$，二者的坐标之差为 $\Delta x^m$。

式(19.2)简写为

$$\Delta \boldsymbol{T} = \boldsymbol{T}(x^m + \Delta x^m, t) - \boldsymbol{T}(x^m, t) \tag{19.4}$$

在固定时刻 $t$，在坐标 $x^m$ 的邻域内，将式(19.4)中的 $\boldsymbol{T}(x^m + \Delta x^m, t)$ 展开为 Taylor 级数：

$$\boldsymbol{T}(x^m + \Delta x^m, t) = \boldsymbol{T}(x^m, t) + \frac{\partial \boldsymbol{T}}{\partial x^m}\Delta x^m + \cdots \tag{19.5}$$

这里的 Taylor 级数展开，是 Euler 空间域上的展开。于是式(19.4)改写为

$$\Delta \boldsymbol{T} = \frac{\partial \boldsymbol{T}}{\partial x^m}\Delta x^m + \cdots \tag{19.6}$$

由式(19.6)可以抽象出 Euler 空间域上张量场函数的一阶微分概念 $\mathrm{d}\boldsymbol{T}$，由此开启 Euler 空间域上的张量微分学；进而，定义协变导数概念 $\nabla_m(\cdot)$ 和协变微分概念 $\mathrm{D}(\cdot)$，引出 Euler 空间域上张量场函数的协变微分学；随后，定义广义协变导数概念 $\nabla_m(\cdot)$ 和广义协变微分概念 $\mathrm{D}(\cdot)$，发展 Euler 空间域上张量的广义协变微分学。

至此，我们回顾第 11 章～第 14 章中反复提及的命题：

Euler 时空中，动态空间域上的广义协变微分学，与静态空间域上的广义协变微分学，完全一致。

从级数展开的角度看，上述命题的代数基础，是牢固的。

## 19.2 Euler 时间域上的协变变分学图式

总结第 11 章～第 14 章，我们可以归纳出 Euler 时间域上的协变变分学图式（图 19-2）。

对比图 19-2 和图 19-1，可以看出，Euler 时间域上的协变变分学，与 Euler 空间域上的协变微分学，是完全对称的逻辑系统。

然而，图 19-2 与图 19-1 的对称是表观上的。二者深层次上的差别，不可小视。例如，图 19-2 中的 $\Delta \boldsymbol{T}$ 与图 19-1 中的 $\Delta \boldsymbol{T}$，符号虽然相同，但含义差别很大。我们

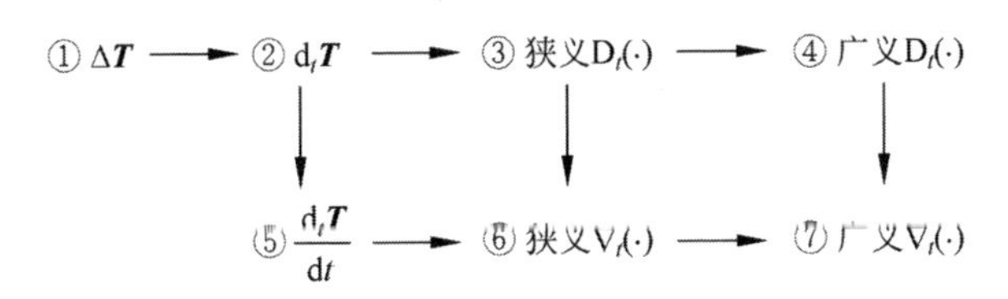


图 19-2　Euler 时间域上的协变变分学图式

把第 14 章中定义的 $\Delta \boldsymbol{T}$ 拷贝如下：

$$\Delta \boldsymbol{T} \triangleq \boldsymbol{T}\left[x^m(\hat{\xi}^p, t+\Delta t), t+\Delta t\right]-\boldsymbol{T}\left[x^m(\hat{\xi}^p, t), t\right] \tag{19.7}$$

在时间参数 $t$ 的邻域内，将函数 $\boldsymbol{T}\left[x^m(\hat{\xi}^p, t+\Delta t), t+\Delta t\right]$ 展开为 Taylor 级数：

$$\boldsymbol{T}\left[x^m(\hat{\xi}^p, t+\Delta t), t+\Delta t\right]=\boldsymbol{T}\left[x^m(\hat{\xi}^p, t), t\right]+\left.\frac{\partial \boldsymbol{T}}{\partial t}\right|_{\hat{\xi}^p} \Delta t+\frac{1}{2!}\left.\frac{\partial^2 \boldsymbol{T}}{\partial t^2}\right|_{\hat{\xi}^p}(\Delta t)^2+\cdots \tag{19.8}$$

利用 Euler 时间域中物质导数的定义，式(19.8)可重写为

$$\boldsymbol{T}\left[x^m(\hat{\xi}^p, t+\Delta t), t+\Delta t\right]=\boldsymbol{T}\left[x^m(\hat{\xi}^p, t), t\right]+\frac{\mathrm{d}_t \boldsymbol{T}}{\mathrm{d} t} \Delta t+\frac{1}{2!} \frac{\mathrm{d}_t^2 \boldsymbol{T}}{\mathrm{d} t^2}(\Delta t)^2+\cdots \tag{19.9}$$

这里的 Taylor 级数展开，是 Euler 时间域上的展开。于是式(19.7)变为

$$\Delta \boldsymbol{T}=\frac{\mathrm{d}_t \boldsymbol{T}}{\mathrm{d} t} \Delta t+\frac{1}{2!} \frac{\mathrm{d}_t^2 \boldsymbol{T}}{\mathrm{d} t^2}(\Delta t)^2+\cdots \tag{19.10}$$

对比式(19.4)和式(19.7)，再对比式(19.5)和式(19.9)，我们就能看出两个图式的差别。式(19.4)中的 $\Delta \boldsymbol{T}$，是固定时刻 $t$，在两个相距很近的物质点(即 $(\hat{\xi}^p+\Delta\hat{\xi}^p)$ 和 $\hat{\xi}^p$)求张量场 $\boldsymbol{T}$ 的值之差。而式(19.7)中的 $\Delta \boldsymbol{T}$，是紧盯物质点 $\hat{\xi}^p$，在相邻的两个时刻(即 $(t+\Delta t)$ 和 $t$)求该物质点上的张量 $\boldsymbol{T}$ 的值之差。相应地，式(19.5)中的 Taylor 级数展开，是 Euler 空间域上的展开，是保持时间参数 $t$ 不变、对 Euler 坐标 $x^m$ 的展开。而式(19.9)中的 Taylor 级数展开，是时间域上的展开，是保持物质点 $\hat{\xi}^p$ 不变、对时间参数 $t$ 的展开。

由式(19.10)出发，可以抽象出 Euler 时间域上张量场函数的一阶变分 $\mathrm{d}_t \boldsymbol{T}$，开启 Euler 时间域上张量的变分学；随后，定义狭义协变导数 $\nabla_t(\cdot)$ 和狭义协变变分 $\mathrm{D}_t(\cdot)$，推出 Euler 时间域上张量场函数的协变变分学；最后，定义广义协变导数 $\nabla_t(\cdot)$ 和广义协变变分 $\mathrm{D}_t(\cdot)$，构建 Euler 时间域上张量场函数的广义协变变分学。

## 19.3 Lagrange空间域上的协变微分学图式

Lagrange空间域上协变微分学的逻辑结构，与静态空间域上协变微分学的逻辑结构完全相同；与Euler空间域上协变微分学的逻辑结构也完全相同。因此，只需将Euler坐标 $x^m$ 换成Lagrange坐标 $\hat{x}^m$，图19-1中的图式就变成了图19-3中的图式。

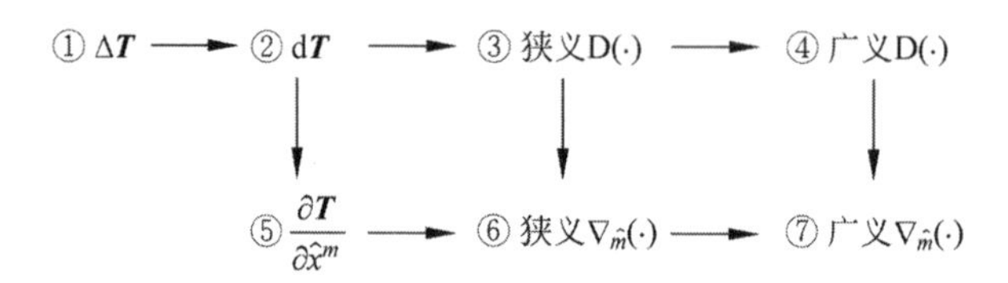


图19-3 Lagrange空间域上的协变微分学图式

图19-1和图19-3中，虽然求导的对象都是张量场函数 $\boldsymbol{T}$，但函数形态不同。图19-1中的 $\boldsymbol{T}$ 是混态函数，而图19-3中的 $\boldsymbol{T}$ 是显态函数：

$$\boldsymbol{T} \triangleq \boldsymbol{T}(\hat{x}^m, \hat{t}) \tag{19.11}$$

研究Lagrange空间域中的微分，只需保持Lagrange时间参数 $\hat{t}$ 不变，令Lagrange坐标 $\hat{x}^m$ 产生一个增量 $\Delta\hat{x}^m$，进而求张量场函数的增量 $\Delta\boldsymbol{T}$：

$$\Delta\boldsymbol{T} \triangleq \boldsymbol{T}(\hat{x}^m + \Delta\hat{x}^m, \hat{t}) - \boldsymbol{T}(\hat{x}^m, \hat{t}) \tag{19.12}$$

由于Lagrange坐标 $\hat{x}^m$ 对应于物质点，因此，式(19.12)的含义，是物质点 $(\hat{x}^m + \Delta\hat{x}^m)$ 的张量值与物质点 $\hat{x}^m$ 的张量值之差。

固定时刻 $\hat{t}$，在 $\hat{x}^m$ 的邻域内，将 $\boldsymbol{T}(\hat{x}^m + \Delta\hat{x}^m, \hat{t})$ 展开为Taylor级数：

$$\boldsymbol{T}(\hat{x}^m + \Delta\hat{x}^m, \hat{t}) = \boldsymbol{T}(\hat{x}^m, \hat{t}) + \frac{\partial \boldsymbol{T}}{\partial \hat{x}^m}\Delta\hat{x}^m + \cdots \tag{19.13}$$

这里的Taylor级数展开，是Lagrange空间域上的展开。于是式(19.12)重写为

$$\Delta\boldsymbol{T} = \frac{\partial \boldsymbol{T}}{\partial \hat{x}^m}\Delta\hat{x}^m + \cdots \tag{19.14}$$

比较式(19.13)、式(19.5)和静态空间域相应的表达式(见第9章)，我们看不出三者之间的任何差异。

由式(19.14)就可以抽象出Lagrange空间域上张量的一阶微分 $\mathrm{d}\boldsymbol{T}$，开启Lagrange空间域上张量的微分学；进而定义经典协变导数 $\nabla_{\hat{m}}(\cdot)$ 和经典协变微分 $\mathrm{D}(\cdot)$，引出Lagrange空间域上张量的协变微分学；随后，定义广义协变导数 $\nabla_{\hat{m}}(\cdot)$ 和广义协变微分 $\mathrm{D}(\cdot)$，发展Lagrange空间域上张量的广义协变微分学。

至此，我们回顾第14章～第18章中反复提及的命题：

Lagrange时空中，动态空间域上的广义协变微分学与静态空间域上的广义协变微分学完全一致。

从级数展开的角度看，上述命题的代数基础，是坚固的。

## 19.4　Lagrange 时间域上的协变变分学图式

总结第 15 章～第 18 章，我们可以归纳出 Lagrange 时间域上的协变变分学图式（图 19-4）。

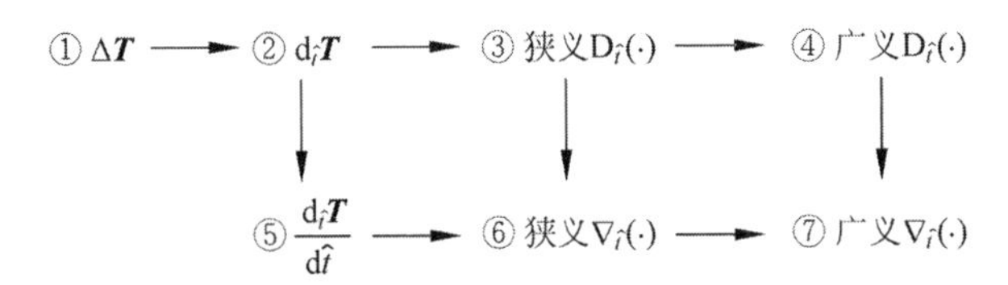


图 19-4　Lagrange 时间域上的协变变分学图式

对比图 19-4 和图 19-2，可以看出，Lagrange 时间域上的协变变分学与 Euler 时间域上的协变变分学逻辑结构完全一致。

对比图 19-4 和图 19-3，可以看出，Lagrange 时间域上的协变变分学与 Lagrange 空间域上的协变微分学逻辑结构完全一致。

研究 Lagrange 时间域中的变分（见第 18 章），只需保持 Lagrange 坐标 $\hat{x}^m$ 不变，令 Lagrange 时间 $\hat{t}$ 产生一个增量 $\Delta\hat{t}$，进而求张量场函数的增量 $\Delta\boldsymbol{T}$：

$$\Delta\boldsymbol{T} \triangleq \boldsymbol{T}(\hat{x}^m, \hat{t}+\Delta\hat{t}) - \boldsymbol{T}(\hat{x}^m, \hat{t}) \tag{19.15}$$

第 18 章中，在 $\hat{t}$ 的邻域内，将场函数 $\boldsymbol{T}(\hat{x}^m, \hat{t}+\Delta\hat{t})$ 展开为 Taylor 级数：

$$\boldsymbol{T}(\hat{x}^m, \hat{t}+\Delta\hat{t}) = \boldsymbol{T}(\hat{x}^m, \hat{t}) + \left.\frac{\partial\boldsymbol{T}}{\partial\hat{t}}\right|_{\hat{x}^m}\Delta\hat{t} + \frac{1}{2!}\left.\frac{\partial^2\boldsymbol{T}}{\partial\hat{t}^2}\right|_{\hat{x}^m}(\Delta\hat{t})^2 + \cdots \tag{19.16}$$

这里的 Taylor 级数展开，是 Lagrange 时间域上的展开。展开过程中，保持 Lagrange 坐标 $\hat{x}^m$ 不变，亦即紧盯物质点不变。根据物质导数的定义，式(19.16)重写为

$$\boldsymbol{T}(\hat{x}^m, \hat{t}+\Delta\hat{t}) = \boldsymbol{T}(\hat{x}^m, \hat{t}) + \frac{\mathrm{d}_{\hat{t}}\boldsymbol{T}}{\mathrm{d}\hat{t}}\Delta\hat{t} + \frac{1}{2!}\frac{\mathrm{d}_{\hat{t}}^2\boldsymbol{T}}{\mathrm{d}\hat{t}^2}(\Delta\hat{t})^2 + \cdots \tag{19.17}$$

式(19.17)代入式(19.15)，可写出：

$$\Delta\boldsymbol{T} = \frac{\mathrm{d}_{\hat{t}}\boldsymbol{T}}{\mathrm{d}\hat{t}}\Delta\hat{t} + \frac{1}{2!}\frac{\mathrm{d}_{\hat{t}}^2\boldsymbol{T}}{\mathrm{d}\hat{t}^2}(\Delta\hat{t})^2 + \cdots \tag{19.18}$$

基于式(19.18)，可以抽象出 Lagrange 时间域上张量的一阶变分 $\mathrm{d}_{\hat{t}}\boldsymbol{T}$，开启 Lagrange 时间域上的张量变分学；第二步，定义狭义协变导数 $\nabla_{\hat{t}}(\cdot)$ 和狭义协变变分 $\mathrm{D}_{\hat{t}}(\cdot)$，推出 Lagrange 时间域上张量的协变变分学；第三步，定义广义协变导数 $\nabla_{\hat{t}}(\cdot)$ 和广义协变变分 $\mathrm{D}_{\hat{t}}(\cdot)$，构建 Lagrange 时间域上张量的广义协变变分学。

后续的逻辑进程见第18章，此处不再赘述。

## 19.5 Euler时空与Lagrange时空的统一性

从图19-1～图19-4，我们看到的，是如下诸方面的统一性：

Euler空间域上张量的协变微分学与Lagrange空间域上张量的协变微分学是统一的，结构化的，对称的。

Euler时间域上张量的协变变分学与Lagrange时间域上张量的协变变分学是统一的，结构化的，对称的。

时间域上张量的协变变分学与空间域上张量的协变微分学是统一的，结构化的，对称的。

Euler时空是统一的，Lagrange时空也是统一的。Euler时空与Lagrange时空，还是统一的。

这是相当出人预料的统一性。在我们的观念中，变分学的思想与微分学的思想，差异是很大的；变分学的结构与微分学的结构，差异也是很大的。现在看来，通过构造合适的观念体系，完全可以消除差异性，揭示统一性。

Bourbaki学派的“公理化、结构化、统一性”思想，得到了淋漓尽致的展示。

## 19.6 局部化的观点看张量的协变变分学

上篇研究张量场函数的协变微分学，其思想基础是局部化数理分析思想。下篇涉及张量场函数的协变变分学，其思想基础也是局部化数理分析思想。

这多少打破了常规。但凡研究变分学，一般总是基于整体化(而非局部化)数理分析思想。

M. Kline在《古今数学思想》[15]中指出：“变分学的早期工作几乎不能和微积分区分开来。但是，随着变分法的深化，Newton之后的伟大先驱们很快意识到：一个全新的、具有自己的特征问题和方法论的数学分支已经产生了。”“这个新学科，对于数学和科学来说，其重要性几乎可以和微分方程相比，它为整个数学物理提供了一个最重要的原理。”

这个“最重要的原理”，即最小作用原理。当然，也包括我们力学中的变分原理。力学中，我们常见的说法，是“变分极值问题”，或泛函极值问题。力学中的泛函，大都具有能量的特征，因此，也称能量泛函。泛函，是一个整体性的概念，一般都表现为全域上的积分。

很显然，先驱们思考变分学的角度，着眼于整体、核心的概念，是泛函的变分。然而，如果泛函中的被积函数是(含时间参数的)张量场的函数，那么，泛函的变分，最终会归结为张量场的变分。此时，从局部角度审视张量场的变分学，就是必要的。因此，局部化数理分析思想，也是张量场变分学的思想基础。

一旦从局部而不是整体思考问题，则图式中的统一性就很自然了。所有图式的逻辑起始点，均为场函数的 Taylor 级数展开。不同的是，空间域中，场函数是在坐标的邻域内展开；时间域中，场函数是在时间参数的邻域内展开。二者的思想基础是共同的，都是局部化数理分析思想。

Taylor 级数中，线性项一般比高次项重要。于是，从线性项中，就可抽象出具有基本重要性的一次微分形式。对坐标展开的一次微分形式，就是经典微分 d(·)，对时间展开的一次微分形式，就是经典变分 $d_t(\cdot)$（Euler 描述）或 $d_{\hat{t}}(\cdot)$（Lagrange 描述）。

高次项并非不重要。实际上，通过空间域中展开式的高次项，我们可以研究高阶微分，高阶协变微分和高阶广义协变微分；通过时间域中展开式的高次项，我们可以研究高阶变分，高阶协变变分和高阶广义协变变分。

## 19.7　从微分学的协变性到变分学的协变性

协变性，是 Ricci 学派的协变微分学思想之精髓。自 1896—1901 年 Ricci 和 Levi-Civita 为协变微分学奠基，协变性思想便成为物理学和力学研究者共同的思想基础。然而，历史地看，协变性似乎并没有进入变分学研究者的视野。实际上，大多数读者对协变微分，都耳熟能详，但对协变变分，却相当陌生。

那么，变分有没有协变性问题？熟悉了第 14 章和第 18 章，就可以知道，张量场函数的变分，必然涉及协变性问题。

当然，读者会有疑问：连续介质力学教科书中，都有变分原理，都会讲应力张量的变分 $\delta\sigma_{ij}$，应变张量的变分 $\delta\varepsilon_{ij}$，位移矢量的变分 $\delta u_i$，但好像从来没有提及协变性问题。那么，为什么教科书中都没有涉及张量变分的协变性？答案如下。

教科书中讲解张量的变分 $\delta\sigma_{ij}$，大都不约而同地默认了两个前提：一是采用 Euler 描述，二是将背景的 Euler 坐标取为笛卡儿坐标。笛卡儿坐标系下，恒有 Christoffel 符号为零，即

$$\Gamma_{ij}^{k} \equiv 0 \tag{19.19}$$

回顾第 14 章中协变变分 $D_t\sigma_{ij}$ 的定义式：

$$D_t\sigma_{ij} \triangleq d_t\sigma_{ij} - \sigma_{kj}\Gamma_{im}^{k}v^m\,dt - \sigma_{ik}\Gamma_{jm}^{k}v^m\,dt \tag{19.20}$$

在 Euler 描述和笛卡儿背景坐标系下，借助式(19.19)，式(19.20)退化为

$$D_t\sigma_{ij} = d_t\sigma_{ij} = \delta\sigma_{ij} \tag{19.21}$$

式(19.21)显示，由于联络系数 $\Gamma_{ij}^{k}$“消失”了，故张量分量的协变变分，就退化为张量分量的经典变分。因此，教科书中的变分原理，确实不涉及协变性问题。

请读者注意，虽然是两个前提，但后者受到前者的制约：只有在 Euler 描述下，我们才有可能将静止不动的背景坐标选取为笛卡儿坐标，从而，避开了协变性

问题。

Euler 描述下，如果采用了曲线坐标，那么，协变性就不可回避。此时，式(19.20)右端与联络系数 $\Gamma_{ij}^{k}$ 相关的修正项，就起到非常重要的作用：将不协变的变分 $\mathrm{d}_t\sigma_{ij}$，修正为协变的变分 $\mathrm{D}_t\sigma_{ij}$。式(19.20)显示，有两个因素在修正项中是决定性的：一是坐标线的弯曲程度。弯曲程度越高，联络系数 $\Gamma_{ij}^{k}$ 的影响越大。二是连续体的运动速度。运动速度越大，速度分量 $v^m$ 的影响越大。

然而，上述分析，对 Lagrange 描述不再成立。Lagrange 描述下，回顾第 18 章中协变变分 $\mathrm{D}_{\hat{t}}\hat{\sigma}_{ij}$ 的定义式：

$$\mathrm{D}_{\hat{t}}\hat{\sigma}_{ij} \triangleq \mathrm{d}_{\hat{t}}\hat{\sigma}_{ij} - \hat{\sigma}_{mj}(\nabla_{\hat{i}}\hat{v}^m)\,\mathrm{d}\hat{t} - \hat{\sigma}_{im}(\nabla_{\hat{j}}\hat{v}^m)\,\mathrm{d}\hat{t} \tag{19.22}$$

在 Lagrange 描述下，即使初始构型中的坐标线取为直线，但随着连续介质的变形，坐标线必然变为曲线。换言之，Lagrange 描述下，变形体中不可能存在笛卡儿坐标，必须面对协变性问题。

再换一个角度看。Lagrange 描述下的变形体，变形的速度梯度永远存在，即

$$\nabla_{\hat{i}}\hat{v}^m \neq 0 \tag{19.23}$$

因此，必然有

$$\mathrm{D}_{\hat{t}}\hat{\sigma}_{ij} \neq \mathrm{d}_{\hat{t}}\hat{\sigma}_{ij} \tag{19.24}$$

需要强调的是，式(19.23)和式(19.24)不仅对变形体有效，对刚体也有效。我们知道，刚体的运动，总能分解为质心的平动与绕质心的转动。只要存在刚体转动，则 Lagrange 描述下，刚体内必然存在速度场的梯度 $\nabla_{\hat{i}}\hat{v}^m$，即必然有式(19.23)和式(19.24)成立。

由式(19.22)看出，与速度梯度张量分量 $\nabla_{\hat{i}}\hat{v}^m$ 相关的修正项，起到非常重要的作用：将不协变的变分 $\mathrm{d}_{\hat{t}}\hat{\sigma}_{ij}$，修正为协变的变分 $\mathrm{D}_{\hat{t}}\hat{\sigma}_{ij}$。连续体上的速度梯度越大，其对修正项的影响也越大。

总之，Lagrange 描述下的协变性问题，永远是一个绕不过去的问题。换言之，协变变分学和广义协变变分学，是不可或缺的。

就协变性修正项而言，Lagrange 描述与 Euler 描述有差异。如上所述，Euler 描述下，修正项中运动速度的影响是决定性的。Lagrange 描述下，修正项中速度梯度的影响是决定性的。

作者的建议是，当协变性的影响不可忽视时，采用协变变分，不失为上策。

## 19.8 再看协变性概念的生成模式

空间域上的协变微分学和时间域上的协变变分学，概念生成模式完全相同。概念生成模式的目标，是生成具有协变性的概念：协变微分学中，是对空间坐标的协变导数和协变微分；协变变分学中，是对时间参数的协变导数和协变变分。

广义协变微分学和广义协变变分学的概念生成模式也完全相同。概念生成模式的目标，是将具有狭义协变性的概念，延拓为具有广义协变性的概念：协变微分学中，具有狭义协变性的概念，是对空间坐标的协变导数和协变微分；具有广义协变性的概念，是对空间坐标的广义协变导数和广义协变微分。协变变分学中，具有狭义协变性的概念，是对时间参数的协变导数和协变变分；具有广义协变性的概念，是对时间参数的广义协变导数和广义协变变分。

具有狭义协变性的概念，是内生性的概念，是从经典逻辑体系内部生长出来的概念。具有广义协变性的概念，是外长性的概念，是从经典逻辑体系外部"嫁接"过来的概念。

"嫁接"的"准则"，是协变形式不变性公设。协变形式不变性，是空间域上广义协变微分学的逻辑基础，也是时间域上广义协变变分学的逻辑基础。协变形式不变性，是以公设的形式，从外部赋予系统的对称性。

## 19.9　后续发展展望

本书的研究内容被限定在平坦时空。然而，协变性，不仅是平坦时空的不变性质，而且是卷曲时空的不变性质。协变形式不变性，不仅是平坦时空广义协变性的逻辑基础，而且是卷曲时空广义协变性的逻辑基础。

下一部书，将是本书的"姊妹篇"。其目标，就是在卷曲的时空上，发展出与本书完全对应的协变性和广义协变性逻辑系统。

近年来，微纳米力学、软物质力学、微纳米生物力学发展神速。这些完全不同的力学之间，有什么共性吗？答案很简单：卷曲的空间形式。微纳米尺度上，平坦的空间形式不复存在，普遍存在的是弯曲的空间形式。这意味着，我们需要在卷曲的时空中发展力学。此时，协变微分学和协变变分学，绝对不可或缺。

当然，与平坦时空相比，卷曲时空的行为要更复杂。但不论多么复杂，只要读者熟悉了本书的观念和思想，就能很容易地深入到下一部著作的内容之中。

# 参考文献

[1] Ricci-Curbastro G. Absolute differential calculus[J]. Bulletin des Sciences Math matiques, 1892,16: 167-189.

[2] Ricci-Curbastro G., Levi-Civita T. Methods of the absolute differential calculus and their applications [J]. Mathematische Annalen, 1901, 54: 125-201 .

[3] 梁灿彬,周彬. 微分几何入门与广义相对论[M]. 北京:科学出版社,2006.

[4] 爱因斯坦. 相对论的意义[M]. 北京:科学出版社,2006.

[5] 黄克智,薛明德,陆明万. 张量分析[M]. 2 版. 北京:清华大学出版社,2003.

[6] 李开泰,黄艾香. 张量分析及其应用[M]. 北京:科学出版社,2004.

[7] 郭仲衡. 张量[M]. 北京:科学出版社,1978.

[8] 郭仲衡. 非线性弹性理论[M]. 北京:科学出版社,1979.

[9] YIN Yajun. Extension of covariant derivative (Ⅰ): from component form to objective form [J]. Acta Mechanica Sinica, 2015, 31(1): 79-87.

[10] YIN Yajun. Extension of covariant derivative (Ⅱ): from flat space to curved space [J]. Acta Mechanica Sinica,2015, 31(1): 88-95.

[11] YIN Yajun. Extension of the covariant derivative (Ⅲ): from classical gradient to shape gradient [J]. Acta Mechanica Sinica,2015, 31(1): 96-103.

[12] YIN Yajun. Generalized covariant differentiation and axiom-based tensor analysis [J]. Appl. Math. Mech. -Engl. Ed., 2016, 37(3), 379-394.

[13] YIN Yajun. Generalized Covariant Derivative with Respect to time in Flat Space (Ⅰ): Euler Description [J]. Acta Mechanica Solid Sinica, 2016. 8, 29(4).

[14] YIN Yajun. Generalized Covariant Derivative with Respect to time in Flat Space (Ⅱ): Lagrange Description [J]. Acta Mechanica Solid Sinica, 2016. 8, 29(4).

[15] Kline M. 古今数学思想[M]. 上海:上海科学技术出版社,2002.